国家骨干高职院校建设项目成果
模具设计与制造专业

塑料成型工艺及模具设计

主　编　周丹薇　哈尔滨职业技术学院
参　编　郝双双　哈尔滨职业技术学院
　　　　钟凤芝　哈尔滨职业技术学院
　　　　宫　丽　哈尔滨职业技术学院
　　　　张旭晨　哈尔滨职业技术学院
　　　　王微微　哈尔滨职业技术学院
　　　　王　萍　中航工业哈尔滨东安发动机有限公司
主　审　王长文　哈尔滨职业技术学院
　　　　赵永华　中航工业哈尔滨东安发动机有限公司

机械工业出版社

本书为国家骨干高职院校建设课程改革教材。“塑料成型工艺及模具设计”学习领域遵循基于工作过程系统化课程的开发理念，充分体现工学结合和“教、学、做”一体化的教学模式。本书以真实的塑料制件为载体，以典型的塑料制件加工工艺及模具设计为工作任务，包括塑件生产原料选择及成型工艺分析、塑件的生产方法与成型设备及工艺、注射模设计、注射模材料选定及工程图绘制四个学习情境，体现了塑料制件从原材料分析、设备确定、成型工艺参数选定到塑料模具设计整个过程，具有很强的针对性和实践性。

本书可作为高职高专模具设计与制造专业学习用书，也可作为职业技能培训教材，或供有关教师和模具设计与制造技术人员参考。

本书配套有电子课件，凡选用本书作为教材的教师可登录机械工业出版社教育服务网 www.cmpedu.com 注册后免费下载。咨询邮箱：cmpgaozhi@sina.com。咨询电话：010-88379375。

图书在版编目（CIP）数据

塑料成型工艺及模具设计/周丹薇主编.—北京：机械工业出版社，2015.9

国家骨干高职院校建设项目成果．模具设计与制造专业

ISBN 978-7-111-51350-6

Ⅰ.①塑… Ⅱ.①周… Ⅲ.①塑料成型—生产工艺—高等职业教育—教材②塑料模具—设计—高等职业教育—教材 Ⅳ.①TQ320.66

中国版本图书馆 CIP 数据核字（2015）第 197254 号

机械工业出版社（北京市百万庄大街 22 号 邮政编码 100037）

策划编辑：于奇慧 责任编辑：于奇慧 张丹丹 版式设计：赵颖喆

责任校对：纪 敬 封面设计：鞠 杨 责任印制：李 洋

三河市国英印务有限公司印刷

2015 年 11 月第 1 版第 1 次印刷

184mm×260mm · 19 印张 · 429 千字

0001—1500 册

标准书号：ISBN 978-7-111-51350-6

定价：39.50 元

凡购本书，如有缺页、倒页、脱页，由本社发行部调换

电话服务

服务咨询热线：010-88379833

读者购书热线：010-88379649

网络服务

机 工 官 网：www.cmpbook.com

机 工 官 博：weibo.com/cmp1952

教育服务网：www.cmpedu.com

金 书 网：www.golden-book.com

哈尔滨职业技术学院模具设计与制造专业
教材编审委员会

编写说明

当前，提高教育教学质量已成为我国高等教育的核心问题，而教育教学质量的提高与高职院校内部的诸多因素有关，如办学理念、课程体系、实践条件、生源质量以及教学质量监控与评价机制等。无论从教育理念还是教育实践来看，课程都是一个非常重要的因素。课程作为学校向学生提供教学服务的产品，不但对学生的培养质量起着关键作用，而且也决定着学校的核心竞争力和可持续发展能力。

"国家骨干高职院校建设项目计划"的启动，标志着我国高等职业教育又一次进入了一个重要的改革和发展阶段，课程建设与教学改革再次成为高职院校发展的核心工作。哈尔滨职业技术学院成为第三批国家骨干高职院校立项建设单位，在"教学工场"理念的指导下，经过多年的理性探索和大胆尝试，重点专业的核心课程从来源到体系、从教学模式到教学方法、从内容选择到评价方式都发生了重大变革，在一定程度上解决了长期以来一直困扰职业教育的课程设置、教学内容与企业需求相脱离的问题，特别是在课程体系重构、教学内容改革、教材设计与编写等方面取得了可喜的成果。

哈尔滨职业技术学院骨干高职院校重点建设专业——模具设计与制造专业采用目前世界上先进的职业教育课程开发技术——工作过程导向的"典型工作任务"，通过整体化的职业资格研究，按照"从初学者到专家"的职业成长的逻辑规律，与企业深度合作重新构建基于模具设计与制造工作过程导向的课程体系，开展工学结合一体化的课程实施探索，设计编写了模具设计与制造专业工学结合教材。本专业教材在对模具专业相关岗位能力要求进行调研的基础上，依据模具专业岗位要求，归纳典型工作任务，确定行动领域；同时引入模具行业标准、企业规范，转换学习领域；将"以工作过程和岗位任务为线索，以实际模具产品为载体，以任务实施为导向"作为编写思想，改变了传统的以理论为主导的编写思路。教材整合了工作任务中涉及的专业知识与技能，以真实的产品为项目载体，通过完成实际工作任务的情境设计，改变学与教的教学模式，同时通过与实际产品的接触，体验企业实际岗位的要求。

本专业开发了6门行动导向的核心课程，并编写了6本核心课程教材。将人力资源和社会保障部颁布的高级装配钳工等国家职业资格标准融入教材内容中，紧密结合企业岗位的人才职业素养和专业技能的实际需求，突出专业特色，形成了以任务单、资讯单、信息单等10个工单构成的新型教材。

本套6本由任务单、资讯单、信息单等10个工单构成的新型教材展示了工学结合的课程开发成果，也希望全国职业院校能有所借鉴和启发，为全国职业院校课程改革做出贡献！

尽管我们在教材特色的建设方面做出了许多努力，但教材中仍可能存在一些不妥之处，非常希望得到教学适用性等方面的反馈意见，以便不断改进与完善。

哈尔滨职业技术学院模具设计与制造专业教材编审委员会

前　　言

本书为国家骨干高职院校建设课程改革教材。“塑料成型工艺及模具设计”学习领域遵循基于工作过程系统化课程的开发理念，与中航工业哈尔滨东安发动机（集团）有限公司等企业共同组成教材开发团队，围绕工学结合、学做合一的教改思路，针对模具专业高素质技术技能型人才培养目标、模具设计师高级工国家职业标准（试行）所涵盖的相关工作岗位所需要的知识与能力，从企业的典型产品中提炼学习情境，分解、重构教学内容，力求做到学习情境典型化。本书注重理论和实践一体化学习，注重学习效果检查和工作结果的质量评价。

本书以企业生产的真实塑料制件为载体，以塑料制件的加工工艺和模具设计为工作任务，全部采用任务单、资讯单、信息单、作业单、计划单、决策单、材料工具清单、实施单、检查单和评价单10种工单形式进行编写。本书共设4个学习情境，10个工作任务，教学时数参看“学习情境安排及学时分配表”。

学习情境安排及学时分配表

<table>
<tr><th>学习情境</th><th>任务序号</th><th>任务名称</th><th>学时</th></tr>
<tr><td rowspan="2">学习情境一
塑件生产原料选择及成型工艺分析</td><td>任务1.1</td><td>汽车操作按钮生产原料选择</td><td>8</td></tr>
<tr><td>任务1.2</td><td>塑件成型结构工艺性分析</td><td>8</td></tr>
<tr><td rowspan="2">学习情境二
塑件的生产方法与成型设备及工艺</td><td>任务2.1</td><td>塑料笔筒的成型方法设计</td><td>10</td></tr>
<tr><td>任务2.2</td><td>注射成型设备及工艺参数设计</td><td>8</td></tr>
<tr><td rowspan="4">学习情境三
注射模设计</td><td>任务3.1</td><td>汽车操作按钮注射模分型面与浇注系统设计</td><td>10</td></tr>
<tr><td>任务3.2</td><td>成型零部件的设计</td><td>10</td></tr>
<tr><td>任务3.3</td><td>推出与温度调节系统、模架的设计</td><td>12</td></tr>
<tr><td>任务3.4</td><td>塑料笔筒注射模侧向分型与抽芯机构的设计</td><td>8</td></tr>
<tr><td rowspan="2">学习情境四
注射模材料选定及工程图绘制</td><td>任务4.1</td><td>汽车操作按钮、塑料笔筒注射模材料选定</td><td>8</td></tr>
<tr><td>任务4.2</td><td>注射模工程图绘制</td><td>28</td></tr>
<tr><td colspan="3">合计</td><td>110</td></tr>
</table>

本书由哈尔滨职业技术学院周丹薇任主编，主要负责确定教材编写的体例、统稿工作，并负责编写学习情境一中的任务1.2、学习情境三、学习情境四中的任务4.2以及学习单2、5、10；哈尔滨职业技术学院郝双双负责编写学习情境一中的任务1.1、学习情境二和学习情境四中的任务4.1；哈尔滨职业技术学院钟凤芝负责本书涉及的塑料模具制造的可行性审核；哈尔滨职业技术学院宫丽、王微微负责编写学习单1、3、4、9；哈尔滨职业技术学院张旭晨负责编写学习单6、7、8；中航工业哈尔滨东安发动机有限公司王萍负责本书的实践性及任务设置的操作性审核。

本书由哈尔滨职业技术学院王长文教授及中航工业哈尔滨东安发动机有限公司赵永华任主审，他们给编者提出了很多修改建议；哈尔滨职业技术学院孙百鸣教授给予了指导和大力帮助；本书在编写过程中也参考了许多先进教材的模具设计经验，在此一并深表谢意。

由于编写组的业务水平和教学经验有限，书中难免有不妥之处，恳请指正。

编　者

目　录

学习情境一

塑件生产原料选择及成型工艺分析

【学习目标】

1. 掌握塑料的组成、类型和特点，常用塑料的基本性能。
2. 掌握塑料制件的结构设计原则和工艺性能。
3. 会合理选择塑料制件材料。
4. 会分析给定塑料的使用性能和工艺性能。

【工作任务】

任务 1.1　汽车操作按钮生产原料选择

通过对各类塑料制件的应用领域、塑料原料的分析，实现汽车操作按钮、笔筒材料的选择及加工。

任务 1.2　塑件成型结构工艺性分析

通过分析塑件结构工艺性，实现塑料制件的加工。

【学习情境描述】

根据各类塑料制件的应用领域、塑料原料的分析，确定“汽车操作按钮生产原料选择”和“塑件成型结构工艺性分析”两个工作任务。选择汽车操作按钮、笔筒等典型塑料制件作为载体，根据塑料原料的分析、塑件结构工艺性分析，使学生通过资讯、计划、决策、实施、检查、评价训练，掌握塑料的基本性能、塑料原料的分析与选择的方法，能够确定汽车操作按钮、笔筒的材料，掌握塑料制件在工业生产中的应用、塑料的特性及各类典型塑料制件的结构特点，使学生对塑料制件的成型有初步了解。

任 务 单

<table>
<tr><td>学习领域</td><td colspan="3">塑料成型工艺及模具设计</td></tr>
<tr><td>学习情境一</td><td>塑件生产原料选择及成型工艺分析</td><td>任务 1. 1</td><td>汽车操作按钮生产原料选择</td></tr>
<tr><td></td><td>任务学时</td><td colspan="2">8 学时</td></tr>
<tr><td colspan="4">布置任务</td></tr>
<tr><td>工作目标</td><td colspan="3">1. 掌握塑料制件的应用。
2. 掌握塑料的组成、类型和特点。
3. 掌握塑料的概念和常用塑料的基本性能。
4. 根据塑料制件实物画出塑料制品图。</td></tr>
<tr><td>任务描述</td><td colspan="3">某企业生产的汽车操作按钮结构尺寸如图 1-1-1 和图 1-1-2 所示，其工作环境温度变化范围小，要求其具有足够的强度，外表面无瑕疵、美观，性能可靠，精度要求中等，生产批量较大。 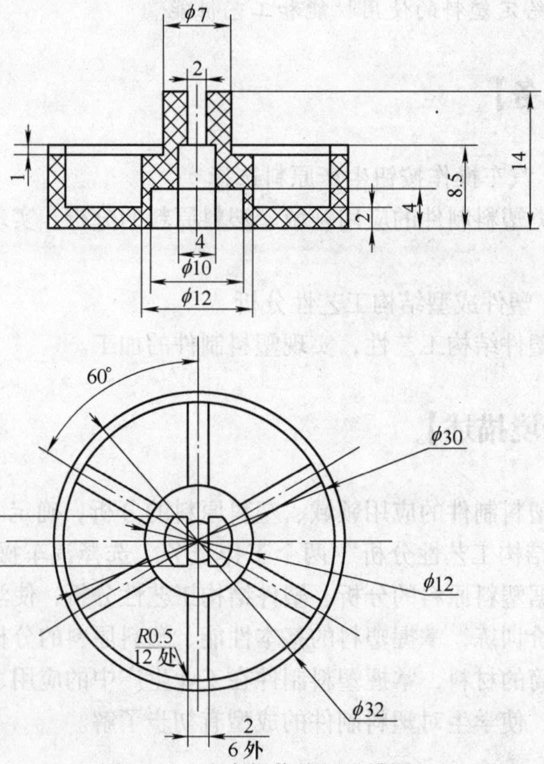

图 1-1-1　汽车操作按钮二维图

以汽车操作按钮为载体，根据塑料制件的使用环境，在产品的使用性能满足要求的条件下，根据常用塑料的基本性能、热塑性塑料的特性，合理地选择汽车操作按钮的塑料原料。</td></tr>
</table>

<table>
<tr><td>任务描述</td><td colspan="6">图 1-1-2　汽车操作按钮三维图</td></tr>
<tr><td rowspan="2">学时安排</td><td>资讯</td><td>计划</td><td>决策</td><td>实施</td><td>检查</td><td>评价</td></tr>
<tr><td>2 学时</td><td>0.5 学时</td><td>0.5 学时</td><td>4 学时</td><td>0.5 学时</td><td>0.5 学时</td></tr>
<tr><td>提供资源</td><td colspan="6">1. 塑料制件实物，塑料原料。
2. 教案、课程标准、多媒体课件、加工视频、参考资料、塑料技术标准等。
3. 测量塑料制件的有关工具和量具。</td></tr>
<tr><td>对学生的要求</td><td colspan="6">1. 应了解常用材料的特点、基本性能，掌握塑料材料性质。
2. 根据塑料制件实物按制图要求绘出塑料制件图。
3. 能举例说明各类塑料制件的应用领域。
4. 以小组的形式进行学习、讨论、操作、总结，每位同学必须积极参与小组活动，进行自评和互评；上交塑料制件图样一张，并对塑料制件所选材料进行分析。</td></tr>
</table>

资 讯 单

<table>
<tr><td>学习领域</td><td colspan="3">塑料成型工艺及模具设计</td></tr>
<tr><td>学习情境一</td><td>塑件生产原料选择及成型工艺分析</td><td>任务 1.1</td><td>汽车操作按钮生产原料选择</td></tr>
<tr><td></td><td>资讯学时</td><td colspan="2">2 学时</td></tr>
<tr><td>资讯方式</td><td colspan="3">观察实物，观看视频，通过杂志、教材、互联网及信息单内容查询问题；咨询任课教师。</td></tr>
<tr><td rowspan="11">资讯问题</td><td colspan="3">1. 汽车操作按钮的材料是什么？其结构特性如何？</td></tr>
<tr><td colspan="3">2. 生活中的塑料产品有哪些？</td></tr>
<tr><td colspan="3">3. 塑料产品在生产加工前的物理状态如何？</td></tr>
<tr><td colspan="3">4. 塑料可替代哪些材料？</td></tr>
<tr><td colspan="3">5. 塑料是由哪些物质组成的？</td></tr>
<tr><td colspan="3">6. 添加剂能改善塑料的成型工艺性能吗？</td></tr>
<tr><td colspan="3">7. 塑料中最重要的成分是什么？</td></tr>
<tr><td colspan="3">8. 填充剂能使塑料具有树脂所没有的性能吗？</td></tr>
<tr><td colspan="3">9. 固化剂用于成型哪一类的塑料制件？</td></tr>
<tr><td colspan="3">10. 塑料有哪些特性及用途？</td></tr>
<tr><td colspan="3">学生需要单独资讯的问题……</td></tr>
<tr><td>资讯引导</td><td colspan="3">1. 问题 1 可参考信息单 1.1.7。
2. 问题 2 可参考信息单 1.1.3 和 1.1.6。
3. 问题 3 可参考信息单 1.1.3。
4. 问题 4 可参考信息单 1.1.3。
5. 问题 5 可参考信息单 1.1.2。
6. 问题 6 可参考《简明塑料模具设计手册》，齐卫东，北京理工大学出版社，2012。
7. 问题 7 可参考《塑料成型工艺与模具设计》，屈华昌，机械工业出版社，2007。
8. 问题 8 可参考《塑料注射模结构与设计》，杨占尧，高等教育出版社，2008。
9. 问题 9 可参考《塑料成型工艺与模具设计》，李东君，化学工业出版社，2010。
10. 问题 10 可参考《塑料成型工艺及模具设计》，叶久新，机械工业出版社，2008。</td></tr>
</table>

信　息　单

学习领域	塑料成型工艺及模具设计		
学习情境一	塑件生产原料选择及成型工艺分析	任务 1.1	汽车操作按钮生产原料选择
1.1.1	各类塑件的应用领域		

塑料工业为国民经济的重要行业，以塑料加工为核心。塑料是支撑现代高科技发展的重要基础材料之一，是信息、能源、工业、农业、交通运输等国民经济领域不可缺少的新型材料。

塑料工业是一个新兴的工业领域，又是一个发展迅速的领域。塑料已进入一切工业部门以及人们的日常生活中，塑料因其材料易得、性能优越、加工方便而广泛应用于包装、日用品消费、农业、交通运输、电子、通信、机械、化工、建材等各个领域，并显示出巨大的优越性和发展潜力。图 1-1-3 所示为汽车上的塑料零部件。一个国家的塑料消耗量和塑料工业水平已成为其工业发展水平的重要标志之一。

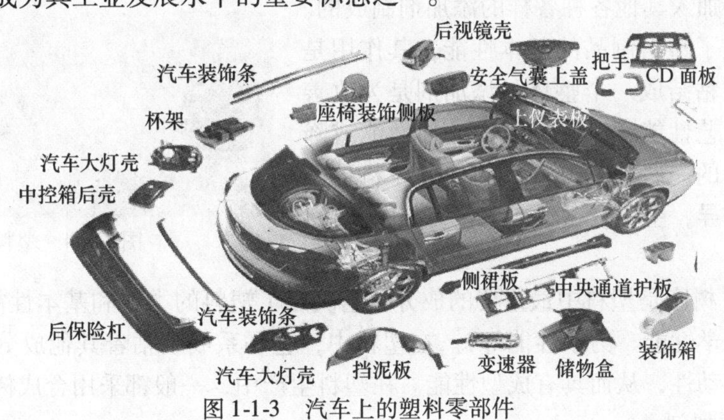

图 1-1-3　汽车上的塑料零部件

随着机械、电子、日用五金等工业产品塑料化趋势的不断增强及塑料制件（塑件）的广泛应用与更新换代、不断发展，对塑料成型技术的发展与塑料模具在数量、质量、精度和复杂程度等方面都提出了更高的要求，这就要求从事塑料成型和模具设计的人员更多地掌握塑料成型及塑料模具设计方面的知识。

1.1.2	塑料及其组成

通常将塑料制品称为塑料制件或塑件。由于塑料制件各式各样，且使用要求各不相同，对塑料原料的要求也不同。不同的原料，其使用性能、成型工艺特性和应用范围也不同。塑料原料的选用要综合考虑多方面的因素，首先要了解塑料制件的用途、使用过程中的环境状况，如温度高低、是否有化学介质、是否要求有电性能等；还需要了解制件材料的性能（塑料的组成、类型和特点），以及塑料的成型工艺特性（收缩率、流动性、结晶性、热敏性和水敏性、应力开裂和熔融破裂等）；在满足使用性能和成型工艺特性后，再考虑原材料的成本，如原材料的价格、成型加工难易程度、相应模具造价等。

1. 塑料与聚合物

塑料的主要成分是树脂。树脂是一种高分子有机化合物，简称高聚物。其特点是无明显的熔点，受热后逐渐软化，可溶解于有机溶剂，但不溶解于水等。树脂分为天然树脂和合成树脂两种。

天然树脂是指从树木中分泌出的脂物，如松香；从热带昆虫的分泌物中提取的树脂，如虫胶；还有部分树脂是从石油中得到的，如沥青。这些都属于天然树脂。

由于天然树脂无论在数量上还是质量上都远远不能满足现实生产、生活的需要，因此，人们根据天然树脂的分子结构和特性，应用人工方法制造出了合成树脂。

2. 塑料的组成

塑料的主要成分是各种各样的树脂，树脂是一种聚合物，但塑料和聚合物是不同的，单纯的聚合物性能往往不能满足加工成型和实际使用的要求，一般不单独使用，只有在加入添加剂后在工业中才有使用价值。因此，塑料是以合成树脂为主要成分，再加入其他各种各样的添加剂制成的。合成树脂决定了塑料制品的基本性能，其作用是将各种添加剂粘结成一个整体。添加剂是为改善塑料的成型工艺性能，改善制品的使用性能或降低成本而加入的一些物质。塑料制件的原料种类繁多、性能各异，主要呈粉状或粒状，如图 1-1-4 所示。

图 1-1-4　塑料原料

（1）树脂　树脂是塑料中最重要的成分，它决定了塑料的类型和基本性能（如热性能、物理性能、化学性能、力学性能等）。在塑料中，它联系或胶粘着其他成分，并使塑料具有可塑性和流动性，从而具有成型性能。在塑料生产中，一般都采用合成树脂。

（2）塑料添加剂

1）填充剂。填充剂又称填料，是塑料中重要的但并非必不可少的成分。填充剂与塑料中的其他成分机械混合，并与树脂牢固胶粘在一起，但各成分之间不起化学反应。

在塑料中填充剂不仅可减少树脂用量，降低塑料成本，而且能改善塑料的某些性能，扩大塑料的使用范围。例如在酚醛树脂中加入木粉后，既克服了它的脆性，又降低了成本。聚乙烯、聚氯乙烯等树脂中加入钙质填充剂，便成为价格低廉且刚性强、耐热好的钙塑料；用玻璃纤维作为塑料的填充剂，可大幅度提高塑料的力学性能；有的填充剂还可以使塑料具有树脂所没有的性能，如导电性、导磁性、导热性等。

2）增塑剂。加入能与树脂相溶的、低挥发性的高沸点有机化合物，即增塑剂，能够增加塑料的可塑性和柔软性，改善其成型性能，降低刚性和脆性。增塑剂的作用是降低聚合物分子间的作用力，使树脂高分子容易产生相对滑移，从而使塑料在较低的温度下具有良好的可塑性和柔软性。例如，聚氯乙烯树脂中加入邻苯二甲酸二丁酯，可变为像橡胶一样的软塑料。

增塑剂在改善塑料成型加工性能的同时，有时也会降低树脂的某些性能，如塑料的稳定性、介电性能和机械强度等。

3）着色剂。为使塑件获得各种所需色彩，常常在塑料组分中加入着色剂。着色剂品种很多，但大体分为有机颜料、无机颜料和染料三大类。有些着色剂兼有其他作用，如本色聚甲醛塑料用炭黑着色后能在一定程度上有助于防止光老化；聚氯乙烯用二盐基性亚磷酸铅等颜料着色后，可避免紫外线的射入，对树脂起着屏蔽作用，可以提高塑料的稳定性。

对着色剂的一般要求是：着色力强；与树脂有很好的相溶性；不与塑料中其他成分起化学反应；成型过程中不因温度、压力变化而分解变色，而且在塑件的长期使用过程中能够保持稳定。

4）稳定剂。为了防止或抑制塑料在成型、储存和使用过程中，因受外界因素（如热、光、氧、射线等）作用而引起性能变化，即所谓“老化”，需要在聚合物中添加一些能稳定其化学性质的物质，这些物质称为稳定剂。

对稳定剂的要求是除对聚合物的稳定效果好外，还应能耐水、耐油、耐化学药品腐蚀，并与树脂有很好的相溶性，在成型过程中不分解、挥发小、无色。

5）固化剂。固化剂又称硬化剂、交联剂。用于成型热固性塑料，线型高分子结构的合成树脂需发生交联反应转变成体型高分子结构，添加固化剂的目的是促进交联反应。例如在环氧树脂中加入乙二胺、三乙醇胺等。

塑料的添加剂除上述几种常用的以外，还有发泡剂、阻燃剂、防静电剂、导电剂和导磁剂等。并不是每一种塑料都要加入全部的添加剂，而是依塑料品种和塑件使用要求按需要有选择地加入某些添加剂。

1.1.3	塑料的特性及用途

1. 塑料的优点

塑料是以树脂为主要成分的高分子有机化合物，简称高聚物，一般相对分子质量都大于1万，有的甚至可达百万级。在一定温度和压力下具有可塑性，可以利用模具成型为具有一定几何形状和尺寸的塑料制件。塑料制件在工业中普遍应用，这是由于它们具有一系列特殊的优点：

（1）密度小、重量轻　一般塑料的密度在0.83～2.2g/cm^{3}之间，相当于钢材密度的0.11和铝材密度的0.5左右，即在同样的体积下，塑料制件要比金属制件轻得多，对于减轻机械设备重量和节能具有重要的意义，尤其是对车辆、船舶、飞机、宇宙航天器而言显得特别重要，可以减轻自重而提高速度，提高装载及运输能力并节约能源。

（2）比强度高、比刚度高　普通塑料的强度约为金属材料的1/10，但因塑料重量轻，所以比强度相当高，尤其是以各种高强度的纤维状、片状或粉末状的金属或非金属为填料而制成较高强度的增强塑料。塑料的比刚度也较高。比强度和比刚度高，在某些场合（如空间技术领域）具有重要的意义。例如碳纤维和硼纤维增强塑料可用于制造人造卫星、火箭、导弹上的高强度、高刚度结构零件。

（3）化学稳定性高　绝大多数的塑料都有良好的耐酸、碱、盐、水和气体的性能，在一般的条件下，它们不与这些物质发生化学反应。塑料在化工设备和在其他腐蚀条件下工作的设备及日用品中应用广泛。最常用的耐蚀塑料是硬质聚氯乙烯，它可加工成管道、容器和化工设备的零部件，广泛应用于防腐领域。

（4）电绝缘、绝热、绝声性能好　塑料具有良好的电绝缘性能和耐电弧性，广泛用于电力、电机和电子工业中做绝缘材料和结构零件，如电线电缆、旋钮插座、电器外壳等，许多塑料已成为必不可少的高频材料。塑料由于热导率很低，所以具有良好的绝热保温性能，广泛用于需要绝热和保温的产品中。塑料还具有优良的隔声和吸声性能。

（5）耐磨和自润滑性能好　塑料的摩擦因数小，耐磨性好，有很好的自润滑性，加上比强度高，传动噪声小，它可以在液体介质、半干甚至干摩擦条件下有效地工作。它可以制成轴承、齿轮、凸轮和滑轮等机器零件，非常适用于转速不高、载荷不大的场合，同时这些塑料零件在传动时无噪声。

（6）成型性能好　塑料在一定条件下具有良好的塑性，这就为它的成型加工创造了有利的条件，它可以采用多种成型方法高效率地制造产品。

（7）多种防护性能　除防腐和绝缘性能外，塑料还具有防水、防潮、防透气、防震、防辐射等多种防护性能。尤其是塑料经改性后，性能更优越，应用领域更广。

2. 缺点及使用局限

塑料的耐热性较差，一般塑料可承受的最高温度仅100℃左右，否则会降解、老化。塑料的导热性较差，所以在要求导热性好的场合，不能用塑料制件。

塑料已从代替部分金属、木材、皮革及无机材料发展成为各个部门不可缺少的一种化学材料，并跻身于金属、纤维材料和硅酸盐三大传统材料之列。在国民经济中，塑料制件已成为各行各业不可缺少的重要材料之一。

1.1.4　塑料的分类

塑料的品种很多，分类的方式也很多，常用的分类方法有以下两种。

1. 根据塑料中树脂的分子结构和受热后表现的性能分类

（1）热塑性塑料　塑料中树脂的分子结构是线型或支链型结构。它在加热时可塑制成一定形状的塑件，冷却后保持已定型的形状。如再次加热，又可软化熔融，可再次塑制成一定形状的塑件，如此可反复多次。在上述过程中一般只有物理变化，而无化学变化。由于这一过程是可逆的，在塑料加工过程中产生的边角料及废品可以在回收粉碎成颗粒后（如用塑料破碎机）重新利用。聚乙烯、聚丙烯、聚氯乙烯、聚苯乙烯、ABS、聚酰胺、聚甲醛、聚碳酸酯、有机玻璃、聚砜、氟塑料等都属于热塑性塑料。

热塑性塑料的可逆过程如图1-1-5a所示。

（2）热固性塑料　热固性塑料在受热之初也具有链状或树枝状结构，同样具有可塑性和可溶性，可塑制成一定形状的塑件。当继续加热时，这些链状或树枝状分子主链间形成的化学键相结合，逐渐变成网状结构（称为交联反应）。当温度升高到达一定值后，交联反应进一步进行，分子最终变为体型结构，成为既不熔化又不溶解的物质（称为固化）。当再次加热时，由于分子的链与链之间产生了化学反应，塑件形状固定下来不再变化。塑料不再具有可塑性，直到在很高的温度下被烧焦炭化，其成型具有不可逆性，如图1-1-5b所示。由于热固性塑料具有上述特性，故加工中的边角料和废品不可回收再利用。

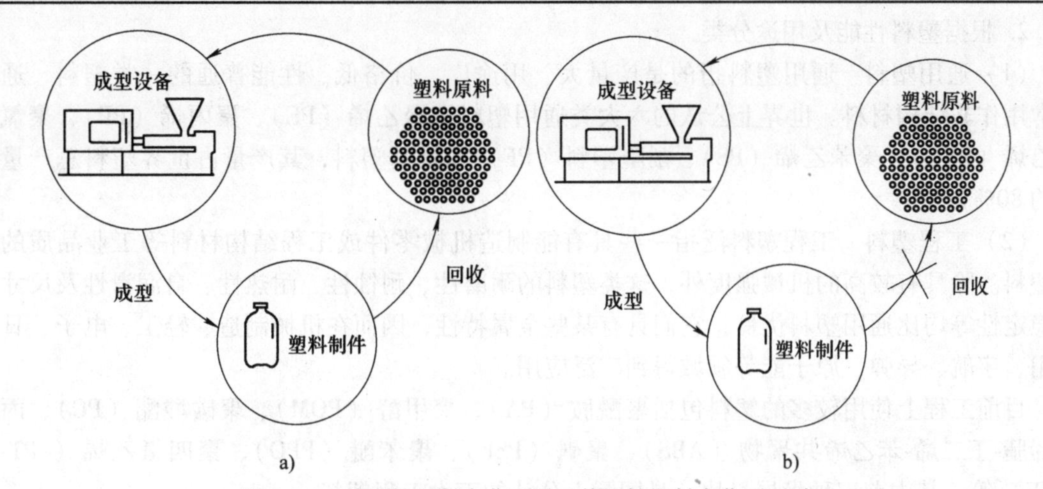

图 1-1-5　热塑性塑料变化可逆、热固性塑料变化不可逆

a）热塑性塑料　b）热固性塑料

热塑性塑料常采用注射、挤出或吹塑等方法成型。热固性塑料常采用压缩成型，也可以采用注射成型。

塑料以国际通用的英文缩写字母来表示。表 1-1-1 列出了常用的热固性塑料和热塑性塑料。其他热固性塑料和热塑性塑料的缩写和名称请参阅有关的塑料材料手册或塑料模具设计资料。

表 1-1-1　常用热塑性塑料和热固性塑料

塑料种类	塑料名称	代　号
热塑性塑料	聚乙烯（高密度、低密度）	PE（HDPE、LDPE）
	聚丙烯	PP
	聚苯乙烯	PS
	丙烯腈-丁二烯-苯乙烯共聚物	ABS
	聚甲基丙烯酸甲酯（有机玻璃）	PMMA
	聚苯醚	PPO
	聚酰胺（尼龙）	PA
	聚砜	PSF（或 PSU）
	聚氯乙烯	PVC
	聚甲醛	POM
	聚碳酸酯	PC
	聚四氟乙烯	PTFE
热固性塑料	酚醛塑料	PF
	脲醛塑料	UF
	三聚氰胺甲醛树脂	MF
	环氧树脂	EP
	不饱和聚酯	UP

2. 根据塑料性能及用途分类

（1）通用塑料　通用塑料指的是产量大、用途广、价格低、性能普通的一类塑料，通常用作非结构材料。世界上公认的六大类通用塑料有聚乙烯（PE）、聚丙烯（PP）、聚氯乙烯（PVC）、聚苯乙烯（PS）、酚醛塑料（PF）和氨基塑料，其产量占世界塑料总产量的80%以上。

（2）工程塑料　工程塑料泛指一些具有能制造机械零件或工程结构材料等工业品质的塑料。除具有较高的机械强度外，这类塑料的耐磨性、耐蚀性、耐热性、自润滑性及尺寸稳定性等均比通用塑料优良，它们具有某些金属特性，因而在机械制造、轻工、电子、日用、宇航、导弹、原子能等领域得到广泛应用。

目前工程上使用较多的塑料包括聚酰胺（PA）、聚甲醛（POM）、聚碳酸酯（PC）、丙烯腈-丁二烯-苯乙烯共聚物（ABS）、聚砜（PSF）、聚苯醚（PPO）、聚四氟乙烯（PTFE）等，其中前五种发展最快，是国际上公认的五大工程塑料。

（3）特殊塑料（功能塑料）　特殊塑料是指具有特殊功能、适合某种特殊场合用途的塑料，主要有医用塑料、光敏塑料、导磁塑料、超导电塑料、耐辐射塑料、耐高温塑料等。其主要成分是树脂，有的是专门合成的树脂，也有一些是将上述通用塑料和工程塑料经特殊处理或改性后获得了特殊性能的塑料。这类塑料产量小，性能优异，价格昂贵。

随着塑料应用范围越来越广，工程塑料和通用塑料之间的界限已难以划分，例如通用塑料聚氯乙烯作为耐蚀材料已大量应用于化工机械中。

1.1.5　塑料的工艺性能

塑料与成型工艺、成型质量有关的各种性能，统称为塑料的工艺性能。了解和掌握塑料的工艺性能，直接关系到塑料能否顺利成型和保证塑件质量，同时也影响着模具的设计要求。下面分别介绍热塑性塑料和热固性塑料成型的主要工艺性能和要求。

1. 热塑性塑料的工艺性能

（1）收缩性　塑料通常是在高温熔融状态下充满模具型腔而成型的，当塑件从塑模中取出冷却到室温后，其尺寸会比原来在塑模中的尺寸减小，这种特性称为收缩性。它可用单位长度塑件收缩量的百分数来表示，即收缩率（S）。由于这种收缩不仅是塑件本身的热胀冷缩造成的，而且与各种成型工艺条件及模具因素有关，因此成型后塑件的收缩称为成型收缩。通过调整工艺参数或修改模具结构，可以改善塑件尺寸的变化情况。

塑件成型收缩率分为实际收缩率与计算收缩率，实际收缩率表示模具或塑件在成型温度时的尺寸与塑件常温时的尺寸之间的差别，计算收缩率则表示在常温时的模具尺寸与塑件尺寸之间的差别，计算公式为

$$\left.\begin{aligned} S' &= \frac{L_C - L_S}{L_S} \times 100\% \\ S &= \frac{L_M - L_S}{L_S} \times 100\% \end{aligned}\right\} \tag{1-1-1}$$

式中　S'——实际收缩率；

S——计算收缩率；

L_C——塑件或模具在成型温度时的尺寸；

L_S——塑件在常温时的尺寸；

L_M——模具在常温时的尺寸。

因实际收缩率与计算收缩率数值相差很小，所以在普通中、小型模具设计时常采用计算收缩率来计算型腔及型芯等的尺寸。而大型、精密模具设计时，一般采用实际收缩率来计算型腔及型芯等的尺寸。

1）收缩的形式。

① 尺寸收缩。由于塑件的热胀冷缩以及塑件内部的物理化学变化等原因，导致塑件脱模冷却到室温后发生尺寸缩小的现象，为此在设计模具的成型零部件时，必须考虑通过设计对它进行补偿，避免塑件尺寸出现超差。

② 后收缩。塑件成型时，因其内部物理、化学及力学变化等因素产生一系列应力，塑件成型固化后存在残余应力；塑件脱模后，各种残余应力的作用会使塑件尺寸再次缩小。通常，一般塑件脱模后10h内的后收缩较大，24h后基本定型，但要达到最终定型，则需要很长时间，一般热塑性塑料的后收缩大于热固性塑料。

③ 后处理收缩。为稳定塑件的成型后尺寸，有时根据塑料的性能及工艺要求，在成型后需对塑件进行热处理，热处理后也会导致塑件的尺寸发生收缩，称为后处理收缩。常用的后处理方法有退火和调湿。退火可以消除或降低塑件成型后的残余应力，解除取向，降低塑件硬度和提高韧性。调湿处理主要用于因吸湿很强而产生较大尺寸变化、又易氧化的聚酰胺等塑件，调整其含水量。

④ 塑件收缩的方向性。塑料在成型过程中高分子沿流动方向的取向效应会导致塑件的各向异性，塑件的收缩必然会因方向的不同而不同。通常沿料流的方向收缩大、强度高，而与料流垂直的方向收缩小、强度低。同时，由于塑件各个部位添加剂分布不均匀、密度不均匀，故收缩也不均匀，从而塑件收缩会产生收缩差，容易使塑件产生翘曲、变形或开裂。

2）影响收缩率变化的主要因素。

① 塑料的品种。各种塑料都有其各自的收缩率范围，但即使是同一种塑料，由于相对分子质量、填料及配比等不同，其收缩率及各向异性也各不相同。

② 塑件结构。塑件的形状、尺寸、壁厚、有无嵌件、嵌件数量及布局等，对收缩率有很大影响。一般塑件壁厚越大，收缩率越大，形状复杂的塑件的收缩率小于形状简单的塑件，有嵌件的塑件因嵌件阻碍和激冷使收缩率减小。

③ 模具结构。塑模的分型面、加压方向及浇注系统的结构形式、布局及尺寸等直接影响料流方向、密度分布、保压补缩作用及成型时间，对收缩率及方向性影响很大，尤其是挤出和注射成型更为突出。

④ 成型工艺条件。模具的温度、注射压力、保压时间等成型条件对塑件收缩率均有较大影响。模具温度高、熔料冷却慢、密度高等情况下收缩率大。尤其对结晶塑料，因其体积变化大，其收缩率更大，模具温度分布均匀与否也直接影响塑件各部分收缩率的大小和方向性。注射压力高，熔料黏度小，脱模后弹性恢复大，收缩率减小。保压时间长，则收缩率小，但方向性明显。

由于收缩率不是一个固定值，而是在一定范围内波动，收缩率的变化将引起塑件尺寸变化，因此，在模具设计时应根据塑料的收缩范围，塑件的壁厚和形状，进料口的形式、尺寸和位置等成型因素综合考虑确定塑件各部位的收缩率。对于精度高的塑件，应选取收缩率波动范围小的塑料，并留有修模余地，试模后逐步修正模具，以达到塑件尺寸、精度要求。表1-1-2列出了常见塑料的收缩率。

表1-1-2 常见塑料的收缩率

塑料种类	收缩率（%）	塑料种类	收缩率（%）
聚乙烯（低密度）	1.5~3.5	ABS（抗冲）	0.3~0.8
聚乙烯（高密度）	1.5~3.0	ABS（耐热）	0.3~0.8
聚丙烯	1.0~2.5	ABS（30%玻璃纤维增强）	0.3~0.6
聚丙烯（玻璃纤维增强）	0.4~0.8	聚甲醛	1.2~3.0
聚氯乙烯（硬质）	0.6~1.5	聚碳酸酯	0.5~0.8
聚氯乙烯（半硬质）	0.6~2.5	聚砜	0.5~0.7
聚氯乙烯（软质）	1.5~3.0	聚砜（玻璃纤维增强）	0.4~0.7
聚苯乙烯（通用）	0.6~0.8	聚苯醚	0.7~1.0
聚苯乙烯（耐热）	0.2~0.8	改性聚苯醚	0.5~0.7
聚苯乙烯（增韧）	0.3~0.6	氯化聚醚	0.4~0.8
尼龙6	0.8~2.5	氟塑料F-3	1.0~2.5
尼龙63（30%玻璃纤维增强）	0.35~0.45	氟塑料F-2	2
尼龙9	1.5~2.5	氟塑料F-46	2.0~5.0
尼龙11	1.2~2.5	酚醛塑料（木粉填料）	0.5~0.9
尼龙66	1.5~2.2	酚醛塑料（石棉填料）	0.2~0.7
尼龙66（30%玻璃纤维增强）	0.4~0.55	酚醛塑料（云母填料）	0.1~0.5
尼龙610	1.2~2.0	酚醛塑料（棉纤维填料）	0.3~0.7
尼龙610（30%玻璃纤维增强）	0.35~0.45	酚醛塑料（玻璃纤维填料）	0.05~0.2
尼龙1010	0.5~4.0	酚醛塑料（纸浆填料）	0.6~1.3
醋酸纤维素	1.0~1.5	三聚氰胺甲醛（纸浆填料）	0.5~0.7
醋酸丁酸纤维素	0.2~0.5	三聚氰胺甲醛（矿物填料）	0.4~0.7
丙酸纤维素	0.2~0.5	聚邻苯二甲酸二丙烯酯（石棉填料）	0.28
聚丙烯酸酯类塑料（通用）	0.2~0.9	聚邻苯二甲酸二丙烯酯（玻璃纤维填料）	0.3~0.42
聚丙烯酸酯类塑料（改性）	0.5~0.7		

（2）流动性　在成型过程中，塑料熔体在一定的温度、压力下充填模具型腔的能力称为塑料的流动性。塑料流动性的好坏，在很大程度上直接影响成型工艺的参数，如成型温度、压力、周期、模具浇注系统的尺寸及其他结构参数。在确定塑件大小和壁厚时，也要考虑流动性的影响。

流动性的大小与塑料的分子结构有关，具有线型分子而没有或很少有交联结构的树脂流动性大。塑料中加入填料后，会降低树脂的流动性，而加入增塑剂或润滑剂，则可增加塑料的流动性。塑件合理的结构设计也可以改善流动性，例如在流道和塑件的拐角处采用圆角结构可改善熔体的流动性。

流动性差的塑料有聚碳酸酯、硬聚氯乙烯、聚苯醚、聚砜、聚芳砜和氟塑料等。

塑料流动性的影响因素如下：

1）温度。料温高，则塑料流动性增大，但料温对不同塑料的流动性影响各有差异，聚苯乙烯、聚丙烯、聚酰胺、聚甲基丙烯酸甲酯、ABS、聚碳酸酯、醋酸纤维素等塑料流动性受温度变化的影响较大；而聚乙烯、聚甲醛的流动性受温度变化的影响较小。

2）压力。注射压力增大，则熔料受剪切作用大，流动性也增大，尤其是聚乙烯、聚甲醛的流动性对压力十分敏感。但过高的压力会使塑件产生应力，并且会降低熔体黏度，形成飞边。

3）模具结构。浇注系统的形式、尺寸、布置，型腔表面粗糙度，流道截面厚度，型腔形式，排气系统，冷却系统，熔料流动阻力等因素都直接影响熔料的流动性。

（3）热敏性　某些热稳定性差的塑料，在料温高和受热时间长的情况下就会发生降解、分解、变色，这种对热量的敏感程度称为塑料的热敏性。热敏性很强的塑料（即热稳定性很差的塑料）通常简称为热敏性塑料，如硬质聚氯乙烯、聚三氟氯乙烯、聚甲醛等。这种塑料在成型过程中很容易在不太高的温度下发生热分解、热降解，或在受热时间较长的情况下发生过热降解，从而影响塑件的性能和表面质量。

热敏性塑料熔体在发生热分解或热降解时，会产生各种分解物，有的分解物会对人体、模具和设备产生刺激、腐蚀或带有一定毒性，有的分解物还是加速该塑料分解的催化剂，如聚氯乙烯分解产生氯化氢，能起到进一步加剧高分子分解的作用。

为了避免热敏性塑料在加工成型过程中发生热分解现象，在模具设计、选择注射机及成型时，可在塑料中加入热稳定剂，也可采用合适的设备（如螺杆式注射机），严格控制成型温度、模温、加热时间、螺杆转速及背压等，并及时清除分解产物，设备和模具应采取防腐等措施。

（4）水敏性　塑料的水敏性是指它在高温、高压下对水降解的敏感性，聚碳酸酯就是典型的水敏性塑料。即使含有少量水分，在高温、高压下也会发生分解。因此，水敏性塑料成型前必须严格控制水分含量，进行干燥处理。

（5）吸湿性　吸湿性是指塑料对水分的亲疏程度。以此塑料大致可分为两类：一类是具有吸水或黏附水分性能的塑料，如ABS等；另一类是既不吸水也不易黏附水分的塑料，如聚乙烯、聚丙烯等。

凡是具有吸水性倾向的塑料，如果在成型前水分没有去除，并且含量超过一定限度，那么在成型加工时，水分将会变为气体并促使塑料发生分解，导致成型后的塑料出现气泡、银丝与斑纹等缺陷，造成成型困难，而且使塑件的表面质量和力学性能降低。因此，在成型前必须除去水分，进行干燥处理，必要时还应在注射机的料斗内设置红外线加热。

（6）相容性　相容性（又称共混性）是指两种或两种以上不同品种的塑料，在熔融状态下不产生分离现象的能力。如果两种塑料不相容，则混熔时制件会出现分层、脱皮等表面缺陷。不同塑料的相容性与其分子结构有一定关系，分子结构相似者较易相容，例如高压聚乙烯、低压聚乙烯、聚丙烯彼此之间的混熔等；分子结构不同时较难相容，例如聚乙烯和聚苯乙烯之间的混熔。通过塑料的这一性质，可以得到类似共聚物的综合性能，是改善塑料性能的重要途径之一。

（7）取向性　在应力作用下，聚合物分子链或纤维填料顺着应力（流动）方向做平行排列的现象称为取向。宏观上取向一般分为拉伸取向和流动取向两种类型。拉伸取向是由拉应力引起的，取向方位与应力作用方向一致；而流动取向是在切应力下沿着熔体流动方向形成的。

聚合物取向的结果导致高分子材料的力学性质、光学性质以及热性能等方面发生显著的变化。取向后聚合物会呈现明显的各向异性，即取向方位力学性能显著提高，而垂直于取向方位的力学性能明显下降。同时，冲击强度、断裂伸长率等也发生相应的变化。随着取向度的提高，塑件的玻璃化温度上升，线收缩率增加。线膨胀系数也随着取向度而发生变化，一般在垂直于流动方向上的线膨胀系数比取向方向大3倍左右。

由于取向会使塑件产生明显的各向异性，也会给塑件带来不利影响，使塑件产生翘曲变形，甚至在垂直于取向方位的方向产生裂纹等，因此对于结构复杂的塑件，一般应尽量使塑件中聚合物分子的取向现象减至最少。

2. 热固性塑料的工艺性能

热固性塑料和热塑性塑料相比，塑件具有尺寸稳定性好、耐热好和刚性大等特点，更广泛地应用于工程领域。热固性塑料的工艺性能明显不同于热塑性塑料，其主要性能指标有收缩率、流动性、水分及挥发物含量与固化速度等。

（1）收缩率　同热塑性塑料一样，热固性塑料经成型冷却也会发生尺寸收缩，其收缩率的计算方法与热塑性塑料相同。产生收缩的主要原因有以下几点：

1）热收缩。热收缩是由于热胀冷缩而使塑件成型冷却后所产生的收缩。由于塑料的主要成分是树脂，其线膨胀系数比钢材大几倍至几十倍，塑件从成型加工温度冷却到室温时，收缩量会远远大于模具的收缩量。收缩量大小可以用塑料线膨胀系数的大小来判断。热收缩与模具的温度成正比，是成型收缩中主要的收缩因素之一。

2）结构变化引起的收缩。热固性塑料在成型过程中由于进行了交联反应，分子由线型结构变为网状结构，由于分子链间距的缩小，结构变得紧密，故产生了体积变化。这种由结构变化而产生的收缩，在进行到一定程度时就不会继续产生。

3）弹性恢复。塑件从模具中取出后，作用在塑件上的压力消失，由于塑件固化后并非刚性体，脱模时产生弹性恢复，会造成塑件体积的负收缩（膨胀）。在成型以玻璃纤维和布质为填料的热固性塑料时，这种情况尤为明显。

4）塑性变形。塑件脱模时，成型压力迅速降低，但模壁紧压在塑件的周围，使其产生塑性变形。发生变形部分的收缩率比没有变形部分的大，因此塑件往往在平行加压方向收缩较小，在垂直加压方向收缩较大。为防止两个方向的收缩率相差过大，可采用迅速脱模的方法进行补救。

影响收缩率的因素有原材料、模具结构、成型方法及成型工艺条件等。塑料中树脂和填料的种类及含量，也将直接影响收缩率的大小。当所用树脂在固化反应中放出的低分子挥发物较多时，收缩率较大；放出的低分子挥发物较少时，收缩率较塑料中填料含量较多或填料中无机填料较多时小。

凡有利于提高成型压力，增大塑料充模流动性，使塑件密实的模具结构，均能减小塑件的收缩率，例如用压缩或压注成型的塑件比注射成型的塑件收缩率小。凡能使塑件密实，成型前使低分子挥发物溢出的工艺因素，都能使塑件收缩率减小，例如成型前对酚醛塑料预热、加压等。

(2) 流动性　热固性塑料流动性的意义与热塑性塑料的流动性相同，但热固性塑料通常以拉西格流动性来表示。

塑料的流动性除了与塑料性质有关外，还与模具结构、表面粗糙度、预热及成型工艺条件有关。

(3) 比体积与压缩率　比体积是单位质量的松散塑料所占的体积，单位为 cm^3/g；压缩率为塑料与塑件两者体积的比值，其值恒大于 1。比体积与压缩率均表示粉状或短纤维塑料的松散程度，均可用来确定压缩模加料腔容积的大小。

比体积和压缩率较大时，则要求加料腔体积大，同时也说明塑料内充气多，排气困难，成型周期长，生产率低；比体积和压缩率较小时，有利于压锭、压缩、压注。但比体积太小，则以容积法装料会造成加料量不准确。各种塑料的比体积和压缩率是不同的，同一种塑料，其比体积和压缩率又因塑料形状、颗粒度及其均匀性的不同而不同。

塑料的物理状态、力学性能与温度密切相关，温度变化时，塑料的受力行为发生变化，呈现出不同的物理状态，表现出分阶段的力学性能特点。塑料在受热时的物理状态和力学性能对塑料的成型加工有着非常重要的意义。热塑性塑料在受热时的物理状态为玻璃态（结晶聚合物，又称结晶态）、高弹态和黏流态。

1.1.6	塑料制品成型加工原料的选用原则

塑件成型原料的选用要综合考虑用途、使用环境、成型加工难易程度、成本等多方面的因素。

1. 一般结构零件用塑料

如罩壳、支架、连接件、手轮、手柄等一般结构零件，对强度和耐热性能要求较低，要求有较高的生产率和低廉的成本，有时还要求外观漂亮。这类零件通常选用改性聚苯乙烯、低压聚乙烯、聚丙烯、ABS 等。其中，前三种材料经过玻璃纤维增强后能显著地提高机械强度和刚性，还能提高热变形温度。由于 ABS 具有良好的综合性能，在精密的塑件中被普遍使用。一般结构零件如图 1-1-6 所示。

图 1-1-6　一般结构零件

2. 耐磨损传动零件用塑料

耐磨损传动零件，如各种轴承、齿轮、凸轮、蜗轮、蜗杆、齿条、辊子、联轴器等，要求有较高的强度、刚度、韧性、耐磨性、耐疲劳性及较高的热变形温度。这类零件广泛使用的塑料为各种尼龙、聚甲醛、聚碳酸酯，其次是氯化聚醚、线性聚酯等。各种仪表中的小模数齿轮可用聚碳酸酯制造；而氯化聚醚可用于制造在腐蚀性介质中工作的轴承、齿轮以及摩擦传动零件与涂层。耐磨损传动零件如图 1-1-7 所示。

图 1-1-7　耐磨损传动零件

3. 减摩自润滑零件用塑料

图 1-1-8 减摩自润滑零件

减摩自润滑零件，如活塞环、机械运动密封圈、轴承和装卸用的箱柜等，一般受力较小，要求具有较小的摩擦因数。这类零件通常选用的材料为聚四氟乙烯和各种填充的聚四氟乙烯，以及用聚四氟乙烯粉末或纤维填充的聚甲醛、低压聚乙烯等。减摩自润滑零件如图 1-1-8 所示。

4. 耐蚀零部件用塑料

塑料的耐蚀性一般要比金属的好。但如果要求既耐强酸或强氧化性酸，同时又耐碱，则首推各种氟塑料，如聚四氟乙烯、聚全氟乙丙烯、聚三氟氯乙烯及聚偏氟乙烯。氯化聚醚既有较高的力学性能，同时又具有突出的耐蚀性。对于耐蚀零部件，这些塑料都优先采用。

5. 耐高温零件用塑料

一般结构零件、耐磨损传动零件所选用的塑料，只能在 80～120℃的温度下工作。当受力较大时，只能在 60～80℃的温度下工作。能适应工程需要的新型耐热塑料，除了各种氟塑料外，还有聚苯醚、聚砜、聚酰亚胺、芳香尼龙等，它们大都可以在 150℃以上工作，有的还可以在 260～270℃下长期工作。

1.1.7	汽车操作按钮塑料原料选择

汽车操作按钮需要大批量生产，通过查《塑料模具设计手册》中“热塑性塑料的主要特性和用途”对多种塑料的性能与应用进行综合比较发现，这种零件的材料可选择 PVC（聚氯乙烯）。

1. 分析制件材料使用性能

聚氯乙烯具有原料丰富、制造工艺成熟等特点。利用注射成型机配合各种模具，可制成塑料凉鞋、玩具、汽车配件等通用机械零件。软质聚氯乙烯含有较多的增塑剂，它柔软、富有弹性，类似橡胶，不怕浓酸、浓碱的破坏，不受氧气的影响，能耐寒冷。脆性、硬度、抗拉强度、耐磨性及介电性能较硬质聚氯乙烯低。

2. 分析塑料工艺性能

加入了增塑剂和填料等的聚氯乙烯，塑件的密度一般在 1.15～2.00g/cm^3 范围内，收缩率为 0.6%～1.5%。聚氯乙烯有较好的电气绝缘性能，可以用作低频绝缘材料，其化学稳定性也较好。但聚氯乙烯的热稳定性较差，长时间加热会分解，放出氯化氢气体，使聚氯乙烯变色。使用温度范围较窄，一般在 -15～55℃范围内。

3. 结论

汽车操作按钮应具有一定的强度与耐磨性能，中等精度，外表面无过多要求，性能可靠。采用 PVC 塑料，产品的使用性能基本满足要求，但应注意选择合理的成型工艺，使原料充分干燥，采用合理的温度与压力。

1.1.8	塑件实例分析

多功能笔筒制件如图 1-1-9 所示，要求笔筒有足够的强度和耐磨性能，外表无瑕疵、美观，且性能可靠，精度中等，要求选择塑件原料。

多功能笔筒需大批量生产，通过查《塑料模具设计手册》中“热塑性塑料的主要特性和用途”，对多种塑料的性能与应用进行综合比较，塑件原料可选择ABS（丙烯腈-丁二烯-苯乙烯共聚物）。

1. 分析制件材料使用性能

ABS塑料属热塑性非结晶型塑料，是在聚苯乙烯分子中导入了丙烯腈、丁二烯等异种单体后形成的改性共聚物，也可称改性聚苯乙烯，具有比聚苯乙烯更好的使用性能和工艺性能。ABS一般不透明，密度为1.02～1.05g/cm^3，收缩率为0.3%～0.8%。

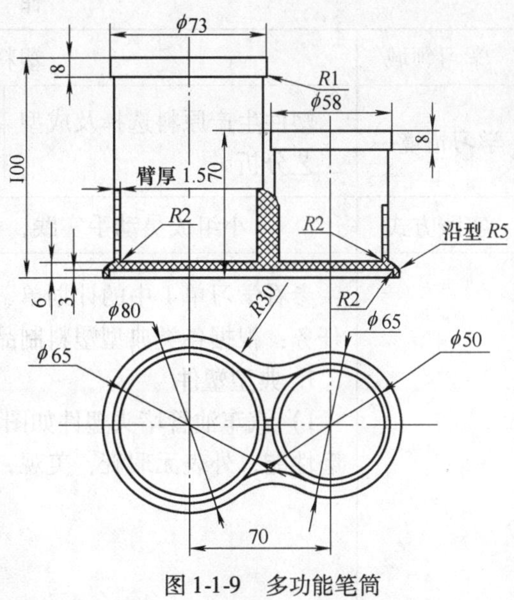

图1-1-9　多功能笔筒

ABS是一种常用的具有良好综合力学性能的工程塑料。ABS无毒、无味，成型塑件的表面有较好的光泽。ABS具有良好的机械强度，特别是抗冲击强度高。ABS还具有一定的耐磨性、耐寒性、耐油性、耐水性、化学稳定性和电性能，经调色可配成任何颜色。ABS有一定的硬度和尺寸稳定性，易于成型和机械加工。ABS的缺点是耐热性不高，连续工作温度约为70℃，热变形温度约为93℃。并且耐气候性较差，在紫外线作用下易变硬发脆。

2. 分析塑料工艺性能

1）ABS为无定型材料，其品种牌号很多，各品牌产品的机电性能及成型特性也各有差异，应按品牌确定成型方法及成型条件。

2）ABS吸湿性强，成型制件表面易出现斑痕、银纹等缺陷，为此，水的质量分数应小于0.3%，必须充分干燥，要求表面光泽的塑件应要求长时间预热干燥。预热干燥温度为80～100℃，时间为2～3h。

3）ABS流动性中等，溢边料0.02mm左右（流动性比聚苯乙烯、AS差，但比聚碳酸酯、聚氯乙烯好），在升温时黏度升高，所以成型压力较高，故制件上的脱模斜度宜稍大。

4）ABS比聚苯乙烯加工困难，宜取高料温、高模温（对耐热、高抗冲击和中抗冲击型树脂，料温更宜取高）。料温对物料性能影响较大，料温过高易分解，一般用柱塞式注射机时料温为180～230℃，注射压力为100～120MPa。螺杆式注射机则取160～220℃、70～100MPa为宜。

5）ABS比热容低，塑化效率高，凝固也快，故成型周期短；ABS的表观黏度对剪切速率的依赖性很强，浇注系统短而粗，模具设计中常采用点浇口形式。

6）模具设计时要注意选择浇注系统的浇口位置、形式，当浇口位置、形式不合理，顶出力过大或机械加工时，塑件表面会呈现“白色”痕迹（但在热水中加热可消失），脱模斜度宜取2°以上。

3. 结论

多功能笔筒要求具有一定的强度与耐磨性能，中等精度，外表面无瑕疵、美观，性能可靠。采用ABS塑料，产品的使用性能基本能满足要求，但应注意选择合理的成型工艺，使原料充分干燥，采用合理的温度与压力。

<table>
<tr><th colspan="5">作　业　单</th></tr>
<tr><td>学习领域</td><td colspan="4">塑料成型工艺及模具设计</td></tr>
<tr><td>学习情境一</td><td>塑件生产原料选择及成型工艺分析</td><td>任务 1.1</td><td colspan="2">汽车操作按钮生产原料选择</td></tr>
<tr><td>实践方式</td><td>小组成员动手实践，教师指导</td><td colspan="2">计划学时</td><td>6 学时</td></tr>
<tr><td>实践内容</td><td colspan="4">参看学习单 1 中的计划单、决策单、实施单、检查单、评价单，学生完成任务：根据各类典型塑料制品的结构特点，完成下列典型塑件原料的选择。
1. 典型塑件
1）汽车油管堵头塑件如图 1-1-10 所示，要求油管堵头有足够的强度和耐磨性能，外表无瑕疵、美观，且性能可靠，精度中等，生产批量较大。
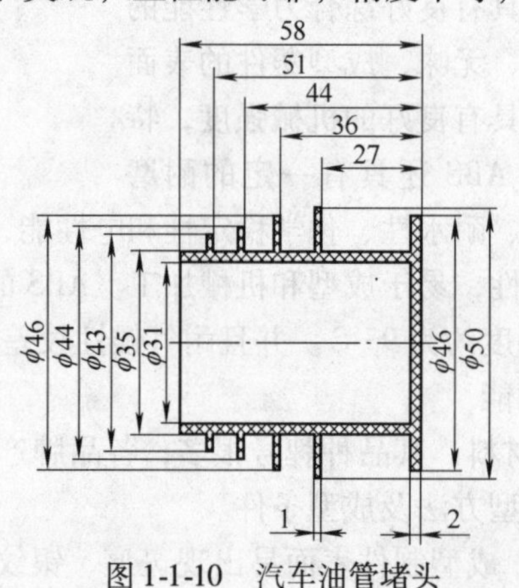

图 1-1-10　汽车油管堵头
2）图 1-1-11 所示为某企业生产的树叶香皂盒的结构尺寸，其工作环境温度变化范围小，受阳光直接照射，要求其具有足够的强度、耐蚀性，性能可靠，精度中等，生产批量较大；塑料外侧表面光滑。
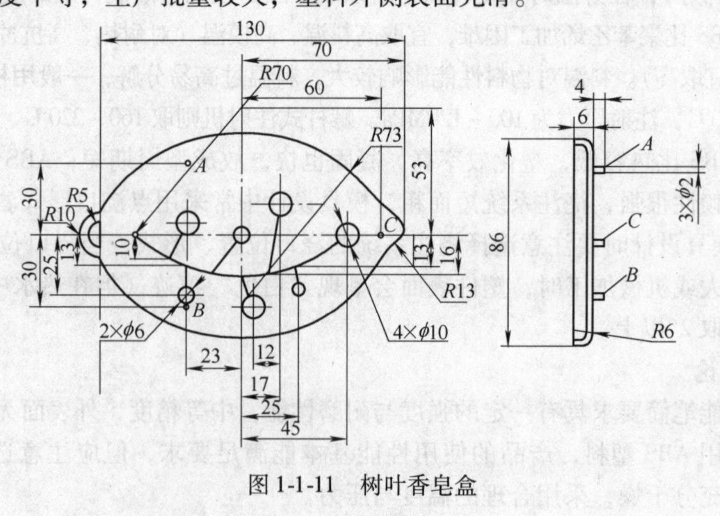

图 1-1-11　树叶香皂盒</td></tr>
</table>

实践内容

3）图 1-1-12 所示为某企业生产的汽车发动机油缸盖结构尺寸，其工作环境温度变化范围小，要求其具有足够的强度、耐蚀性，性能可靠，精度中等，生产批量较大。

4）图 1-1-13 所示为某企业生产的塑料牙具筒的结构与尺寸，其工作环境温度变化范围小，受阳光直接照射，要求其具有足够的强度、耐蚀性，性能可靠，精度中等，生产批量较大。

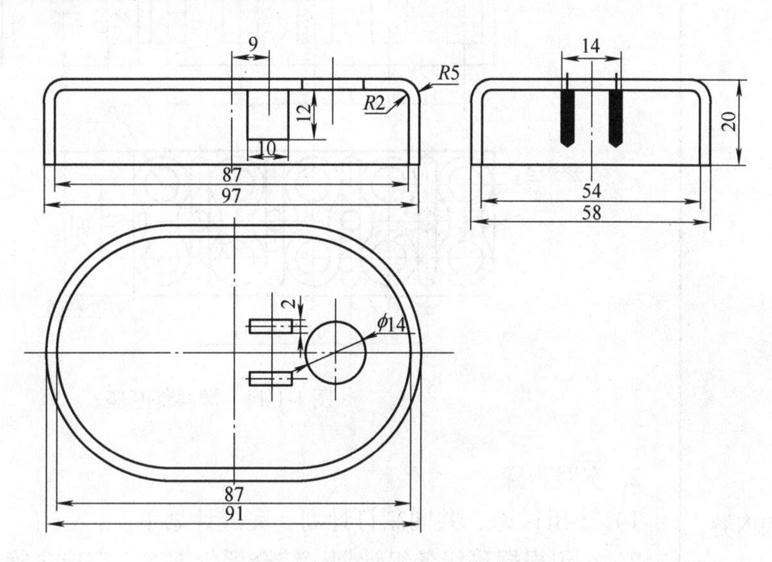

图 1-1-12 汽车发动机油缸盖

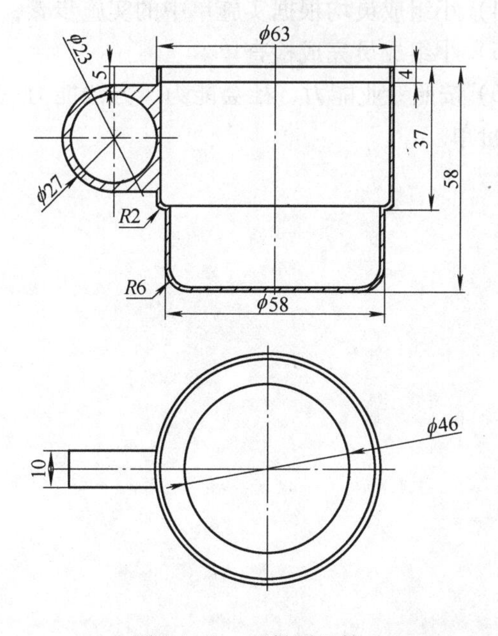

图 1-1-13 塑料牙具筒

5）图 1-1-14 所示为某企业生产的基座的结构与尺寸，要求其具有足够的强度、耐蚀性，性能可靠，精度中等。

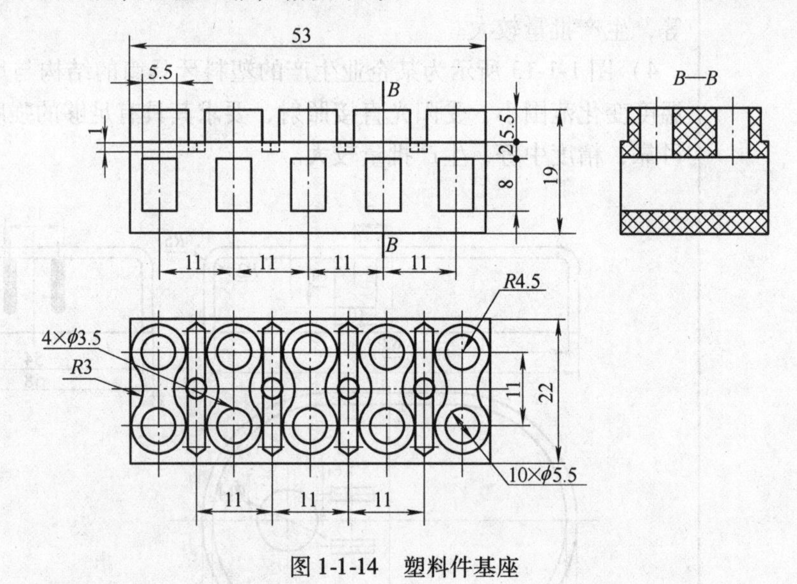

图 1-1-14　塑料件基座

实践内容

2. 实践步骤

1）小组讨论、共同制订计划，完成计划单。

2）小组根据班级各组计划，综合评价方案，完成决策单。

3）小组成员共同研讨、确定动手实践的实施步骤，完成实施单。

4）小组成员均根据实施单中的实施步骤，分析典型塑料零件的应用。

5）小组成员完成检查单。

6）按照专业能力、社会能力、方法能力三方面综合评价每位学生，完成评价单。

班级		第　组	日期	

任　务　单

<table>
<tr><td>学习领域</td><td colspan="6">塑料成型工艺及模具设计</td></tr>
<tr><td>学习情境一</td><td colspan="2">塑件生产原料选择及成型工艺分析</td><td colspan="2">任务 1. 2</td><td colspan="2">塑件成型结构工艺性分析</td></tr>
<tr><td colspan="3">任务学时</td><td colspan="4">8 学时</td></tr>
<tr><td colspan="7">布置任务</td></tr>
<tr><td>工作目标</td><td colspan="6">1. 会分析给定塑件的使用性能和工艺性能。
2. 具有根据塑件结构工艺性优化塑件结构的能力。
3. 掌握塑件结构设计原则。
4. 了解塑件局部结构设计的原则。</td></tr>
<tr><td>任务描述</td><td colspan="6">1. 分析汽车操作按钮塑料制作（图 1-1-1）的使用性能和工艺性能。
2. 通过对塑料制件的分析，了解塑料制件的尺寸精度、表面粗糙度。
3. 分析多功能笔筒塑料制件（图 1-1-9）的使用性能和工艺性能。
4. 对塑件结构的不合理之处进行改进。</td></tr>
<tr><td>学时安排</td><td>资讯
2 学时</td><td>计划
0. 5 学时</td><td>决策
0. 5 学时</td><td>实施
4 学时</td><td>检查
0. 5 学时</td><td>评价
0. 5 学时</td></tr>
<tr><td>提供资源</td><td colspan="6">1. 注射模模拟仿真。
2. 教案、课程标准、多媒体课件、加工视频、参考资料、塑料技术标准等。
3. 模具成型动画。</td></tr>
<tr><td>对学生的要求</td><td colspan="6">1. 应具备识读塑料制件图的能力，掌握塑料制件的结构工艺性。
2. 根据塑件的结构，分析塑件成型的工艺性。
3. 以小组的形式进行学习、讨论、操作、总结，每位同学必须积极参与小组活动，进行自评和互评；上交一份塑料制件的结构分析报告，并分析塑件成型工艺性能。</td></tr>
</table>

资 讯 单

<table>
<tr><td>学习领域</td><td colspan="3">塑料成型工艺及模具设计</td></tr>
<tr><td>学习情境一</td><td>塑件生产原料选择及成型工艺分析</td><td>任务 1.2</td><td>塑件成型结构工艺性分析</td></tr>
<tr><td colspan="2">资讯学时</td><td colspan="2">2 学时</td></tr>
<tr><td>资讯方式</td><td colspan="3">观察实物，观看视频，通过杂志、教材、互联网及信息单内容查询问题；咨询任课教师。</td></tr>
<tr><td rowspan="10">资讯问题</td><td colspan="3">1. 什么是塑料制品的结构工艺性？</td></tr>
<tr><td colspan="3">2. 塑件的结构若不合理，应如何改进？</td></tr>
<tr><td colspan="3">3. 常见塑件的表面质量如何？</td></tr>
<tr><td colspan="3">4. 塑件成型后怎样脱离模具？</td></tr>
<tr><td colspan="3">5. 塑件的壁厚应如何选取？</td></tr>
<tr><td colspan="3">6. 为什么塑件转角处要采取圆弧过渡？</td></tr>
<tr><td colspan="3">7. 为什么尽量不要采用侧向抽芯机构？</td></tr>
<tr><td colspan="3">8. 塑件的圆角与脱模斜度等应如何选取？</td></tr>
<tr><td colspan="3">9. 不同物理状态的塑料原料的加工方法一样吗？</td></tr>
<tr><td colspan="3">学生需要单独资讯的问题……</td></tr>
<tr><td>资讯引导</td><td colspan="3">1. 问题 1 可参考信息单 1. 2. 1。
2. 问题 2 可参考信息单 1. 2. 2。
3. 问题 3 可参考信息单 1. 2. 2。
4. 问题 4 可参考信息单 1. 2. 2。
5. 问题 5 可参考《塑料成型工艺及模具设计》，陈建荣，北京理工大学出版社，2010。
6. 问题 6 可参考《简明塑料模具设计手册》，齐卫东，北京理工大学出版社，2012。
7. 问题 7 可参考《塑料成型工艺与模具设计》，屈华昌，机械工业出版社，2007。
8. 问题 8 可参考《塑料注射模结构与设计》，杨占尧，高等教育出版社，2008。
9. 问题 9 可参考《塑料成型工艺与模具设计》，李东君，化学工业出版社，2010。</td></tr>
</table>

信 息 单

学习领域	塑料成型工艺及模具设计		
学习情境一	塑件生产原料选择及成型工艺分析	任务 1.2	塑件成型结构工艺性分析
1.2.1	塑件的尺寸精度与表面粗糙度		

在塑件的加工过程中，要想得到满足需求的塑件，就要考虑选用合适的塑料原材料，同时还必须考虑塑件的结构工艺性。良好的塑件结构工艺性是获得合格塑件的基础，也是成型工艺顺利进行的保证。塑件的结构工艺性是指塑件加工成型的难易程度，它与成型模具设计有着密切关系，只有塑件设计满足成型工艺要求，才能设计出合理的模具结构。塑料成型方法、品种性能和使用功能不同，塑件的结构及形状也不同（图 1-2-1）。提高产品质量和生产率，降低生产成本，是成型加工经济合理的基本保证。

图 1-2-1　各种形状的塑料制品

模具设计人员需要对塑件的结构工艺性能有充分的认识，进而分析、判断塑件的结构工艺性能是否合理，并能对塑件结构的不合理之处进行改进。

塑件设计的主要依据是其使用要求，在满足使用要求的前提下，塑件的结构应尽可能地使模具结构简化，符合成型工艺特点。在进行塑件结构工艺性设计时，要遵循以下几个原则：

1）塑件的材料选用要合理，要充分考虑成型工艺性能，如收缩率、流动性等的要求。

2）在满足使用性能的前提下，力求塑件结构简单，壁厚均匀，使用方便。

3）模具的总体结构，要使模具的型腔易于制造，尤其是抽芯和推出机构应简单。

塑件结构工艺性设计的主要内容包括塑件的材料选用、尺寸和精度、表面粗糙度、结构形状（壁厚、斜度、加强筋、支承面、圆角、孔、文字符号标记等）、螺纹、齿轮、嵌件等。

1. 塑件的尺寸

塑件的尺寸一般指塑件的总体尺寸。塑件尺寸的大小取决于塑料的流动性，流动性好的塑料可以成型较大尺寸的塑件，对于薄壁塑件或流动性差的塑料成型时，塑件尺寸不宜过大，以免熔体不能充满型腔或形成熔接痕，影响塑件外观和结构强度。为保证良好的成型，还应从成型工艺和塑件壁厚考虑，如提高成型温度、增加成型压力及塑件壁厚等。此外，注射成型的塑件尺寸受注射机的公称注射量、锁模力和模板尺寸的限制；压缩和压注成型的塑件尺寸受压力机最大压力及台面尺寸的限制。

2. 塑件的尺寸精度

所获得的塑件尺寸与产品图中尺寸的符合程度，即所获得塑件尺寸的准确度，称为塑件尺寸精度。精度的高低取决于成型工艺及使用的材料。在满足使用要求的前提下，应尽可能将塑件尺寸精度设计得低一些。

影响塑件尺寸精度的因素很多，模具制造精度对其影响最大。塑料收缩率的波动会影响塑件尺寸精度；在成型过程中，模具的磨损等原因造成模具尺寸不断变化，也会影响塑件尺寸变化；成型时工艺条件的变化、飞边厚度的变化以及脱模斜度都会影响塑件尺寸精度。

在 GB/T 14486—2008 中，将不同塑料的公差等级要求分为高精度、一般精度、未标注公差尺寸精度三种。根据工程实际的需要，选用不同的公差等级，见表 1-2-1。表中未列出的塑料，可根据塑件成型后的尺寸稳定性参照选择等级。

表 1-2-1　常用塑料制品公差等级的选用（GB/T 14486—2008）

材料代号	模塑材料		公差等级		
			标注公差尺寸		未标注公差尺寸
			高精度	一般精度	
ABS	丙烯腈-丁二烯-苯乙烯共聚物		MT2	MT3	MT5
EP	环氧树脂		MT2	MT3	MT5
PA	聚酰胺	无填料填充	MT3	MT4	MT6
		30%玻璃纤维填充	MT2	MT3	MT5
PC	聚碳酸酯		MT2	MT3	MT5
PE（-LD）	（低密度）聚乙烯		MT5	MT6	MT7
PF	酚醛塑料	无机填料填充	MT2	MT3	MT5
		有机填料填充	MT3	MT4	MT6
POM	聚甲醛	≤150mm	MT3	MT4	MT6
		>150mm	MT4	MT5	MT7
PP	聚丙烯	无填料填充	MT4	MT5	MT7
		30%无机填料填充	MT2	MT3	MT5
PPO	聚苯醚		MT2	MT3	MT5
PS	聚苯乙烯		MT2	MT3	MT5
PSU	聚砜		MT2	MT3	MT5
PVC-P	软质聚氯乙烯		MT5	MT6	MT7

塑件尺寸的上、下极限偏差根据塑件的性质来分配，模具行业通常依据“入体原则”，即轴类尺寸标为单向负偏差，孔类尺寸标为单向正偏差，中心距尺寸标为对称偏差。

为了便于记忆，可以将塑件尺寸的上、下极限偏差的分配原则简化为“凸负凹正、中心对正”。这里“凸”代表轴类尺寸，要求标注外形尺寸，长期使用后，由于磨损尺寸会减小，这类尺寸应标为单向负偏差；“凹”代表孔类尺寸，要求标注内形尺寸，长期使用后，由于磨损尺寸会增大，这类尺寸应标为单向正偏差；“中心”代表中心线尺寸，长期使用而没有磨损的一类尺寸，这类尺寸应标为对称偏差。

若给定的塑件尺寸标注不符合规定，首先应对塑件尺寸标注进行转换。

3. 塑件的表面粗糙度

塑件的表面质量包括有无斑点、银纹、凹痕、起泡、变色等缺陷，也包括表面光泽性和表面粗糙度。表面缺陷在塑件的生产过程中必须尽量避免，表面光泽性和表面粗糙度应根据塑件的使用要求而定，除了在成型时从工艺上尽可能避免出现凹痕、银纹、起泡等缺陷外，主要还应考虑模具成型零件的表面粗糙度。

塑件的表面粗糙度值一般为 $Ra1.6\sim0.2\mu m$，对塑件的表面粗糙度没有要求的（如通常的型芯），塑件的表面粗糙度与模具的表面粗糙度一致；而对塑件的表面粗糙度有要求的（如通常的型腔），模具的表面粗糙度值一般比塑件的表面粗糙度值小 1 ~2 级。为降低模具加工成本，设计塑件时，表面粗糙度在满足使用要求的前提下，尽量不要要求太高。

1.2.2	塑件结构设计

塑件的内外表面形状应在满足使用要求的情况下尽可能易于成型，同时有利于模具结构简化。

1. 塑件的形状

塑件的内外表面形状应易于成型，各部分都能顺利地、方便地从模具中取出，尽量避免侧壁凹槽或与塑件脱模方向垂直的孔，以避免模具采用侧向分型抽芯机构和避免采用瓣合分型或侧抽芯等复杂的模具结构。采用以上复杂结构，不但提高了模具的制造成本，而且会在塑件上留下分型面线痕和飞边。如果塑件有成型侧孔和凸凹结构，可在塑件满足使用要求的前提下，对塑件结构进行适当的修改。图 1-2-2a 所示形式需要采用侧抽芯机构；改为图 1-2-2b 的形式，取消侧孔，则不需侧抽芯机构。图 1-2-3a 所示塑件内部表面有凹台；改为图 1-2-3b 的形式，可取消凹台，便于脱模。

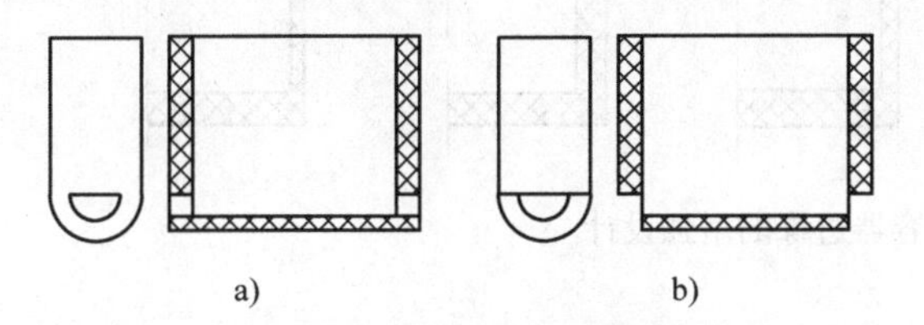

图 1-2-2　无须采用侧向抽芯结构成型的孔结构

a）原结构　b）改进后结构

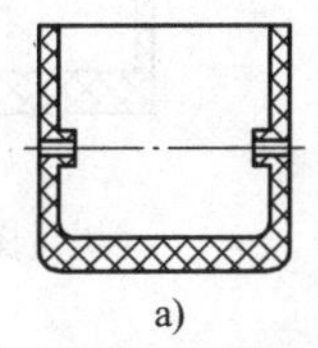

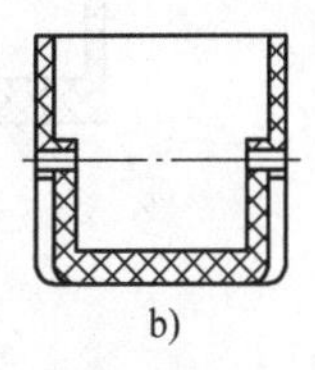

图 1-2-3　塑件内侧表面形状

a）原结构　b）改进后结构

图 1-2-4a 所示塑件的内侧有凹陷，需采用瓣合凹模，塑件模具结构复杂，塑件表面有接缝，改为图 1-2-4b 所示结构可避免塑件上的侧凹结构，模具结构简单。图 1-2-5a 所示

塑件，必须先由抽芯机构抽出侧型芯，然后才能取出，模具结构复杂；改为图1-2-5b所示侧孔形式，无须侧向型芯，模具结构简单。

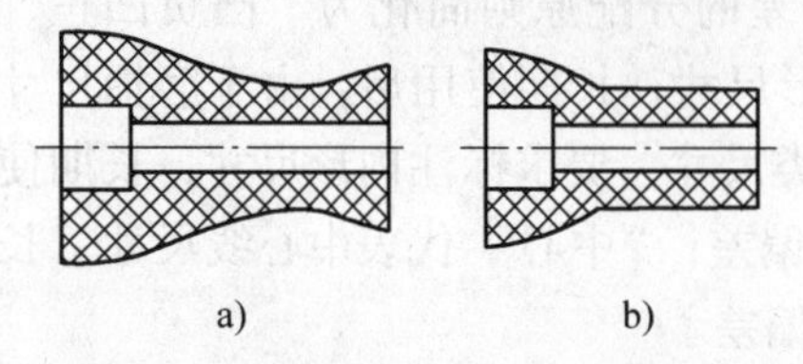

图1-2-4　避免塑件上不必要的侧凹结构
a）原结构　b）改进后结构

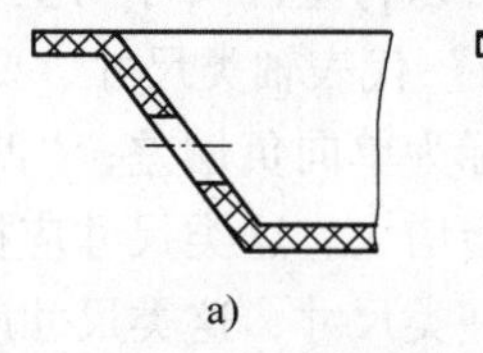

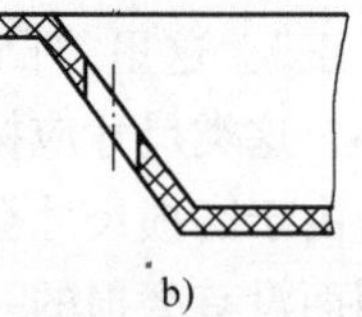

图1-2-5　具有侧孔的塑件
a）原结构　b）改进后结构

当塑件侧壁的凹槽（或凸台）深度（或高度）较浅并带有圆角时，可采用整体式凸模或凹模结构，利用塑料在脱模温度下具有足够弹性的特性，采用强制脱模的方式将塑件脱出。塑件内凹和外凸结构、塑件侧凹深度必须在要求的合理范围内，同时将凹凸起伏处设计为圆角或斜面过渡结构。对于聚乙烯、聚丙烯、聚甲醛这类带有足够弹性的塑料，成型时均可采取强制脱模方式，但多数情况下，带侧凹的塑件不宜采用强制脱模，以免损坏塑件。

塑件的形状设计还应有利于提高塑件的强度和刚度。薄壳状塑件可设计成球面或拱形曲面。如容器盖或底设计成图1-2-6所示形状，可以有效地增加刚度，减小变形。

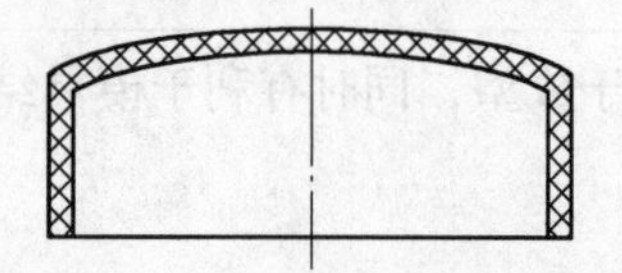
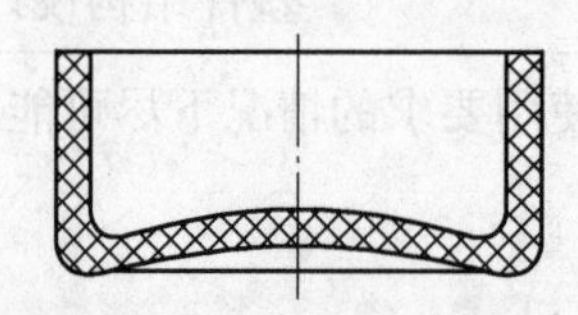
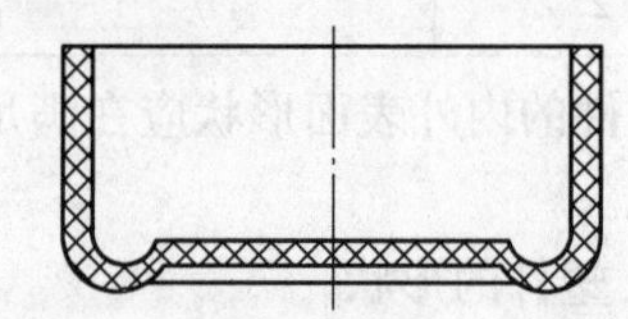

图1-2-6　容器盖、底的设计

薄壁容器的边缘是强度、刚度较为薄弱之处，易于开裂、变形损坏。图1-2-7所示形状可增强刚度，减小变形。

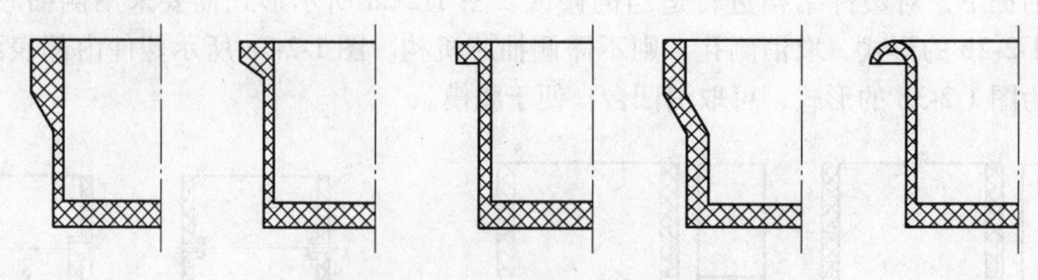

图1-2-7　容器边缘的增强设计

紧固用的凸耳或台阶应有足够的强度，以承受紧固时的作用力，应避免台阶突然过渡和支承面过小，凸耳应用加强筋加强，如图1-2-8所示。当塑件较大、较高时，可在其内壁及外壁设计纵向圆柱、沟槽或波纹状形式的增强结构。图1-2-9所示为局部加厚侧壁尺寸，以预防侧壁翘曲。

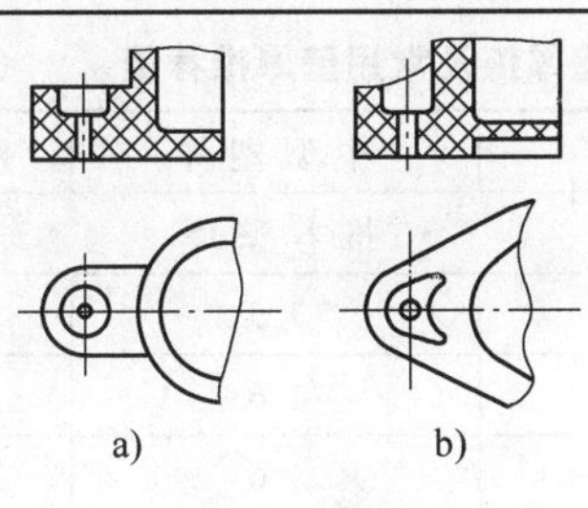

图 1-2-8　塑件紧固用的凸耳
a）不合理　b）合理

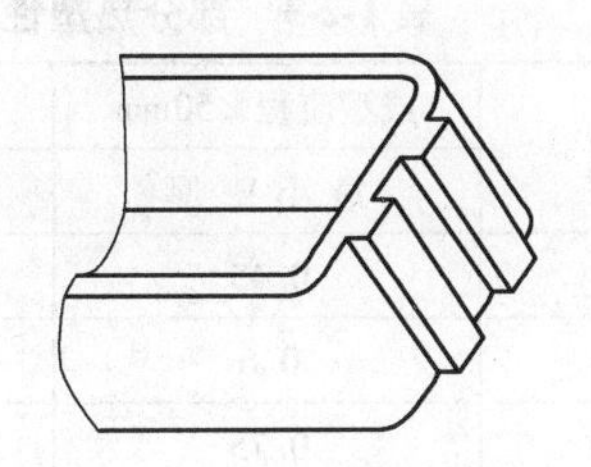

图 1-2-9　局部加厚侧壁尺寸

针对一些软塑料（如聚乙烯）成型的矩形薄壁容器，成型后易出现内凹翘曲，如图 1-2-10a 所示，为避免内凹，可将塑件侧壁设计得稍微外凸，待内凹后刚好平直，如图 1-2-10b 所示。图 1-2-10c 则是在不影响塑件使用要求的前提下将塑件各边均设计成弧形，从而使塑件不易产生翘曲变形。塑件的形状设计还应考虑分型面位置，应有利于飞边和毛刺的去除。

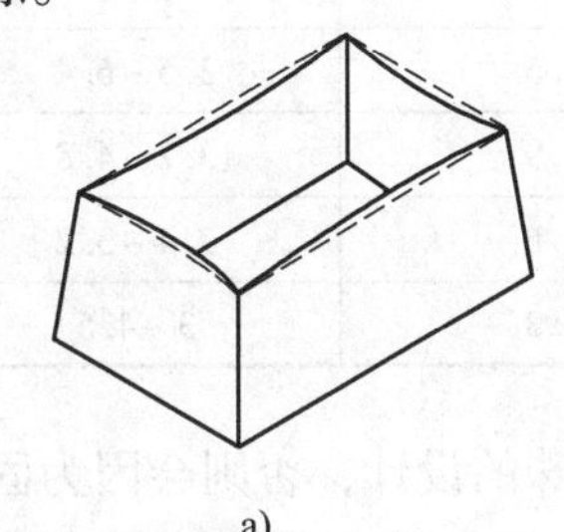

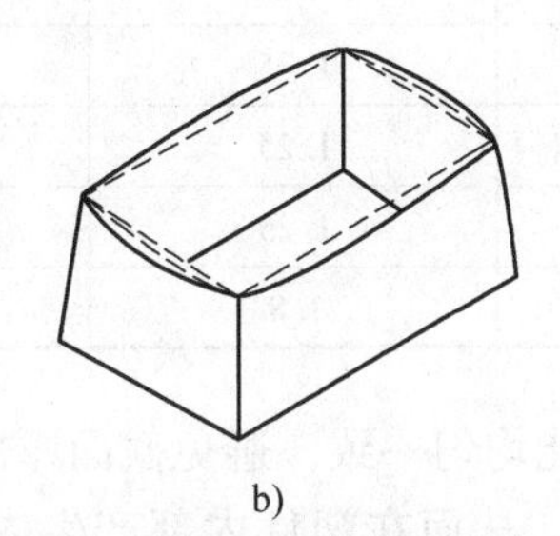

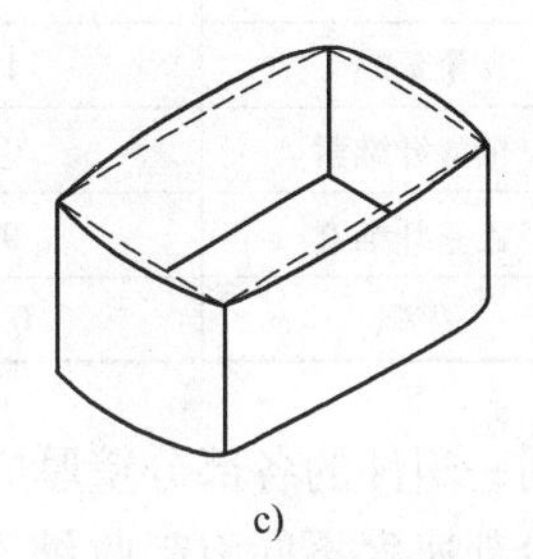

图 1-2-10　防止矩形薄壁容器内凹翘曲

综上所述，塑件的形状必须便于成型顺利进行，简化模具结构，有利于提高生产率和确保塑件质量。

2. 塑件的壁厚

塑件壁厚是否合理直接影响塑件的使用及成型质量。塑件壁厚不仅要满足使用时强度和刚度的要求，在装配时能够承载紧固力的大小，而且要满足成型时熔体能够充满型腔，脱模时能够承受脱模机构的冲击和振动等要求。但壁厚也不能过大，过大会浪费塑料原料，提高塑件成本；同时也增加成型时间和冷却时间，延长成型周期，还容易产生气泡、缩孔、凹痕、翘曲等缺陷，对于热固性塑料成型还可能造成固化不足。

塑件壁厚的大小主要取决于塑料品种、大小及成型条件。热固性塑件可参考表 1-2-2，热塑性塑件可参考表 1-2-3。

表 1-2-2　部分热固性塑件的壁厚推荐值　　（单位：mm）

塑件材料	塑件外形高度		
	<50	50～100	>100
粉状填料的酚醛塑料	0.7～2.0	2.0～3.0	5.0～6.5
纤维状填料的酚醛塑料	1.5～2	2.5～3.5	6.0～8.0
氨基塑料	1.0	1.3～2.0	3.0～4.0
聚酯玻璃纤维填料的塑料	1.0～2.0	2.4～3.2	>4.8
聚酯无机物填料的塑料	1.0～2.0	3.2～4.8	>4.8

表 1-2-3 部分热塑性塑件的最小壁厚值及常用壁厚推荐值 (单位：mm)

塑件材料	成型流程＜50mm	小型塑件	中型塑件	大型塑件
	最小壁厚	推荐壁厚		
尼龙	0.45	0.76	1.5	2.4~3.2
聚乙烯	0.6	1.25	1.6	2.4~3.2
聚苯乙烯	0.75	1.25	1.6	3.2~5.4
改性聚苯乙烯	0.75	1.25	1.6	3.2~5.4
有机玻璃（372）	0.8	1.5	2.2	4~6.5
硬质聚氯乙烯	1.2	1.6	1.8	4.2~5.4
聚丙烯	0.85	1.45	1.75	2.4~3.2
氯化聚醚	0.9	1.35	1.8	2.5~3.4
聚甲醛	0.8	1.4	1.6	3.2~5.4
丙烯酸类	0.7	0.9	2.4	3~6
聚苯醚	1.2	1.75	2.5	3.5~6.4
醋酸纤维素	0.7	1.25	1.9	3.2~4.8
乙基纤维素	0.9	1.25	1.6	2.4~3.2
聚砜	0.95	1.8	2.3	3~4.5

同一塑件的各部分壁厚应尽可能均匀一致，避免截面厚薄悬殊的设计，否则会因为固化或冷却速度不同引起收缩不均匀，从而在塑件内部产生内应力，导致塑件产生翘曲、缩孔，甚至开裂等缺陷。图 1-2-11a 所示为结构不合理的设计，图 1-2-11b 所示为结构合理的设计。当无法避免壁厚不均匀时，可做成倾斜的形状，如图 1-2-12 所示，使壁厚逐渐过渡，但不同壁厚的比例不应超过 1/3。当壁厚相差过大时，可将塑件分解，即将一个塑件设计为两个塑件，分别成型后粘合成为制品，只有在不得已时才采用这种方法。

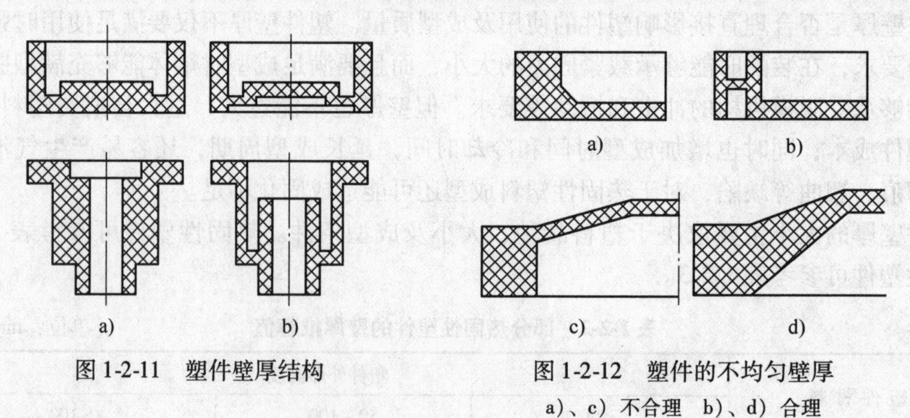

图 1-2-11 塑件壁厚结构

图 1-2-12 塑件的不均匀壁厚

a)、c) 不合理 b)、d) 合理

3. 脱模斜度

塑件成型后，由于塑件冷却后产生收缩，会紧紧包住模具型芯或型腔中凸出的部分，为使塑件便于从模具中脱出，防止脱模时塑件的表面被擦伤和推顶变形，与脱模方向平行的塑件内外表面应有足够的斜度，即脱模斜度，如图 1-2-13 所示。

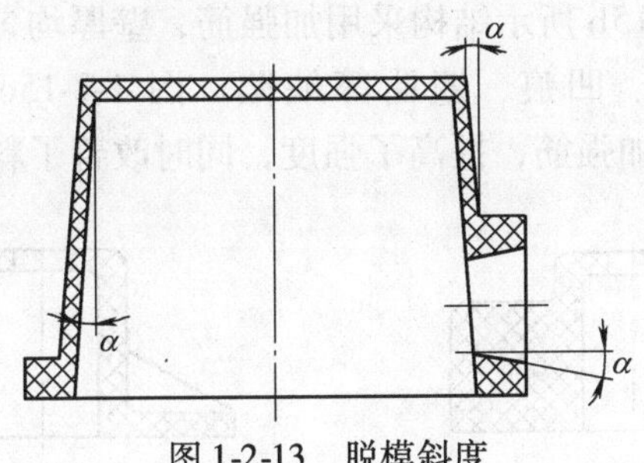

图 1-2-13　脱模斜度

脱模斜度的大小主要取决于塑料的收缩率，塑件的形状、壁厚以及塑件的部位。常用塑件脱模斜度可参照表 1-2-4。

表 1-2-4　常用塑件脱模斜度

塑件材料	脱模斜度 α	
	型　腔	型　芯
聚乙烯、聚丙烯、软质聚氯乙烯、聚酰胺、氯化聚醚	25′~45′	20′~45′
硬质聚氯乙烯、聚碳酸酯、聚砜	35′~45′	30′~50′
有机玻璃、聚苯乙烯、聚甲醛、ABS	35′~1°30′	30′~40′
热固性塑料	25′~40′	20′~50′

注：本表所列脱模斜度适用于开模后塑件留在凸模上的情形。

通常，塑件脱模斜度的选取应遵循以下原则：

1）塑件的收缩率大、壁厚，脱模斜度应取偏大值，反之取偏小值。

2）塑件结构比较复杂，脱模阻力就比较大，应选用较大的脱模斜度。

3）当塑件高度不大（一般 <2mm）时，可以不设脱模斜度；对有型芯和深型腔的塑件，为了便于脱模，在满足塑件的使用和尺寸公差要求的前提下，可将脱模斜度值取大些。

4）一般情况下，塑件内表面的脱模斜度取值可比外表面的大些，有时也可根据塑件的预留位置（留于凸模或凹模上）来确定塑件内表面的脱模斜度。

5）热固性塑料的脱模斜度，除在图样上特别说明外，不包括在塑件公差范围内。标注时，内孔以小端为基准，脱模斜度由放大的方向取得，外形以大端为基准，脱模斜度由缩小的方向取得，如图 1-2-13 所示。

4. 塑件的加强筋

在塑件适当的位置上设置加强筋可以在不增加塑件壁厚的情况下提高塑件的强度和刚度，防止塑件变形。加强筋的尺寸如图 1-2-14 所示，t 为塑件的壁厚，则加强筋高度 $L=(1-3)t$，筋条厚度 $A=(0.5\sim0.7)t$，筋根过渡圆角 $R=(1/8\sim1/4)t$，收缩角 $\alpha=20°\sim50°$，筋端部圆角 $r=t/8$；当 $t\leqslant 2$mm 时，取 $A=r$，加强筋端部不应与塑件支承面平齐，而应缩进 0.5mm 以上。图 1-2-15 所示为采用加强筋减小壁厚的结构。图 1-2-15a

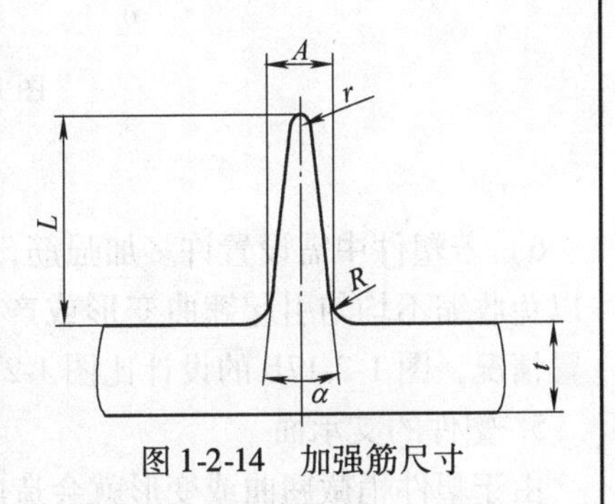

图 1-2-14　加强筋尺寸

中壁厚大而不均匀；图 1-2-15b 所示结构采用加强筋，壁厚均匀，既省料又提高了强度和刚度，避免了气泡、缩孔、凹痕、翘曲等缺陷。图 1-2-15c 所示凸台强度薄弱，而图 1-2-15d 所示结构增设了加强筋，提高了强度，同时改善了料流状况。

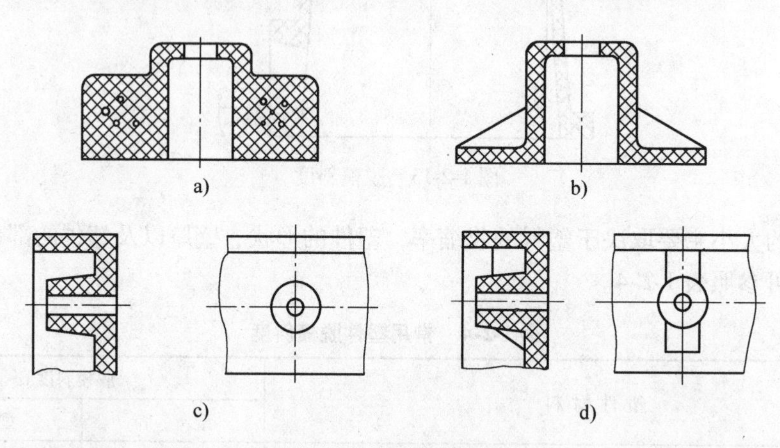

图 1-2-15　加强筋的设计

加强筋的设置原则如下：

1）加强筋的侧壁必须有足够的斜度，底部与壁连接处应采取圆弧过渡，以防外力作用时，产生应力集中而被破坏。

2）加强筋的厚度应小于壁厚，否则壁面会因筋根部的内切圆处的缩孔而产生凹陷。

3）加强筋的高度不宜过高，以免筋部受力破损。为了得到较好的增强效果，以设计矮一些、多一些为好，若能够将若干个小筋连成栅格，则强度能显著提高。

4）加强筋的设置方向除应与受力方向一致外，还应尽可能与熔体流动方向一致，以免料流受到搅乱，使塑件的韧性降低。

5）加强筋之间的中心距应大于两倍壁厚，且加强筋的端面不应与塑件支承面平齐，应留有一定间隙，否则会影响塑件使用，如图 1-2-16 所示。

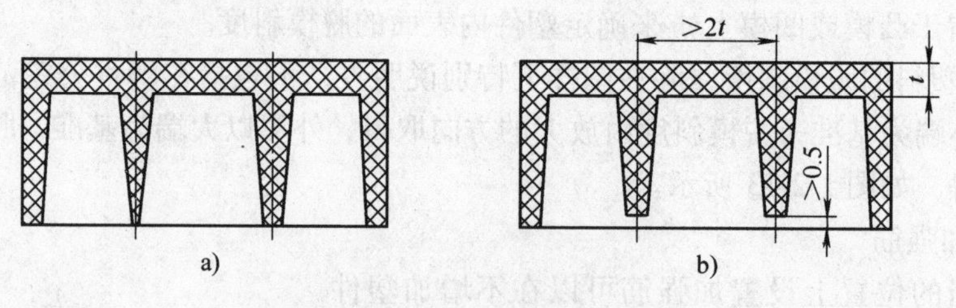

图 1-2-16　多个加强筋的设计

a）不合理　b）合理

6）若塑件中需设置许多加强筋，其分布应相互交错排列，尽量减少塑料的局部集中，以免收缩不均匀引起翘曲变形或产生气泡和缩孔。图 1-2-17 所示为容器盖上加强筋的布置情况，图 1-2-17b 的设计比图 1-2-17a 合理。

5. 塑件的支承面

由于塑件稍微翘曲或变形就会造成底面不平，容易产生接触不稳，因此，以塑件整个底面作支承面并不合理。为了平稳地支承起塑件，通常都采用凸起的边框或底脚（三点或四点）为支承面，如图 1-2-18 所示。

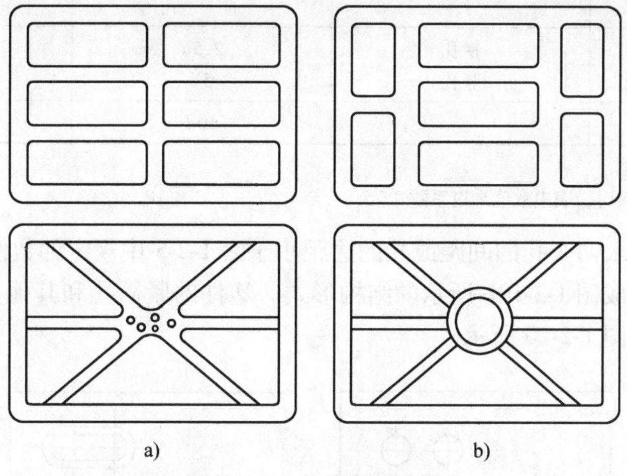

图 1-2-17　加强筋的布置

a）不合理　b）合理

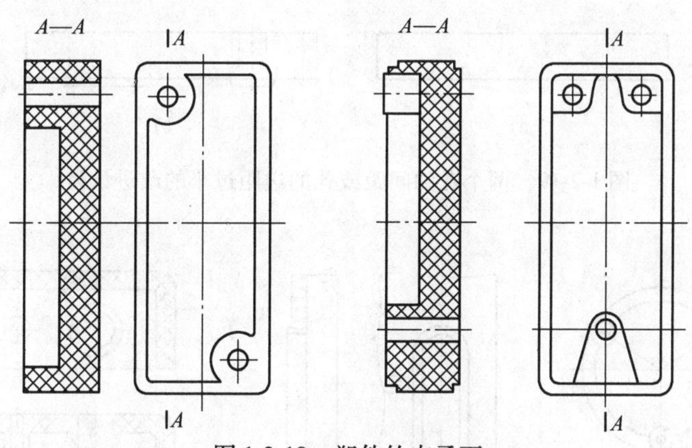

图 1-2-18　塑件的支承面

6. 孔的设计

塑件在使用时经常需要设置一些孔，如紧固连接孔、定位孔、安装孔及特殊用途的孔等。常见的孔有通孔、盲孔（不通孔）、螺纹孔和形状复杂的异形孔等。塑件上的孔是用模具的型芯成型的，因此，孔的形状应力求简单，以免增加模具制造的难度；同时孔的位置应尽可能开设在强度大或壁厚部位。孔与孔之间、孔与壁之间均应有足够的距离，表 1-2-5 所列为热固性塑料孔与孔之间、孔与壁之间的距离。孔径与孔深也有一定的关系，见表 1-2-6。

表 1-2-5　热固性塑料孔与孔之间、孔与壁之间的距离　（单位：mm）

孔　　径	<1.5	1.5~3	3~6	6~10	10~18	18~30
孔间距、孔边距	1~1.5	1.5~2	2~3	3~4	4~5	5~7

注：1. 热塑性塑料的取值为热固性塑料取值的 75%。

2. 增强塑料宜取大值。

3. 两孔径不一致时，以小孔的直径查表。

表 1-2-6　孔径与孔深的关系

成型方式	孔的形式	孔深	
		通　孔	盲　孔
压缩成型	横孔 竖孔	2.5d 5d	<1.5d <2.5d
注射或挤出成型		10d	(4~5) d

注：1. d 为孔的直径。

2. 采用纤维塑料时，表中数值乘以系数 0.75。

如果在使用时要求两个孔的间距或孔的边距小于表 1-2-5 中规定的数值时，如图 1-2-19a 所示，可将孔设计成图 1-2-19b 所示的结构形式。塑件的紧固孔和其他受力孔四周可采用凸边予以加强，如图 1-2-20 所示。

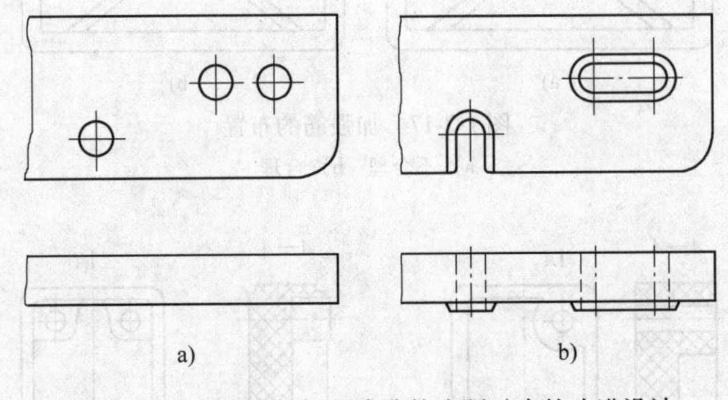

图 1-2-19　两个孔的间距或孔的边距过小的改进设计

图 1-2-20　孔边增厚加强

（1）通孔　通孔的成型方法如图 1-2-21 所示。图 1-2-21a 中，形成通孔的型芯由一端固定，成型时在另一端分型面会产生不易修整的横向飞边，且成型孔的深度不宜太深或直径不宜太小，否则型芯会发生弯曲。图 1-2-21b 中的孔采用两端固定的型芯组合成型，在型芯接合处会产生横向飞边，由于不易保证两个型芯的同轴度，设计时应使其中一个型芯直径比另一个大 0.5~1mm，这样即使同轴度有偏差，仍然能保证安装和使用。与图 1-2-21a 所示的形式相比，图 1-2-21b 所示形式的特点是型芯长度缩短稳定性增加。图 1-2-21c 中，型芯由一端固定，另一端导向固定，型芯具有良好的强度和刚度，能保证孔的轴向精度；但导向一端由于磨损，长期使用易产生圆周纵向飞边。

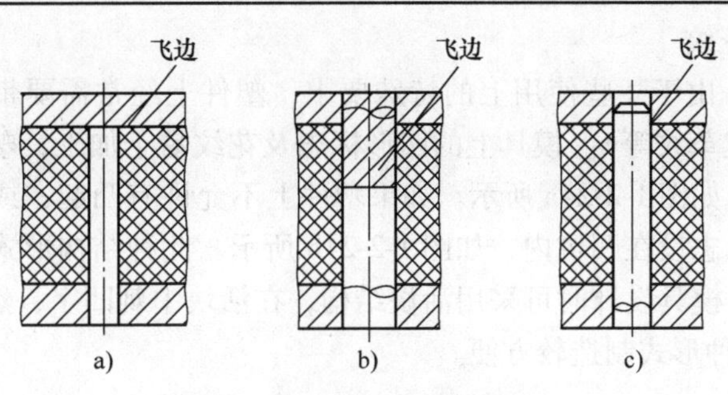

图 1-2-21　通孔的成型方法

（2）盲孔　盲孔只能用一端固定的型芯成型。对于与熔体流动方向垂直的孔，当孔径在 1.5mm 以下时，为了防止型芯弯曲，孔深以不超过孔径的两倍为好。一般情况下，注射成型或压注成型时，孔深小于 3 倍孔径；压缩成型时，孔深小于 2.5 倍孔径。当孔径较小而深度太大时，孔只能在成型后再进行机械加工。

（3）互相垂直的孔或相交的孔　互相垂直的孔或相交的孔，在压缩成型的塑件中不宜采用，而且两个孔不能互相嵌合，如图 1-2-22a 所示。

型芯中间穿过侧型芯，这样容易产生故障，应采用图 1-2-22b 所示的结构形式。成型时，小孔型芯从两边抽芯后，再抽大孔型芯。塑件上需要设置侧壁孔时，为使模具结构简化，应尽量避免侧向抽芯机构。

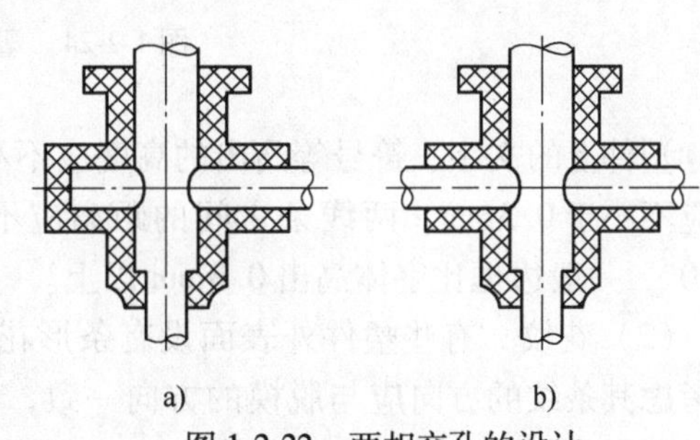

图 1-2-22　两相交孔的设计

（4）异形孔　对于某些斜孔或形状复杂的异形孔，为避免侧向抽芯，简化模具结构，可考虑采用拼合的型芯成型，如图 1-2-23 所示。

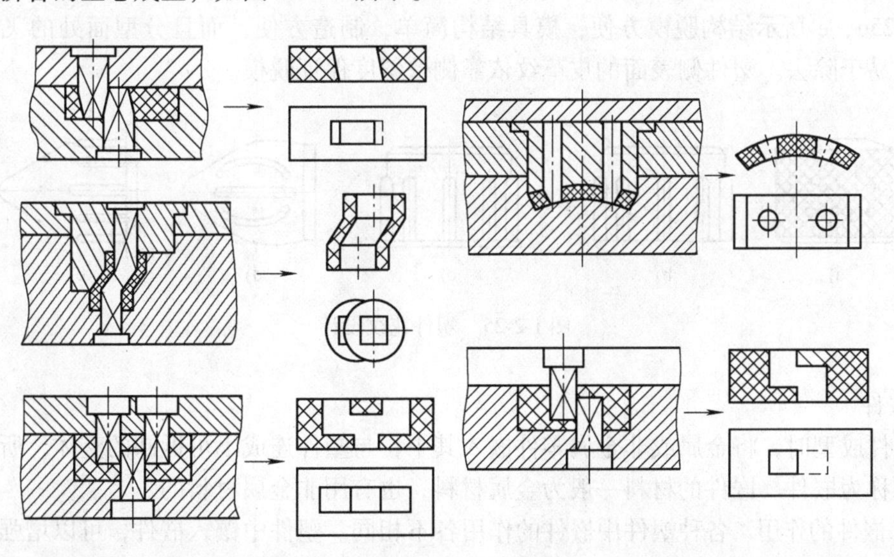
图 1-2-23　拼合的型芯成型复杂的异形孔

7. 文字、符号及花纹

（1）文字、符号　由于某些使用上的特殊要求，塑件上经常需要带有文字、符号或花纹（如凸、凹纹，皮革纹等）。模具上的凹形标志及花纹易于加工，塑件上一般采用凸形文字、符号或花纹，如图1-2-24a所示。如果塑件上不允许有凸起，或需在文字符号上涂色时，可将凸起的标志设在凹坑内，如图1-2-24b所示。此种结构形式的凸字在塑件抛光或使用时不易损坏。模具设计时可采用活块结构，在活块中刺凹字，然后镶入模具中，如图1-2-24c所示，这种形式制造较方便。

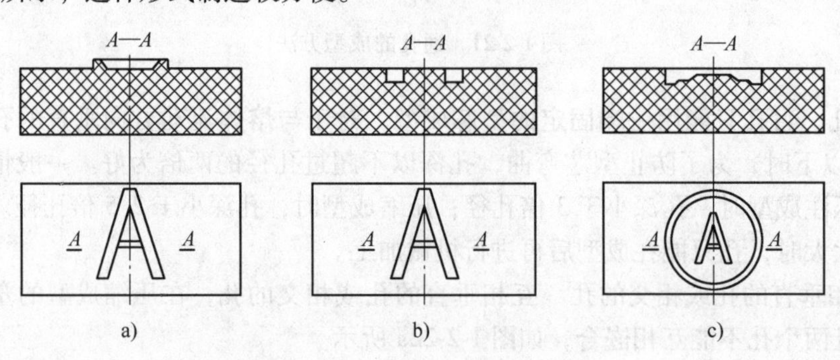

图1-2-24　塑件上标记符号形式

塑件上的文字、符号等凸出的高度应不小于0.2mm，通常以0.8mm为适宜，线条宽度应不小于0.3mm，两线条之间的距离应不小于0.2mm，字体或符号的脱模斜度应大于10°，一般边框比字体高出0.3mm以上。

（2）花纹　有些塑件外表面设有条形花纹，如手轮、手柄、瓶盖、按钮等，设计时要考虑其条纹的方向应与脱模的方向一致，以便于塑件脱模和制造模具。图1-2-25a、d所示塑件脱模困难，模具结构复杂；图1-2-25b所示结构在分型面处飞边不易除去；图1-2-25c、e所示结构脱模方便，模具结构简单，制造方便，而且分型面处的飞边为一圆形，易于除去。塑件侧表面的皮革纹依靠侧壁斜度保证脱模。

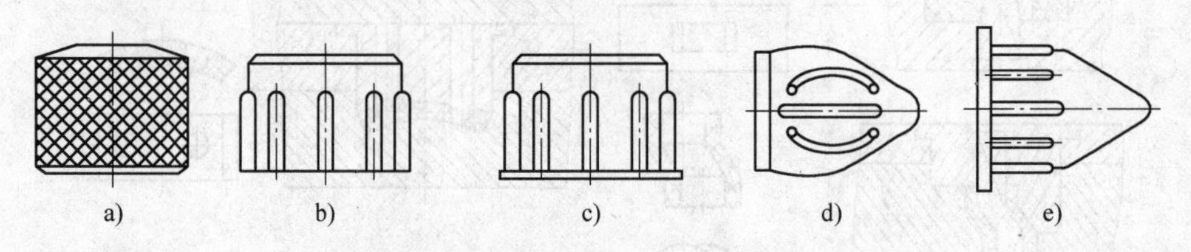

图1-2-25　塑件花纹设计

8. 嵌件

在塑件成型时，将金属或非金属零件嵌入其中，与塑件连成不可拆卸的整体，所嵌入的零件则称为嵌件。嵌件的材料一般为金属材料，也有用非金属材料的。

（1）嵌件的作用　各种塑件中嵌件的作用各不相同。塑件中镶入嵌件，可以增强塑件局部的强度、硬度、耐磨性、导电性、导磁性等，也可以增加塑件尺寸及形状的稳定性，还可以降低材料的消耗。但采用嵌件一般会增加塑件成本，使模具结构复杂，降低生产率。

（2）嵌件的类型　常用的嵌件如图1-2-26所示。图1-2-26a所示为圆筒形嵌件，有通孔和不通孔两种，并带有螺纹套、轴套和薄壁套管等，其中以带螺纹孔的嵌件最为常见；图1-2-26b所示为柱形嵌件，带有螺杆、轴销、接线柱等；图1-2-26c所示嵌件常用作塑件内的导体和焊片；图1-2-26d所示为杆状贯穿嵌件，它常用在汽车转向盘塑料制品中，加入金属细杆可以提高转向盘的强度和硬度；图1-2-26e所示非金属嵌件为ABS做嵌件的有机玻璃仪表壳。

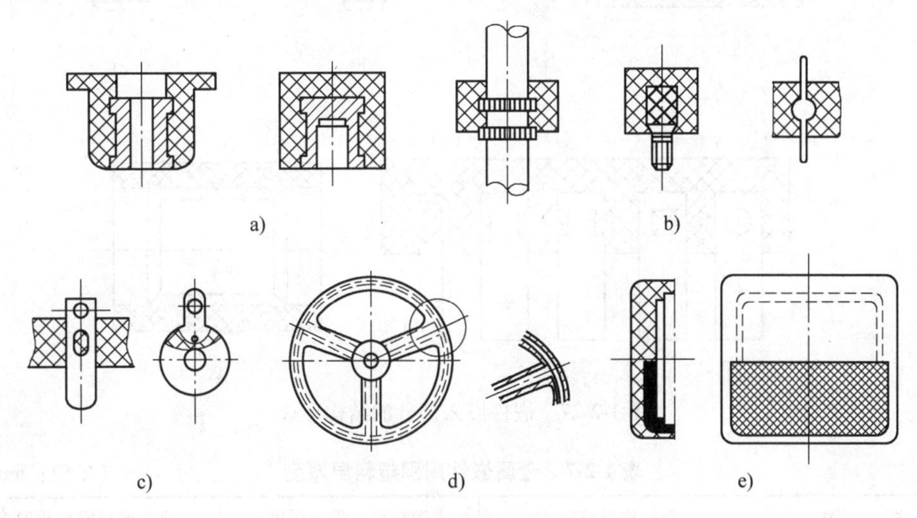

图1-2-26　常用的嵌件种类

（3）嵌件的设计　设计塑件的嵌件时，主要应考虑嵌件与塑件的牢固连接、成型过程中嵌件定位的可靠性和嵌件固定的稳定性、塑件的强度等问题。而解决这些问题的关键在于嵌件的结构、嵌件与塑件的配合关系。

1）嵌件与塑件的连接。为了避免嵌件受力时在塑件内转动或被拔出，保证嵌件与塑件的牢固连接，嵌件嵌入部分的表面必须设计有适当的凸状或凹状部分，如图1-2-27a所示；柱状嵌件可在外形滚直纹或菱形花纹并切出沟槽，如图1-2-27b所示；嵌入部分的表面滚菱形花纹（适于小件），如图1-2-27c所示；图1-2-27d所示为嵌入部分压扁的结构，该结构用于导电部分必须保证有一定横截面的场合；板、片状嵌件嵌入部分可采用切口、冲孔或压弯方法固定；薄壁管状嵌件可将端部翻边以便固定，如图1-2-27e所示。

由于金属嵌件和塑件在冷却时的热收缩率相差很大，金属嵌件在成型过程中收缩量极小，而塑料却有明显的收缩，嵌件的设置使嵌件周围塑料产生内应力，设计不当会造成塑件的变形，甚至开裂。内应力大小与嵌件材料、塑料特性、塑料收缩率以及嵌件结构有关。因此，对有嵌件的塑件，选材上应选用弹性大、收缩率小的塑料或与塑料收缩率相近的金属嵌件；设计上应保证嵌件周围的塑料层有足够的厚度，以防塑件开裂，同时嵌件不应带有尖角，形状变化应为斜面或圆角，以减少应力集中，嵌件上还应尽量避免设计通孔，以免塑料挤入孔内。表1-2-7列出了嵌件周围塑料层厚度的推荐值，供设计时参考。

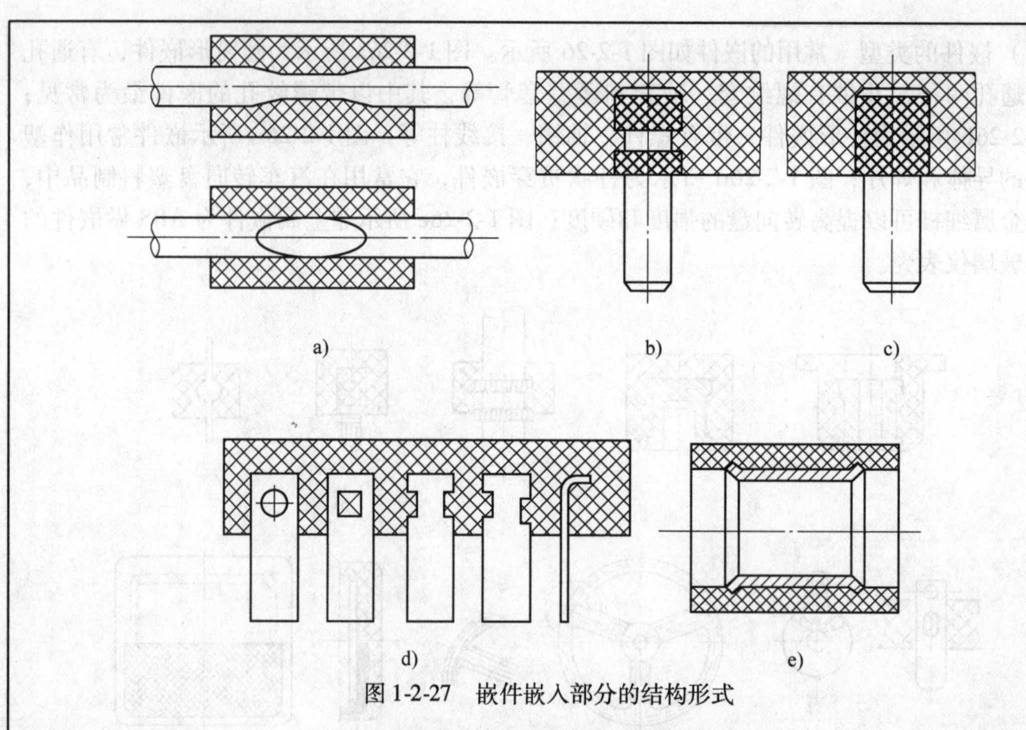

图 1-2-27　嵌件嵌入部分的结构形式

表 1-2-7　金属嵌件周围塑料层厚度　　（单位：mm）

图　例	金属嵌件直径 D	周围塑料层最小厚度 C	顶部塑料层最小厚度 H
	≤4	1.5	0.8
	>4～8	2.0	1.5
	>8～12	3.0	2.0
	>12～16	4.0	2.5
	>16～25	5.0	3.0

2）嵌件在模具内的定位与固定。嵌件在模具中必须正确定位和可靠固定，以防成型时嵌件受到充填塑料流的冲击而发生歪斜或变形。同时还应防止成型时塑料挤入嵌件上的预留孔或螺纹，影响嵌件的使用。

嵌件固定的方式很多，杆形嵌件的定位方法，如外螺纹在模具内的固定方法，如图 1-2-28 所示。图 1-2-28a 所示为光杆插入模具定位孔内定位，光杆和孔的间隙配合长度至少为 1.5mm，且间隙配合不得大于成型塑料的溢料间隙。图 1-2-28b 所示结构采用凸肩配合，增加了嵌件插入模具后的稳定性，还可防止熔融塑料进入螺纹中。图 1-2-28c 所示结构采用凸出的圆环定位，在成型时，圆环被压紧在模具上形成密封环，可防止塑料进入。

圆环形嵌件的定位方法，以内螺纹在模具内的固定方法为例，如图 1-2-29 所示。内螺纹嵌件可直接插在光杆上，如图 1-2-29a 所示。为了增强稳定性，还可采用外部凸台或内部凸阶与模具紧密配合。图 1-2-29b、c、d 所示为当注射压力不大时，螺纹细小（M3.5 以下）的嵌件可直接插在光杆上，从而使操作大为简便。嵌件在模具内的安装配合形式常采用 H9/f9，配合长度一般为 3～5mm。

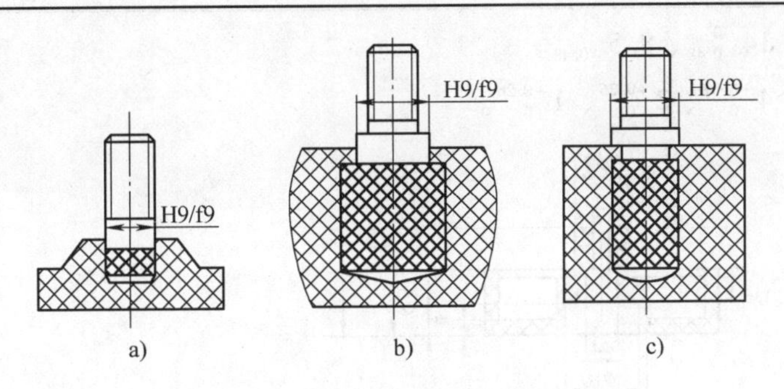

图 1-2-28　外螺纹在模具内的固定方法

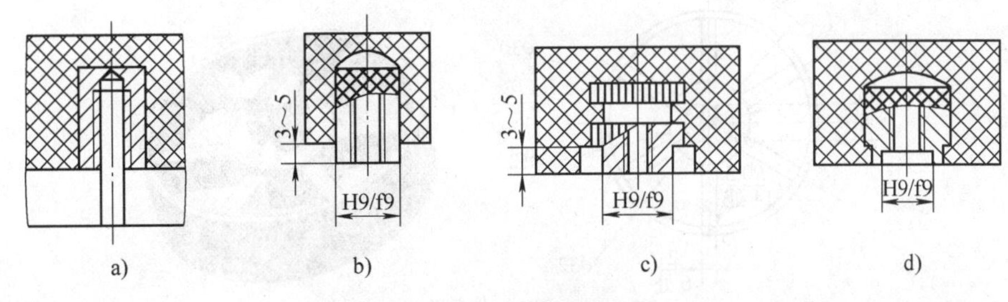

图 1-2-29　内螺纹在模具内的固定方法

无论是杆形还是环形嵌件，在模具中伸出的自由长度均不应超过定位部分直径的两倍。否则，成型时熔体压力会使嵌件移位或变形。当嵌件过高或使用细杆状或片状的嵌件时，应在模具上设支柱，以免嵌件弯曲，如图 1-2-30a、b 所示。但需要注意的是所设支柱在塑件上产生的支柱工艺孔应不影响塑件的使用。对于薄片状嵌件，为了降低对料流的阻力，同时防止嵌件的受力变形，可在塑料熔体流动的方向上钻孔，如图 1-2-30c 所示。

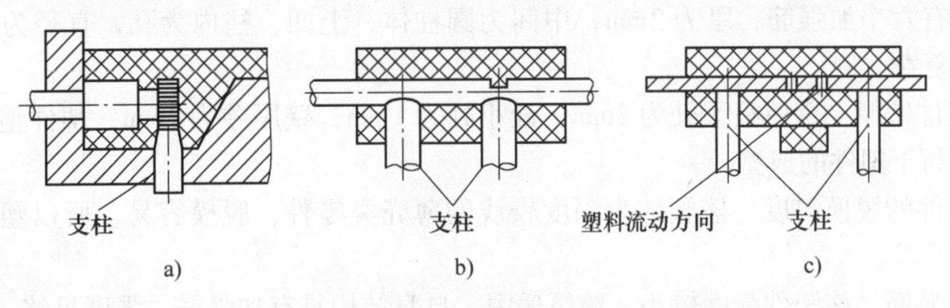

图 1-2-30　细长类嵌件在模具内的支承方法

1.2.3	分析汽车操作按钮塑件结构工艺性

汽车操作按钮（图 1-2-31）材料为 PVC，制件总体形状为带有台阶的圆形，中部有两层凸台，六个加强筋均匀分部，底部有一个沉孔，该塑件结构属于中等复杂程度。

1. 塑件尺寸精度分析

尺寸精度无特殊要求，所有尺寸均为自由尺寸，查相关模具手册可知聚氯乙烯塑件公差等级为 MT 6，参照 GB/T 14486—2008，标注主要尺寸公差如下（单位均为 mm）：

1）塑件外形尺寸：$\phi 7_{-0.40}^{\ 0}$、$\phi 32_{-0.70}^{\ 0}$、$\phi 12_{-0.48}^{\ 0}$、$5_{-0.32}^{0}$、$2_{-0.26}^{\ 0}$。

2）塑件内形尺寸：$\phi 30_{\ 0}^{+0.68}$、$\phi 10_{\ 0}^{+0.40}$、$\phi 4_{\ 0}^{+0.32}$、$2_{\ 0}^{+0.26}$。

3）高度尺寸：$14_{-0.48}^{\ 0}$、$8.5_{-0.48}^{\ 0}$。

4）深度尺寸：$4_{\ 0}^{+0.32}$、$2_{\ 0}^{+0.26}$、$1_{\ 0}^{+0.26}$。

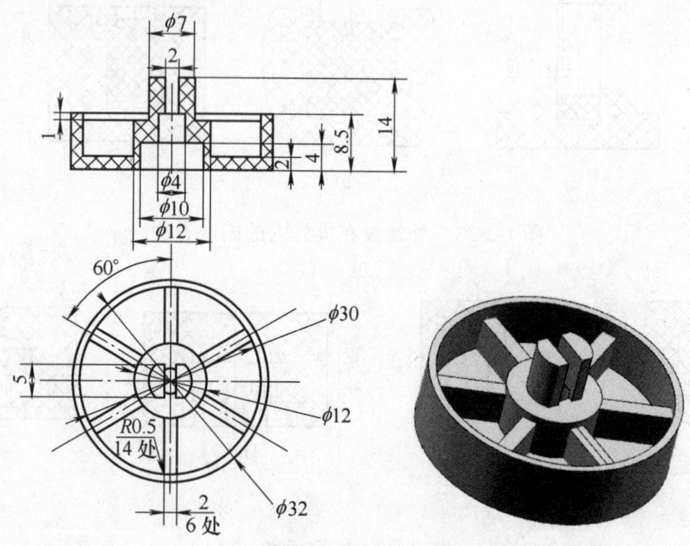

图 1-2-31　汽车操作按钮

2. 塑件结构工艺分析

（1）塑件的表面粗糙度　查相关模具手册可知，聚氯乙烯注射成型时，表面粗糙度值的范围为 *Ra*0.16～0.025μm。而该塑件表面粗糙度无要求，取 *Ra*1.6μm，对应的模具成型零件工作部分表面粗糙度值应为 *Ra*0.8～0.4μm，可以实现。

（2）塑件的形状　该塑件为盘盖类塑件，最大外形尺寸为 32mm，高 14mm，外部为圆形，内部有六个加强筋，厚为 2mm，中间为圆柱体，上凹，柱内为孔，直径为 2mm，模具结构较复杂。

（3）塑件壁厚　壁厚最大处为 2mm，最小处为 1mm，壁厚差为 1mm，塑件整体壁厚较均匀，有利于塑件的成型。

（4）塑件的脱模斜度　该塑件为深度较浅的薄壳类零件，脱模容易，所以塑件的脱模斜度满足要求。

（5）加强筋　该塑件高度较小，壁厚适中，自身结构具有加强筋，强度足够。

（6）支承面和凸台　该塑件无整体支承面，且凸台不起支承作用。

（7）圆角　该塑件内外表面连接处都设有圆角。

（8）孔　该塑件有一个沉孔，型芯结构简单，成型方便。

（9）侧孔和侧凹　该塑件比较简单，没有侧孔和侧凹，因此模具设计时不需要设置侧向分型抽芯机构。

（10）金属嵌件　该塑件无金属嵌件。

（11）螺纹、自攻螺纹孔　该塑件无螺纹孔。

（12）铰链　该塑件无铰链结构。

（13）文字、符号及标记　该塑件无文字、符号及标记。

通过以上分析可见，该塑件结构属于中等复杂程度，结构工艺性合理，不需对塑件的结构进行修改，塑件尺寸精度中等偏上，对应的模具零件尺寸容易保证。注射时，在工艺参数控制较好的情况下，塑件的成型要求可以得到保证。

1.2.4 塑件实例分析

以多功能笔筒塑件（图 1-2-32）为例，对其结构工艺性能进行分析。

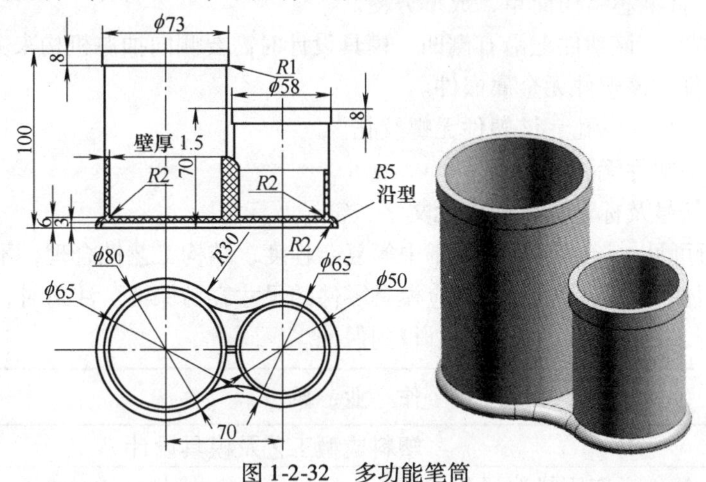

图 1-2-32　多功能笔筒

1. 塑件尺寸精度分析

该塑件尺寸精度无特殊要求，所有尺寸均为自由尺寸，查相关模具手册或表 1-2-1 可知丙烯腈-丁二烯-苯乙烯共聚物（ABS）塑件公差等级为 MT 5（未标注公差尺寸），查表标注主要尺寸公差如下（单位均为 mm）：

1）塑件外形尺寸：$\phi 73_{-0.84}^{\ 0}$、$\phi 58_{-0.76}^{\ 0}$、$R30_{-0.48}^{\ 0}$、$R5_{-0.28}^{\ 0}$、$\phi 80_{-0.84}^{\ 0}$、$\phi 65_{-0.76}^{\ 0}$。

2）塑件内形尺寸：$\phi 65_{\ 0}^{+0.76}$、$\phi 50_{\ 0}^{+0.64}$。

3）高度尺寸：$100_{-0.86}^{\ 0}$、$70_{-0.84}^{\ 0}$、$6_{-0.28}^{\ 0}$、$8_{-0.28}^{\ 0}$。

4）深度尺寸：$3_{\ 0}^{+0.2}$。

5）两圆柱中心距：70 ±0.43。

由于该塑件尺寸精度无特殊要求，所有尺寸均为自由尺寸，可查表直接按规定标注偏差（本例使用此方法），也可按未注尺寸公差标注后转化。

2. 塑件结构工艺分析

（1）塑件的表面粗糙度　查相关模具手册可知，ABS 注射成型时，表面粗糙度值的范围为 Ra0.16 ~0.025 μm。而该塑件表面粗糙度无要求，取 Ra1.6μm，对应模具成型零件工作部分表面粗糙度值应为 Ra0.8 ~0.4μm，可以实现。

（2）塑件的形状　该塑件为筒型类塑件，外形为两个圆柱，直径分别为 73mm、58mm；口部为高 8mm 的外凸；两个圆柱的中心距为 70mm，高度分别为 100mm、70mm；底部支承稳定，模具设计时需要侧向抽芯机构，模具结构较复杂。

（3）壁厚　壁厚最大处为 2mm，壁厚均匀，有利于零件的成型。

（4）脱模斜度　查表 1-2-4 可知，ABS 塑件的型腔脱模斜度一般为 35′ ~1°30′，型芯脱模斜度为30′~40′。而该塑件为深度较深的薄壳类零件，脱模较难，尺寸较大的直边应设有大于1°的脱模斜度。

（5）加强筋　该塑件高度较小，壁厚适中，自身结构具有加强筋，强度足够。

（6）支承面和凸台　该塑件整体支承面稳定。

（7）圆角　该塑件内外表面连接处都设有圆角。

（8）孔　该塑件型芯结构简单，成型方便。

（9）侧孔和侧凹　该塑件上沿有侧凹，模具设计时需要侧向抽芯机构来完成。

（10）金属嵌件　该塑件无金属嵌件。

（11）螺纹、自攻螺纹孔　该塑件无螺纹孔。

（12）铰链　该塑件无铰链结构。

（13）文字、符号及标记　该塑件无文字、符号及标记。

通过以上分析可见，该塑件结构属于中等复杂程度，结构工艺性合理，不需对塑件的结构进行修改，塑件尺寸精度中等，对应模具零件的尺寸容易保证。注射时，在工艺参数控制较好的情况下，塑件的成型要求可以得到保证。

作　业　单

<table>
<tr><td>学习领域</td><td colspan="5">塑料成型工艺及模具设计</td></tr>
<tr><td>学习情境一</td><td colspan="2">塑件生产原料选择及成型工艺分析</td><td>任务1.2</td><td colspan="2">塑件成型结构工艺性分析</td></tr>
<tr><td>实践方式</td><td colspan="3">小组成员动手实践，教师指导</td><td>计划学时</td><td>6学时</td></tr>
<tr><td>实践内容</td><td colspan="5">参看学习单2中的计划单、决策单、材料工具清单、实施单、检查单、评价单，根据各类典型塑料制品的结构特点，完成下列典型塑件的结构工艺性分析。
1. 典型塑件
（1）汽车油管堵头（图1-1-10）。
（2）树叶香皂盒（图1-1-11）。
（3）汽车发动机油缸盖（图1-1-12）。
（4）塑料牙具筒（图1-1-13）。
（5）塑料基座（图1-1-14）。
2. 实践步骤
1）小组讨论、共同制订计划，完成计划单。
2）小组根据班级各组计划，综合评价方案，完成决策单。
3）小组成员均根据需要完成的工作任务，完成材料工具清单。
4）小组成员共同研讨、确定动手实践的实施步骤，完成实施单。
5）小组成员均根据实施单中的实施步骤，分析典型塑料零件的应用。
6）小组成员完成检查单。
7）按照专业能力、社会能力、方法能力三方面综合评价每位学生，完成评价单。</td></tr>
<tr><td>班级</td><td></td><td>第　　组</td><td>日期</td><td colspan="2"></td></tr>
</table>

学习情境二

塑件的生产方法与成型设备及工艺

【学习目标】

1. 掌握塑料制件成型工作原理。
2. 掌握塑料成型工艺过程及特点。
3. 会合理选择塑料成型方式，并能够编制切实可行的塑料制品成型工艺流程。

【工作任务】

任务 2.1　塑料笔筒的成型方法设计

通过了解塑料各种生产加工特点，确定塑料笔筒及汽车操作按钮的成型方法。

任务 2.2　注射成型设备及工艺参数设计

通过了解注射机的结构、分类和主要参数，合理选择成型设备及成型工艺参数。

【学习情境描述】

根据塑件的成型工艺原理、成型工艺过程分析，确定“塑料笔筒的成型方法设计”和“注射成型设备及工艺参数设计”两个工作任务。选择典型塑料件为载体，根据塑件结构工艺性、成型方法，使学生通过资讯、计划、决策、实施、检查、评价训练，掌握塑件的结构工艺性，塑料的各种生产加工特点，能够确定汽车操作按钮、塑料笔筒的成型方法，完成确定塑件成型方法→确定成型设备→确定成型工艺参数的工作过程，使学生对塑料制品的生产有深入的认识。

任　务　单

<table>
<tr><td>学习领域</td><td colspan="3">塑料成型工艺及模具设计</td></tr>
<tr><td>学习情境二</td><td>塑件的生产方法与成型设备及工艺</td><td>任务 2. 1</td><td>塑料笔筒的成型方法设计</td></tr>
<tr><td></td><td>任务学时</td><td colspan="2">10 学时</td></tr>
<tr><td colspan="4">布置任务</td></tr>
<tr><td>工作目标</td><td colspan="3">1. 掌握塑料成型工作原理、成型工艺过程及特点。
2. 了解注射成型、压缩成型、压注成型、挤出成型、中空吹塑成型工艺。
3. 根据塑料的成型工艺特点，确定塑料制品的成型方法。</td></tr>
<tr><td>任务描述</td><td colspan="3">1. 图 2-1-1 所示为塑料绕线轮，选用热塑性塑料成型，确定成型方法。

图 2-1-1　塑料绕线轮
2. 图 2-1-2 所示为热固性塑料件，选择成型方法。
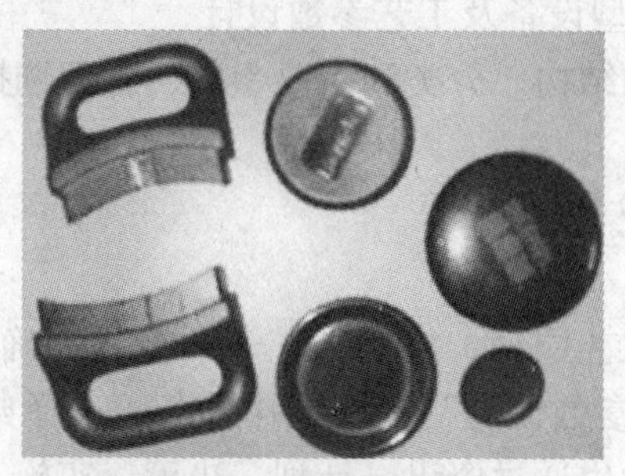
图 2-1-2　热固性塑料件
3. 图 2-1-3 所示为热塑性塑料管材，选择成型方法。

图 2-1-3　热塑性塑料管材</td></tr>
</table>

<table>
<tr><td>任务描述</td><td colspan="6">4. 图 2-1-4 所示为塑料瓶子，选择成型方法。

图 2-1-4　塑料瓶子
5. 图 2-1-5 所示为塑料餐盒，选择成型方法。

图 2-1-5　塑料餐盒</td></tr>
<tr><td>学时安排</td><td>资讯
2 学时</td><td>计划
0.5 学时</td><td>决策
0.5 学时</td><td>实施
6 学时</td><td>检查
0.5 学时</td><td>评价
0.5 学时</td></tr>
<tr><td>提供资源</td><td colspan="6">1. 注射机拟仿真软件。
2. 教案、课程标准、多媒体课件、加工视频、参考资料、塑料技术标准等。
3. 塑料模具成型动画。</td></tr>
<tr><td>对学生的要求</td><td colspan="6">1. 应具备产品生产加工知识，掌握塑料制品成型的方法。
2. 掌握不同成型方法的塑料制品的结构特点。
3. 以小组的形式进行学习、讨论、操作、总结，每位同学必须积极参与小组活动，进行自评和互评；上交所选择塑件的成型方法作业单。</td></tr>
</table>

资 讯 单

<table>
<tr><td>学习领域</td><td colspan="3">塑料成型工艺及模具设计</td></tr>
<tr><td>学习情境二</td><td>塑件的生产方法与成型设备及工艺</td><td>任务 2.1</td><td>塑料笔筒的成型方法设计</td></tr>
<tr><td colspan="2">资讯学时</td><td colspan="2">2 学时</td></tr>
<tr><td>资讯方式</td><td colspan="3">观察实物，观看视频，通过杂志、教材、互联网及信息单内容查询问题；咨询任课教师。</td></tr>
<tr><td rowspan="10">资讯问题</td><td colspan="3">1. 塑料线轮材质为热塑性塑料，采用哪种成型方法？</td></tr>
<tr><td colspan="3">2. 汽车操作按钮、笔筒的材质为热塑性塑料，采用哪种成型方法？</td></tr>
<tr><td colspan="3">3. 热固性塑料的成型方法有哪些？</td></tr>
<tr><td colspan="3">4. 塑料管材如何生产？</td></tr>
<tr><td colspan="3">5. 塑料瓶如何生产？</td></tr>
<tr><td colspan="3">6. 注射成型工艺过程包括哪些过程？成型前的准备工作包括哪些内容？</td></tr>
<tr><td colspan="3">7. 塑件成型后要做哪些后处理？后处理对塑件起什么作用？</td></tr>
<tr><td colspan="3">8. 注射成型的生产率如何？</td></tr>
<tr><td colspan="3">9. 最常用的塑料成型方法是哪种？</td></tr>
<tr><td colspan="3">学生需要单独资讯的问题……</td></tr>
<tr><td>资讯引导</td><td colspan="3">1. 问题 1 可参考信息单 2.1.1。
2. 问题 2 可参考信息单 2.1.6 和 2.1.7。
3. 问题 3 可参考信息单 2.1.2 和 2.1.3。
4. 问题 4 可参考信息单 2.1.4。
5. 问题 5 可参考信息单 2.1.5。
6. 问题 6 可参考《简明塑料模具设计手册》，齐卫东，北京理工大学出版社，2012。
7. 问题 7 可参考《塑料成型工艺与模具设计》，屈华昌，机械工业出版社，2007。
8. 问题 8 可参考《塑料注射模结构与设计》，杨占尧，高等教育出版社，2008。
9. 问题 9 可参考《塑料成型工艺与模具设计》，李东君，化学工业出版社，2010。</td></tr>
</table>

信 息 单

学习领域	塑料成型工艺及模具设计		
学习情境二	塑件的生产方法与成型设备及工艺	任务 2.1	塑料笔筒的成型方法设计
2.1.1	注射成型工艺		

塑件的成型方法有很多，确定塑件成型方式应考虑所选塑料的种类、塑件的结构、制品生产批量、模具成本及不同成型方式的特点，然后根据塑料的成型工艺特点，不同成型方式的工艺过程，确定制品成型的工艺过程。

在塑件成型生产中，塑件原料、成型设备和成型所用模具是三个必不可少的物质条件，必须运用一定的技术方法，使这三者联系起来形成生产能力，这种方法称为塑料成型工艺。

本书着重介绍应用最广泛的注射成型工艺。

1. 注射成型原理

注射成型又称注射模塑或注塑，是热塑性塑料成型的主要方法。

注射成型所用设备是注射机，其中卧式螺杆式注射机应用范围较广。图 2-1-6 所示为螺杆式注射机成型原理图。将粒状或粉状的塑料加入注射机料筒，经加热熔融后，由注射机的螺杆高压高速推动熔融塑料通过料筒前端喷嘴，快速射入已经闭合的模具型腔，如图 2-1-6a 所示；充满型腔的熔体在受压情况下，经冷却固化而保持型腔所赋予的形状，如图 2-1-6b 所示；然后打开模具，取出获得的成型塑件，如图 2-1-6c 所示。这个过程也称为一个成型周期。

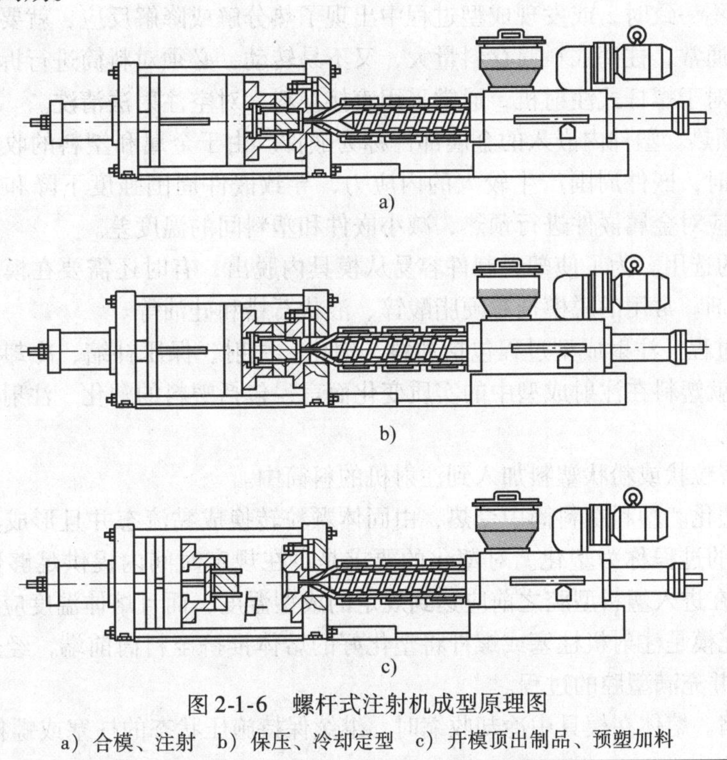

图 2-1-6　螺杆式注射机成型原理图

a）合模、注射　b）保压、冷却定型　c）开模顶出制品、预塑加料

2. 注射成型的特点

1）注射成型生产周期短，生产率高，容易实现自动化生产。

2）能成型外形复杂的塑件，且能保证精度。

3）成型各种塑料的适应性强，既可成型形状简单或形状复杂的塑件，又可成型小型或大型塑件。

4）设备价格高，模具比较复杂，且制造成本高。

5）浇注系统凝料虽可回收再用，但需增加破碎、造粒等辅助设备，投资大。

因此，注射成型特别适合大批量生产。

3. 注射成型工艺过程

注射成型工艺过程的确定是注射工艺规程制定的中心环节，主要包括成型前的准备、注射过程和塑件后处理三个过程。

（1）注射成型前的准备　成型前的准备工作主要包括原材料的检验、原材料的着色、原材料的干燥、嵌件的预热、脱模剂的选用及料筒的清洗等。

1）原料的检验和工艺性能测定。在成型前应对原料的种类、外观（色泽、粒度和均匀性等）进行检验，对流动性、热稳定性、收缩性、水分含量等方面进行测定。如果是粉料，有时还需要进行染色和造粒。

2）预热干燥。对于吸湿性强的塑料（如 PA、PC、ABS、PMMA 等），应根据注射成型工艺允许的含水量要求进行适当的预热干燥，去除原料中过多的水分及挥发物，以防止注射时发生水降解或成型后塑件表面出现气泡和银纹等缺陷。

3）料筒的清洗。在注射成型之前，如果注射机料筒中原来残存的塑料与将要使用的塑料不同或颜色不一致时，或发现成型过程中出现了热分解或降解反应，就要对注射机的料筒进行清洗。通常，柱塞式料筒存料量大，又不易转动，必须对料筒进行拆卸清洗或采用专用料筒。而对于螺杆式注射机，通常采用直接换料、对空注射法清洗。

4）嵌件的预热。塑件内嵌入的金属部件称为嵌件。由于金属和塑料的收缩率差别比较大，塑件冷却时，嵌件周围产生较大的内应力，导致嵌件周围强度下降和出现裂纹。因此，在成型前应对金属嵌件进行预热，减小嵌件和塑料间的温度差。

5）脱模剂的选用。为了使塑料制件容易从模具内脱出，有时还需要在模具型腔或模具型芯涂上脱模剂。常用的脱模剂有硬脂酸锌、液状石蜡和硅油等。

（2）注射过程　注射成型过程包括加料、塑化、注射、保压补缩、冷却定型和脱模等几个步骤。但就塑料在注射成型中的实质变化而言，包括塑料的塑化、注射充模和冷却定型等基本过程。

1）加料。将粒状或粉状塑料加入到注射机的料筒中。

2）塑料的塑化。塑料在料筒中受热，由固体颗粒转换成黏流态并且形成具有良好可塑性的均匀熔体的过程称为塑化。对塑化的要求是：在规定时间内提供足够数量的熔融塑料，塑料熔体在进入塑料型腔之前应达到规定的成型温度，而且熔体温度应均匀一致。

3）充模。充模是注射机柱塞或螺杆将塑化好的熔体推挤至料筒前端，经过喷嘴及模具浇注系统进入并充满型腔的过程。

4）保压补缩。熔体在模具中冷却收缩时，继续保持施压状态的柱塞或螺杆迫使浇口附近的熔料不断补充进入模具中，使型腔中的塑料能成型出形状完整而致密的塑件，这一阶段称为保压。直到浇口冻结时，保压结束。

保压还有防止倒流的作用。保压结束后，为了给下次注射准备塑化熔料，注射机柱塞或螺杆后退，料筒前段压力较低。如果浇口尚未冻结，这时型腔内的熔料压力将比浇口流道的高，就会发生型腔中熔料通过浇口流向浇注系统的倒流现象，使塑件产生收缩、变形及质地疏松等缺陷。如果浇口处的熔体已凝结，柱塞或螺杆开始后退，则可避免倒流。

5）冷却定型。当浇注系统的塑料已经冻结后，不再需要继续保压，因此可退回柱塞或螺杆，卸除对料筒内塑料的压力，并加入新料，同时模具通入冷却水、油或空气等冷却介质，进行进一步的冷却，这一阶段称为冷却定型。实际上冷却过程从塑料注入型腔起就开始了，它包括从充模完成、保压到脱模前的这一段时间。

6）脱模。塑件冷却到一定的温度即可开模，在推出机构的作用下将塑料制件推出模外。

（3）塑件的后处理　塑件脱模后常需要进行适当后处理。塑件的后处理主要指退火或调湿处理。

1）退火处理。由于塑化不均匀或塑料在型腔中的结晶、定向和冷却不均匀，造成塑件各部分收缩不一致，或由于金属嵌件的影响和塑件的二次加工不当等原因，塑件内不可避免地存在一些内应力。而内应力的存在往往导致塑件在使用过程中产生变形或开裂，因此塑件常需要退火处理，以消除残余应力。

把塑件放在一定温度的烘箱中或液体介质（如水、热矿物油、甘油、乙二醇和液状石蜡等）中一段时间，然后缓慢冷却至室温。利用退火时的热量，可加速塑料中大分子松弛，从而消除或降低塑件成型后的残余应力。

2）调湿处理。将刚脱模的塑件（主要为吸湿性很强又容易氧化的聚酰胺类）放在热水中隔绝空气，防止氧化，消除内应力，以加速达到吸湿平衡、稳定其尺寸的工艺称为调湿处理。如聚酰胺类塑件脱模时，在高温下接触空气容易氧化变色，在空气中使用或存放又容易吸水而膨胀，经过调湿处理，既隔绝了空气，又使塑件快速达到吸湿平衡状态，使塑件尺寸稳定下来。

注射成型工艺过程如图 2-1-7 所示。

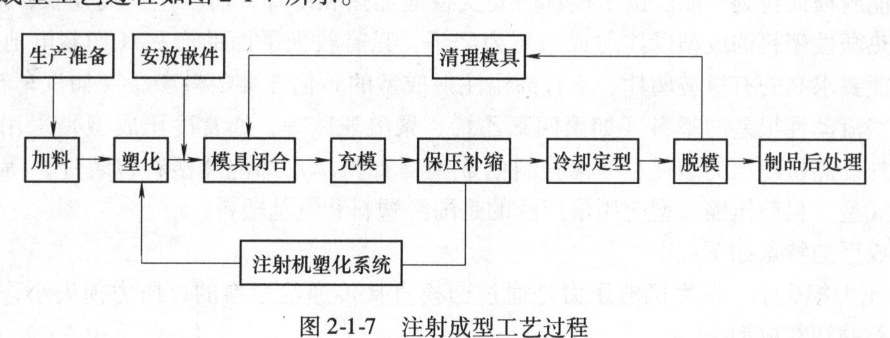

图 2-1-7　注射成型工艺过程

2.1.2　压缩成型工艺

1. 压缩成型原理

压缩成型也称模压成型、压塑成型或压制成型。压缩模具的上、下模（或凸、凹模）通常安放在压力机上、下工作台之间。图 2-1-8 所示为常见的压缩成型产品。

将粉状、粒状、碎屑状或纤维状的热固性塑料原料直接加入高温的型腔和加料腔中，如图 2-1-9a 所示；然后以一定的速度将模具闭合，塑料在热和压力的作用下熔融流动，并且很快地充满整个型腔，如图 2-1-9b 所示；同时固化定型，最后开启模具，取出制品，如图 2-1-9c 所示，得到所需的具有一定形状的塑件，完成一个成型周期。以后就不断重复上述周期性的生产过程。

图 2-1-8　常见的压缩成型产品

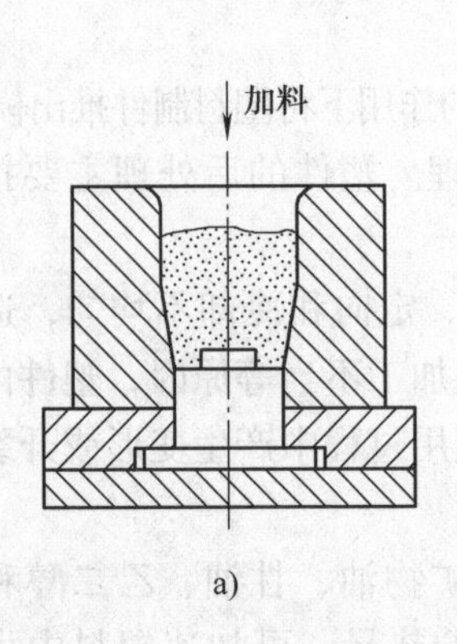

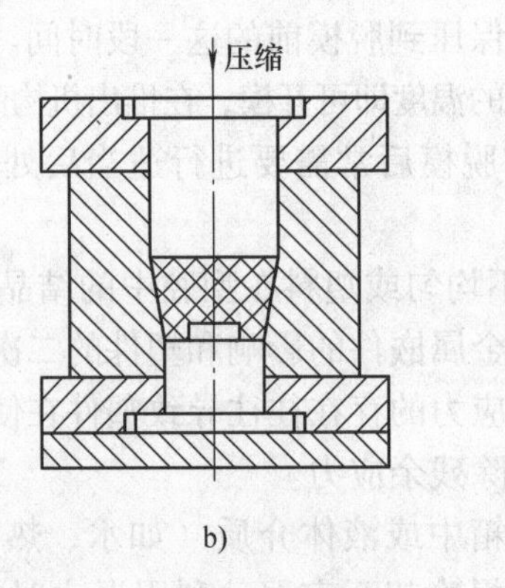

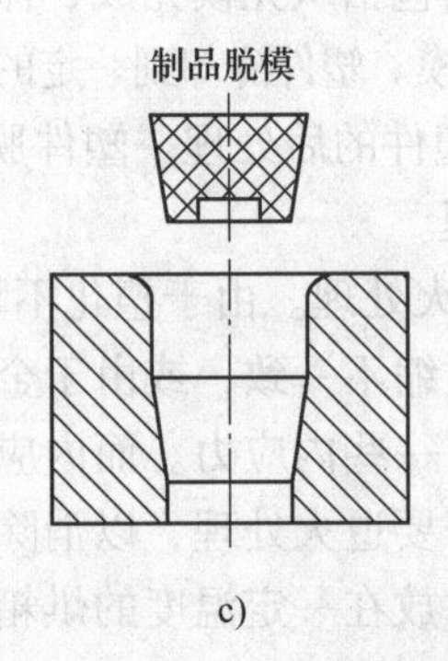

图 2-1-9　压缩成型原理

压缩成型主要用于热固性塑料成型，也可用来成型热塑性塑料。热固性塑料压缩成型时，塑料在型腔中受高温高压的作用，由固态变为黏流态的半液体，并在这种状态下充满型腔。同时树脂产生交联反应，随着交联反应的深化，半液体的塑料逐步变为固体，脱模后即得产品。热塑性塑料压缩成型时，同样需要加热模具，使塑料由固态转变为黏流态；在压力作用下使塑料充满型腔，但不存在交联反应，此时模具必须冷却，使塑料冷凝定型，才能脱模而得到产品。由于模具需要交替地加热和冷却，所以生产周期长，效率低。目前，热塑性塑料的成型以注射成型更为经济，只有较大平面的产品（如蓄电池箱体）、光学性能要求高的有机玻璃片、不宜高温注射成型的硝化纤维塑料产品（如汽车转向盘）以及一些流动性很差的塑料（如聚四氟乙烯、聚酰亚胺等，通常冷压成型）采用压缩成型。此外，热挤冷压的塑料、泡沫塑料的成型（如聚苯乙烯泡沫塑料包装件）等也可采用压缩成型。目前压缩成型应用最广泛的是酚醛塑料和氨基塑料。

压缩成型的特点如下：

（1）压力损失小　压力机的压力是通过凸模直接传递给塑料的，压力损失小，有利于流动性差的塑料成型。

（2）模具是在塑料最终成型时才完全闭合的　塑料直接加入型腔，而加料腔是型腔的延续部分，模具加料前敞开，成型终了才完全闭合。

（3）模具结构比较简单　模具不需设浇注系统和复杂的顶出装置，使用方便，可成型较大面积的产品或利用多型腔模一次成型多个产品。

（4）耗料少，制品外表美观　模具没有浇注系统，因而耗料少；产品无浇口痕迹，修整容易，产品外表美观。

（5）制品受到限制较多　由于压力机压力直接传给塑料，故有利于成型流动的纤维状塑料，且在成型过程中纤维不易碎断，因而产品的强度较高，收缩及变形较小，各项性能比较均匀。但成型纤维状塑料时，产品飞边较厚，给修整工序带来一定困难。由于压力直接传给塑料，所以不能成型带有精细和易断嵌件的产品。产品的飞边较厚，且每模产品的飞边厚度不同，因而影响产品高度尺寸的精度。

（6）生产周期长，效率低　由于塑料在加料腔中塑化不够充分，因而生产周期长，效率低，不易成型形状复杂、壁厚相差较大的产品。

（7）模具磨损大　模具直接受到高温高压的联合作用，因而对模具材料要求较高。

2. 压缩成型工艺过程

压缩成型工艺过程一般包括压缩成型前的准备、压缩成型过程和压后处理等。

（1）成型前的准备　热固性塑料比较容易吸湿，储存时易受潮，加之比体积较大，一般在成型前都要对塑料进行预热，有些塑料还要进行预压处理。

1）预热与干燥。成型前应对热固性塑料加热。加热的目的有两个，一个是对塑料进行干燥，除去其中的水分和其他挥发物；另一个是提高料温，便于缩短成型周期，提高塑件内部固化的均匀性，从而改善塑件的物理力学性能，同时还能提高塑料熔体的流动性，降低成型压力，减少模具磨损。生产中预热与干燥的常用设备是烘箱和红外线加热炉。

2）预压。预压是将松散的粉状、粒状、纤维状塑料通过预压模在压力机上压成重量一定、形状一致的型坯，型坯的大小应能紧凑地放入模具中预热，多数采用圆片状和长条状。预压后的塑料密实体称为压锭或压片。经过预压后的坯料密度最好能达到塑件密度的80%左右，以保证坯料有一定的强度。是否要预压应根据塑料原材料的组分及加料要求而定。

（2）压缩成型过程　模具装上压力机后要进行预热。一般热固性塑料的压缩过程可以分为加料、合模、排气、固化、脱模等几个阶段，在成型带有嵌件的塑料制件时，加料前应预热嵌件并将其定位于模内。

1）加料。加料是指在模具加料腔内加入已经预热和定量的塑料。加料的关键是加料量。加料的多少直接影响塑件的尺寸和密度，所以必须严格定量。定量的方法有重量法、容量法、计数法。重量法是加料时用天平称量塑料重量，该加料法准确，但操作麻烦。容量法加料操作方便，但准确度不高。计数法是以个数来加料，只用于加预压锭。加料应根据成型时塑料在型腔中的流动和各个部位需要塑料量的大致情况合理堆放，以防止塑件局部产生疏松等缺陷。

2）合模。加料完成之后即合模。合模分两步，在凸模尚未接触塑料之前，要快速移动合模，借以缩短模塑周期和避免塑料过早固化；当凸模接触塑料后改为慢速，以防止因冲击对模具中的嵌件、成型杆或型腔造成破坏，同时慢速也能充分地排除型腔中的气体。

3）排气。压缩成型热固性塑料时，成型物料在型腔中会放出相当数量的水分、低分子挥发物以及在交联反应和体积收缩时产生的气体，因此，模具合模后有时还需要卸压，以排出腔中的气体。排气有利于塑件性能和表面质量的提高。排气的时间和次数根据实际需要而定，通常排气次数为1~3次，每次时间为3~20s。

4）固化。固化是指热固性塑料在压缩成型温度下保持一段时间，分子间发生交联反应从而硬化定型。固化时间取决于塑料的种类、塑件的厚度、物料形状以及预热和成型温度，一般由30s至数分钟不等。为了缩短生产周期，有时对于固化速率低的塑料，也不必将整个固化过程放在模内完成，即塑件能够完成脱模，即结束模内固化，之后未完全固化的塑件在模外采用后烘的方法继续固化。

5）脱模。固化后的塑件从模具上脱出的工序称为脱模。一般脱模由模具的推出机构来实现。带有侧向型芯或嵌件时，必须先用专用工具将它们抽出或取出，然后再进行脱模。

（3）压后处理　塑件脱模后，对模具应进行清理，有时对塑件要进行后处理。

1）模具的清理。正常情况下，塑件脱模后一般不会在型腔中留下黏渍、塑料飞边等。如果出现这些现象，应使用一些比模具钢材软的工具（如铜刷）去除残留在模具内的塑料飞边，并用压缩空气吹净模具。

2）后处理。后处理主要是指退火处理，目的是消除应力，提高稳定性，减少塑件的变形、开裂，进一步交联固化，有利于提高塑件的电性能及强度。

2.1.3　压注成型工艺

1. 压注成型工作原理

压注成型又称传递成型，压注模具同压缩模具一样安放在压力机上、下工作台之间，也是成型热固性塑料制品的主要方法之一。图2-1-10所示为常见的一些压注成型产品。压注成型原理如图2-1-11所示。首先将预热的原料加到闭合模具的加料腔内，如图2-1-11a所示。塑料经过加热塑化，在与加料腔配合的压料柱塞的作用下，熔料通过设在加料腔底部的浇注系统高速挤入型腔，如图2-1-11b所示。型腔内的塑料在一定压力和温度下发生交联反应并固化成型。最后打开模具，得到所需的塑件，如图2-1-11c所示。清理加料腔和浇注系统后进行下一次成型。

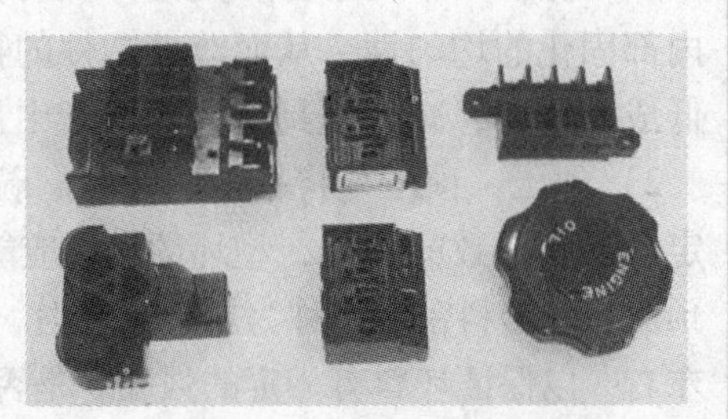

图2-1-10　压注成型产品

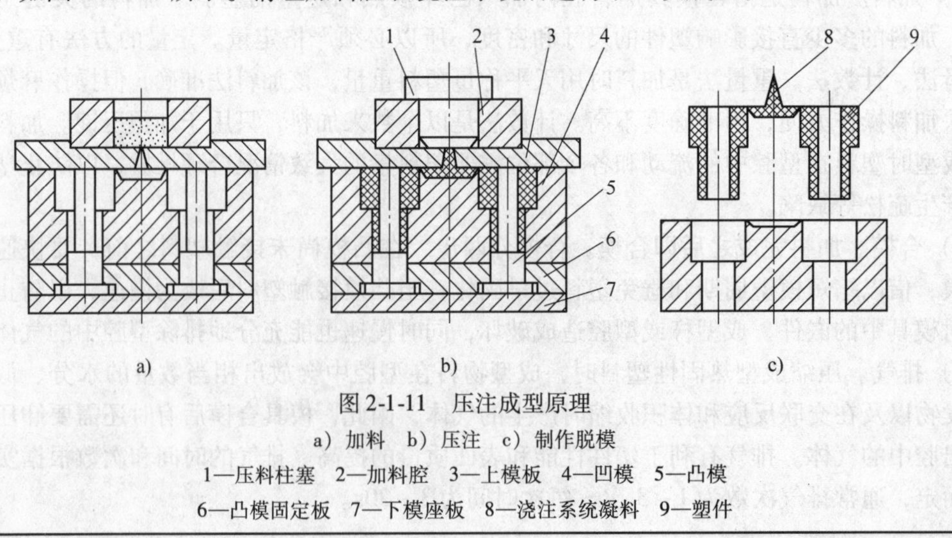

图2-1-11　压注成型原理

a）加料　b）压注　c）制作脱模

1—压料柱塞　2—加料腔　3—上模板　4—凹模　5—凸模

6—凸模固定板　7—下模座板　8—浇注系统凝料　9—塑件

压注成型与压缩成型基本相同，两者的加工对象都是热固性塑料，但是压注成型与压缩成型相比还具有以下特点：

（1）成型周期短、生产率高　塑料在加料腔首先加热塑化，成型时塑料再以高速通过浇注系统挤入型腔，未完全塑化的塑料与高温的浇注系统相接触，使塑料升温快而均匀。同时熔料在通过浇注系统的窄小部位时因摩擦生热温度进一步提高，有利于塑料制件在型腔内迅速固化，缩短了固化时间。压注成型的固化时间只相当于压缩成型的1/30～1/5。

（2）塑件的尺寸精度高、表面质量好　由于塑料受热均匀，交联固化充分，改善了塑件的力学性能，使塑件的强度、电性能都得以提高。塑件高度方向的尺寸精度较高，且飞边很薄。

（3）易成型带有较细小嵌件、较深的侧孔及较复杂的塑件　由于塑料是以熔融状态压入型腔的，因此对细长型芯、嵌件等产生的挤压力比压缩模小。

（4）消耗原材料较多　由于浇注系统凝料的存在，并且为了传递压力需要，压注成型后总会有一部分余料留在加料腔内，因此原料消耗增多，小型塑件尤为突出，模具适合多型腔结构。

（5）压注成型收缩率比压缩成型大　一般酚醛塑料压缩成型收缩率为0.8%左右，但压注成型时则为0.9%～1%。而且，由于熔料在压力作用下定向流动，收缩率具有方向性，影响塑件的精度。但对于用粉状填料填充的塑件，则影响不大。

（6）压注模的结构比压缩模复杂，工艺条件要求严格　由于压注时熔料是通过浇注系统进入模具型腔的，压注模的结构比压缩模复杂，工艺条件要求严格，特别是成型压力较高，比压缩成型的压力要大得多，而且操作比较麻烦，制造成本也高。因此，只有用压缩成型无法达到要求时才采用压注成型。

压注成型适用于形状复杂、带有较多嵌件的热固性塑料制件的成型。

2. 压注成型工艺过程

压注成型工艺过程和压缩成型工艺过程基本相同，主要的区别在于：压缩成型是先加料后合模，而压注成型则一般要求先合模后加料。

2.1.4	挤出成型工艺

1. 挤出成型原理

挤出成型又称挤出模塑，在热塑性塑料成型中它是一种用途广泛、所占比例很大的加工方法。

下面以管材挤出成型为例说明挤出成型的原理。图2-1-12所示为管材挤出成型机外形，图2-1-13所示为常见的挤出成型管材产品，图2-1-14所示为管材挤出成型原理。首先将颗粒状或粉状的塑料加入挤出机料筒内，在旋转的挤出机螺杆的作用下，加热的塑料沿螺杆的螺旋槽向前方输送。在此过程中，塑料受外部加热，同时螺杆与物料之间、物料与物料之间及物料与料筒之间因剪切摩擦生热，塑料逐渐熔融呈黏流态；然后在挤出系统的作用下，塑料熔料通过具有一定形状的挤出模具（机头）口模以及一系列辅助装置（定型、冷却、牵引、切割等装置），最终获得截面形状一定的塑料型材。

挤出成型方法有以下特点：

1）连续成型产量大，生产率高，成本低，经济效益显著。

图 2-1-12　管材挤出成型机外形

图 2-1-13　常见的挤出成型管材产品

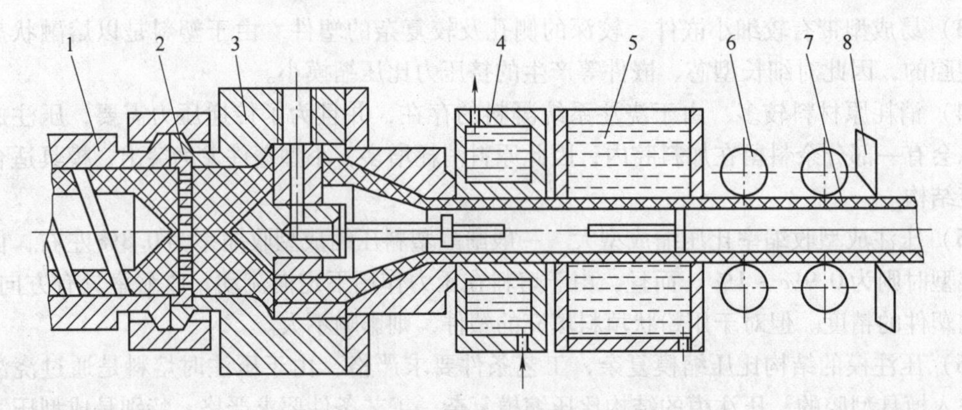

图 2-1-14　管材挤出成型原理

1—挤出机料筒　2—过滤板　3—机头　4—定径装置　5—冷却装置　6—牵引装置　7—塑料管　8—切割装置

2）塑件的几何形状简单，横截面形状不变，所以模具结构也较简单，制造维修方便。

3）塑件内部组织均匀紧密，尺寸稳定、准确。

4）适应性强，除氟塑料外，所有的热塑性塑料都可采用挤出成型，部分热固性塑料也可采用挤出成型。变更机头口模，产品的截面形状和尺寸相应改变，这样就能生产出各种不同规格的塑料制件。

5）投资少、收效快。挤出成型工艺所用设备结构简单，操作方便，应用广泛。

挤出成型是塑料制件的重要成型方法之一，在塑件的成型生产中占有重要的地位。大部分热塑性塑料都能用于挤出成型，成型的塑件均为具有恒定截面形状的连续型材。管材、棒材、板材、薄膜、电线电缆和异形截面型材等都宜采用挤出成型方法制造，还可以利用挤出方法进行混合、塑化、造粒和着色等。

2. 挤出成型过程

将挤出机预热到规定温度后，起动电动机，同时向料筒中加入塑料。螺杆旋转向前输送物料，料筒中的塑料在外部加热和摩擦剪切热作用下熔融塑化，由于螺杆转动时不断对塑料推挤，迫使塑料经过滤板上的过滤网进入机头。经过机头（口模）后，塑料成型为一定形状的连续型材。

3. 定型和冷却

热塑性塑件从口模中挤出时，具有相当高的温度。为防止塑件在自重力的作用下发生变形，出现凹陷或扭曲现象，保证达到要求的尺寸精度和表面粗糙度，必须立即进行定型和冷却，使塑件冷却硬化。定型和冷却在大多数情况下是同时进行的，挤出薄膜、单丝等不需要定型，直接冷却即可；挤出板材和片材时，一般要通过一对压辊压平，同时有定型和冷却作用；在挤出各种棒料和管材时，有一个独立的定径过程，管材的定型方法有定径套、定径环和定径板等，也有采用通水冷却的特殊口模定径，其目的都是使其紧贴定径套冷却定径。

4. 塑件的牵引、卷取和切割

挤出成型时，由于塑件被连续不断地挤出，自重量越来越大，会造成塑件停滞，妨碍塑件的顺利挤出，因此，辅机中的牵引装置提供一定的牵引力和牵引速度，均匀地将塑件引出，同时通过调节牵引速度还可对塑件起到拉伸的作用，提高塑件质量。牵引速度与挤出的速度有一定的比值（即牵引比），其值必须大于或等于1。塑件不同，牵引速度也不同，对于薄膜、单丝，一般牵引速度较大；对于硬质塑料，则不能太大。牵引速度必须能在一定范围内无级平缓地变化，并且要十分均匀。牵引力也必须可调。

2.1.5	中空吹塑成型工艺

1. 中空吹塑成型

中空吹塑成型是将处于塑性状态的塑料型坯置于模具型腔内，再将压缩空气注入型坯中使其吹胀，并紧贴于型腔壁上，冷却定型后得到一定形状的中空塑件的加工方法。根据成型方法不同，中空吹塑成型主要分为挤出吹塑成型、注射吹塑成型、注射拉伸吹塑成型等。中空吹塑成型通常用于成型瓶、桶、球、壶类的热塑性塑料制件，如图 2-1-15 所示。

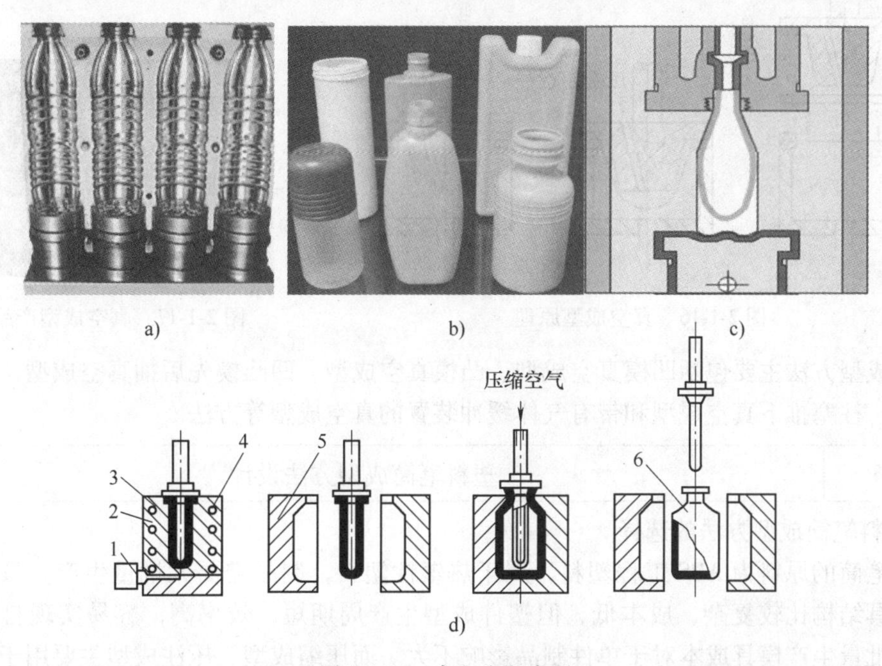

图 2-1-15　中空吹塑成型

a）吹塑模具　b）中空吹塑产品　c）成型工艺过程　d）注射吹塑成型工艺过程

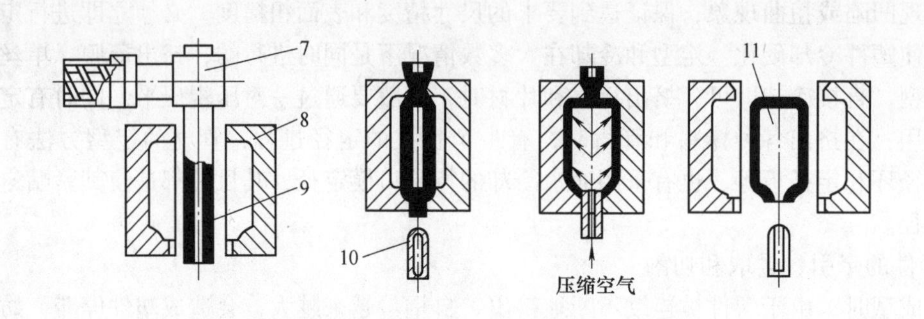

图 2-1-15　中空吹塑成型（续）

e）挤出吹塑成型工艺过程

1—注射机　2—注射型坯　3—空心凸模　4—加热器　5、8—吹塑模　6、11—制品

7—挤出机头　9—管状型坯　10—压缩空气吹管

2. 真空成型工艺

真空成型是把热塑性塑料板、片材固定在模具上，用辐射加热器进行加热至软化温度，然后用真空泵把板材和模具之间的空气抽掉，使板材贴在型腔上而成型，冷却后借助压缩空气使塑件从模具中脱出，如图 2-1-16 和图 2-1-17 所示。

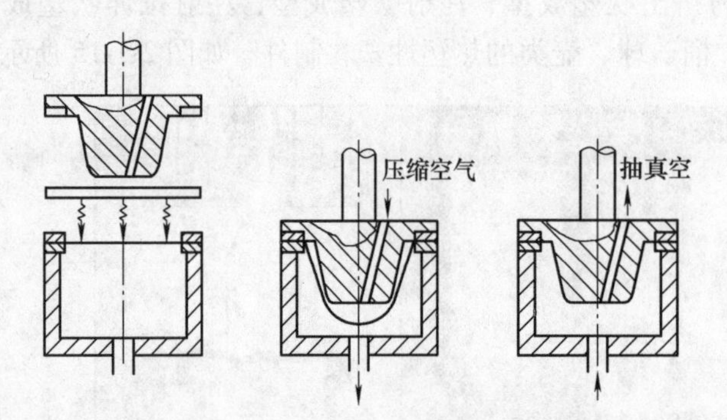

图 2-1-16　真空成型原理

图 2-1-17　真空成型产品

真空成型方法主要包括凹模真空成型、凸模真空成型、凹凸模先后抽真空成型、吹泡真空成型、柱塞推下真空成型和带有气体缓冲装置的真空成型等方法。

2. 1. 6	塑料笔筒成型方法设计

1. 塑料笔筒成型方法的选择

塑料笔筒的原料为 ABS 工程塑料，属于热塑性塑料，制品需要大批量生产。虽然注射成型模具结构比较复杂，成本低，但塑件成型生产周期短，效率高，容易实现自动化生产，大批量生产模具成本对于单件制品影响不大。而压缩成型、压注成型主要用于成型热固性塑料和小批量生产热塑性塑件；挤出成型主要用于成型具有恒定截面形状的连续型材；中空吹塑成型主要用于生产中空的塑料瓶、罐、盒、箱类塑件。因此，塑料笔筒应选择注射成型生产。

2. 塑料笔筒成型工艺过程

一个完整的注射成型工艺过程包括成型前准备、注射过程及塑件后处理。

（1）成型前准备

1）对 ABS 原料进行外观检验。检查原料的色泽、粒度均匀度等，要求色泽均匀、颗粒均匀。

2）生产开始如需改变塑料品种、调换颜色或发现成型过程中出现了热分解或降解反应，应对注射机料筒进行清洗。

3）由于 ABS 吸水性较强，成型前必须干燥处理，湿度应小于0.03%。建议干燥条件为70～85℃，干燥时间为3～4h。除去物料中过多的水分和挥发物，以防止成型后塑件出现银纹、气泡及强度显著下降现象。

4）为了使塑料制件容易从模具内脱出，模具型腔或模具型芯还需涂上脱模剂，根据生产现场实际条件选用硬脂酸锌、液状石蜡或硅油等。

（2）注射过程　塑件在注射机料筒内经过加热、塑化达到流动状态后，由模具的浇注系统进入模具型腔成型，注射过程一般包括加料、塑化、充模、保压补缩、冷却定型和脱模等步骤。

（3）塑件后处理　由于塑件壁厚较薄，精度要求不高，在夏季塑件不需要进行后处理，冬季潮湿环境下塑件容易翘曲变形，应采用退火处理工艺。退火后的产品，从热液体中拿出后要摆平并自然冷却，不宜用冷水速冷。

退火处理方法如下：

1）热水。将水加热到50～80℃，再将产品放入水中，保持15～20min。

2）烘箱。把产品放入红外线烘箱里，将烘箱温度调节到70～90℃，处理时间为15～20min。

2.1.7	塑料件成型方法实例分析

1. 汽车操作按钮成型方法

汽车操作按钮的原料为 PVC 工程塑料，属于热塑性塑料，制品需要大批量生产。注射成型模具结构比较复杂，成本较高，但塑件成型生产周期短，效率高，容易实现自动化生产，大批量生产模具成本对于单件制品成本影响不大。而压缩成型、压注成型主要用于成型热固性塑料和小批量生产热塑性塑件；挤出成型主要用于成型具有恒定截面形状的连续型材；中空吹塑成型主要用于生产中空的塑料瓶、罐、盒、箱类塑件。所以汽车操作按钮应选择注射成型生产。

2. 汽车操作按钮塑件成型工艺过程

注射成型工艺过程包括成型前准备、注射过程及塑件后处理。

（1）成型前准备

1）对 PVC 原料进行外观检验，检查原料的色泽、粒度均匀等，要求色泽均匀，颗粒均匀。

2）生产开始如需改变塑件品种，调换颜色或成型过程中出现了热分解或降解反应，应对注射机料筒进行清洗。

3）为了使塑料制件容易从模具内脱出，模具型腔或模具型芯必须涂上脱模剂。根据生产现场实际条件选用硬脂酸锌、液状石蜡等。

（2）注射过程　塑件在注射机料筒内经过加热、塑化达到流动状态后，由模具的浇注系统进入模具型腔成型，注射过程一般包括加料、塑化、充模、保压补缩、冷却定型和脱模等步骤。

（3）塑件后处理　由于塑件壁厚较薄，精度要求不高，在夏季塑件不需要进行处理，冬季需要进行退火处理。

作　业　单

<table>
<tr><td>学习领域</td><td colspan="4">塑料成型工艺及模具设计</td></tr>
<tr><td>学习情境二</td><td>塑件的生产方法与成型设备及工艺</td><td>任务 2.1</td><td colspan="2">塑料笔筒的成型方法设计</td></tr>
<tr><td>实践方式</td><td colspan="2">小组成员动手实践，教师指导</td><td>计划学时</td><td>8 学时</td></tr>
<tr><td>实践内容</td><td colspan="4">参看学习单 3 中的计划单、决策单、材料工具清单、实施单、检查单、评价单，根据塑件原料的特性、塑件的结构特点，以及注射成型、压缩成型、压注成型、挤出成型等工艺的特点，完成下列典型塑件成型方法选择及成型工艺规程编制。
1. 典型塑件
1）汽车油管堵头（图 1-1-10）。
2）树叶香皂盒（图 1-1-11）。
3）汽车发动机油缸盖（图 1-1-12）。
4）塑料牙具筒（图 1-1-13）。
5）塑料基座（图 1-1-14）。
2. 实践步骤
1）小组讨论、共同制订计划，完成计划单。
2）小组根据班级各组计划，综合评价方案，完成决策单。
3）小组成员均根据需要完成的工作任务，完成材料工具清单。
4）小组成员共同研讨、确定动手实践的实施步骤，完成实施单。
5）小组成员均根据实施单中的实施步骤，分析典型塑料零件的应用。
6）小组成员完成检查单。
7）按照专业能力、社会能力、方法能力三方面综合评价每位学生，完成评价单。</td></tr>
<tr><td>班级</td><td></td><td>第　　组</td><td>日期</td><td></td></tr>
</table>

任　务　单

<table>
<tr><td>学习领域</td><td colspan="6">塑料成型工艺及模具设计</td></tr>
<tr><td>学习情境二</td><td colspan="2">塑件的生产方法与成型设备及工艺</td><td colspan="2">任务 2.2</td><td colspan="2">注射成型设备及工艺参数设计</td></tr>
<tr><td></td><td colspan="3">任务学时</td><td colspan="3">8 学时</td></tr>
<tr><td colspan="7">布置任务</td></tr>
<tr><td>工作目标</td><td colspan="6">1. 掌握注射机的组成及工作原理，并会选择注射机。
2. 掌握塑件成型工艺参数的含义及工艺参数确定的依据。
3. 具有编制塑件制件成型工艺卡、撰写工艺规程的能力。
4. 会正确分析判断影响塑件质量的因素，并能够提出相应的改进措施。</td></tr>
<tr><td>任务描述</td><td colspan="6">1. 如图 2-2-1、图 2-2-2 所示，掌握注射机的组成、类型及工作原理。
2. 如图 2-2-1、图 2-2-2 所示，掌握注射机与模具的关系及塑料产品的生产过程。
合模装置（连杆式）模具　注射装置
1　2　3　4　5 6　7　8　9
图 2-2-1　注射机结构组成
1—直角接套　2—脱模机构　3—拉杆　4—料筒　5—止逆环
6—加热器　7—螺杆　8—料斗　9—电动机
图 2-2-2　卧式注射机</td></tr>
<tr><td>学时安排</td><td>资讯
2 学时</td><td>计划
0.5 学时</td><td>决策
0.5 学时</td><td>实施
4 学时</td><td>检查
0.5 学时</td><td>评价
0.5 学时</td></tr>
<tr><td>提供资源</td><td colspan="6">1. 注射机拟仿真软件。
2. 教案、课程标准、多媒体课件、加工视频、参考资料、塑料技术标准等。
3. 塑料模具成型动画。</td></tr>
<tr><td>对学生的要求</td><td colspan="6">1. 应具备加工设备的知识，掌握塑料制品成型设备的工作原理。
2. 掌握注射成型工艺参数的设置。
3. 以小组的形式进行学习、讨论、操作、总结，每位同学必须积极参与小组活动，进行自评和互评；上交根据选择的成型方法和工艺参数编制的塑件成型工艺规程一份。</td></tr>
</table>

资 讯 单

学习领域	塑料成型工艺及模具设计		
学习情境二	塑件的生产方法与成型设备及工艺	任务 2.2	注射成型设备及工艺参数设计
	资讯学时	2 学时	
资讯方式	观察实物，观看视频，通过杂志、教材、互联网及信息单内容查询问题；咨询任课教师。		
资讯问题	1. 注射机的合模装置有什么作用？		
	2. 注射机的注射装置有什么作用？		
	3. 锁模力是否反映注射机的加工能力？		
	4. 注射机的最大注射量与模具设计有什么关系？		
	5. 塑料模具的安装方法有哪些？		
	6. 塑料制品的推出原理是什么？		
	7. 塑料制品成型后的冷却有什么作用？		
	8. 塑料制品生产成型前的准备工作包括哪些内容？		
	9. 如何选择注射成型工艺参数？		
	10. 为什么注射机常用最大锁模力为选择注射机规格的标准？		
	11. 选用注射机前为什么要校核？校核有哪些方法？		
	学生需要单独资讯的问题……		
资讯引导	1. 问题 1 可参考信息单 2.2.1。 2. 问题 2 可参考信息单 2.2.1。 3. 问题 3 可参考信息单 2.2.1。 4. 问题 4 可参考信息单 2.2.1。 5. 问题 5 可参考信息单 2.2.1。 6. 问题 6 可参考信息单 2.2.1。 7. 问题 7 可参考《塑料成型工艺及模具设计》，陈建荣，北京理工大学出版社，2010。 8. 问题 8 可参考《简明塑料模具设计手册》，齐卫东，北京理工大学出版社，2012。 9. 问题 9 可参考《塑料成型工艺与模具设计》，屈华昌，机械工业出版社，2007。 10. 问题 10 可参考《塑料注射模结构与设计》，杨占尧，高等教育出版社，2008。 11. 问题 11 可参考《塑料成型工艺与模具设计》，李东君，化学工业出版社，2010。		

信 息 单

学习领域	塑料成型工艺及模具设计		
学习情境二	塑件的生产方法与成型设备及工艺	任务 2.2	注射成型设备及工艺参数设计
2.2.1	初步选择注射成型设备		

塑料注射成型设备即注射成型机，它能在一定的成型工艺条件下，利用塑料成型模具将热塑性或热固性塑料加工成各种用途的塑料制品，注射制品约占塑料制品总量的20% ~ 30%，并将慢慢代替传统的金属和非金属材料制品，相应地，注射机也由单一品种向系列化、标准化、自动化、专用化、高速、高效、节能、省料方向发展，成为塑料机械制造业中增长速度最快、产量最高的品种之一。注射成型机要具备两个基本功能：一是加热塑料，使塑料达到熔融状态；二是对熔融塑料施加高压，使其射出并充满模具型腔。

合理选择成型设备，首先需要了解注射机的结构、分类和主要参数等方面的内容，使成型模具与注射机相互适应。

1. 注射机的基本结构组成

注射机是塑料成型加工的主要设备之一。它主要由注射装置，合模装置，液压传动系统，电气控制系统，加热、冷却系统及机身等组成。如图 2-2-3 所示为卧式螺杆式注射机。

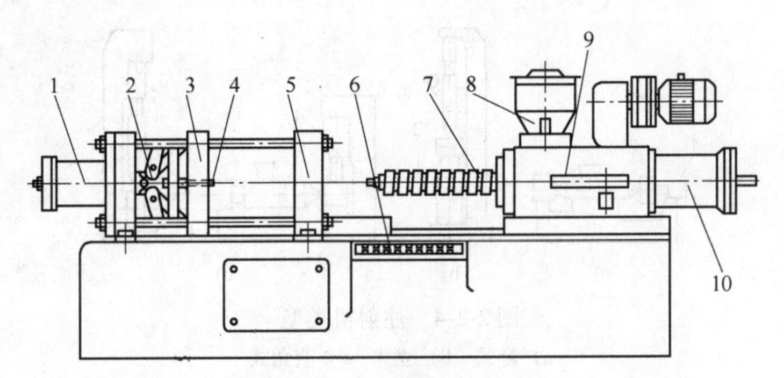

图 2-2-3　卧式螺杆式注射机

1—锁模液压缸　2—锁模机构　3—移动模板　4—顶杆　5—固定板　6—控制台
7—料筒　8—料斗　9—定量供料装置　10—注射液压装置

注射装置包括料斗、料筒、喷嘴、加热器、计量装置、螺杆（柱塞式注射机为柱塞）和分流梭及其驱动装置，它的主要作用是将各种形态的塑料均匀地塑化成熔融状态，并以足够的压力和速度将一定量的熔料注射到模具的型腔内；当熔料充满型腔后，仍需保持一定的压力和作用时间，使其在合适压力作用下冷却定型。

合模装置的作用有三点：一是在成型时提供足够的夹紧力，使模具锁紧；二是实现模具的开闭动作；三是在开模时推出模内制品。合模装置主要由前后固定板、移动模板、连接前后固定板的拉杆、合模液压缸、移动液压缸、连杆机构、调模装置及制品顶出装置等组成。

液压传动和电气控制系统的作用是保证注射成型按照预定的工艺要求（压力、速度、温度、时间等）和程序准确有效地运行。液压传动系统是注射机的动力系统，电气控制系统则是控制各个液压缸完成开启、闭合注射和推出等动作的系统。

2. 注射机的分类与特点

注射机的分类方法较多，常见的有以下几种：

（1）按外形结构特征分类　按照注射机的外形结构不同，注射机分为卧式、立式和直角式三种。

1）卧式注射机。卧式注射机的注射装置与合模装置的轴线呈水平一线排列，如图2-2-4a所示。优点是机身低，易于操作和维修；机器重心低，安装稳定性好；塑件顶出后利用其自重作用而自动下落，容易实现自动操作。目前大部分注射机采用这种形式。

2）立式注射机。立式注射机注射装置与合模装置的轴线呈垂直排列，如图2-2-4b所示。此类注射机的优点是占地面积小，模具的装拆和嵌件的安放都较方便。缺点是塑件顶出后常需人工取出，不易实现自动化；由于机身高，机器重心较高，机器的稳定性较差，维修和加料也不方便。通常立式注射机注射量都不大于60cm³。

3）直角式注射机。直角式注射机的注射装置与合模装置的轴线互相垂直排列，是介于卧室和立式之间的一种形式，如图2-2-4c所示。此类注射机的优缺点介于立式和卧式注射机之间。适用于加工中心部分不允许留有浇口痕迹、小注射量（注射量通常为20～45g）的塑料制品。

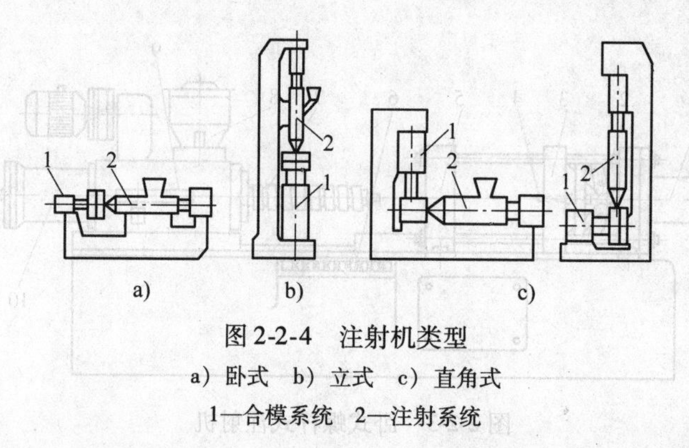

图2-2-4　注射机类型

a）卧式　b）立式　c）直角式

1—合模系统　2—注射系统

（2）按塑化方式分类　按塑化方式不同，注射机分为螺杆式注射机和柱塞式注射机两大类。

1）螺杆式注射机。如图2-2-3所示，螺杆的作用是送料、压实、塑化与传压。当螺杆在料筒内旋转时，将料斗内的塑料卷入，逐渐压实、排气和塑化，并将塑料熔体推向料筒的前端，积存在料筒顶部和喷嘴之间，螺杆本身受熔体的压力而缓慢后退。当积存的熔体达到预定的注射量时，螺杆停止转动，在液压缸的推动下，将熔体注入模具型腔中。卧式注射机多为螺杆式。

2）柱塞式注射机。如图2-2-5所示，柱塞在料筒内仅做往复运动，将熔融塑料注入模具。分流梭是装在料筒靠前端的中心部分、形如鱼雷的金属部件，其作用是将料筒内流经该处的塑料分成薄层，使塑料分流，以加快热传递。同时塑料熔体分流后，在分流梭表面

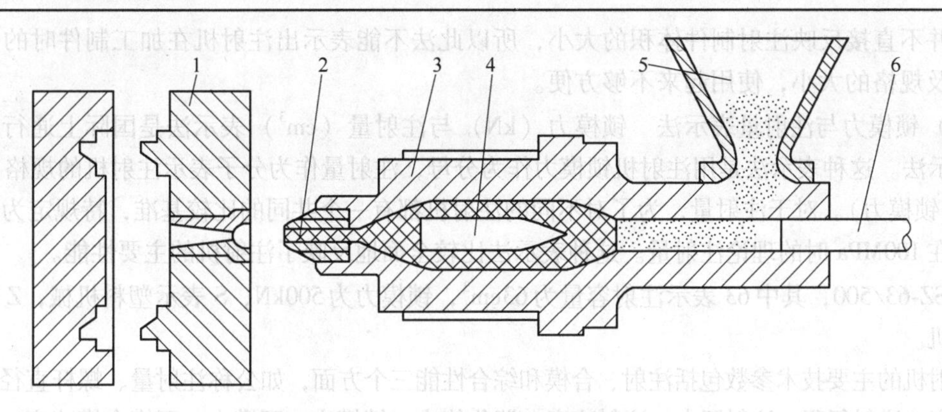

图 2-2-5　柱塞式注射机成型原理

1—注射模　2—喷嘴　3—料筒　4—分流梭　5—料斗　6—注射柱塞

流速增加，剪切速率加大，剪切发热使料温升高、黏度下降，塑料得到进一步混合和塑化。

注射柱塞为直径 20～100mm 的金属圆杆，当其后退时，物料自料斗定量地落入料筒内；柱塞前进，物料通过分流梭，塑料被分成薄片，均匀加热，同时在剪切作用下塑料进一步混合和塑化，最后塑料被注入模具型腔。柱塞式注射机多为立式注射机，注射量不宜过大，通常为 30～60g，不易成型流动性差、热敏性强的塑料。柱塞式注射机由于自身结构特点，在注射成型中存在着塑化不均、注射压力损失大等问题。

（3）按注射机大小规格分类　按大小规格将注射机分为五类，见表 2-2-1。

表 2-2-1　按注射机的大小规格分类

类　型	超　小　型	小　型	中　型	大　型	超　大　型
锁模力/kN	<160	160～2000	2000～4000	5000～12500	>16000
理论注射量/cm^3	<16	16～630	800～3150	4000～10000	>16000

3. 注射机的规格及其技术参数

注射机型号规格的表示法目前各国尚不统一，但主要有注射量、锁（合）模力、注射量与锁（合）模力同时表示三种。国际上趋于用注射量与锁模力来表示注射机的主要特征。

（1）注射量表示法　注射机注射量是指在对空注射的条件下，注射螺杆或柱塞做一次最大注射行程时，注射装置所能达到的最大注射量。这种表示法比较直观，能直接得出该注射机所能成型制件的质量或体积范围。由于注射量与加工塑料的性能、状态有着密切的关系，所以注射量表示法不能直接判断规格的大小。

我国常用的卧式注射机型号有 XS-ZY-30、XS-ZY-60、XS-ZY-500 等。如 XS-ZY-125，其中 125 是指注射机的注射容量为 125cm^3，XS 表示塑料成型机械；Z 表示注射成型、Y 表示螺杆式（无 Y 表示柱塞式）。30、60、500 等表示注射机的最大注射量（cm^3 或 g）。

（2）锁模力表示法　锁模力又称合模力，是指熔料注入型腔时，合模装置对模具施加的最大夹紧力。此表示法直观、简单，直接反映出注射机成型制件面积的大小。锁模力表示法并不直接反映注射制件体积的大小，所以此法不能表示出注射机在加工制件时的全部能力及规格的大小，使用起来不够方便。

（3）锁模力与注射量表示法　锁模力（kN）与注射量（cm^3）表示法是国际上通行的规格表示法。这种表示法是用注射机锁模力作为分母，注射量作为分子表示注射机的规格（注射量/锁模力）。对于注射量，为了对不同的注射机都有一个共同的比较基准，特规定为注射压力在100MPa时的理论注射量。这种表示法比较全面地反映了注射机的主要性能。

如SZ-63/500，其中63表示注射容量为63cm^3，锁模力为500kN，S表示塑料机械，Z表示注射机。

注射机的主要技术参数包括注射、合模和综合性能三个方面，如公称注射量、螺杆直径及有效长度、注射行程、注射压力、注射速度、塑化能力、锁模力、开模力、开模合模速度、开模行程、模板尺寸、推出行程、推出力、空循环时间、机器的功率、机器的体积和质量等。

表2-2-2、表2-2-3列出了部分国产注射机的主要技术参数。

表2-2-2　部分国产注射机的主要技术参数（一）

项目＼型号		XS-ZS-22	XS-Z-30	XS-Z-60	XS-ZY-125	G54-S200/400
额定注射量/cm^3		20、30	30	60	125	200～400
螺杆（柱塞）直径/mm		20、25	28	38	42	55
注射压力/MPa		75、115	119	122	120	109
注射行程/mm		130	130	170	115	160
注射方式		双柱塞（双色）	柱塞式	柱塞式	螺杆式	螺杆式
锁模力/kN		250	250	500	900	2540
最大成型面积/cm^2		90	90	130	320	645
模板最大行程/mm		160	160	180	300	260
模具最大厚度/mm		180	180	200	300	406
模具最小厚度/mm		60	60	70	200	165
喷嘴球半径/mm		12	12	12	12	18
喷嘴孔直径/mm		2	2	4	4	4
顶出形式		四侧设有顶杆，机械顶出，中心距170mm	四侧设有顶杆，机械顶出	中心设有顶杆，机械顶出	两侧设有顶杆，机械顶出，中心距230mm	动模板设有顶板，开模时模具顶杆固定板上的顶杆通过动模板与顶板相碰，机械顶出
动、定模固定板尺寸/（mm×mm）		250×280	250×280	330×440	428×458	532×637
拉杆空间/mm		235	235	190×300	260×290	290×368
合模方式		液压-机械	液压-机械	液压-机械	液压-机械	液压-机械
液压泵	流量/（L/min）	50	50	70、12	100、12	170、12
	压力/MPa	6.5	6.5	6.5	6.5	6.5
电动机功率/kW		5.5	5.5	11	11	18.5
螺杆驱动功率/kW					4	5.5
加热功率/kW		1.75		2.7	5	10
机器外形尺寸/（mm×mm×mm）		2340×800×1460	2340×800×1460	3160×850×1550	3340×750×1500	4700×1400×1800

表 2-2-3　部分国产注射机的主要技术参数（二）

项目 \ 型号	XS-ZY-300	XS-ZY-500	XS-ZY-1000	XS-ZY-2000	XS-ZY-4000
额定注射量/cm^3	300	500	1000	2000	4000
螺杆（柱塞）直径/mm	60	65	85	110	130
注射压力/MPa	77.5	145	121	90	106
注射行程/mm	150	200	260	280	370
注射方式	螺杆式	螺杆式	螺杆式	螺杆式	螺杆式
锁模力/kN	1500	3500	4500	6000	10000
最大成型面积/cm^2		1000	1800	2600	3800
模板最大行程/mm	340	500	700	750	1100
模具最大厚度/mm	355	450	700	800	1000
模具最小厚度/mm	285	300	300	500	700
喷嘴球半径/mm	12	18	18	18	
喷嘴孔直径/mm		4、5、6、8	7.5	10	
顶出形式	中心液压及上下两侧设有顶杆，机械顶出	中心液压顶出、顶出距离为100mm，两侧顶杆机械顶出，中心距为350mm	中心液压顶出，两侧顶杆机械顶出，中心距为850mm	中心液压顶出，顶出距离125mm，两侧顶杆机械顶出	中心液压顶出，两侧顶杆机械顶出，中心距为1200mm
动、定模固定板尺寸/(mm×mm)	620×520	700×850	900×1000	1180×1180	
拉杆空间/(mm×mm)	400×300	540×440	650×550	760×700	1050×950
合模方式	液压-机械	液压-机械	两次动作液压式	液压-机械	两次动作液压式
液压泵 流量/(L/min)	103.9、12.1	200、25	200、18、1.8	175.8×2、14.2	50、50
液压泵 压力/MPa	7.0	6.5	14	14	20
电动机功率/kW	17	22	40、55、5.5	40、40	17、17
螺杆驱动功率/kW	7.8	7.5	13	23.5	30
加热功率/kW	6.5	14	16.5	21	37
机器外形尺寸/(mm×mm×mm)	5300×940×1815	6500×1300×2000	7670×1740×2380	10908×1900×3430	11500×3000×4500

4. 注射模与注射机有关工艺参数的校核

模具设计人员在设计模具前，除了了解注射成型工艺规程外，还要熟悉有关注射机的技术规格和使用性能，正确处理注射模与注射机之间的关系，使设计出的模具便于在注射机上安装和使用。注射模都是安装在注射机上使用的，在注射成型生产中二者密不可分，因此注射模具与注射机相关的参数必须匹配。设计注射模时，要对注射机的最大注射量、最大注射压力、锁模力、有关安装尺寸、开模行程和顶出装置等有关工艺参数进行校核。现就有关参数校核分述如下。

（1）最大注射量的校核　最大注射量是指在对空注射时，螺杆或柱塞做一次最大行程时注射装置所能达到的最大注射量。设计模具时，应满足注射成型塑件所需的总注射量小于所选注射机的最大注射量。根据生产经验总结，设计注射模时，塑件和浇注系统凝料所用的塑料量不能超过注射机允许的最大注射量的 80%，即

$$M = nM_I + M_J \leqslant KM_{max} \tag{2-2-1}$$

式中 M——注射成型塑件所需的总注射量（包括制品、浇注系统及飞边在内，cm^3 或 g）；

n——型腔数；

M_I——单个塑件的体积或质量（cm^3 或 g）；

M_J——浇注系统及飞边的体积或质量（cm^3 或 g）；

K——最大注射量的利用系数，一般取 0.8；

M_{max}——注射机的最大注射量（cm^3 或 g）。

最大注射量的校核应注意的是，柱塞式注射机和螺杆式注射机标定的公称注射量是不同的。

（2）注射压力的校核　注射压力的校核是校验注射机的最大注射压力能否满足塑件成型时所需的压力，因此注射机的最大注射压力应大于塑件成型所需要的注射压力。即

$$p_0 \geqslant p \tag{2-2-2}$$

式中 p_0——注射机的最大注射压力（MPa）；

p——塑料制品成型时所需的注射压力（MPa）。

塑料制品成型时所需的注射压力 p 受浇注系统、型腔内阻力、模具温度等因素影响。当 p 太大时，塑件成型后的飞边大，脱模困难，塑件表面质量差，内应力大。当 p 太小时，塑料熔体不能顺利充满型腔，无法成型。

（3）锁模力的校核　当熔体充满型腔时，注射压力在型腔内所产生的作用力会使模具产生一个沿注射机轴向（模具开合方向）的很大推力，这个力如果大于注射机的公称锁模力，将产生溢料现象。因此，注射机的锁模力必须大于型腔内熔体压力与塑件及浇注系统在分型面上的垂直投影面积之和的乘积，即

$$F_0 \geqslant F = KpA \tag{2-2-3}$$

式中 F_0——注射机的额定锁模力（N）；

F——型腔胀型力（N）；

A——塑件与浇注系统在分型面上的垂直投影面积之和（mm^2）；

p——塑料熔体对型腔的平均成型压力（模内平均压力，MPa），其值见表 2-2-4；

K——安全系数，常取 1.1～1.2，塑件简单取小值，反之取大值。

表 2-2-4　几种常用塑料的模内平均压力

制品特点	模内平均压力 p/MPa	举　例
容易成型制品	24.5	PE、PP、PS 等壁厚均匀的日用品，容器类制品
一般制品	29.4	在模温较高下，成型薄壁容器类制品
中等黏度塑料和有精度要求的制品	34.2	ABS、PMMA 等有精度要求的工程结构件，如壳体、齿轮等
加工高黏度塑料，高精度、充模难的制品	39.2	用于机器零件上高精度的齿轮或凸轮等

（4）安装部分的相关尺寸校核　设计塑料模具时，不仅要对注射机的有关工艺参数进行校核，还应对注射机有关安装尺寸进行核对，避免模具安装不合适。校核的内容通常包括主流道衬套尺寸、定位圈尺寸、最大模具厚度、最小模具厚度及模板上的安装螺孔尺寸等。图 2-2-6 所示为国产 XS-ZY-500 卧式注射机的锁模机构与装模尺寸。

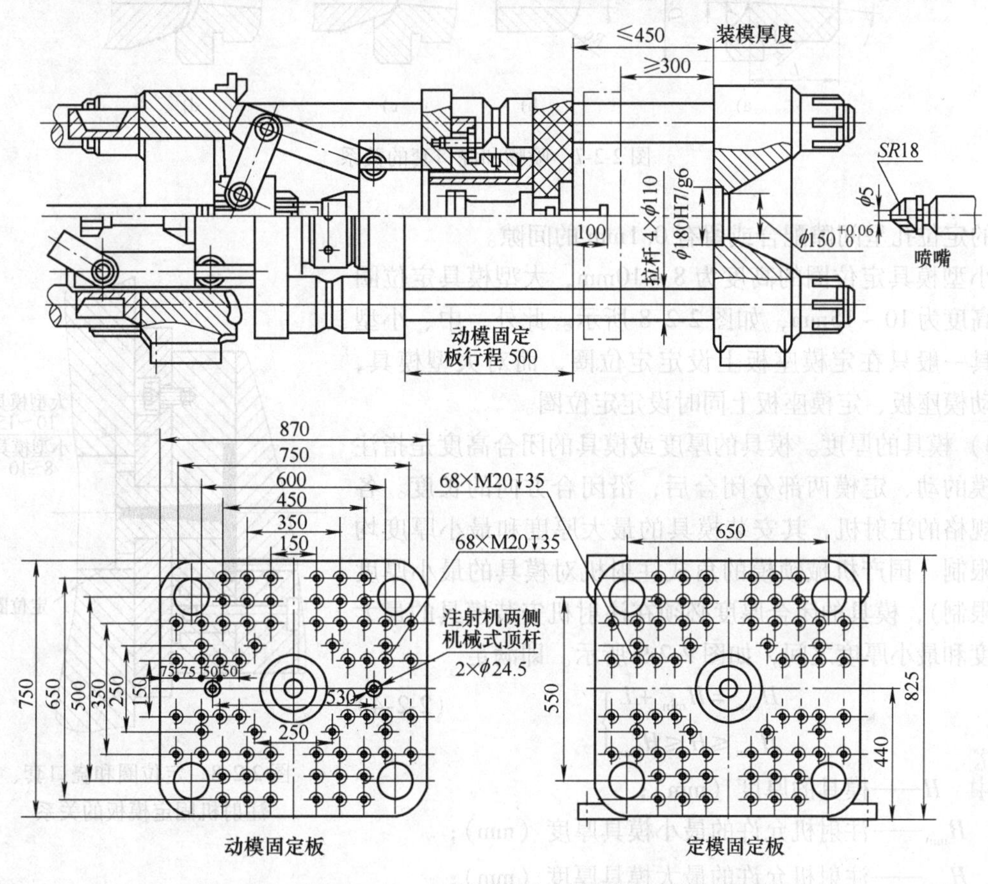

图 2-2-6　国产 XS-ZY-500 卧式注射机的锁模机构与装模尺寸

1）主流道衬套尺寸。模具需要与注射机对接，所以模具的主流道始端应与注射机喷嘴头球面相适应，如图 2-2-7a 和图 2-2-7b 所示。注射机的喷嘴前端的孔径 d_0 和球面半径尺寸 R_0 与模具主流道衬套的小端直径 d 和球面半径尺寸 R 应满足下列关系：

$$R = R_0 + (1 \sim 2)\,\text{mm}$$

$$d = d_0 + (0.5 \sim 1)\,\text{mm}$$

浇口套球面半径尺寸 R 比喷嘴球面半径尺寸 R_0 大 1 ~2mm，以保证高压熔体不从狭缝处溢出。主流道衬套的小端直径 d 比喷嘴前端的孔径 d_0 大 0.5 ~1mm，以保证注射成型在主流道处不形成死角，无熔料积存，便于主流道内的塑料凝料脱出。图 2-2-7d 所示是配合不良的情况。

直角式注射机喷嘴头多为平面，模具主流道始端与喷嘴处也应做成平面。

2）定位圈尺寸。模具定模固定板上的定位圈要求与主流道同轴，并与注射机固定模板

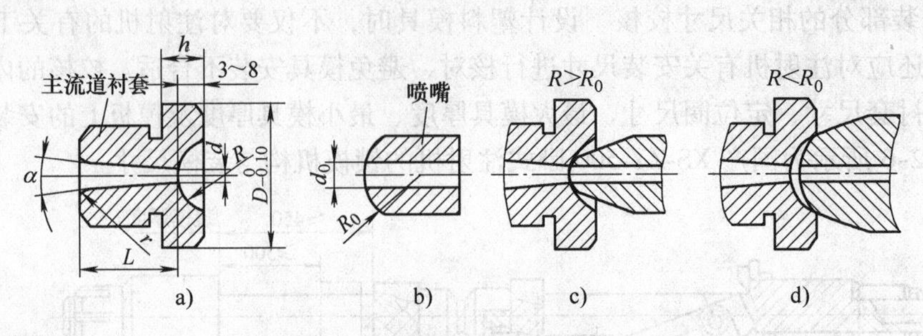

图 2-2-7　喷嘴和浇口套的关系

上的定位孔呈间隙配合或留有 0.1mm 的间隙。

小型模具定位圈的高度为 8 ~ 10mm，大型模具定位圈的高度为 10 ~ 15mm，如图 2-2-8 所示。此外，中、小型模具一般只在定模座板上设定定位圈，而对大型模具，在动模座板、定模座板上同时设定定位圈。

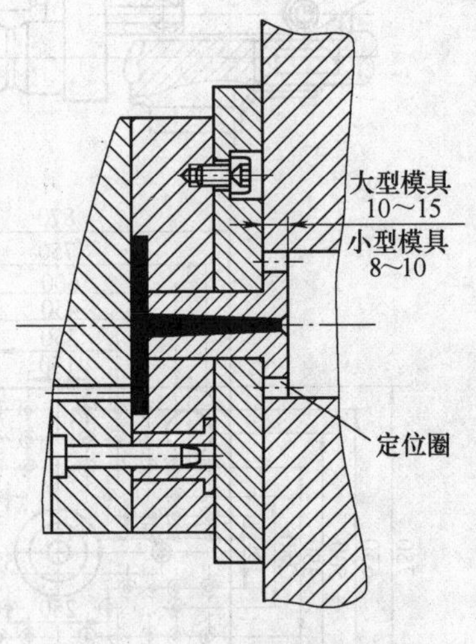

图 2-2-8　定位圈和浇口套、注射机固定模板的关系

3）模具的厚度。模具的厚度或模具的闭合高度是指注射模的动、定模两部分闭合后，沿闭合方向的长度。各种规格的注射机，其安装模具的最大厚度和最小厚度均有限制（国产机械锁模的角式注射机对模具的最小厚度无限制），模具的闭合厚度必须在注射机安装模具的最大厚度和最小厚度之间，如图 2-2-9 所示。即满足

$$\left.\begin{aligned} H_{max} &= H_{min} + L \\ H_{min} &\leqslant H \leqslant H_{max} \end{aligned}\right\} \tag{2-2-4}$$

式中　H——模具的厚度（mm）；

H_{min}——注射机允许的最小模具厚度（mm）；

H_{max}——注射机允许的最大模具厚度（mm）；

L——注射机在模具厚度方向长度的调节量（mm）。

若 $H > H_{max}$，则模具无法锁紧或闭合，尤其是以液压肘式机构合模的注射机，其肘杆无法撑直，这是不允许的。若 $H < H_{min}$，则采用垫板来调整，以保证模具能够闭合。

同时，模具外形尺寸不应超过注射机模板尺寸，并小于注射机拉杆的间距，以便于模具安装与调整。

4）模具的安装和紧固。模具的定模部分安装在注射机的固定模板上，动模部分安装在注射机的移动模板上。模具的安装固定形式有螺钉固定和压板固定两种。用压板固定安装的优点是简单快捷，模具固定板外形尺寸限制小，模具在注射机上的位置调整范围较大，应用最广泛，但紧固力小于用螺钉直接固定。用螺钉直接固定时，模具座板上孔的位置和尺寸应与注射机模板上的安装螺孔完全吻合，否则无法固定。螺钉和压板的数目，在动、定模上一般各为 2 ~ 4 个。注射机动、定模固定板形状如图 2-2-6 所示。一般模具重量较轻时采用压板固定，模具重量较重时采用螺钉固定。

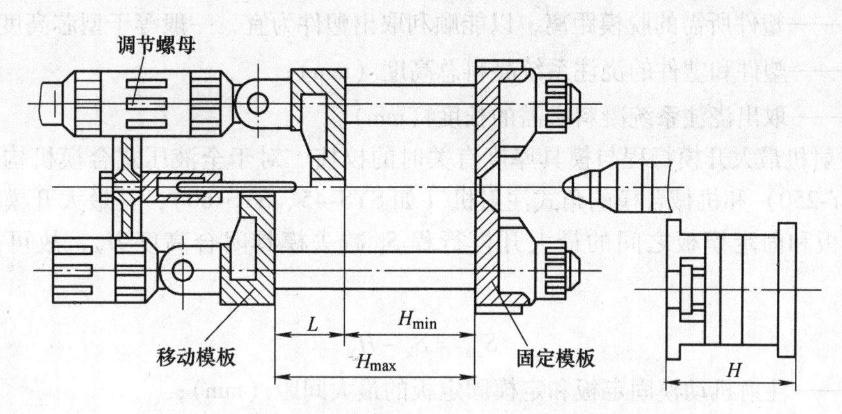

图 2-2-9　模具厚度与注射机模板闭合厚度的关系

5. 开模行程的校核

开模行程指模具开合过程中动模固定板的移动距离，用符号 S 表示。注射机的开模行程是有限的，开模行程应该满足分开模具取出塑件的需要。因此，塑料注射成型机的最大开模行程必须大于取出塑件所需的开模距离，否则成型后的制件无法从动模和定模之间取出。开模行程的校核分为下面几种情况。

（1）注射机最大开模行程与模具厚度无关时的校核　当注射机采用液压-机械联合作用的锁模机构时（如 XS-Z-30，XS-ZY-125，XS-Z-60 等），其最大开模行程由连杆机构（或移模缸）的最大行程决定，不受模具厚度的影响。

1）对于单分型面注射模（图 2-2-10），开模行程按下式校核，即

$$S_{max} \geqslant H_1 + H_2 + 5 \sim 10\text{mm} \tag{2-2-5}$$

2）对于双分型面注射模（图 2-2-11），开模行程需要增加取出浇注系统凝料时定模座板与中间板的分离距离 a，可按下式校核，即

$$S_{max} \geqslant H_1 + H_2 + a + 5 \sim 10\text{mm} \tag{2-2-6}$$

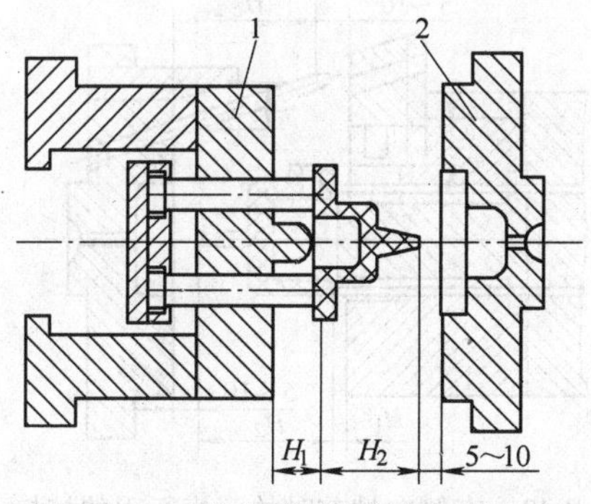

图 2-2-10　单分型面注射模开模行程
1—动模　2—定模

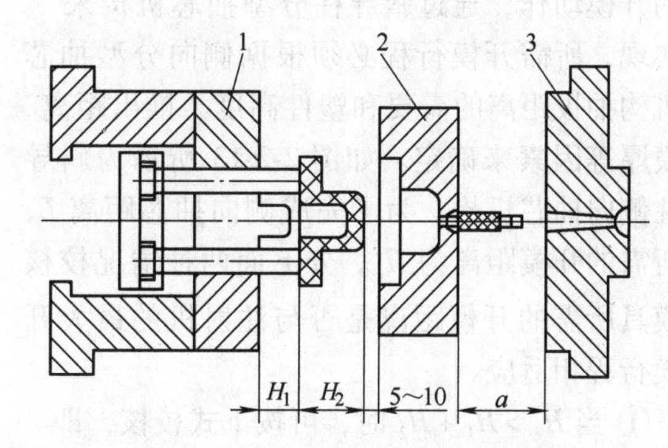

图 2-2-11　双分型面注射模开模行程
1—动模　2—流道板　3—定模

式中　S_{max}——注射机最大开模行程（移动模板行程，mm）；

H_1——塑件所需的脱模距离，以能顺利取出塑件为宜，一般等于型芯高度（mm）；

H_2——塑件和塑件的浇注系统凝料总高度（mm）；

a——取出浇注系统凝料必需的长度（mm）。

（2）注射机最大开模行程与模具厚度有关时的校核　对于全液压式合模机构的注射机（如 XS-ZY-250）和机械合模的角式注射机（如 SYS-45、SYS-60），其最大开模行程 S 等于移动模板和固定模板之间的最大开模行程 S_k 减去模具闭合高度 H_M，故可按下式校核，即

$$S_{max}=S_k-H_M \tag{2-2-7}$$

式中　S_k——注射机动模固定板和定模固定板的最大间距（mm）；

H_M——模具闭合高度（mm）。

如果在上述两类注射机上使用单分型面或双分型面模具，分别用下面两种方法校核模具所需的开模距离是否与注射机的最大开模行程 S 相适应。

1）对于单分型面注射模（图 2-2-10），开模行程按下式校核，即

$$\left.\begin{array}{l}S_{max}=S_k-H_M \geqslant H_1+H_2+5\sim10\text{mm}\\ \text{或 } S_{max} \geqslant H_M+H_1+H_2+5\sim10\text{mm}\end{array}\right\} \tag{2-2-8}$$

2）对于单分型面注射模（图 2-2-12），开模行程需要增加中间板与定模板间为取出浇注系统凝料所需分离的距离，故模具开模行程按下式校核，即

$$\left.\begin{array}{l}S_{max}=S_k-H_M \geqslant H_1+H_2+a+5\sim10\text{mm}\\ \text{或 } S_{max} \geqslant H_M+H_1+H_2+a+5\sim10\text{mm}\end{array}\right\} \tag{2-2-9}$$

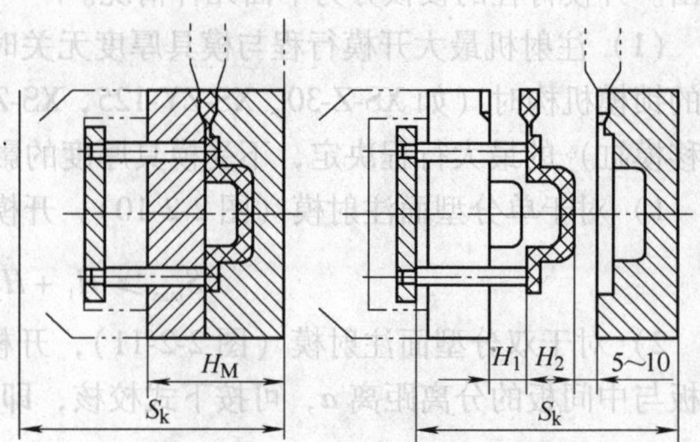

图 2-2-12　直角式单分型面注射模开模行程

3）模具有侧向抽芯时开模行程的校核。如果模具侧向分型或侧向抽芯利用注射机的开模动作，通过斜导柱分型抽芯机构来实现，所需开模行程必须根据侧向分型抽芯机构抽拔距离的需要和塑件高度、推出距离、模厚等因素来确定。如图 2-2-13 所示为斜导柱侧向抽芯机构，为了完成侧向抽芯距离 L，所需的开模距离为 H_c。分下面两种情况校核模具所需的开模距离是否与注射机的最大开模行程相适应。

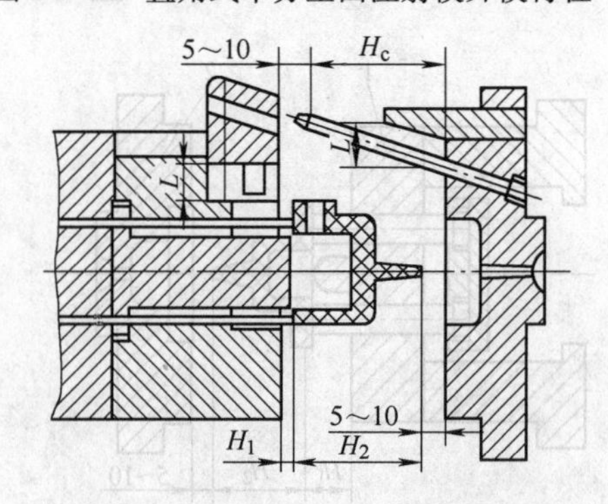

图 2-2-13　有侧向抽芯时的开模行程的校核

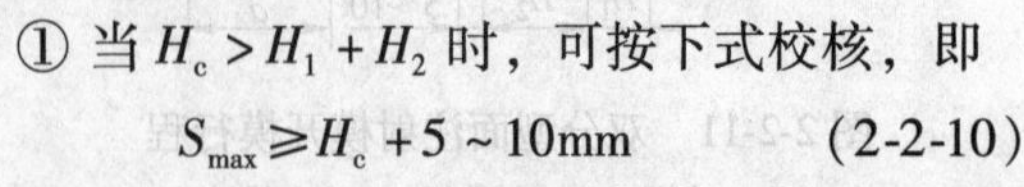

① 当 $H_c>H_1+H_2$ 时，可按下式校核，即

$$S_{max} \geqslant H_c+5\sim10\text{mm} \tag{2-2-10}$$

② 当 $H_c \leqslant H_1+H_2$ 时，可按下式校核，即

$$S_{max} \geqslant H_1+H_2+5\sim10\text{mm} \tag{2-2-11}$$

6. 注射机顶出装置和模具推出装置的校核

各种注射机合模系统中顶出装置的结构形式、最大顶出距离各不相同。在设计模具时，必须使模内的推出脱模机构与合模系统的顶出装置相适应。一般根据合模系统顶出装置的顶出形式、顶杆直径、顶杆间距和顶出距离等，对模具内的顶杆或推杆配置位置、长度能否达到使塑件脱模的效果进行校核。国产注射机中，顶出装置的顶出形式分为下面几类：

1）中心顶杆机械顶出，如卧式 XS-Z-60、XS-ZY-350，立式 SYS-30 等。

2）两侧双顶杆机械顶出，如卧式 XS-Z-30、XS-ZY-125 等。

3）中心顶杆液压顶出与两侧顶杆联合顶出，如卧式 XS-ZY-250、XS-ZY-500 等。

4）中心顶杆液压顶出与其他开模辅助液压缸联合顶出，如 XS-ZY-1000 等。

2.2.2	多功能笔筒成型注射机选择

初选注射机规格通常依据注射机允许的最大注射量、锁模力及塑件外观尺寸等因素确定。习惯上以其中一个作为设计依据，其余都作为校核依据（在后续项目中完成）。现以笔筒为载体，选择成型所需注射机规格。

1. 依据最大注射量初选设备

制品及浇注系统凝料所用的塑料量不能超过注射机允许的最大注射量的 80%。

（1）体积　计算单个塑件的体积。

大圆柱体积 $=94\pi\times35\times35\text{mm}^3=361571\text{mm}^3$

小圆柱体积 $=64\pi\times27.5\times27.5\text{mm}^3=151976\text{mm}^3$

底座体积 $=(6\pi\times40\times40)\text{mm}^3+(6\pi\times32.5\times32.5)\text{mm}^3=50043\text{mm}^3$

大圆柱空心体积 $=94\pi\times32.5\times32.5\text{mm}^3=311762\text{mm}^3$，小圆柱空心体积 $=64\pi\times25\times25\text{mm}^3=125600\text{mm}^3$，大圆柱体积 + 小圆柱体积 + 底座体积 $=(361571+151976+50043)\text{mm}^3=563590\text{mm}^3$

大圆柱空心体积 + 小圆柱空心体积 $=(311762+125600)\text{mm}^3=437362\text{mm}^3$

塑件体积 $=(563590-437362)\text{mm}^3=126228\text{mm}^3\approx100\text{cm}^3$

即

$$V=100\text{cm}^3$$

（2）计算单个塑件的质量　计算塑件的质量是为了选择注射机及确定模具型腔数。由手册查得 ABS 塑料的密度 $\rho=1.03\text{g/cm}^3$，所以，塑件的质量为

$$m_1=V\rho=100\text{cm}^3\times1.05\text{g/cm}^3=105\text{g}$$

塑件形状简单，该塑件为筒型类塑件，外形尺寸为两个圆柱体，质量较大，生产量较大，采取一模一腔的结构形式。同时，考虑到塑件的口部有外凸台，需侧向抽芯，所以多功能笔筒成型采用一模一腔的模具结构，需加上浇注系统冷凝料的质量（初步估算总质量为 120g）。

（3）注射量　塑件成型每次需要的注射量为

$$m_1=120\text{g}$$

根据注射量，查表 2-2-2、表 2-2-3 或模具设计手册初选螺杆式注射机，选择 XS-ZY-500 型号，满足注射量小于或等于注射机允许的最大注射量的 80% 的要求。XS-ZY-500 型号注射机主要参数见表 2-2-5。

表 2-2-5　XS-ZY-500 型注射机主要技术参数

项　目	设备参数	项　目	设备参数
额定注射量/cm^3	200～500	最大开合模行程/mm	500
螺杆直径/mm	65	最大模厚/mm	450
注射压力/MPa	145	最小模厚/mm	300
注射行程/mm	200	喷嘴圆弧半径/mm	18
锁模力/kN	3500	喷嘴孔直径/mm	3、5、6、8
拉杆空间/(mm×mm)	540×440	定位圈直径/mm	125

2. 依据最大锁模力初选设备

当熔体充满型腔时，注射压力在型腔内所产生的作用力会使模具沿分型面胀开，为此，注射机的锁模力必须大于型腔内熔体对动模的作用力，以避免发生溢料和胀模现象。根据成型所需锁模力初选所需注射机规格。

1）塑件在分型面上投影面积 A_1

$$A_1 = 底座面积 = (\pi \times 40 \times 40)\,mm^2 + (\pi \times 32.5 \times 32.5)\,mm^2 = 8340mm^2$$

2）成型时熔体塑料在分型面上投影面积 A。由于塑件形状简单，尺寸、质量较大，生产量较大，采取一模一腔的结构形式。同时，考虑到塑件的口部有外凸台，需侧向抽芯，所以多功能笔筒成型采用一模一腔的模具结构。

加上相切部分的面积，初步选定塑件在分型面上的投影面积约为 $8340mm^2$。

3）成型时熔体塑料对动模的作用力 F。根据式（2-2-3）计算，查表 2-2-4 知成型 ABS 塑件型腔所需的平均成型压力 $p = 34.2MPa$。

$$F = KpA = 1.2 \times 34.2 \times 8340 \times 10^{-3}kN \approx 342kN$$

4）初选注射机。根据锁模力必须大于型腔内熔体对动模的作用力的原则，查表 2-2-2、表 2-2-3，初选 XS-ZY-500 卧式螺杆式注射机。

2.2.3　确定塑件成型工艺参数

在塑料原材料、注射机和模具结构确定之后，注射成型工艺参数的选择与控制是决定成型质量的主要因素。一般来讲，注射成型具有三大主要工艺参数，即温度、压力和时间。

1. 温度

在注射成型过程中，需要控制的温度有料筒温度、喷嘴温度和模具温度。料筒温度和喷嘴温度主要影响塑料的塑化和塑料的流动性；而模具温度主要影响塑料充满型腔和冷却固化。

（1）料筒温度　使用注射机时，需对注射机的料筒按照后段、中段和前段三个不同区域分别加热与控制。后段指加料料斗附近，该段加热的温度要求最低，是对物料开始加热，若过热则会使物料粘结，影响顺利加料；前段指靠近料筒内柱塞（或螺杆）前端的一段区域，一般这段温度最高；中段指前段与后段之间的区域，对该段的温度控制介于前、后段温度之间。总的来说，料筒加热是由后段至前段温度逐渐升高，以实现塑料逐渐升温，达到良好的熔融状态。关于料筒温度的选择，涉及的因素很多，主要有以下几方面：

1）塑料的黏流温度或熔点。对于非结晶型塑料，料筒末端温度应控制在塑料的黏流温度以上；对于结晶型塑料，则应控制在其熔点以上。但为了保证塑料不发生分解，料筒温度均不能超过塑料本身的分解温度。

2）塑料的相对分子质量及相对分子质量分布。同一种塑料，相对分子质量高、相对分子质量分布较窄，则熔体黏度较大，料筒温度应高些；反之，料筒温度低些。玻璃纤维增强塑料，随着玻璃纤维含量的增加，熔体流动性下降，因而料筒温度要相应地提高。

3）注射机类型。柱塞式注射机中，塑料的加热仅靠料筒壁和分流梭表面传热，而且料层较厚，升温较慢，因此料筒的温度要高些；螺杆式注射机中，塑料会受到螺杆的搅拌混合，获得较多的剪切摩擦热，料层较薄，升温较快，料筒的温度相对低些。

4）塑件及模具结构。对于薄壁、结构复杂、型腔较深或带有嵌件的塑件，料筒温度应选择高些。相反，料筒温度取低一些。

（2）喷嘴温度　喷嘴温度通常略低于料筒最高温度，以防止熔料在喷嘴处产生“流延”现象；但温度也不能过低，温度过低将会造成熔料在喷嘴过早凝固而堵塞喷嘴，或将凝料注入型腔影响塑件的质量。虽然喷嘴温度低，但当塑料熔体由狭小喷嘴经过时，会产生摩擦热，从而提高熔体进入模具型腔的温度。

料筒和喷嘴的温度设定还与注射成型中的其他工艺参数有关，如注射压力较低时，为保证塑料熔体的流动，应适当提高料筒和喷嘴的温度；反之，则应降低料筒和喷嘴的温度。

判断料筒和喷嘴的温度是否合适，可采用对空注射法观察或直接观察塑件质量的好坏。对空注射时，如果料流均匀、光滑、无泡、色泽均匀，则说明料温合适；如果料流毛糙、有银纹或变色现象，则说明料温不合适。

（3）模具温度　模具温度是指与塑件接触的模具型腔表壁温度，它直接影响熔体的充模流动能力、塑件的冷却速度和成型后的塑件内外质量等。

模具温度的选择与塑料品种和塑件的形状、尺寸及使用要求有关。例如对于结晶型塑料，采取缓冷或中速冷却时有利于结晶，可提高塑件的密度和结晶度，塑件的强度和刚度较大，耐磨性也比较好，但韧性和伸长率却会下降，收缩率也会增大，而急冷时则与此相反；对于非结晶型塑料，如果流动性较好，充型能力强，通常采用急冷方式，以缩短冷却时间，提高生产率。

模具温度通过调温系统来控制。一般采用通入定温的冷却或加热介质来控制，也有靠熔料注入模具自然升温和自然散热达到平衡的方式来保持一定的温度。在特殊情况下，也可采用电阻加热棒对模具加热来保持模具的定温。不管采用什么方法，对模具保持定温，对塑料熔体来说都是冷却的过程，其保持的定温都低于塑料的玻璃化温度或工业上常用的热变形温度，才能使塑料成型和脱模。

2. 压力

注射成型过程中的压力包括塑化压力、注射压力和保压压力，它们直接影响塑料的塑化和塑件质量。

（1）塑化压力　塑化压力所代表的是塑料塑化过程中所承受的压力，故称塑化压力。塑化压力也指螺杆式注射成型时，螺杆头部熔体在螺杆转动后退时所受到的阻力，所以又称背压。塑化压力的大小由液压系统中的溢流阀来调整。

塑化压力的大小影响塑料的塑化过程、塑化效果和塑化能力。在其他条件相同的情况下，增加塑化压力，会提高熔体温度及温度的均匀性，有利于色料的均匀混合和排除熔体中的气体。但塑化压力增大，会降低塑化速率，延长成型周期，严重时会导致塑料发生降解，一般在保证塑件质量的前提下，塑化压力越低越好，通常很少超过 20MPa。

（2）注射压力　注射压力是指柱塞或螺杆顶部对塑料熔体所施加的压力。其作用是注射时克服熔体流动充模过程中的流动阻力，使熔体具有一定的充模速率；熔体充满型腔后对熔体进行压实和防止倒流。

注射压力的大小取决于注射机的类型、塑料的品种、模具结构、塑件的形状及其他的工艺条件，但浇注系统的结构和尺寸等诸多因素很难具体确定，一般要经过试模后才能确定。在注射机上，注射压力由压力表指示大小，对于一般热塑性工程塑料，注射压力为 20～130MPa；对于玻璃纤维增强的聚砜、聚碳酸酯等，压力则要高些。

（3）保压压力　型腔充满后，注射压力的作用在于对模内熔体的压实，使塑料紧贴于模壁，以获得精确的形状，使不同时间和不同方向进入型腔同一部位的塑料熔合成一个整体，补充冷却收缩，此时的注射压力也称为保压压力。在生产中，保压压力等于或小于注射时所用的注射压力。

如果注射时和保压时的压力相等，则往往可使塑件的收缩率减小，并且尺寸稳定性及力学性能较好。缺点是会造成脱模时的残余压力过大，使塑件脱模困难，因此，保压压力应适当。

3. 时间（成型周期）

注射成型周期指完成一次注射成型工艺过程所需的时间，它包括注射成型过程所用的时间。成型周期直接影响到生产率和设备利用率。注射成型周期的时间组成见表 2-2-6。

表 2-2-6　注射成型周期的时间组成

<table>
<tr><td rowspan="4">成型周期</td><td rowspan="2">注射时间</td><td>充模时间（螺杆或柱塞前进时间）</td><td></td></tr>
<tr><td>保压时间
（螺杆或柱塞停留在前进位置的时间）</td><td rowspan="2">总冷却时间</td></tr>
<tr><td>模内冷却时间</td><td>包括螺杆转动后退或柱塞后撤的时间</td></tr>
<tr><td>其他时间</td><td colspan="2">指开模、脱模、喷涂脱模剂、安放嵌件、合模的时间</td></tr>
</table>

（1）注射时间　注射时间指注射活塞在注射液压缸内开始向前运动至保压补缩结束为止所经历的全部时间，它的长短与塑料流动性能、制品的几何形状和尺寸大小、模具浇注系统的形式、成型所用的注射速度和其他一些工艺条件等因素有关。注射时间由流动充模时间和保压时间两部分组成。对于普通制品，注射时间为 5～130s，特厚制品达 10～15min，时间主要耗费在保压上面，而流动充模时间所占比例很小，如普通制品的流动充模时间仅为 2～10s。

（2）充模时间　注射机螺杆完成一次推进动作，将塑料注满型腔所用的时间称为流动充模时间。在生产中流动充模时间极短，一般在 3～5s，大型塑件也在 10s 以内结束。

（3）保压时间　保压时间指从塑料充满型腔开始至注射机螺杆后退时为止的这段时间。保压时间的长短由塑件的结构尺寸、料温、主流道及浇口大小决定。在工艺条件正常、主流道及浇口尺寸合理的情况下，最佳的保压时间通常是塑件收缩率波动范围最小时的时间。保压时间一般取 20 ~ 120s，大型和厚壁塑件达 5 ~ 10min。

（4）模内冷却时间　模内冷却时间指注射结束到开启模具这一阶段经历的时间。冷却时间的长短应以保证塑件脱模时不引起变形为原则，一般为 30 ~ 120s。冷却时间过长，不仅延长了成型周期，降低生产率，对于复杂塑件有时还会造成塑件脱模困难。常用的热塑性塑料注射成型工艺参数参见表 2-2-7。

表 2-2-7　常用的热塑性塑料注射成型工艺参数

名　称		玻璃纤维增强聚丙烯	聚苯乙烯	改性聚苯乙烯	丙烯腈-丁二烯-苯乙烯共聚物	丙烯腈-丁二烯-苯乙烯共聚物	丙烯腈-丁二烯-苯乙烯共聚物
材料	代号	FRPP	PS	HIPS	ABS	耐热 ABS	阻燃 ABS
	收缩率（%）	0.4 ~ 0.8	0.5 ~ 0.8	0.3 ~ 0.6	0.4 ~ 0.7	0.4 ~ 0.7	0.4 ~ 0.7
	密度/(g/cm³)	—	1.04 ~ 1.06	—	1.02 ~ 1.16	1.02 ~ 1.16	1.02 ~ 1.16
设备	类型	螺杆式	柱塞式	螺杆式	螺杆式	螺杆式	螺杆式
	螺杆转速/(r/min)	30 ~ 60		40 ~ 80	30 ~ 60	30 ~ 60	20 ~ 50
	喷嘴形式	直通式	直通式	直通式	直通式	直通式	直通式
温度/℃	料筒后段	160 ~ 180	140 ~ 160	150 ~ 160	150 ~ 170	180 ~ 200	170 ~ 190
	料筒中段	190 ~ 200	170 ~ 180	170 ~ 190	180 ~ 190	210 ~ 220	200 ~ 210
	料筒前段	210 ~ 220	180 ~ 190	180 ~ 200	200 ~ 210	220 ~ 230	210 ~ 220
	喷嘴	190 ~ 200	160 ~ 170	170 ~ 180	180 ~ 190	200 ~ 220	180 ~ 190
	模具	70 ~ 80	30 ~ 50	20 ~ 50	50 ~ 60	55 ~ 60	50 ~ 70
压力/MPa	注射压力	90 ~ 130	60 ~ 100	60 ~ 100	60 ~ 100	85 ~ 120	60 ~ 100
	保压压力	40 ~ 50	30 ~ 40	30 ~ 50	40 ~ 60	50 ~ 80	40 ~ 60
时间/s	注射	2 ~ 5	1 ~ 3	1 ~ 5	2 ~ 5	3 ~ 5	3 ~ 5
	保压	5 ~ 15	10 ~ 15	5 ~ 15	5 ~ 10	15 ~ 30	15 ~ 30
	冷却	10 ~ 20	5 ~ 15	5 ~ 15	5 ~ 15	15 ~ 30	15 ~ 30
	周期	15 ~ 40	20 ~ 30	15 ~ 30	15 ~ 30	30 ~ 60	30 ~ 60
后处理	方法	—	红外线烘箱	—	红外线烘箱	红外线烘箱	—
	温度/℃	—	70 ~ 80	—	70	70 ~ 90	70 ~ 90
	时间/h	—	2 ~ 4	—	0.3 ~ 1	0.3 ~ 1	0.3 ~ 1
备注		—	材料预干燥 0.5h 以上	材料预干燥 0.5h 以上	材料预干燥 0.5h 以上	材料预干燥 0.5h 以上	材料预干燥 0.5h 以上

名　称		硬质聚氯乙烯	软质聚氯乙烯	低密度聚乙烯	高密度聚乙烯	聚丙烯	共聚聚丙烯
材料	代号	RPVC	SPVC	LDPE	HDPE	PP	共聚 PP
	收缩率（%）	0.5 ~ 0.7	1.5 ~ 3	1.5 ~ 4	1.3 ~ 3.5	1 ~ 2.5	1 ~ 2
	密度/(g·cm³)	1.35 ~ 1.45	1.16 ~ 1.35	0.910 ~ 0.925	0.941 ~ 0.965	0.90 ~ 0.91	0.91

（续）

名称		硬质聚氯乙烯	软质聚氯乙烯	低密度聚乙烯	高密度聚乙烯	聚丙烯	共聚聚丙烯
设备	类型	螺杆式	柱塞式	柱塞式	螺杆式	螺杆式	柱塞式
	螺杆转速/(r/min)	20~40			40~80	30~80	
	喷嘴形式	直通式	直通式	直通式	直通式	直通式	直通式
温度/℃	料筒后段	150~160	140~150	140~160	150~160	150~170	160~170
	料筒中段	165~170	155~165	150~170	170~180	180~190	180~200
	料筒前段	170~180	170~180	160~180	180~200	190~205	190~220
	喷嘴	150~170	145~155	150~170	160~180	170~190	180~200
	模具	30~60	30~40	30~45	30~60	40~60	40~70
压力/MPa	注射压力	80~130	40~80	60~100	70~100	60~100	70~120
	保压压力	40~60	20~30	40~50	50~60	50~60	50~80
时间/s	注射	2~5	1~3	1~5	1~5	1~5	1~5
	保压	10~20	5~15	5~15	10~30	5~10	5~15
	冷却	10~30	10~20	15~20	15~25	10~20	10~20
	周期	20~55	10~40	20~40	25~60	15~35	15~40
后处理	方法	—	—	—	—	—	—
	温度/℃	—	—	—	—	—	—
	时间/h	—	—	—	—	—	—
备注		材料预干燥0.5h以上	材料预干燥0.5h以上	材料预干燥0.5h以上	材料预干燥0.5h以上	材料预干燥0.5h以上	材料预干燥0.5h以上

名称		丙烯腈-氯化聚乙烯-苯乙烯共聚物	丙烯腈-苯乙烯共聚物	聚甲基丙烯酸甲酯		均聚聚甲醛	共聚聚甲醛
材料	代号	ACS	SAN	PMMA		均聚 POM	共聚 POM
	收缩率（%）	0.5~0.8	0.4~0.7	0.5~1.0	0.5~1.0	2~3	2~3
	密度/(g/cm³)	1.07~1.10	—	1.17~1.20	1.17~1.20	1.41~1.43	—
设备	类型	螺杆式	螺杆式	柱塞式	螺杆式	柱塞式	螺杆式
	螺杆转速/(r/min)	20~30	40~80		20~30		30~60
	喷嘴形式	直通式	直通式	直通式	直通式	直通式	直通式
温度/℃	料筒后段	160~170	170~180	180~200	180~200	170~180	170~190
	料筒中段	180~190	210~230	—	190~230	—	180~200
	料筒前段	170~180	200~210	210~240	180~210	170~190	170~190
	喷嘴	160~180	180~190	180~210	180~200	170~180	170~180
	模具	50~60	50~70	40~80	40~80	80~100	80~100

（续）

名称		丙烯腈-氯化聚乙烯-苯乙烯共聚物	丙烯腈-苯乙烯共聚物	聚甲基丙烯酸甲酯		均聚聚甲醛	共聚聚甲醛
压力/MPa	注射压力	80～120	80～120	80～130	80～120	80～130	80～120
	保压压力	40～50	40～50	40～60	40～60	40～60	40～60
时间/s	注射	1～5	2～5	3～5	1～5	2～5	2～5
	保压	15～30	15～30	10～20	10～20	20～40	20～40
	冷却	15～30	15～30	15～30	15～30	20～40	20～40
	周期	40～70	40～70	35～55	35～55	40～80	40～80
后处理	方法	红外线烘箱	红外线烘箱	红外线烘箱	红外线烘箱	红外线烘箱	红外线烘箱
	温度/℃	70～80	70～90	60～70	60～70	140～150	140～150
	时间/h	2～4	2～4	2～4	2～4	1	1
备注		材料预干燥0.5h以上	材料预干燥1h以上	材料预干燥1h以上	材料预干燥2h以上	材料预干燥2h以上	材料预干燥6h以上

名称		聚碳酸酯		玻璃纤维增强聚碳酸酯	聚砜	改性聚砜	玻璃纤维增强聚砜
材料	代号	PC		FRPC	PSU	改性PSU	FRPSU
	收缩率（%）	0.5～0.8		0.4～0.6	0.4～0.8	—	0.3～0.5
	密度/(g/cm³)	1.18～1.20		—	1.24	—	1.34～1.40
设备	类型	柱塞式	螺杆式	螺杆式	螺杆式	螺杆式	螺杆式
	螺杆转速/(r/min)		20～40	20～30	20～30	20～30	20～30
	喷嘴形式	直通式	直通式	直通式	直通式	直通式	直通式
温度/℃	料筒后段	260～290	240～270	260～280	280～300	260～270	290～300
	料筒中段	—	260～290	270～310	300～350	280～300	310～330
	料筒前段	270～300	240～280	260～290	290～310	260～280	300～320
	喷嘴	240～250	230～250	240～260	280～290	250～260	280～300
	模具	90～110	90～110	90～110	130～150	80～100	130～150
压力/MPa	注射压力	100～140	80～130	100～140	100～140	100～140	100～140
	保压压力	40～50	40～50	40～50	40～50	40～50	40～50
时间/s	注射	1～5	1～5	2～5	1～5	1～5	2～7
	保压	20～80	20～80	20～60	20～80	20～70	20～50
	冷却	20～50	20～50	20～50	20～50	20～50	20～50
	周期	40～130	40～130	50～110	50～130	50～130	50～110
后处理	方法	红外线烘箱	红外线烘箱	红外线烘箱	热风烘箱	热风烘箱	热风烘箱
	温度/℃	100～110	100～110	100～110	170～180	70～80	170～180
	时间/h	6～12	6～12	6～12	2～4	1～4	2～4
备注		材料预干燥6h以上	材料预干燥6h	材料预干燥6h以上	材料预干燥2h以上	材料预干燥2h以上	材料预干燥2h以上

2.2.4 塑料笔筒成型工艺卡的编制

塑料笔筒注射成型采用 XS-ZY-500 型螺杆式注射机，材料预干燥时间为 3h 以上。塑料笔筒注射成型工艺卡见表 2-2-8。

表 2-2-8 塑料笔筒注射成型工艺卡

产 品 名 称	塑 料 笔 筒	企业		车间	
设备型号	XS-ZY-500	材料名称	丙烯腈-丁二烯-苯乙烯共聚物	材料牌号	ABS
模具图号		收缩率（%）	0.4～0.7	每模件数	1 件
工序号	工序内容				工、量具
1. 领料配色	按定额领料，均加入灰色母料，比例为 50∶1				塑料原料
2. 供料	按工艺规范供料				水银温度计
3. 注射	领模具，按规范装模、注射、脱模、取出产品、自检				模具，工具
4. 包装	合格后装袋，每袋的数量一致				
5. 检验	检验各部位尺寸及产品外观				游标卡尺

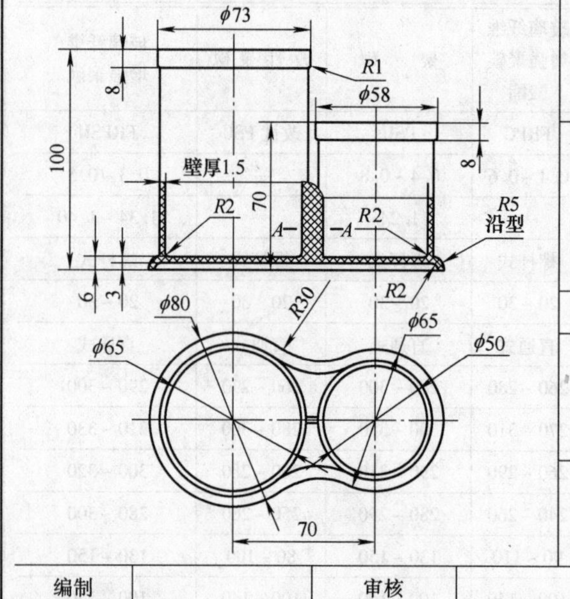

材料干燥	设备红外线烘箱	
	温度/℃	70
	时间/h	3
料筒温度/℃	料筒后段	150～170
	料筒中段	180～190
	料筒前段	200～210
	喷嘴	180～190
模具温度/℃		50～60
时间/s	注射	2～5
	保压	5～10
	冷却	5～15
压力/MPa	注射压力	60～100
	保压压力	40～60

编制		审核		检验	
校对		日期		编号	

2.2.5 典型塑件成型注射机选择及工艺卡的编制实例

对于汽车操作按钮塑件，成型设备的初步选择步骤如下。

1. 依据最大注射量初选设备

通常保证制品及浇注系统凝料所用的塑料量不能超过注射机允许的最大注射量的 80%，否则就会造成制品的形状不完整、内部组织疏松或制品强度下降等缺陷。

（1）计算单个塑件的体积　塑件的体积为总体积：

大圆柱体积 $=8.5\pi\times16\times16\text{mm}^3=6832.64\text{mm}^3$

小圆柱体积 $=5.5\pi \times 3.5 \times 3.5\text{mm}^3 = 212\text{mm}^3$

大圆柱体积 + 小圆柱体积 $=(6832.64+212)\text{mm}^3 = 7045\text{mm}^3$

塑件体积 $\approx 7.045\text{cm}^3$

(2) 计算塑件质量　聚氯乙烯密度为 1.29g/cm^3，塑件体积约为 7cm^3，塑件质量约为9g。

(3) 计算注射机所需公称注射量　一模四腔加废料约为五个塑件的料。注射量约为 $9 \times 5\text{g} = 45\text{g}$。

查阅手册可知聚氯乙烯采用螺杆式注射机。根据注射量，查表2-2-2、表2-2-3或模具设计手册初选螺杆式注射机，选择125型号，满足注射量小于或等于注射机允许的最大注射量的80%的要求。XS-ZY-125型注射机的主要参数见表2-2-9。

表2-2-9　XS-ZY-125型注射机主要技术参数

项　目	设备参数	项　目	设备参数
额定注射量/cm^3	125	最大开合模行程/mm	300
螺杆直径/mm	42	最大模厚/mm	300
注射压力/MPa	120	最小模厚/mm	200
注射行程/mm	115	喷嘴球半径/mm	12
锁模力/kN	900	喷嘴孔直径/mm	4
拉杆空间/(mm×mm)	260×290	定位圈直径/mm	100

2. 依据最大锁模力初选设备

当熔体充满型腔时，注射压力在型腔内所产生的作用力会使模具沿分型面胀开，为此，注射机的锁模力必须大于型腔内熔体对动模的作用力，以避免发生溢料和胀模现象。

1) 单个塑件在分型面上的投影面积 A_1。

$$A_1 = \pi \times 16 \times 16\text{mm}^2 = 803\text{mm}^2$$

2) 成型时熔体塑料在分型面上的投影面积 A。由于塑件是圆形薄壳类零件，生产中通常选用一模四腔的模具结构，初步估算浇注系统冷凝料在分型面上的投影面积约为 600mm^2。

$$A = (803 \times 4 + 600)\text{mm}^2 = 3812\text{mm}^2$$

3) 成型时熔体塑料对动模的作用力 F。查表2-2-4，$p = 34.2\text{MPa}$

$$F = KpA = 1.2 \times 34.2 \times 3812 \times 10^{-3}\text{kN} = 156.4\text{kN}$$

4) 初选注射机。根据锁模力必须大于型腔内熔体对动模的作用力的原则，查表2-2-2、表2-2-3，初选XS-ZY-125卧式螺杆式注射机，其主参数见表2-2-9。

3. 模具闭合高度的校核

由于XS-ZY-125型注射成型机所允许的模具最小厚度 $H_{\min} = 200\text{mm}$，模具最大厚度 $H_{\max} = 300\text{mm}$，而计算所得模具的闭合高度 $H = 225\text{mm}$，所以模具闭合高度满足安装条件。

4. 模具安装部分的校核

该模具的外形最大部分尺寸为230mm×280mm，XS-ZY-125型注射成型机模板的最大安装尺寸为360mm×360mm，故能满足模具安装的要求。

5. 塑件成型工艺卡的编制

汽车操作按钮注射成型工艺条件的选择可查表2-2-7和相关资料。注射成型采用XS-ZY-125型螺杆式注射机，螺杆转速为20~30r/min。材料预干燥时间为2h以上。塑件注射成型工艺卡见表2-2-10。

表2-2-10 汽车操作按钮塑件注射成型工艺卡

产品名称	汽车操作按钮	企业		车间	
设备型号	XS-ZY-125	材料名称	聚氯乙烯	材料牌号	PVC
模具图号		收缩率（%）	0.5~1.6	每模件数	4件
工序号	工序内容				工、量具
1. 领料配色	按定额领料，均加入灰色母料，比例为50：1				塑料原料
2. 供料	按工艺规范供料				水银温度计
3. 注射	领模具，按规范装模、注射、脱模、取出产品、自检				模具，工具
4. 包装	合格后装袋，每袋的数量一致				
5. 检验	检验各部位尺寸及产品外观				游标卡尺
			材料干燥	设备	红外线烘箱
				温度/℃	70
				时间/h	2
			料筒温度/℃	料筒后段	150~160
				料筒中段	165~170
				料筒前段	170~180
				喷嘴	150~170
			模具温度/℃		30~60
			时间/s	注射	2~5
				保压	10~20
				冷却	10~30
			压力/MPa	注射压力	80~130
				保压压力	40~60
编制		审核		检验	
校对		日期		编号	

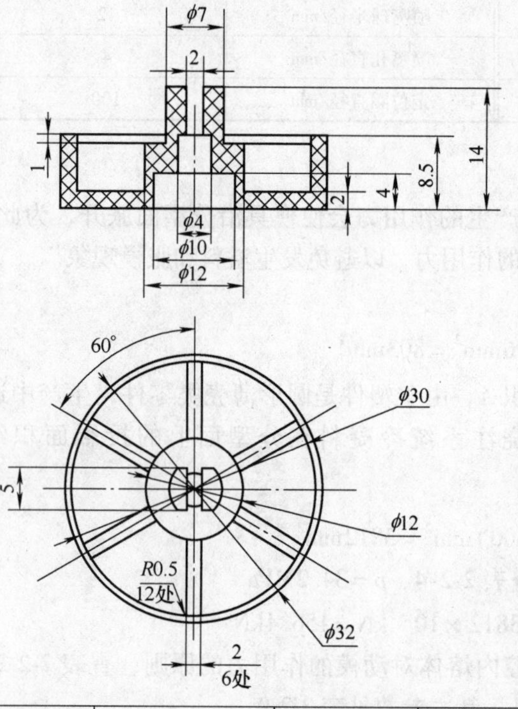

作 业 单

<table>
<tr><td>学习领域</td><td colspan="4">塑料成型工艺及模具设计</td></tr>
<tr><td>学习情境二</td><td>塑件的生产方法与成型设备及工艺</td><td>任务 2.2</td><td colspan="2">注射成型设备及工艺参数设计</td></tr>
<tr><td>实践方式</td><td colspan="2">小组成员动手实践，教师指导</td><td>计划学时</td><td>6 学时</td></tr>
<tr><td>实践内容</td><td colspan="4">参看学习单 4 中的计划单、决策单、材料工具清单、实施单、检查单、评价单。学生完成任务：根据注射成型工作原理，完成下列典型塑件成型设备选择及生产工艺编制。
1. 典型塑件
1）汽车油管堵头（图 1-1-10）。
2）树叶香皂盒（图 1-1-11）。
3）汽车发动机油缸盖（图 1-1-12）。
4）塑料牙具筒（图 1-1-13）。
5）塑料基座（图 1-1-14）。
2. 实践步骤
1）小组讨论、共同制订计划，完成计划单。
2）小组根据班级各组计划，综合评价方案，完成决策单。
3）小组成员均根据需要完成的工作任务，完成材料工具清单。
4）小组成员共同研讨、确定动手实践的实施步骤，完成实施单。
5）小组成员均根据实施单中的实施步骤，分析典型塑料零件的应用。
6）小组成员完成检查单。
7）按照专业能力、社会能力、方法能力三方面综合评价每位学生，完成评价单。</td></tr>
<tr><td>班级</td><td></td><td>第 组</td><td>日期</td><td></td></tr>
</table>

学习情境三

注射模设计

【学习目标】

1. 掌握典型注射成型模具的基本结构、组成特点和工作原理。
2. 掌握型腔数量的确定、分布，浇注系统设计，成型零件工作部分等机构设计。
3. 能够读懂典型注射成型模具。
4. 会计算工作部分尺寸、确定型腔数目，具有浇注系统等机构设计的能力。

【工作任务】

任务 3.1　汽车操作按钮注射模分型面与浇注系统设计

通过对汽车操作按钮、笔筒的分析，实现注射模具浇注系统的设计。

任务 3.2　成型零部件的设计

通过对汽车操作按钮、笔筒的分析，实现注射模具成型零部件的设计。

任务 3.3　推出与温度调节系统、模架的设计

通过对汽车操作按钮、笔筒的成型模具结构分析，实现注射模具推出与温度调节系统、模架的设计。

任务 3.4　塑料笔筒注射模侧向分型与抽芯机构的设计

通过对笔筒的结构分析，实现侧向分型与抽芯机构的设计。

【学习情境描述】

根据注射模具的结构设计方法，确定“汽车操作按钮注射模分型面与浇注系统设计”等四个工作任务。选择控制按钮、笔筒等典型塑料制件为载体，按照注射模具结构设计过程，使学生通过资讯、计划、决策、实施、检查、评价训练，掌握注射模具的浇注系统、成型零部件等模具结构的设计方法，掌握塑料模具设计程序，使学生对企业模具设计过程有真实的感受。

任务单

<table>
<tr><td>学习领域</td><td colspan="6">塑料成型工艺及模具设计</td></tr>
<tr><td>学习情境三</td><td colspan="2">注射模设计</td><td colspan="2">任务 3.1</td><td colspan="2">汽车操作按钮注射模分型面与浇注系统设计</td></tr>
<tr><td colspan="3">任务学时</td><td colspan="4">10 学时</td></tr>
<tr><td colspan="7">布置任务</td></tr>
<tr><td>工作目标</td><td colspan="6">1. 掌握典型注射模的设计方法。
2. 掌握注射模的工作原理、注射成型模具的基本结构及其分类。
3. 掌握分型面与浇注系统的设计方法。
4. 能根据塑料制品图设计分型面、模具浇注系统。</td></tr>
<tr><td>任务描述</td><td colspan="6">根据注射模设计程序，设计汽车操作按钮、笔筒注射成型模具，通过对汽车操作按钮、笔筒模具结构的确定，实现注射模具的分型面、浇注系统的设计。
1. 通过模具实物及视频了解注射模具的结构与分类。
2. 分析分型面的作用及分型面选择的原则。
3. 分析浇注系统的组成及作用。</td></tr>
<tr><td>学时安排</td><td>资讯
2 学时</td><td>计划
0.5 学时</td><td>决策
0.5 学时</td><td>实施
6 学时</td><td>检查
0.5 学时</td><td>评价
0.5 学时</td></tr>
<tr><td>提供资源</td><td colspan="6">1. 注射模模拟仿真软件。
2. 教案、课程标准、多媒体课件、加工视频、参考资料、塑料技术标准等。
3. 典型模具成型工作原理动画。</td></tr>
<tr><td>对学生的要求</td><td colspan="6">1. 应了解注射机与注射模具之间的关系，掌握注射模具典型结构。
2. 根据塑料模具图的结构分析模具工作原理。
3. 掌握注射模具的组成部分及作用。
4. 以小组的形式进行学习、讨论、操作、总结，每位同学必须积极参与小组活动，进行自评和互评；上交一份分型面布置、浇注系统设计完成图，并分析模具分型面以及浇注系统的主要特性。</td></tr>
</table>

资 讯 单

学习领域	塑料成型工艺及模具设计		
学习情境三	注射模设计	任务 3.1	汽车操作按钮注射模分型面与浇注系统设计
资讯学时		2 学时	
资讯方式	观察实物，观看视频，通过杂志、教材、互联网及信息单内容查询问题；咨询任课教师。		
资讯问题	1. 注射成型模具的基本结构及其分类有哪些？		
	2. 分型面的类型有哪些？		
	3. 注射模浇注系统的作用是什么？		
	4. 模具主流道的作用及设计方法是什么？		
	5. 模具分流道的作用及设计适合哪一类模具？		
	6. 注射模浇口的类型及特点是什么？		
	7. 注射模冷料穴的作用是什么？如何设置？		
	8. 注射模设计时如何做到浇注系统平衡？		
	9. 注射模型腔的布置方法有哪些？		
	学生需要单独资讯的问题……		
资讯引导	1. 问题 1 可参考信息单 3.1.1 和 3.1.2。 2. 问题 2 可参考信息单 3.1.3。 3. 问题 3 可参考信息单 3.1.3。 4. 问题 4 可参考信息单 3.1.3。 5. 问题 5 可参考信息单 3.1.3。 6. 问题 6 可参考信息单 3.1.3。 7. 问题 7 可参考《塑料成型工艺及模具设计》，陈建荣，北京理工大学出版社，2010。 8. 问题 8 可参考《简明塑料模具设计手册》，齐卫东，北京理工大学出版社，2012。 9. 问题 9 可参考《塑料成型工艺与模具设计》，屈华昌，机械工业出版社，2007。		

信 息 单

学习领域	塑料成型工艺及模具设计		
学习情境三	注射模设计	任务 3.1	汽车操作按钮注射模分型面与浇注系统设计
3.1.1	注射模的结构组成		

1. 注射模具实物

注射模具的种类很多，如图 3-1-1 所示。

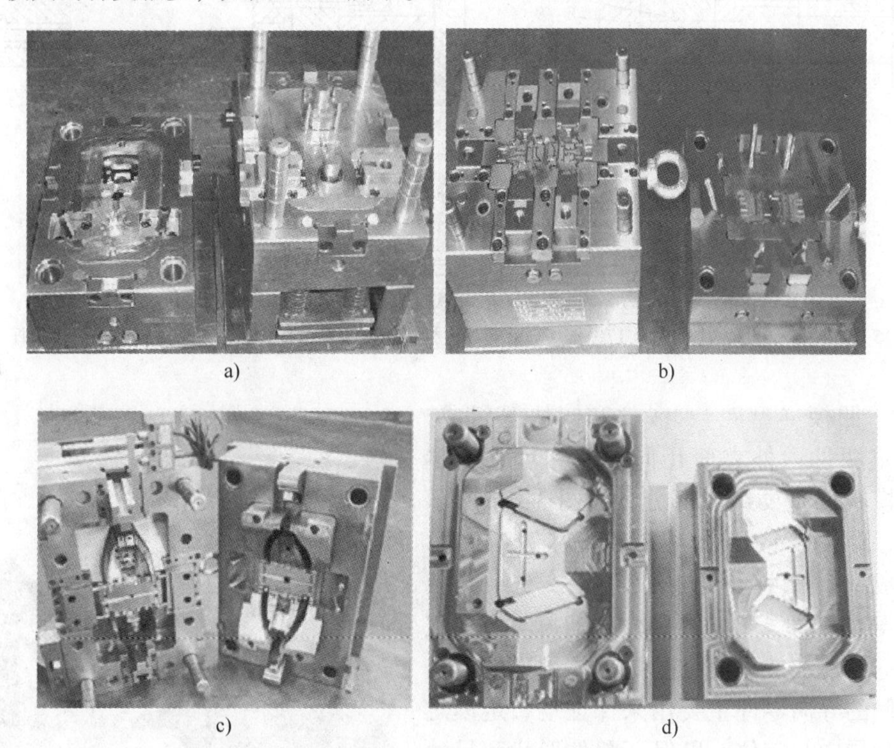

a) b) c) d)

图 3-1-1 注射成型模具实物图

a）单分型面注射模 b）侧向分型抽芯注射模 c）生产鼠标注射模 d）汽车后车灯注射模

注射模包括定模和动模两部分。动模安装在注射机的移动模板上，定模安装在注射机的固定模板上。动模与定模闭合后，已塑化的塑料熔体通过浇注系统注入模具型腔中冷却、固化与定型。定型后动模和定模分离，由推出机构将塑件推出，即完成一个生产周期。

由于塑料制件各式各样，且使用要求各不相同，塑料制品的尺寸结构不同，模具结构也不同。

2. 注射模的结构组成

根据注射模各个零部件的功能和作用，注射模可分成以下几个组成部分，如图 3-1-2 所示，其三维图如图 3-1-3 所示。

（1）成型零部件 成型零部件是指定、动模部分中组成型腔的零件。成型零部件由凸模

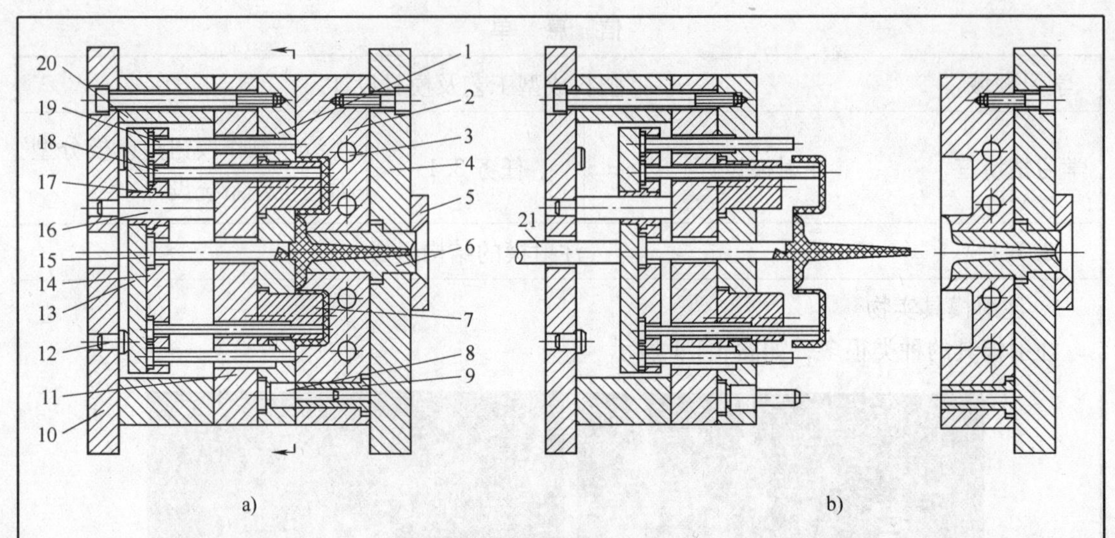

图 3-1-2　单分型面注射模

a）模具闭合状态　b）模具开模状态

1—动模板　2—定模板　3—冷却水道　4—定模座板　5—定位圈　6—浇口套　7—型芯　8—导柱　9—导套　10—动模座板　11—支承板　12—支承柱　13—推板　14—推杆固定板　15—拉料杆　16—推板导柱　17—推板导套　18—推杆　19—复位杆　20—垫块　21—注射机顶杆

（型芯）、凹模（型腔）、嵌件和镶块等组成，它是决定塑件内外表面几何形状和尺寸的零件，是模具的重要组成部分，如图 3-1-2 所示模具中，动模板 1、定模板 2 和型芯 7（凸模）都属于成型零部件。

（2）导向零件　导向零件包括动模与定模之间的导向零件和推出机构的导向零件。动模与定模之间的导向零件主要用来保证动、定模之间的正确导向与定位，以保证塑件形状和尺寸的精度，并避免损坏成型零部件，如图 3-1-2 中的导柱 8 和导套 9。推出机构的导向零件通常由推板导柱和推板导套组成，以保证塑件顺利推出，如图 3-1-2 中的推板导柱 16 和推板导套 17。

图 3-1-3　单分型面注射模的三维图

（3）浇注系统　熔融塑料从注射机喷嘴进入模具型腔所流经的通道称为浇注系统。浇注系统由主流道、分流道、浇口及冷料穴等组成，它对熔体充模时的流动特性以及塑件的质量等有着重要的影响。

（4）推出机构　推出机构是指在开模过程中，将塑件及浇注系统凝料推出或拉出的装置。一般情况下，推出机构由推杆、复位杆、推杆固定板、推板、主流道拉料杆及推板导套等组成。如图 3-1-2 中的推出机构由推板 13、推杆固定板 14、拉料杆 15、推板导柱 16、推板导套 17、推杆 18 及复位杆 19 组成。

（5）侧向分型抽芯机构　当塑件带有侧凹或侧凸时，在模具分型或塑件被推出塑件之前，必须把成型侧凹和侧凸的活动型芯从塑件中抽拔出去，然后才能顺利脱模。带动侧向凸模或侧向成型块移动的机构称为侧向分型抽芯机构。

（6）温度调节系统　为了满足注射工艺对模具温度的要求，需要在模具中设置冷却装置或加热装置对模具进行温度调节。冷却系统一般包括在模具上开设的冷却水道（图3-1-2中的件3），加热系统则包括在模具内部或四周安装的加热元件。

（7）排气系统　在注射过程中，必须使型腔内原有的空气和塑料成型产生的气体排出，以免造成成型缺陷。通常在分型面上开设若干排气沟槽，或利用模具的推杆或型芯与模板间的配合间隙来排气。小型塑件的排气量不大，可直接利用分型面排气，而不必另设排气槽。

（8）支承零部件　这类零件在注射模中是用来安装固定或支承其他零部件的。支承零部件组装在一起，可以构成注射模具的基本骨架。

3.1.2	典型注射模具结构及特点

按加工塑料的品种不同，注射模可分为热塑性塑料注射模和热固性塑料注射模。

按注射机类型不同，注射模可分为卧式注射机用注射模、立式注射机用注射模和角式注射机用注射模。

按型腔数目不同，注射模可分为单型腔注射模和多型腔注射模。

按注射模总体结构特征不同，注射模可分为单分型面注射模、双分型面注射模、斜导柱（弯销、斜导槽、斜滑块、齿轮齿条）侧向分型与抽芯注射模、带有活动镶件的注射模、定模带有推出机构的注射模和自动卸螺纹注射模等。

1. 单分型面注射模

模具只有一个分型面，因此称为单分型面注射模，也叫两板式注射模，如图3-1-2所示。这是注射模中最简单且用得最多的一种结构形式，分流道及浇口设在分型面上，其工作原理为：合模时，在导柱8、导套9的导向定位下，动模和定模闭合。型腔由定模板2上的凹模与固定在动模板1上的型芯7组成，并由注射机合模系统提供的锁模力锁紧。之后注射机开始注射，塑料熔体经定模上的浇注系统进入型腔，待熔体充满型腔并经过保压、补缩和冷却定型后开模。开模时，注射机合模系统带动动模后退，模具从动模和定模分型面分开，塑件包在型芯7上随动模一起后退，同时，拉料杆15将浇注系统的主流道凝料从浇口套中拉出。当动模移动一定距离后，注射机顶杆21接触推板13，推出机构开始动作，推杆18和拉料杆15分别将塑件及浇注系统凝料从型芯7和冷料穴中推出，塑件及浇注系统凝料一起从模具中落下，至此完成一次注射过程。再次合模时，推出机构靠复位杆19复位并准备下一次注射。这种模具是注射模中最简单、最基本的一种形式，对成型塑件的适应性很强，因而应用十分广泛。

设计这类模具的注意事项包括以下几个方面：

1）分流道位置的选择。分流道开设在分型面上，它可单独开设在动模一侧或定模一侧，也可以开设在动、定模分型面的两侧。

2）塑件的留模方式。由于注射机的推出机构一般设置在动模一侧，分型后应尽量将塑件留在动模一侧。为此，一般将包紧力大的凸模或型芯设在动模一侧，包紧力小的凸模或型芯设置在定模一侧。

3）拉料杆的设置。为了将主流道浇注系统凝料从模具浇口套中拉出，避免下一次成型时堵塞流道，动模一侧必须设有拉料杆。

4）导柱的设置。单分型面注射模的合模导柱既可设置在动模一侧，也可设置在定模一侧，应根据模具结构的具体情况而定。通常设置在型芯凸出分型面最长的那一侧。需要指出的是，标准模架的导柱一般都设置在动模一侧。

5）推杆的复位。推杆有多种复位方法，常用的机构有复位杆复位和弹簧复位两种形式。

总之，单分型面的注射模是一种最基本的注射模结构，根据具体塑件的实际要求，单分型面的注射模也可增添其他部件，如嵌件、螺纹型芯或活动型芯等，在这种基本形式的基础上可演变出其他复杂的结构。

2. 双分型面注射模

如图 3-1-4 所示为双分型面注射模，其三维图如图 3-1-5 所示，它与单分型面注射模相比，增加了一个用于取浇注系统凝料或其他功能的辅助分型面 *A—A*。分型面 *B—B* 用于取塑件，因此称为双分型面注射模（又称顺序分型注射模或三板模）。开模时，动模后移，中间板 7 与推料板 9，在 *A—A* 处定距分型，其分型距离由定距拉板 3 和限位销 6 联合控制，以便取出这两板间的浇注系统凝料。继续开模时，模具便在 *B—B* 分型面分型，塑件与凝料拉断并留在型芯 12 上，最后在注射机固定顶出杆的作用下，推动模具的推出机构，将塑件从型芯 12 上推出，并由 *B—B* 分型面取出。典型双分型面注射模具结构三维图如图 3-1-5 所示。这种注射模主要用于点浇口的注射模、侧向分型抽芯机构设在动模一侧的注射模以及因塑件结构特殊需要的顺序分型注射模中，它们的结构较复杂。

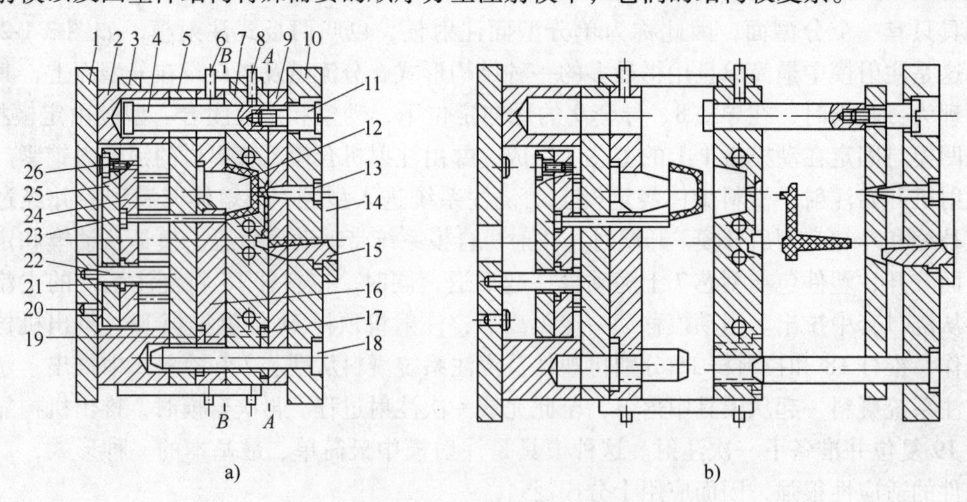

图 3-1-4　双分型面注射模

a）闭合充模　b）开模取出浇注系统凝料和塑料件

1—动模座板　2—垫块　3—定距拉板　4—拉杆　5—支承板　6—限位销　7—中间板（流道板）　8—销钉　9—推料板　10—定模座板　11—限位螺钉　12—型芯　13—拉料杆　14—定位圈　15—浇口套　16—动模板（型芯固定板）　17—导套　18、19、22—导柱　20—挡钉　21—导套　23—推杆　24—推杆固定板　25—推板　26—螺钉

3. 带有活动成型零件的注射模

由于塑件结构的特殊要求，如带有内侧凸、内侧凹或螺纹孔等塑件，需要在模具中设置活动的成型零件，也称活动镶块（件），以便开模时方便地取出塑件。如图 3-1-6 所示为带有活动镶块的注射模，制件内侧带有凸台，采用活动镶块 3 成型，开模时，塑件留在凸模上，待分型一定距离后，由推出机构的推杆将活动镶块 3 连同塑件一起推出模外，然后人工或通过其他装置将塑件与镶件分离。这种模具要求推杆 9 完成推出动作后能先复位，以便活动镶块 3 在合模前再次放入型芯 4 的定位孔中。

图 3-1-5　双分型面注射模三维图

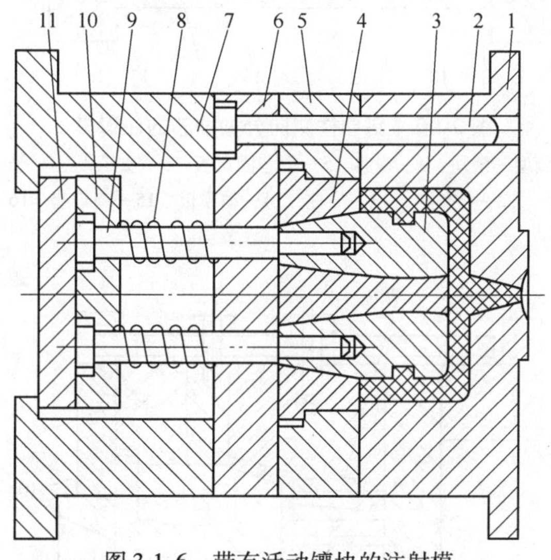

图 3-1-6　带有活动镶块的注射模

1—定模座板（兼凹模）　2—导柱　3—活动镶块　4—型芯　5—动模板

6—支承板　7—模脚　8—弹簧　9—推杆　10—推杆固定板　11—推板

4. 侧向分型抽芯注射模

当塑件上带有侧孔或侧凹时，在模具中要设置侧向分型抽芯机构，使侧型芯做与开模方向成一定角度的运动。图 3-1-7 所示为斜导柱侧向分型抽芯的注射模。开模时，在开模力的作用下，定模上的斜导柱 2 驱动动模部分的侧滑块 3 做与开模方向成一定角度（本例为 90°）的运动，使其前端的小型芯从塑件侧孔中抽拔出来，然后再由推出机构将塑件从主型芯上推出模外。

5. 定模设推出机构的注射模

通常模具开模后，要求塑件留在动模一侧（可利用注射机上的顶杆推出），因此，一般情况下推出机构设在动模一侧。但有时由于某些塑件有特殊要求或受形状限制，开模后塑件将留在定模一侧或留在动、定模的可能性都有，为此，应在定模一侧设置推出机构。如图 3-1-8 所示，开模后塑件（衣刷）留在定模上，待分型到一定距离后，由动模通过定距拉板或链条等带动定模一侧的推板，将塑件从定模的型芯上脱出。

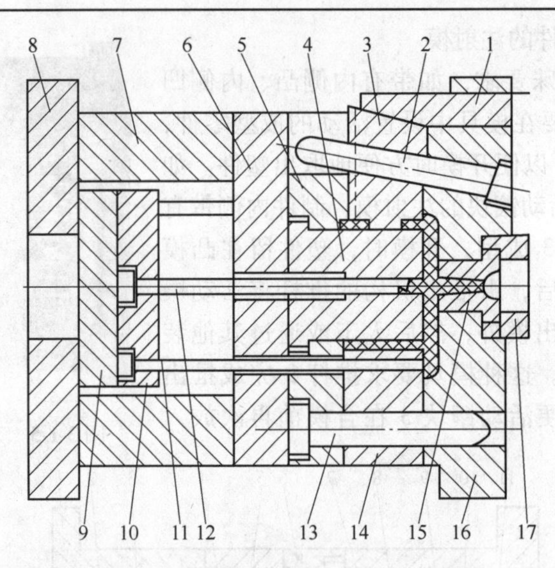

图 3-1-7 斜导柱侧向分型抽芯的注射模

1—锁紧楔 2—斜导柱 3—侧型芯滑块 4—型芯 5—型芯固定板 6—支承板 7—垫块 8—动模座板 9—推板 10—推杆固定板 11—推杆 12—拉料杆 13—导柱 14—动模板 15—浇口套 16—定模座板 17—定位圈

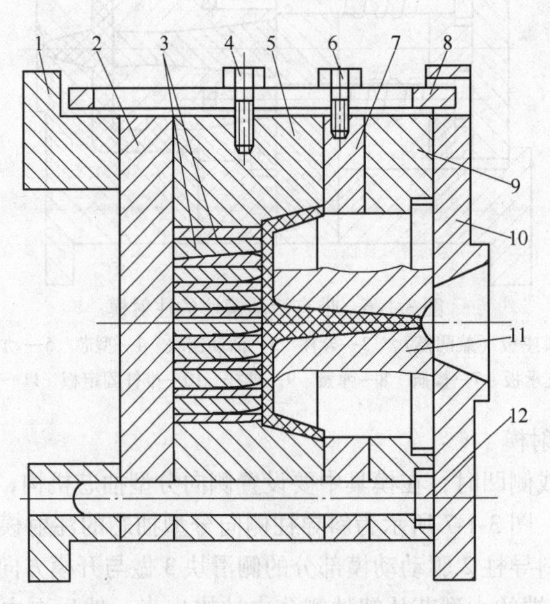

图 3-1-8 定模设推出机构的注射模

1—模脚 2—支承板 3—成型镶片 4、6—螺钉 5—动模板 7—推件板 8—拉板 9—定模板 10—定模座板 11—型芯 12—导柱

6. 自动卸螺纹的注射模

有的制件上的螺纹可直接注射成型。对于带有内螺纹或外螺纹的塑件，要在注射成型后自动卸螺纹，可在模具中设置能转动的螺纹型芯或型环，利用注射机本身的旋转运动或直线往复运动，将螺纹塑件脱出。图 3-1-9 所示为在角式注射机上设有自动卸螺纹的注射模。

为了防止塑件跟随螺纹型芯一起转动，一般要求塑件外形具有防转结构，图 3-1-9 所示结构是利用塑件端面的凸起图案来防止塑件随螺纹型芯转动的。开模时，模具从 $A—A$ 处分开的同时，螺纹型芯 1 由注射机的开合模丝杠带动旋转并开始从塑件中旋出，此时，塑件暂时留在型腔内不动，当螺纹型芯在塑件内还有一扣或半扣时，定距螺钉 4 使模具从 $B—B$ 分型面分开，塑件即被带出型腔，并与螺纹型芯脱离。

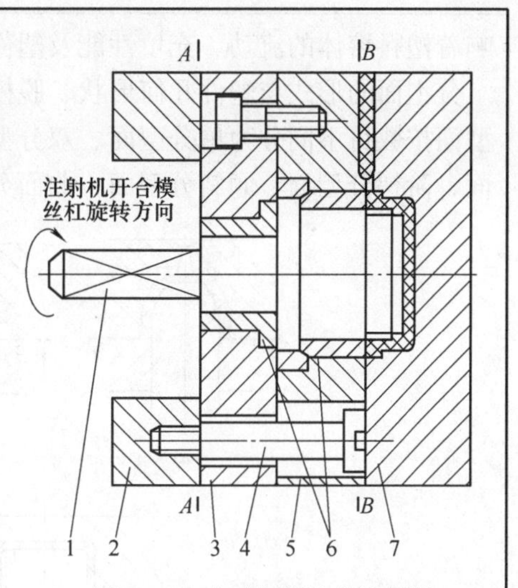

图 3-1-9 自动卸螺纹的注射模

1—螺纹型芯 2—动模板 3—支承板 4—定距螺钉 5—动模板 6—衬套 7—定模板

7. 热流道注射模

具有普通的浇注系统的注射模，每次开模取塑件时，都有流道凝料。热流道注射模则在注射成型过程中，利用加热或绝热的办法使浇注系统中的塑料始终保持熔融状态，在每次开模时，只需取出塑件而没有浇注系统凝料。这样，大大地节约了人力、物力，且提高了生产率，保证了塑件质量，更容易实现自动化生产。但热流道注射模结构复杂，温度控制要求严格，模具成本高，故适用于大批量生产。热流道注射模结构如图 3-1-10 所示。

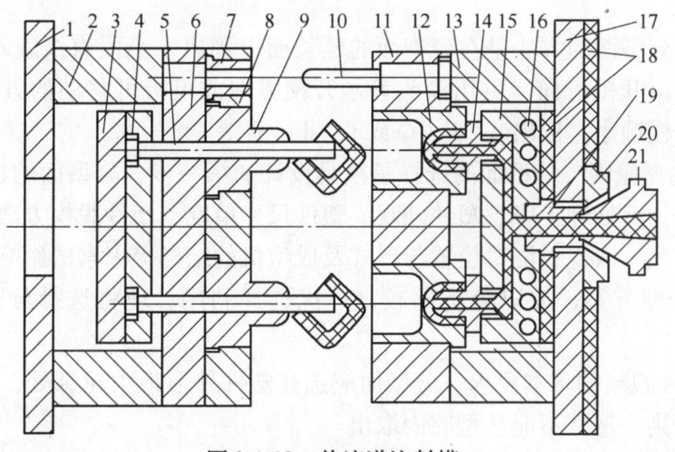

图 3-1-10 热流道注射模

1—动模座板 2—垫块 3—推板 4—推杆固定板 5—推杆 6—支承板 7—导套 8—动模板 9—型芯 10—导柱 11—定模板 12—凹模 13—支架 14—喷嘴 15—热流道板 16—加热器孔道 17—定模座板 18—绝热层 19—浇口套 20—定位圈 21—注射机喷嘴

3.1.3	分型面与浇注系统的设计

1. 分型面的设计

(1) 分型面及其基本形式 分型面是指分开模具取出塑件和浇注系统凝料的可分离接触表面。一副模具根据需要可能有一个或两个以上的分型面，分型面可以是垂直于合模方向，也可以与合模方向平行或倾斜。分型面是决定模具结构形式的重要因素，并且直接影响着塑料熔体的流动、充填性能及塑件的脱模。

分型面的形式与塑件几何形状、脱模方法、模具类型、排气条件、浇口形式等有关，分型面按数目不同分为单分型面、双分型面和多分型面。分型面的形式，常见的有平直分型面、阶梯分型面、倾斜分型面、曲面分型面和瓣合分型面等，如图 3-1-11 所示。

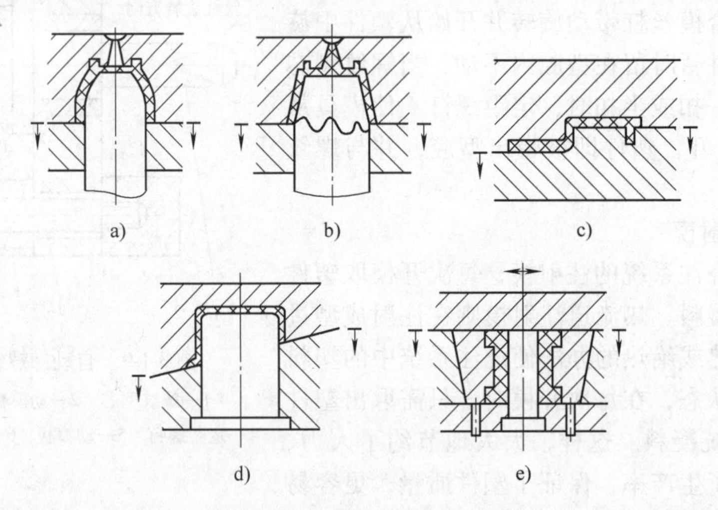

图 3-1-11 分型面的形式

a）平直分型面 b）曲面分型面 c）阶梯分型面 d）倾斜分型面 e）瓣合分型面

在图样上表示分型面的方法是在分型面的延长面上画出一小段直线表示分型面的位置。为更清楚地表示出开模方向，可用箭头表示开模方向或模板可移动的方向。对于多分型面，应按先后开模顺序，标出 A、B、C 或Ⅰ、Ⅱ、Ⅲ等。

（2）分型面选择原则 分型面的选择是模具设计的第一步，分型面的选择受塑件形状、壁厚、成型方法、后处理工序、塑件外观、塑件尺寸精度、塑件脱模方法、模具类型、型腔数目、模具排气、嵌件、浇口位置与形式及成型机的结构等因素的影响。分型面的选择往往提出多种分型方案，加以分析比较，择优选择利用。现将选择分型面的原则介绍如下：

1）为符合塑件脱模的基本要求，分型面应选在塑件外形最大轮廓处，即选在塑件的截面积最大处，否则，塑件不能从型腔内取出。

2）分型面的选择应尽可能使塑件在开模后留在动模一侧，便于利用注射机锁模机构中的顶出装置带动塑件脱模机构工作，也利于推杆痕迹不显露于塑件外表面。

3）保证塑件精度要求。例如，将有同轴度要求的塑件部分放在分型面的同一侧等。

4）分型面应尽可能选择在不影响外观的部位，并使其产生的溢料易于消除或修整。分型面处不可避免地要在塑件上留下溢料或拼合缝痕迹，分型面最好不要设在塑件光亮平滑的外表面或带圆弧的转角处。

5）分型面选择应有利于排气，应尽可能使分型面与料流末端重合，这样分型面就可以有效排除型腔内积聚的空气。

6）分型面选择应便于模具零件的加工。

7）为满足模具的锁紧要求，将塑件投影面积大的方向放在定、动模的合模方向上，而将投影面积小的方向作为侧向分型面；另外，分型面是曲面时，应增加斜面锁紧。

8）应利于侧向抽芯。一般机械式分型抽芯机构的侧向抽拔距较小，因此选择分型面时，应将抽芯或分型距离长的方向置于动、定模的开合模方向上，而将抽拔距小的置于侧向。

9）应尽量避免形成侧孔、侧凹，若需要滑块成型，力求滑块结构简单，尽量避免定模滑块。

10）应合理安排浇注系统，特别是浇口位置。

由于塑料制品各异，很难有一个固定的模式，表3-1-1中对一些典型示例进行了分析，设计时可以参考。对于单个产品，分型面有多种选择时，要综合考虑产品外观要求，选择较隐蔽的分型面。

表3-1-1　典型分型面的选择示例

序　号	推荐形式	不妥形式	说　明
1	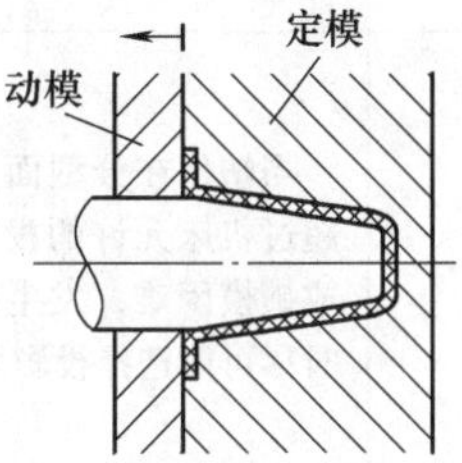 动模　定模	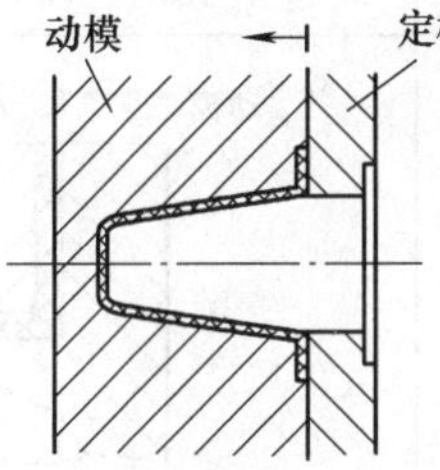 动模　定模	分型面选择应满足动模分离后，塑件尽可能在动模内，因为脱模机构一般在动模部分，否则会增加脱模难度，势必使模具结构复杂化
2	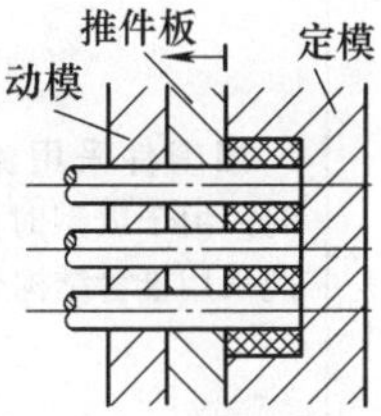 推件板　动模　定模	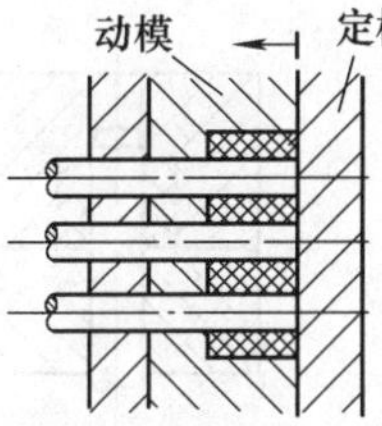 动模　定模	塑件外形较简单，但内部有较多的孔或复杂孔时，塑件成型收缩后必留于型芯上，这时型腔可设在定模内，采用推件板即可完成脱模，且模具结构简单
3	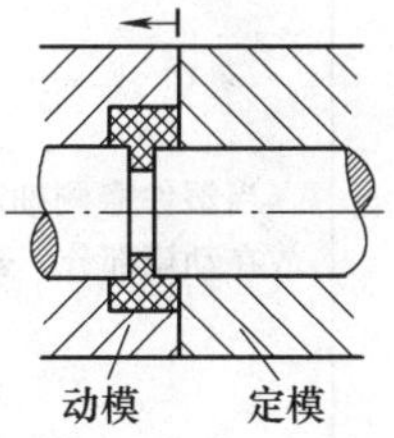 动模　定模	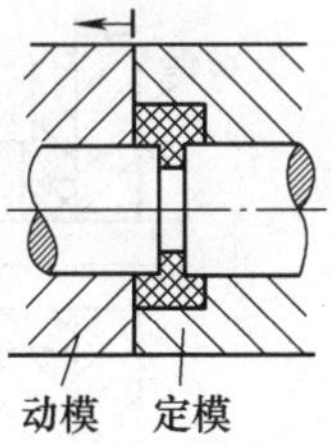 动模　定模	当塑件的孔对称时，型芯也对称设置，如果要迫使塑件留在动模内，可将型腔和大部分型芯设在动模内，可采用推管脱模
4	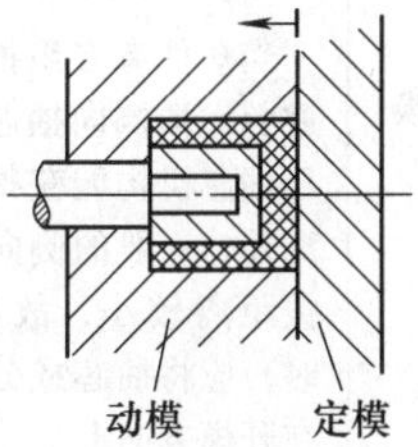 动模　定模	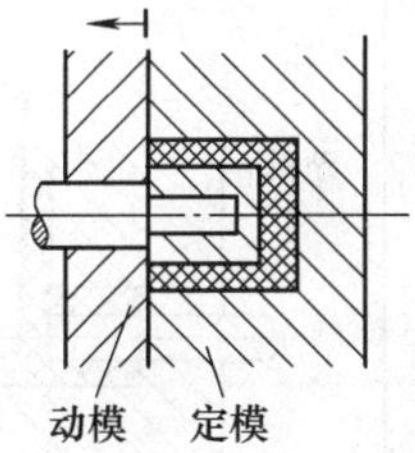 动模　定模	当塑件设有金属嵌件时，由于嵌件不会收缩，对型芯无包紧力，带嵌件的塑件会留在型腔内，而不会留在型芯上，采用左图形式脱模比较容易

（续）

序　号	推荐形式	不妥形式	说　明
5	动模 定模	动模 定模	分型面不能选择在塑件光滑的外表面，以避免损伤表面，若改用左边的推荐形式，塑件表面质量较好
6	动模 定模	动模 定模	为了满足塑件同轴度的要求，尽可能将有同轴度要求的部分设在同一模板内，若采用右图形式，必须提高模具的同轴度要求
7	定模 动模	动模 定模	当塑件在分型面上的投影面积超过机床允许的投影面时，会造成锁模困难，发生严重溢料。此时尽可能选择投影面积小的一方
8	定模 动模	定模 动模	当塑件采用流动性好的材料时，由于成型时溢料较严重，因此采用推管结构形式
9	动模 定模	动模 定模	当塑件需侧抽芯时，应尽可能放在动模部分，避免定模抽芯
10	动模 定模	动模 定模	当塑件有多组抽芯时，应尽量避免大端侧向抽芯，因为除了液压抽芯机构能获得较大的抽拔距离外，一般的侧向分型抽芯的抽拔距离较小，故在选择分型面时，应将抽芯或分型距离大的设在开模方向上

（续）

序号	推荐形式	不妥形式	说明
11	动模 定模	动模 定模	大型线圈骨架塑件的成型，采用拼块形式，当拼块的投影面积较大时，会造成锁模不紧，产生溢料，因此最好将型腔设于动、定模上，在受力小的侧面抽芯
12	动模 定模	动模 定模	一般分型面应尽可能设在塑料流动方向的末端，以利于排气
13	动模 定模	动模 定模	选择分型面时，应考虑减小由于脱模斜度造成塑件的大小端尺寸差异，若塑性对外观无严格要求，可将分型面选在塑件中部
14	动模 定模	动模 定模	选择的分型面应便于模具零件的加工，如采用左图，则凸模便于加工

2. 型腔数目与分布

（1）型腔数目的确定　为了使模具与注射机的生产能力相匹配，权衡利弊，以取得最佳效果，提高生产率和经济性，并保证塑件精度，模具设计时应确定型腔数目。型腔数目的确定方法主要有以下四种，见表3-1-2。

表3-1-2　型腔数目的确定方法

序号	依　据	方　法
1	根据注射量	$n \leqslant \dfrac{KM_{max}-M_j}{M_i}$ 式中　n——每副模具中型腔的数目（个）； M_{max}——注射机最大注射量（m^3 或 g）； M_j——浇注系统凝料及飞边体积或质量（m^3 或 g）； M_i——单个塑件的体积或质量（m^3 或 g）； K——最大注射量的利用系数，一般取0.8

（续）

序号	依　据	方　法
2	根据锁模力	$$n \leqslant \frac{F/p - A_j}{A_i}$$ 式中　F——注射机的额定锁模力（N）； p——塑料熔体对型腔的平均成型压力（MPa）； A_i——单个塑件在分型面上的投影面积（mm^2）； A_j——浇注系统在分型面上的投影面积（mm^2）
3	根据塑件精度	生产经济认为，每增加一个型腔，塑件的尺寸精度将降低4%。为了满足塑件尺寸精度需要，型腔数目 $$n \leqslant 2500 \frac{\sigma}{L\Delta} - 24$$ 式中　L——塑件的基本尺寸（mm）； σ——塑件的尺寸公差（mm），为双向对称偏差标注； Δ——单腔模注射时塑件可能产生的尺寸误差百分比。其数值对聚甲醛为±0.2%，聚酰胺-66为±0.3%，对PE、PP、PC、ABS和PVC等塑料为±0.05%。 成型高精度制品时，型腔数不宜过多，通常推荐不超过四腔，且必须采用平衡布置分流道的方式，因为多型腔难以使各型腔的成型条件均匀一致
4	根据经济性	$$n = \sqrt{\frac{NYI}{60C_i}}$$ 式中　C_i——每一个型腔所需承担的模具费用（元/个）； N——计划生产的制品总件数（个）； Y——每小时注射成型的加工费； I——成型周期（h）

在多型腔模具的设计中，模具型腔数目必须取整数值（切勿将计算结果四舍五入，只能取小值）。此外，还应注意模板尺寸、脱模结构、浇注系统、冷却系统等方面的限制。

对于大型薄壁塑件、深腔类塑件、需三向或四向长距离抽芯塑件等，为保证塑件成型，通常只采用一模一腔；回转体类零件常采用直浇口、盘形浇口、轮辐式或爪形浇口成型，这类浇口用在普通浇注系统的模具中，型腔数量也只能是一模一腔。

（2）多型腔的排列　多型腔的排列就是塑件的排位，是指根据客户要求，将所需的一种或多种塑件按合理注射工艺、模具结构进行排列。塑件排位与模具结构、塑料的工艺性相辅相成，并直接影响后期的注射工艺。排位时，必须考虑相应的模具结构，在满足模具结构的条件下调整排位。

1）型腔排列时，尽可能采用平衡式，以便构成平衡式浇注系统，确保塑件质量的统一和稳定。

2）型腔布置和浇口开设部位应力求对称，以防止模具承受偏载而影响塑件质量，图3-1-12b比图3-1-12a合理。

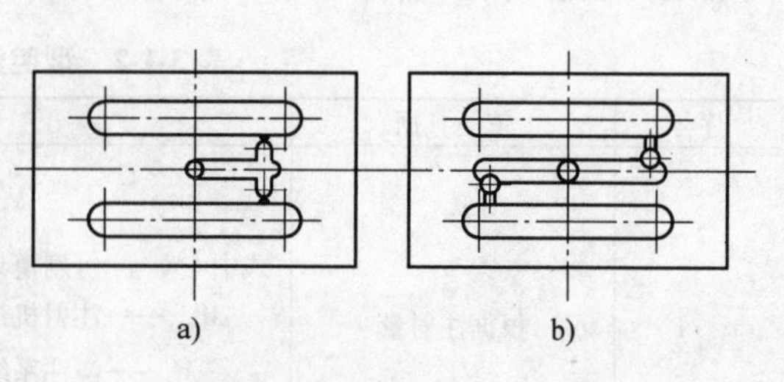

图3-1-12　型腔布置力求对称

a）不合理　b）合理

3）尽量使型腔排列紧凑一些，以减小模具的外形尺寸，节省模具钢材，减轻模具重量。图 3-1-13b 的布局优于图 3-1-13a 的布局。

4）型腔的圆形排列有利于浇注系统的平衡。因此，除圆形制品和一些高精度制品外，在一般情况下常用直线和 H 形排列。图 3-1-14 所示为一模 16 腔的三种排列方案，从平衡的角度来看，图 3-1-14b、c 所示的布置比图 3-1-14a 所示的布置好。

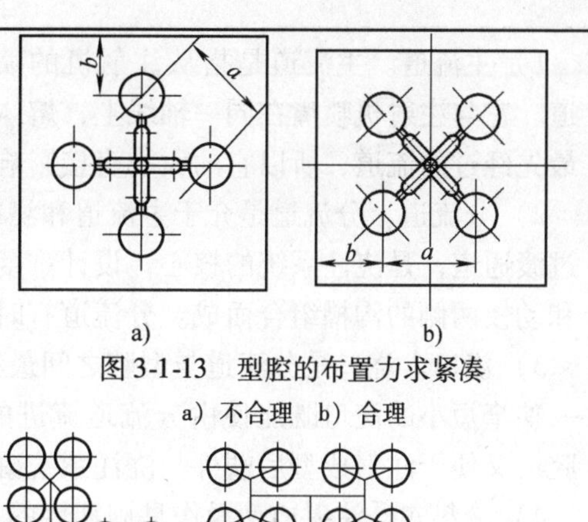

图 3-1-13　型腔的布置力求紧凑

a）不合理　b）合理

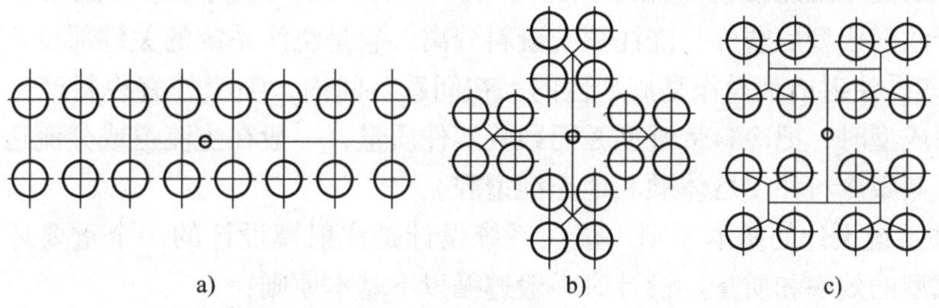

图 3-1-14　一模 16 腔的三种排列方案

a）直线型　b）圆复合型　c）H 复合型

3. 浇注系统的设计

浇注系统是引导塑料熔体从注射机喷嘴到模具型腔的通道。其作用是将熔融塑料平稳引入型腔，并在填充及固化定型过程中将压力传递到型腔各部位，以获得组织致密、外形清晰、表面光洁及尺寸稳定的塑件。

浇注系统分为普通浇注系统和无流道凝料浇注系统两类。

（1）浇注系统的组成　普通浇注系统一般由主流道、分流道、浇口和冷料穴四个部分组成。但不一定每个浇注系统都必须有这四部分，如一模一件，且一个浇口进料时，可没有分流道。图 3-1-15a 为卧式、立式注射机用模具的普通浇注系统，因其主流道垂直于模具分型面，称为直浇口式浇注系统；图 3-1-15b 为角式注射机用模具的普通浇注系统，因其主流道平行于模具分型面，称为横浇口式浇注系统。

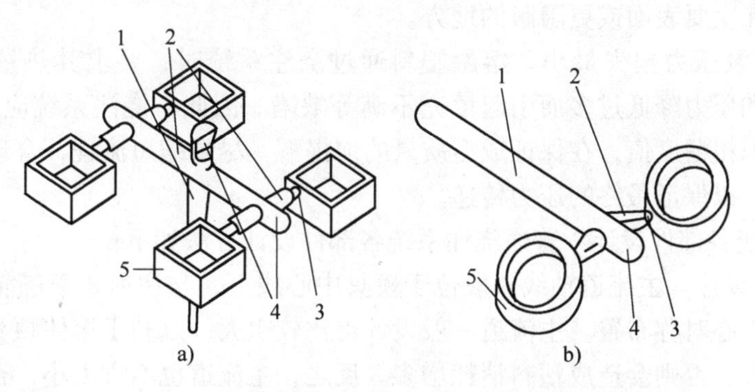

图 3-1-15　浇注系统的组成

1—主流道　2—分流道　3—浇口　4—冷料穴　5—塑件

1）主流道。主流道是指从注射机的喷嘴与模具接触的部位起到分流道止的这一段流道。它与注射机喷嘴在同一轴线上，熔体在主流道中不改变流动方向。主流道是熔融塑料最先经过的流道，所以它的大小直接影响熔体的流动速度和充模时间。

2）分流道。分流道是介于主流道和浇口之间的一段流道，是熔体由主流道流入型腔的过渡通道，是浇注系统的核心，设计难度最大。分流道通常开设在模具分型面上，由定模和动模两侧的沟槽组合而成。分流道有时也可单独开设在定模或动模一侧。

3）浇口。浇口是分流道与型腔之间最狭窄的部分，也是浇注系统中最短小的部分。这一狭窄短小的浇口既能使由分流道流进的熔体产生加速，形成理想的流动状态而充满型腔，又便于注射成型后塑件与浇注系统凝料分离。它是浇注系统的关键部位。

4）冷料穴。注射成型操作是周期性的，在间歇时间内，喷嘴处有冷料产生，为防止在下一次注射成型时，把冷料带进型腔而影响塑件质量，一般在主流道或分流道的末端设置冷料穴，以储藏冷料并使熔体顺利地充满型腔。

（2）浇注系统设计的基本原则　浇注系统设计是注射模设计的一个重要环节，它直接影响注射成型的效率和质量。设计时一般遵循以下基本原则：

1）必须了解塑料的工艺特性。设计者应深入了解塑料的工艺性，分析浇注系统在充模、保压补缩和倒流各阶段中型腔内塑料的温度、压力变化情况，以便设计出适合塑料工艺特性的理想的浇注系统，从而保证塑件的质量。

2）排气良好。浇注系统应能顺利地引导熔体充满型腔，料流快而不紊乱，并能使型腔内的气体顺利排出。

3）防止型芯和塑件变形。高速熔融塑料进入型腔时，要尽量避免料流直接冲击型芯或嵌件，否则会使注射压力消耗大或使型芯及嵌件变形。对于大型塑件或精度要求较高的塑件，可考虑多点浇口进料，防止浇口处由于收缩应力过大而造成塑件变形。

4）减少熔体流程及塑料损耗量。在满足成型和排气良好的前提下，塑料熔体应以最短的流程充满型腔，这样可缩短成型周期，提高成型效率，减少塑料用量。

5）修整方便，并保证塑件的外观质量。浇注系统的设计要综合考虑塑件大小、形状及技术要求等问题，做到去除、修整浇口方便，同时不影响塑件的外观和使用。例如，表面质量要求高的电器外壳或有装饰性作用的日用品，浇口绝对不能明显地暴露在塑件外表面上，而应设置在次要表面或更隐蔽的地方。

6）要求热量及压力损失最小。熔融塑料通过浇注系统时，要求其热量及压力损失最小，防止温度和压力降低过多而引起填充不满等缺陷。因此，浇注系统应尽量减少转弯，采用较小的表面粗糙度值，在保证成型质量的前提下，尽量缩短流程，合理选用流道断面形状和尺寸等，以保证最终的压力传递。

（3）浇注系统各部件设计　普通浇注系统各部件设计方法如下：

1）主流道的设计。主流道轴线一般位于模具中心线上，与注射机喷嘴轴线重合，型腔也以此轴线为中心对称布置。主流道一般设计得比较粗大，以利于熔体顺利地向分流道流动，但不能太大，否则会造成塑料消耗增多。反之，主流道也不宜太小，否则熔体流动阻力增大，压力损失大，对充模不利。因此，主流道尺寸必须恰当。通常对于黏度大的塑料或尺寸较大的塑件，主流道截面尺寸应设计得大一些；对于黏度小的塑料或尺寸较小的制品，主流道截面尺寸应设计得小一些。

在卧式和立式注射机用注射模中，主流道轴线垂直于分型面，主流道的结构形式如图 3-1-16 所示。主流道断面形状为圆形，带有一定的锥度。注射机的喷嘴与模具浇口套（主流道衬套）的关系如图 3-1-17 所示。

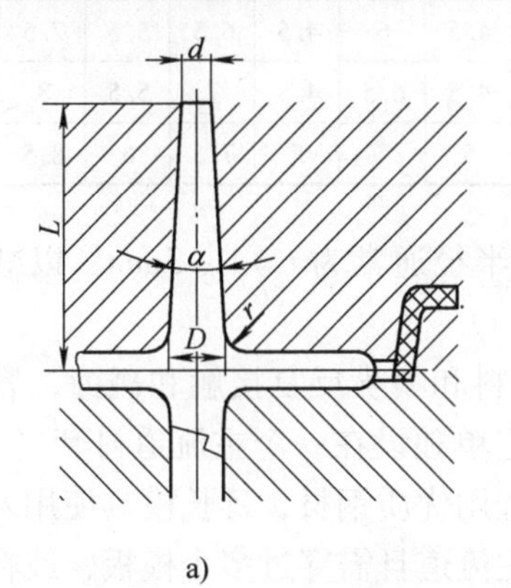

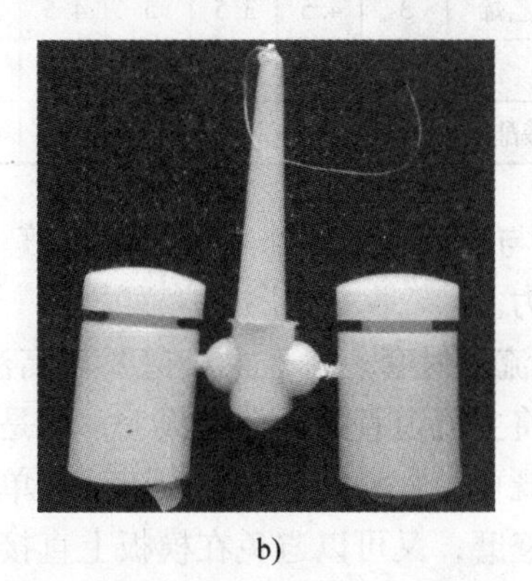

图 3-1-16　主流道形状与尺寸

a）示意图　b）实物

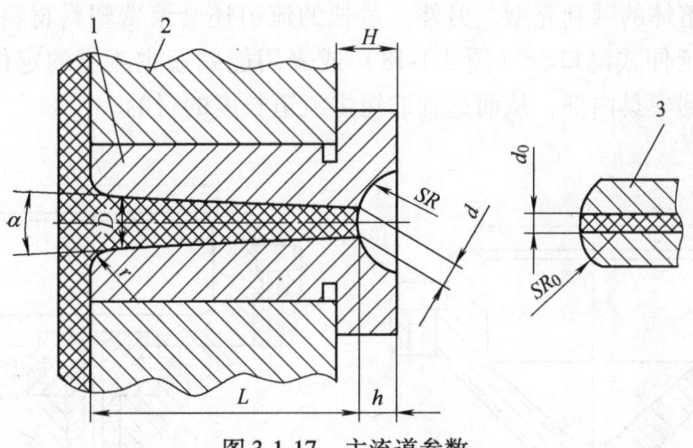

图 3-1-17　主流道参数

1—浇口套　2—定模座板　3—注射机喷嘴

主流道设计要点如下：

① 为便于凝料从主流道中拔出，主流道设计成圆锥形，主流道锥角 $\alpha=2°\sim6°$，对于流动性差的塑料，取 $\alpha=3°\sim6°$，内壁表面粗糙度 Ra 小于 0.8μm。

② 为使塑料熔体完全进入主流道而不溢出，主流道与注射机喷嘴的对接处应设计成半球形凹坑（图 3-1-17）；通常主流道进口端凹下的球面半径 SR 比喷嘴球面半径 SR_0 大 1～2mm，凹下深度为 3～5mm。主流道进口端直径 d 应根据注射机喷嘴孔径确定，其值可参阅表 3-1-3。若塑料的流动性好，且塑件尺寸较小，d 可取小值，反之取大值。设计主流道截面时，应注意喷嘴轴线和主流道轴线对中。为了补偿对中误差并解决凝料的脱模问题，主流道进口端直径 d 应比喷嘴直径 d_0 大 0.5～1mm。

表 3-1-3　流道截面直径推荐值

注射机注射量/g	10		30		60		125		250		500		1000	
主流道进口端与出口端直径	d/mm	D/mm	d/mm	D/mm	d/mm	D/mm	d/mm	D/mm	d/mm	D/mm	d/mm	D/mm	d/mm	D/mm
聚乙烯、聚苯乙烯	3	4.5	3.5	5	4.5	6	4.5	6	4.5	6.5	5.5	7.5	5.5	8.6
ABS、AS	3	4.5	3.5	5	4.5	6	4.5	6.5	4.5	7	5.5	8	5.5	8.5
聚砜、聚碳酸酯	3.5	5	4	5.5	5	6.5	5	7	5	7.5	6	8.5	6	9

③ 主流道与分流道结合处采用圆角过渡。其半径通常为 $r=1\sim3$mm，以减小料流转向过渡时的阻力。

④ 设置主流道衬套。由于主流道要与高温塑料和喷嘴反复接触和碰撞，容易损坏，所以，一般不将主流道直接开在模板上，而是将它单独设在一个主流道衬套（又称浇口套）中。这样，既可使容易损坏的主流道部分单独选用优质钢材，延长模具使用寿命，损坏后便于更换或修磨，又可以避免在模板上直接开主流道且需穿过多个模板，或在拼接缝处产生溢料，主流道凝料无法拔出。

⑤ 在保证塑件成型良好的前提下，主流道的长度 L 尽量短。为了减少废料及熔体压力损失，一般主流道长度 L 不超过 60mm，过长则会增加压力损失，使塑料熔体的温度下降过多，从而影响熔体的顺利充型。另外，过长的流道还会浪费塑料材料，增加冷却时间。为此，可以采用延伸式浇口套（图 3-1-18）或采用能缩短主流道的定位圈（图 3-1-19），让注射机喷嘴伸到模具内部，从而达到缩短主流道长度的目的。

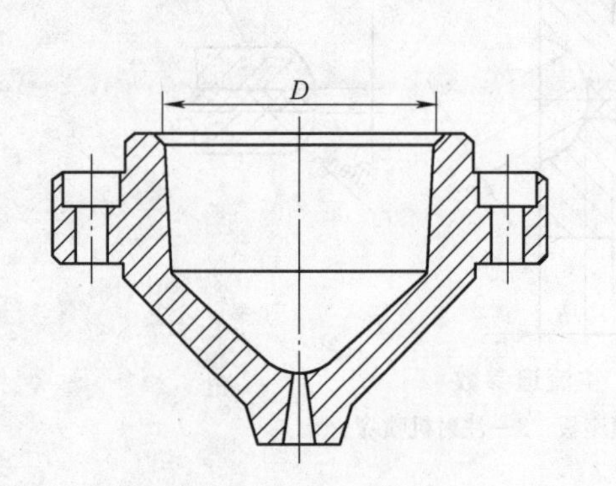

图 3-1-18　延伸式浇口套

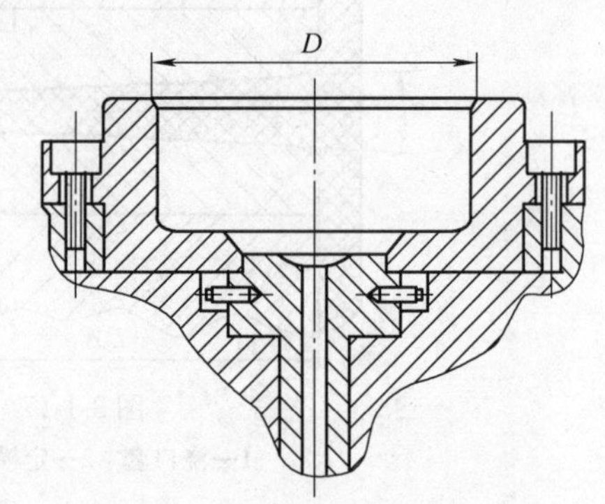

图 3-1-19　能缩短主流道的定位圈

采用这种缩短主流道的结构形式时，要注意延伸式浇口套和能缩短主流道的定位圈的入口尺寸 D 必须足够大，以保证注射机喷嘴能顺利进入。

⑥ 为使所安装模具与注射机对中，模具上应设有定位圈，注射机固定模板定位孔与模具定位圈取较松动的间隙配合 H11/b11 或 0.1mm 的小间隙。

⑦ 常用的浇口套的形式，如图 3-1-20 所示。流道浇口套常用优质合金钢制造，也可以选用 T8、T10 类优质钢材，热处理后保证足够的硬度，但是其硬度应低于注射机喷嘴的硬度，以防止喷嘴被碰坏。

⑧ 对于小型注射模具，可将浇口套与定位圈设计成一个整体，如图 3-1-21a 所示。但大

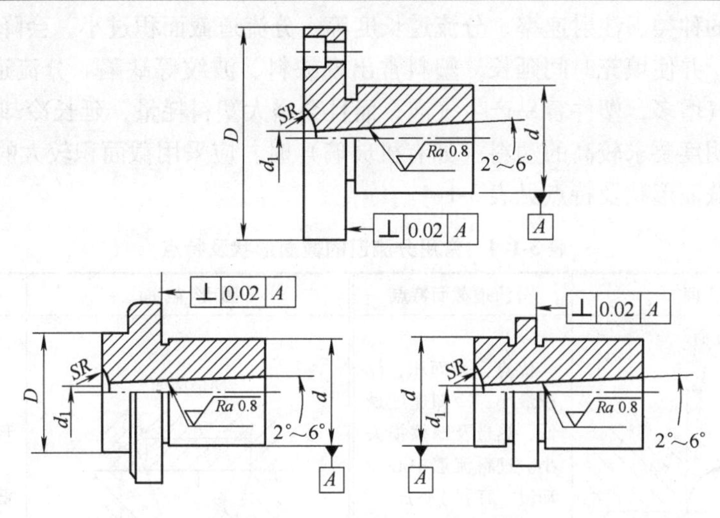

图 3-1-20　常用的浇口套的形式

多数情况下是将浇口套和定位圈设计成两个零件，然后配合固定在模板上，如图 3-1-21b、c 所示。浇口套与定模座板采用 H7/m6 过渡配合，与定位圈的配合采用 H9/f9 间隙配合。定位圈用于模具在注射机上安装定位时使用。

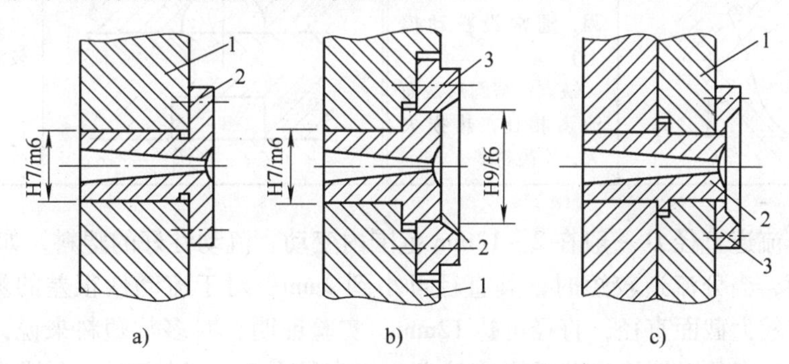

图 3-1-21　浇口套与定位圈
1—定模座板　2—浇口套　3—定位圈

⑨ 当浇口套的底部与塑料熔体接触面较小时，仅靠注射机喷嘴的推力就能使浇口套压紧，此时，可以不设固定装置。当浇口套的底部与塑料熔体接触面较大时，塑料熔体对浇口套产生的反作用力也较大。为了防止浇口套被挤出，可以用螺钉固定，如图 3-1-21a 所示；或用定位圈压住浇口套的方式固定，如图 3-1-21b、c 所示。

2）分流道的设计。对于小型塑件的单型腔注射模，通常不设分流道；对于大型塑件，采用多点进料或多型腔的注射模，都需要设置分流道。对分流道的要求包括：塑料熔体在流动中的热量和压力损失最小，同时使流道中的塑料量最少，即从流动性、传热性等因素考虑，分流道的比表面积（分流道表面积与体积之比）应尽可能小；塑料熔体能在相同的温度、压力条件下，从各个浇口尽可能同时地进入并充满型腔。

① 分流道的截面形状及尺寸。分流道的形状及尺寸主要取决于塑件的体积、壁厚、形

状，以及塑料的种类、注射速率、分流道长度等。分流道截面积过小，会降低单位时间内输送的塑料量，并使填充时间延长，塑料常出现缺料、波纹等缺陷。分流道截面积过大，不仅使积存空气增多，塑件容易产生气泡，而且会增大塑料耗量，延长冷却时间。在注射黏度较大或透明度要求较高的塑料（如有机玻璃）时，应采用截面积较大的分流道。

常用分流道截面形状及特点见表3-1-4。

表3-1-4 常用分流道的截面形状及特点

图形截面	分流道截面特点	图形截面	分流道截面特点
圆形截面	优点：表面积、体积最小，冷却速度最低，热量及摩擦损失小。进料流道中心冷却慢，有利于保压 缺点：加工难度大，费用高	梯形截面	可用来代替U形截面 缺点：比U形截面流道的热损失及冷凝料都多
U形截面	优点：截面近似于圆弧，在单边加工较容易（由于推出的原因，通常设在动模上） 缺点：与圆形截面流道相比，热损失大，冷凝料多	半圆形和矩形截面	表面积、体积比较大，一般不常用

圆形截面分流道直径D一般在2～12mm范围内变动。流动性好的塑料，如PE、PA等，可取较小截面，当分流道较短时，其直径可小到2mm；对于流动性很差的塑料，如PC、PSU等，应取较大截面直径，直径可达12mm。实验证明，对多数塑料来说，分流道直径为5～6mm时，直径对熔体流动性影响较大，但直径在8mm以上时，再增大直径，对熔体流动性影响不大。分流道的直径可根据经验公式计算法和查表法得出。

a）经验公式计算法。对于梯形截面分流道，可采用经验公式计算分流道直径。即

$$b = 0.2654\sqrt{m}\sqrt[4]{L} \quad (3\text{-}1\text{-}1)$$

$$h = \frac{2}{3}b$$

式中 b——梯形截面分流道的宽度（mm）；

m——塑件质量（g）；

L——分流道长度（mm）；

h——梯形的高度（mm）。

梯形的侧面斜角α常取5°～10°，底部圆角相连。式（3-1-1）适用于塑件壁厚在3.2mm以下、质量在200g以下的塑料制品，且计算结果b应在3.2～9.5mm范围内才合理。按照经验，根据成型条件不同，b也可在5～10mm内选取。对于高黏度物料，如硬PVC和

丙烯酸塑料，可将式（3-1-1）计算所得的分流道直径扩大25%左右。

U形截面分流道的宽度 b 也可在5～10mm内选取，半径 $R=0.5b$，深度 $h=1.25R$，斜角 $\alpha=5°\sim10°$。

b）查表法。对于一般塑件，可根据塑料品种或由塑料制造厂商所推荐的资料来确定分流道直径，见表3-1-5。

表3-1-5　各种塑料的分流道直径　　（单位：mm）

塑料品种	分流道直径	塑料品种	分流道直径
ABS、AS	4.8～9.5	耐冲击丙烯酸树脂	8.0～12.7
聚甲醛	3.2～9.5	尼龙6	1.6～9.5
丙烯酸树脂	8.0～9.5	聚碳酸酯	4.8～9.5
聚丙烯	4.8～9.5	聚苯乙烯	3.2～9.5
聚乙烯	1.6～9.5	聚氯乙烯	3.2～9.5
聚苯醚	6.4～9.5		

应当指出的是，分流道的截面形状除圆形外还有其他形状，可将非圆形截面等效为圆形截面来处理（参见有关的塑料模设计手册）。

分流道的长度一般为8～30mm，一般根据型腔布置适当加长或缩短。但最短不宜小于8mm，否则，会给塑件修磨和分割带来困难。

② 分流道的布置形式。分流道的布置形式取决于型腔的布局。应遵循的原则是：排列紧凑以缩小模板尺寸；减少流程；锁模力力求平衡。

分流道的布置形式有平衡式和非平衡式两种，以平衡式布置最佳。平衡式的布置形式如图3-1-22所示，其主要特征是：从主流道到各个型腔的分流道，其长度、断面形状及尺寸均相等，以达到各个型腔能同时均衡进料的目的。图3-1-22a～c中型腔为圆形排列，图3-1-22d、e中型腔为H形排列。为了获得精度较高的塑料制品，多型腔注射模具除需达到料流平衡外，还必须达到热平衡。图3-1-23所示为平衡式布置典型案例。

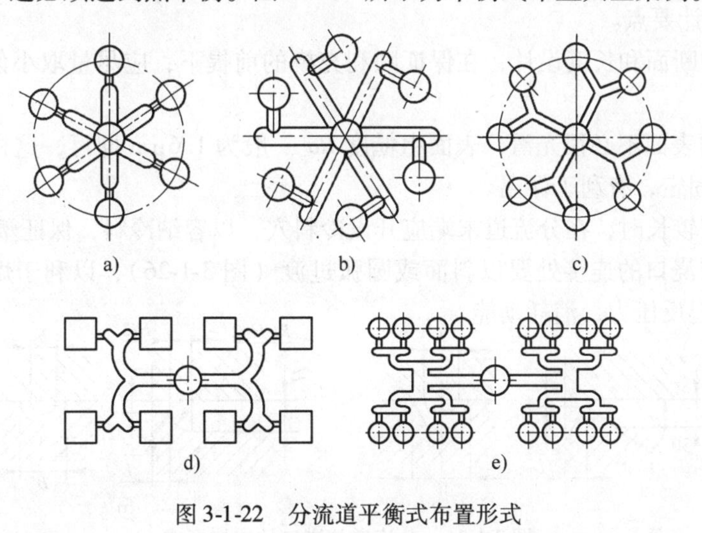

图3-1-22　分流道平衡式布置形式

分流道非平衡式布置形式如图 3-1-24 所示，其主要特征是各型腔的流程不同，为了达到各型腔同时均衡进料，必须将浇口加工成不同尺寸。但其优点是，同样空间时，比平衡式排列容纳的型腔数目多，型腔排列紧凑，总流程短。图 3-1-25 所示为非平衡式布置典型案例。为达到均衡进料的目的而采用调节各浇口尺寸的办法相当复杂和困难。因此，对于精度要求特别高的塑件，不宜采用非平衡式分流道。

图 3-1-23　平衡式布置典型案例

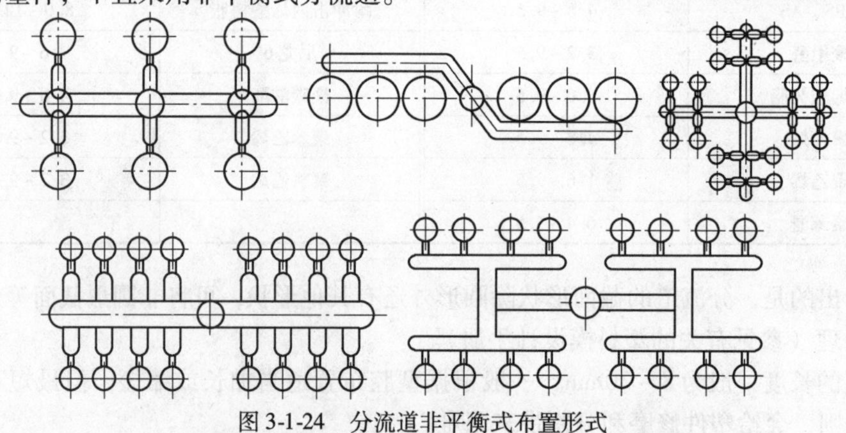

图 3-1-24　分流道非平衡式布置形式

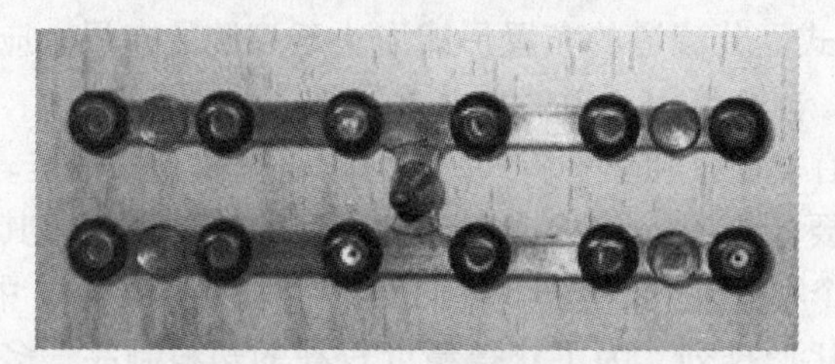

图 3-1-25　非平衡式布置典型案例

③ 分流道设计要点。

a）分流道的断面和长度设计，在保证顺利充模的前提下，应尽量取小值，对于小型塑件更为重要。

b）分流道的表面不必很光滑，表面粗糙度 Ra 一般为 1.6μm 即可，这样可以使熔融塑料的冷却皮层固定，有利于保温。

c）当分流道较长时，在分流道末端应开设冷料穴，以容纳冷料，保证塑件的质量。

d）分流道与浇口的连接处要以斜面或圆弧过渡（图 3-1-26），以利于熔料的流动及填充。否则会引起反压力，消耗动能。

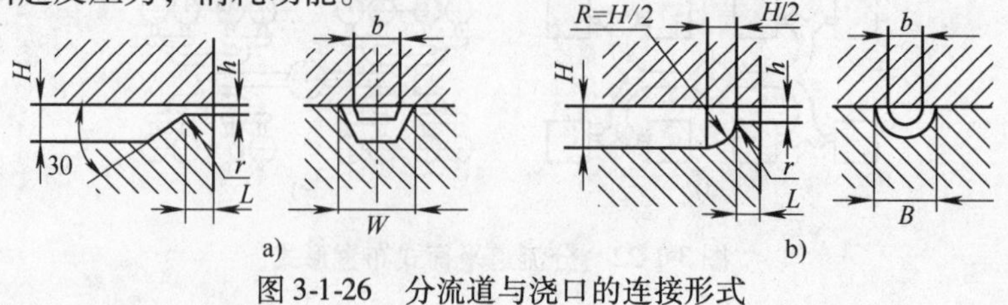

图 3-1-26　分流道与浇口的连接形式

3）浇口的设计。

① 浇口的作用。浇口是连接分流道和型腔的桥梁，是浇注系统的关键部分，它对塑件的质量影响很大，一般情况下多采用长度很短（0.5～2mm）而截面又很狭窄的小浇口。其主要作用有以下几点：可使经过分流道之后压力和温度都已有所下降的塑料熔体，产生加速度和较大的剪切热，降低黏度，提高充模能力；小浇口容易冷却固化（俗称浇口冻结），缩短模塑周期，防止保压不足而引起的熔体倒流现象，还便于控制补缩时间，降低塑件的内应力；便于塑件与废料的分离，而且浇口痕迹小，表面质量好。但小浇口流动阻力大，压力损失也随之增大，保压补缩作用小，易出现缩孔等。所以，某些高黏度塑料，壁厚大、收缩率较大的塑件及成型大型塑件时，浇口应适当放大。

② 浇口的类型及特点。浇口的形式很多，选用时应根据塑料的成型特性，塑件的形状、尺寸及要求，塑件生产批量，成型条件，注射机等诸因素综合考虑。常用浇口的形式、特点及尺寸见表3-1-6。

表3-1-6　常用浇口的形式、特点及尺寸

序号	浇口名称	简　图	特点与应用
1	直浇口	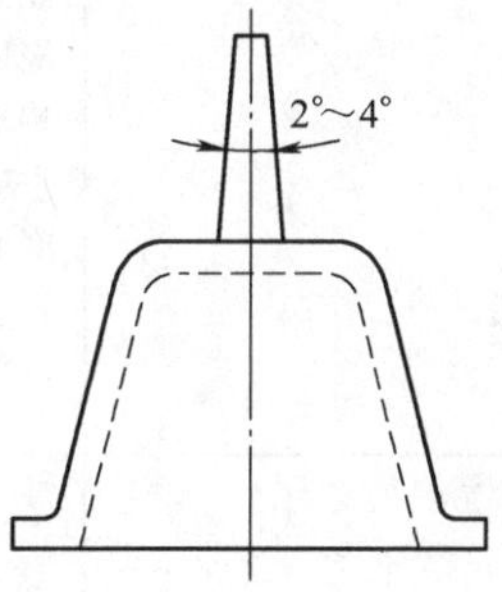 2°～4°	特点：浇口尺寸较大，流程短，流动阻力小，进料快，压力传递好，保压、补缩作用强，利于排气和消除熔接痕。但浇口去除困难，且遗留痕迹明显，浇口附近热量集中，冷却速度慢，故内应力大，且易产生气泡、缩孔等缺陷 应用：适用于成型深腔的壳形或箱形塑件（如盆、桶、电视机后壳等）、热敏性塑料、高黏度塑料及大型塑件。不宜成型平薄塑件及容易变形的塑件
2	盘形浇口与环形浇口	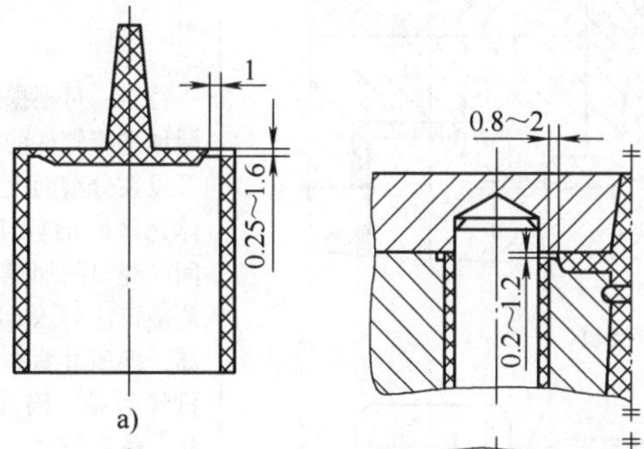 1　0.25～1.6　a)　b)　0.8～2　0.2～1.2　c) a)、b) 盘形浇口　c) 外环形浇口	特点：此浇口是沿塑件内孔的整个圆周进料，故进料均匀、流动平稳，排气良好，塑件上无熔接痕。其中图b所示浇口，型芯锥形部分还兼起分流作用。图c为旁侧进料的环形浇口。圆环形浇口冷料多，去除困难 应用：图a、b活用于单型腔的圆形且中间带孔的塑件；图c适用于多型腔的长管类塑件

（续）

序号	浇口名称	简　图	特点与应用
3	轮辐浇口	A—A 0.6～6.4 A 0.8～1.8	特点：该浇口是盘形浇口的一种变异形式。将盘形浇口沿整个圆周进料改成几小段圆弧进料，浇口去除方便了，料头少了，同时，型芯还可以在对面的模板上定位，但塑件上的熔接痕增多了，从而对塑件强度有影响 应用：同盘形浇口
4	爪形浇口	$a=(\frac{1}{3}\sim\frac{2}{3})t$ t	特点：该浇口又是轮辐式浇口的一种变异形式。分浇道与浇口不在同一平面，在型芯的头部开设几条立体流道，其余部分可起定位作用。因此，能更好地保证塑件的同轴度要求，且浇口去除也较方便。但有熔接痕，影响塑件外观质量，浇口开设较困难 应用：主要应用于长筒形件或同轴度要求较高、孔径较小的塑件
5	侧浇口（边缘浇口、矩形浇口、标准浇口）	2°～4° t a 浇口 b L 浇口宽 $b=1.5\sim5$mm 浇口厚 $a=0.5\sim2$mm 浇口长 $L=0.7\sim2$mm	特点：可根据塑件的形状、特点灵活地选择塑件的某个边缘进料，一般开设在分型面上，它能方便地调整熔体充模时的剪切速率和浇口封闭时间。浇口的加工和去除均较方便。但侧浇口注射压力损失大，熔料流速较高，保压补缩作用小，成型壳类件时排气困难，因而易形成熔接痕、缺料、缩孔等 应用：侧浇口能成型各种材料，各种形状的塑件，应用非常广泛，适用于一模多件

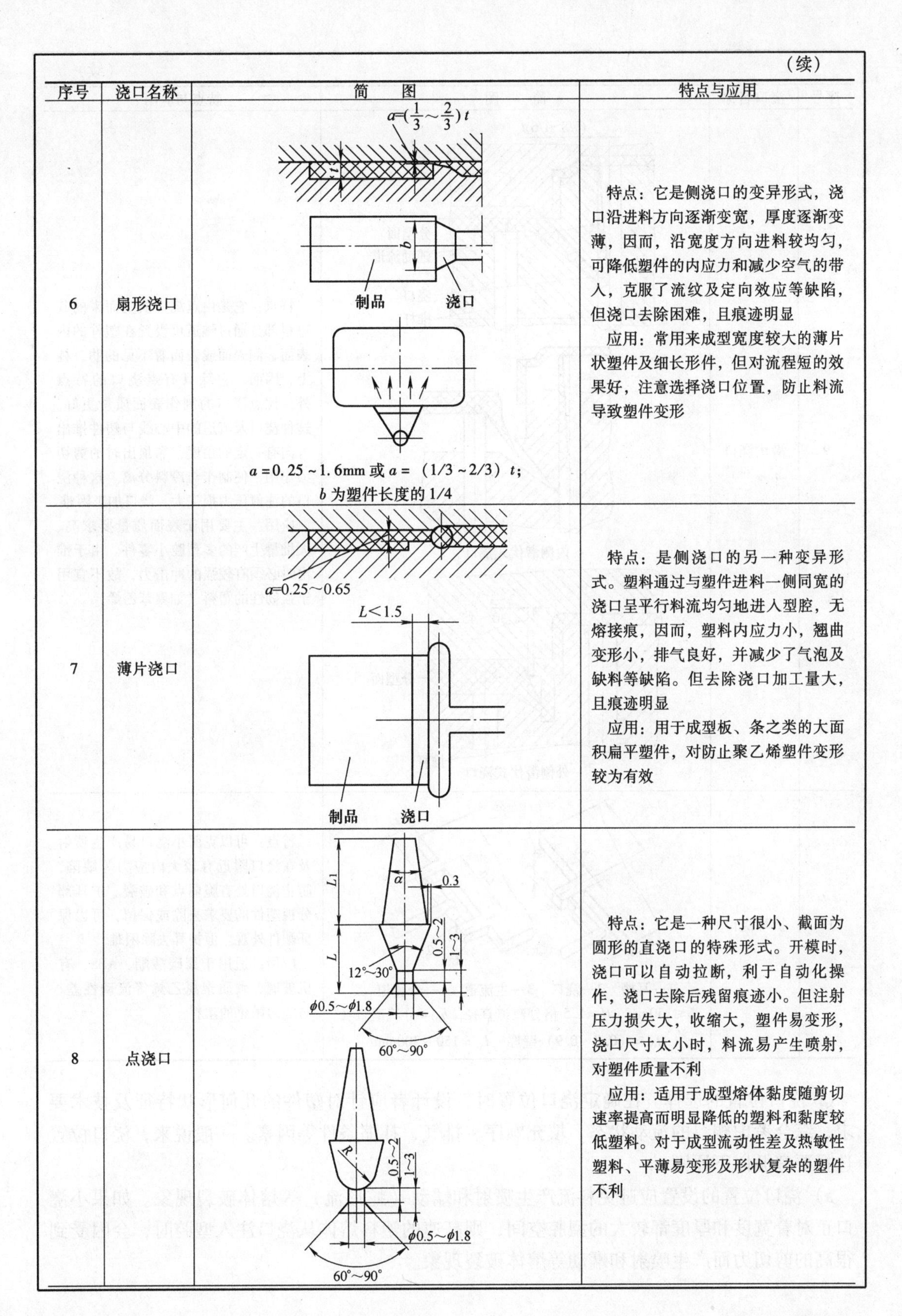

（续）

序号	浇口名称	简　图	特点与应用
6	扇形浇口	$a=0.25\sim1.6\text{mm}$ 或 $a=(1/3\sim2/3)\ t$； b 为塑件长度的1/4	特点：它是侧浇口的变异形式，浇口沿进料方向逐渐变宽，厚度逐渐变薄，因而，沿宽度方向进料较均匀，可降低塑件的内应力和减少空气的带入，克服了流纹及定向效应等缺陷，但浇口去除困难，且痕迹明显 应用：常用来成型宽度较大的薄片状塑件及细长形件，但对流程短的效果好，注意选择浇口位置，防止料流导致塑件变形
7	薄片浇口		特点：是侧浇口的另一种变异形式。塑料通过与塑件进料一侧同宽的浇口呈平行料流均匀地进入型腔，无熔接痕，因而，塑料内应力小，翘曲变形小，排气良好，并减少了气泡及缺料等缺陷。但去除浇口加工量大，且痕迹明显 应用：用于成型板、条之类的大面积扁平塑件，对防止聚乙烯塑件变形较为有效
8	点浇口		特点：它是一种尺寸很小、截面为圆形的直浇口的特殊形式。开模时，浇口可以自动拉断，利于自动化操作，浇口去除后残留痕迹小。但注射压力损失大，收缩大，塑件易变形，浇口尺寸太小时，料流易产生喷射，对塑件质量不利 应用：适用于成型熔体黏度随剪切速率提高而明显降低的塑料和黏度较低塑料。对于成型流动性差及热敏性塑料、平薄易变形及形状复杂的塑件不利

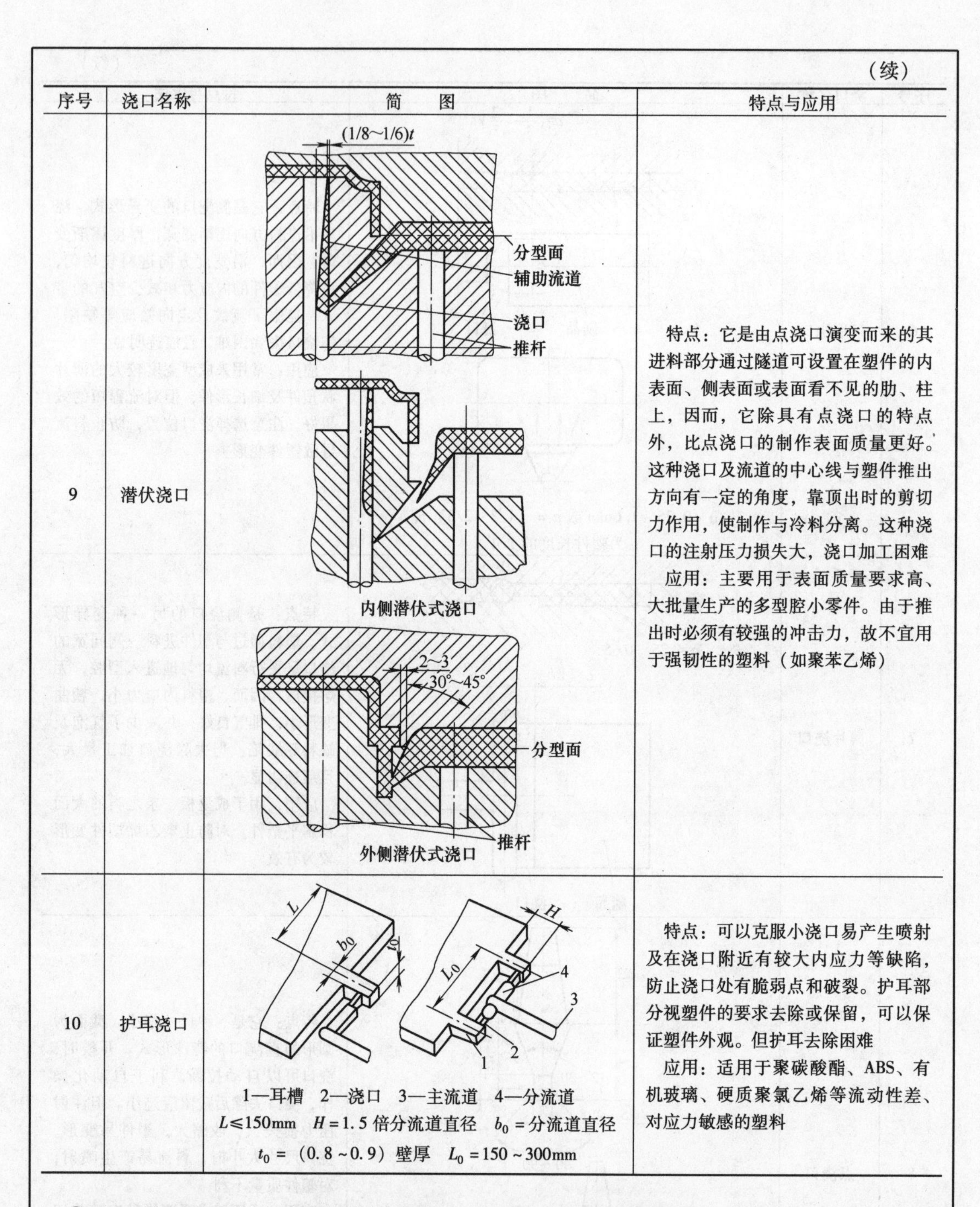

（续）

序号	浇口名称	简图	特点与应用
9	潜伏浇口	(1/8～1/6)t 分型面 辅助流道 浇口 推杆 内侧潜伏式浇口 2～3 30°～45° 分型面 推杆 外侧潜伏式浇口	特点：它是由点浇口演变而来的其进料部分通过隧道可设置在塑件的内表面、侧表面或表面看不见的肋、柱上，因而，它除具有点浇口的特点外，比点浇口的制作表面质量更好。这种浇口及流道的中心线与塑件推出方向有一定的角度，靠顶出时的剪切力作用，使制作与冷料分离。这种浇口的注射压力损失大，浇口加工困难 应用：主要用于表面质量要求高、大批量生产的多型腔小零件。由于推出时必须有较强的冲击力，故不宜用于强韧性的塑料（如聚苯乙烯）
10	护耳浇口	L b_0 t_0 H L_0 1 2 3 4 1—耳槽　2—浇口　3—主流道　4—分流道 $L \leqslant 150$mm　$H = 1.5$ 倍分流道直径　$b_0 =$ 分流道直径 $t_0 =$（0.8～0.9）壁厚　$L_0 = 150 \sim 300$mm	特点：可以克服小浇口易产生喷射及在浇口附近有较大内应力等缺陷，防止浇口处有脆弱点和破裂。护耳部分视塑件的要求去除或保留，可以保证塑件外观。但护耳去除困难 应用：适用于聚碳酸酯、ABS、有机玻璃、硬质聚氯乙烯等流动性差、对应力敏感的塑料

③ 浇口位置的选择。在确定浇口位置时，设计者应针对塑件的几何形状特征及技术要求，综合考虑塑料的流动状态、填充顺序、排气、补缩条件等因素。一般说来，浇口位置选择要遵循以下原则：

a）浇口位置的设置应避免料流产生喷射和蠕动（蛇形流）等熔体破裂现象。如果小浇口正对着宽度和厚度都较大的型腔空间，则高速的塑料熔体从浇口注入型腔时，会因受到很高的剪切力而产生喷射和蠕动等熔体破裂现象。

为了克服上述缺陷，在塑件允许的情况下，可以采用护耳式浇口，将喷痕控制在护耳上，保证塑件外观良好；或将浇口对着模具中强度足够的型芯，即采用冲击型浇口，以改变料流方向，达到减小喷痕的目的（图 3-1-27）。护耳浇口也是冲击型浇口的另一种形式。除此之外，适当地加大浇口截面尺寸，也可以避免料流的喷射现象。

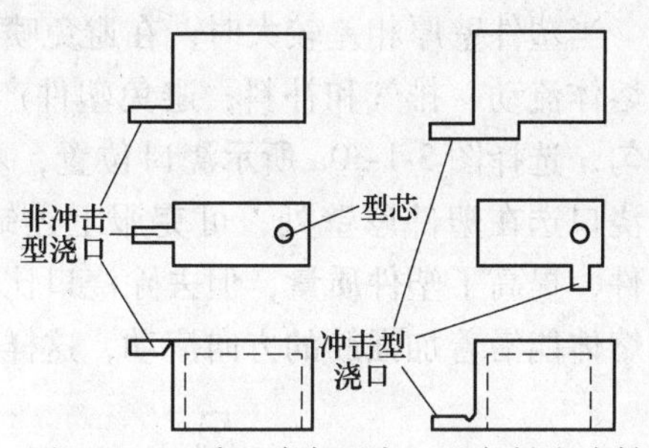

图 3-1-27　采用冲击型浇口避免料流喷射

b）浇口位置的设置应使填充型腔各部分的流程最短，料流变向最少。图 3-1-28a 所示的浇口位置，不仅塑料流程长，而且料流变向次数也最多，流动能量损失大，因此，塑料填充效果差。改为图 3-1-28b、c 所示的浇口形式和位置，就能很好地弥补上述缺陷。

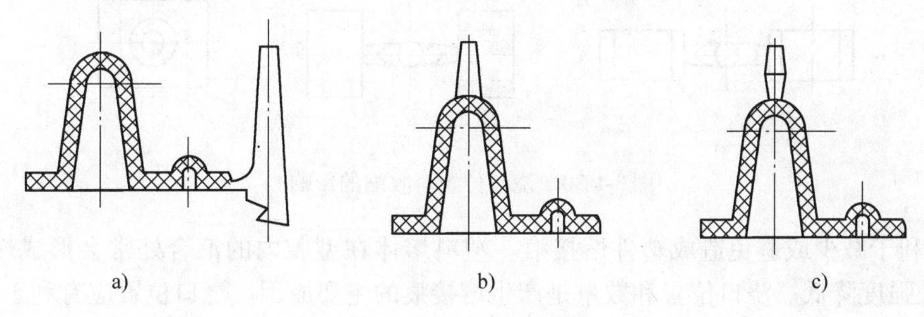

图 3-1-28　浇口形式和位置对填充的影响

c）浇口位置的设置应有利于排气和补缩。即进入型腔的塑料，能顺利地将型腔内的空气排出。图 3-1-29a 采用侧浇口，在成型时顶部最后充满，形成封闭气囊，在塑件的顶部常留下明显熔接痕或焦痕。如图 3-1-29b 所示采用点浇口，分型面处最后充满，有利于排气；如图 3-1-29c 所示同样采用侧浇口，但顶部增厚或侧壁减薄，料流末端在浇口对面分型面处，排气效果优于图 3-1-29a。

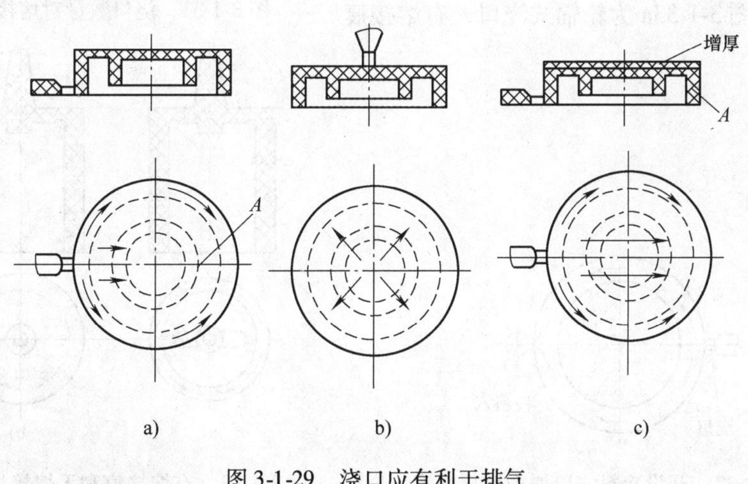

图 3-1-29　浇口应有利于排气

当塑件壁厚相差较大时，在避免喷射的前提下，浇口应开设在塑件断面最厚处，以利于熔体流动、排气和补料，避免塑件产生缩孔或表面凹陷。图 3-1-30 所示塑件，厚薄不均匀，选择图 3-1-30a 所示浇口位置，塑件因收缩时得不到补料而出现凹痕；图 3-1-30b 将浇口选在塑件厚壁处，可克服上述缺陷；图 3-1-30c 选用直浇口，则大大改善了填充条件，提高了塑件质量，但去除浇口比较困难。当塑件上有加强筋时，浇口位置的选择应使熔体能沿着加强筋的方向流动，这样有利于塑料熔体流动。

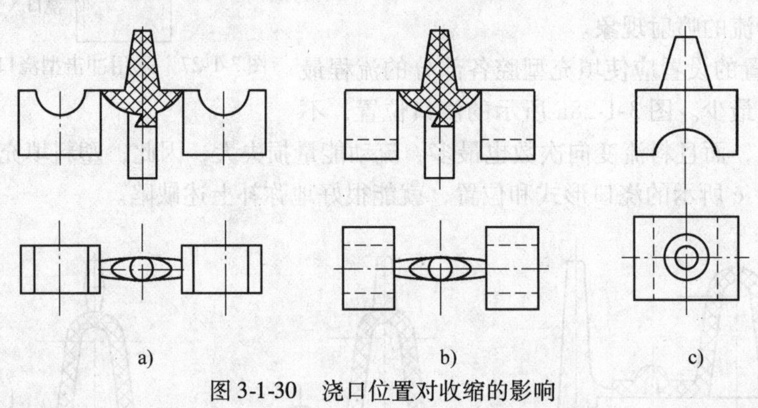

图 3-1-30　浇口位置对收缩的影响

d）有利于减少或避免造成塑件熔接痕。塑料熔体在型腔内的汇合处常会形成熔接痕，导致该处强度降低。浇口位置和数量是产生熔接痕的主要原因。浇口位置应有利于减少或避免造成塑件熔接痕。

在塑料流程不太长的情况下，如无特殊需要，最好不要增加浇口数量，否则会增加熔接痕数量，如图 3-1-31 所示。为了增加熔接强度，也可在熔接处的外侧开设冷料穴，使前锋冷料溢出，如图 3-1-32 所示。为减少或避免熔接痕，还可以采用无熔接痕的浇口，如图 3-1-33b 所示。图 3-1-33b 为盘形浇口，无熔接痕，而图 3-1-33a 为轮辐式浇口，有熔接痕。

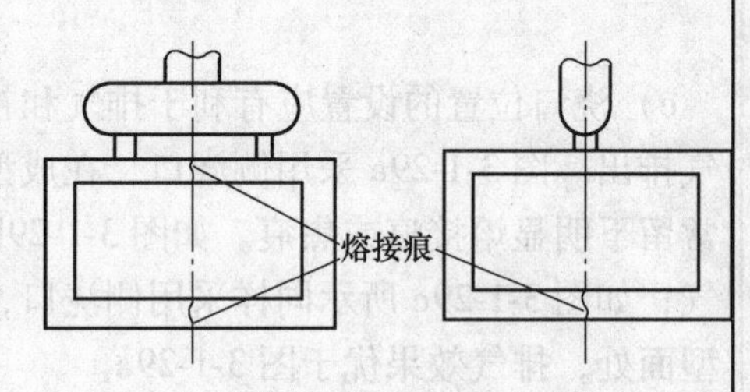

图 3-1-31　浇口数量对熔接痕数量的影响

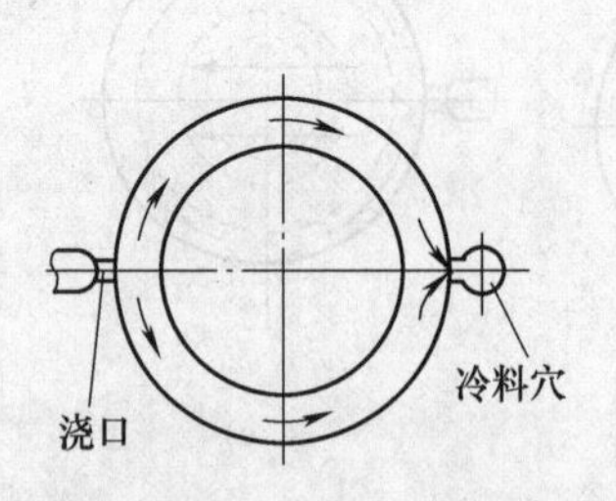

图 3-1-32　开设冷料穴以增加熔接强度

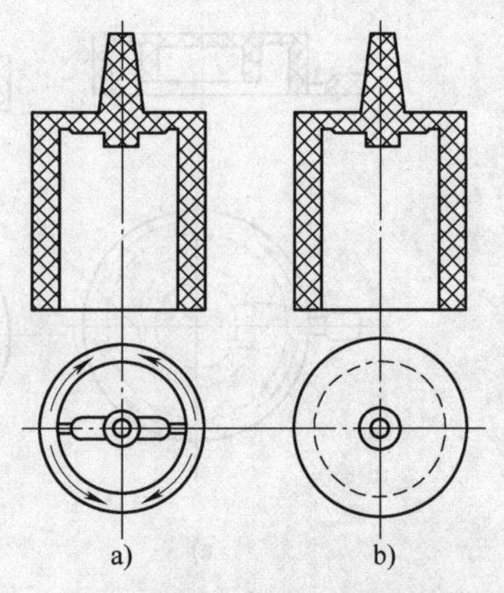

图 3-1-33　有熔接痕和无熔接痕的浇口

a）有熔接痕　b）无熔接痕

当塑件尺寸较大，特别是中间又带有槽或孔时，考虑情况有所不同，如图 3-1-34a 所示。由于流程较长，易造成熔接处料温较低，熔接不牢，这时必须考虑增加熔接强度的问题。此时可增加过渡浇口，如图 3-1-34b 中的 A 部。还可采用多点浇口，如图 3-1-35 所示，这时虽增加了熔接数量，但缩短了流程，增加了强度。

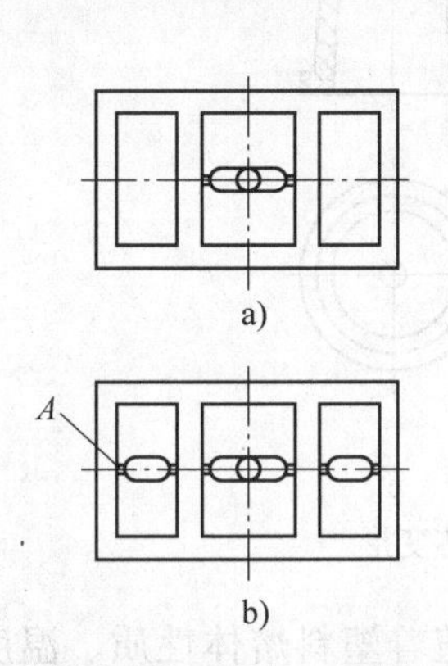

图 3-1-34　开设过渡浇口增加熔接强度

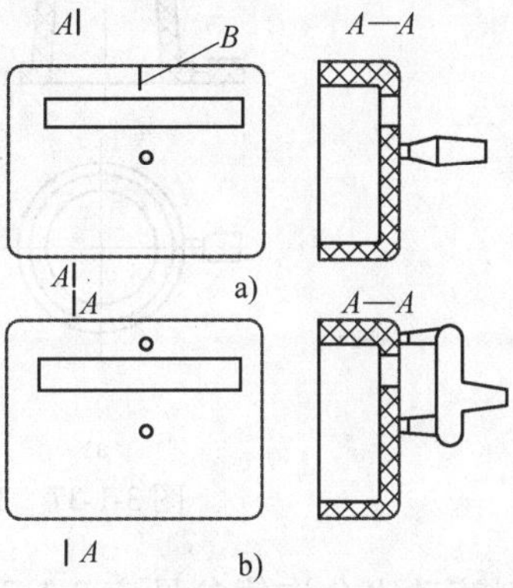

A　B　A—A　a)　A　A—A　A　b)

图 3-1-35　采用多点浇口增加熔接强度

e）考虑塑件的受力情况。塑件浇口附近残余应力大、强度差，通常浇口位置不能设置在塑件承受弯曲载荷和受冲击力的部位。

f）应有利于减少塑件的翘曲变形。塑件翘曲变形程度与浇口类型、位置和数量选择的正确与否密切相关，需要综合考虑。图 3-1-36a 所示大平面型塑件，只用一个中心浇口，塑件会因应力较大而翘曲变形，而图 3-1-36b 采用多个点浇口，就可以克服翘曲变形缺陷。

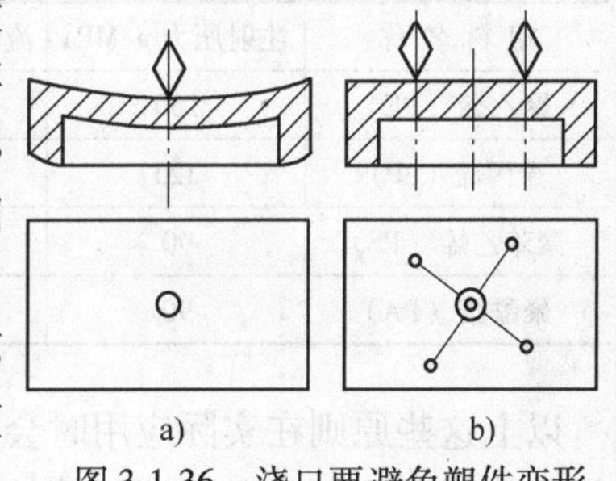

图 3-1-36　浇口要避免塑件变形

g）考虑塑件的外观质量。外观要求高的塑件，浇口不允许设置在外表面上，同时还要考虑凝料清理方便，不应损坏塑件。

h）浇口的位置及大小要考虑对型芯或镶件的影响。有镶件的注射模，浇口位置不能使流动的塑料冲击镶件，但也不能离镶件太远，否则塑料流到镶件附近时变冷，熔接不好。此外，应尽量避免进入的塑料从侧面冲击型芯，对于有细长型芯的圆筒形塑件，应避免偏心进料，以防止型芯受力不平衡而倾斜。图 3-1-37a 中的进料位置不合理；图 3-1-37b 采用两侧进料较好；图 3-1-37c 采用型芯顶部中心进料最好。

i）流动比校核。在确定大型塑件的浇口位置时，还应考虑塑料所允许的最大流动距离比（简称流动比），即熔体在型腔内流动的最大长度与对应的型腔厚度之比。流动比的计算式为

$$B = \sum_{i=1}^{n} \frac{L_i}{t_i} \tag{3-1-2}$$

式中　B——流动比；

L_i——熔体流程的各段长度（mm）；

t_i——熔体流程的各段厚度或直径（mm）。

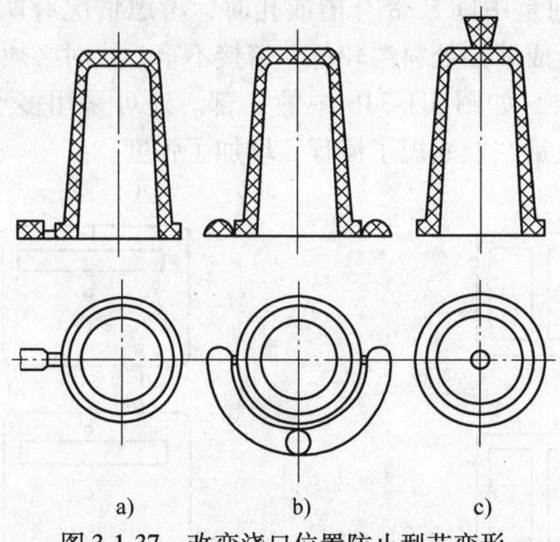

图 3-1-37　改变浇口位置防止型芯变形

常用塑料流动比允许值参见表 3-1-7。流动比允许值随着塑料熔体性质、温度、压力、浇口种类等因素而变化。若计算所得的流动比大于允许值，就必须改变浇口位置、增加塑件壁厚或者采用多浇口等方式来减小流动比，否则，可能造成熔体不能充满整个型腔。

表 3-1-7　常用塑料的流动比允许值

塑 料 名 称	注射压力 p/MPa	流动比允许值 L/t	塑料名称	注射压力 p/MPa	流动比允许值 L/t
聚乙烯（PE）	150	280～250	硬聚氯乙烯（RPVC）	130	170～130
聚丙烯（PP）	120	280	软聚氯乙烯（SPVC）	90	280～200
聚苯乙烯（PS）	90	300～280	聚碳酸酯（PC）	130	180～120
聚酰胺（PA）	90	360～200	聚甲醛（POM）	100	210～110

以上这些原则在实际应用时会产生某些不同程度的矛盾，因此，选择浇口位置时，应根据具体情况判断，以保证塑件的质量。

4）冷料穴与拉料杆的设计。冷料穴的作用是收集每次注射成型时流动熔体前端的冷料，避免这些冷料进入型腔而影响塑件的质量或堵塞浇口。

卧式或立式注射机用注射模的冷料穴，一般都设在主流道的末端，且开在主流道对面的动模上，直径稍大于主流道大端直径，以便于冷料的进入。冷料穴的形式不仅与主流道的拉料杆有关，而且还与主流道中的凝料脱模形式有关。

角式注射机上使用的冷料穴，即为主流道的延长部分，其底部也不需要设置拉料杆。当分流道较长时，可将分流道的尽头沿料流方向稍作延长作为冷料穴。并非所有的注射模都要开设冷料穴，有时由于塑料的性能和注射工艺的控制，很少有冷料产生，或当塑件要求不高时，可以不设冷料穴。

常见的冷料穴及拉料形式有如下几种：

① 钩形（Z 形）拉料杆。拉料杆的头部为 Z 形，伸入冷料穴中，开模时钩住主流道凝料并将其从主流道中拉出，如图 3-1-38a 所示。拉料杆的固定端装在推杆固定板上，故塑件推出时，凝料也被推出，稍作侧移即将塑件连同浇注系统凝料一起取下。

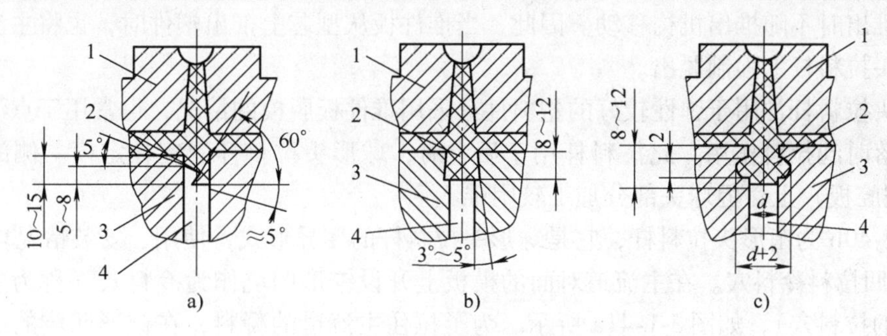

图 3-1-38　拉料杆和底部带推杆的冷料穴

1—定模　2—冷料穴　3—动模　4—拉料杆（推杆）

将钩形拉料杆用作推杆或推管，是一种常见形式。其缺点是凝料推出后不能自动脱落，因此，不宜用于全自动机构中。另外，当某些塑件受形状限制，脱模时不允许塑件左右移动时，也不宜采用这种钩形拉料杆，如图 3-1-39 所示。

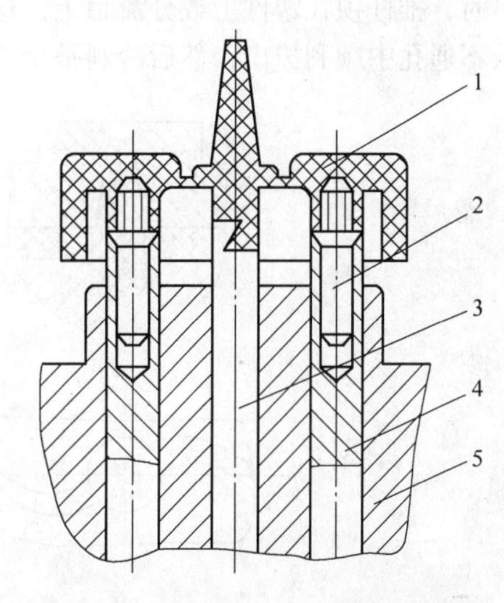

图 3-1-39　不宜使用钩形拉料杆的例子

1—塑件　2—螺纹型芯　3—拉料杆　4—推杆　5—动模

② 倒锥形冷料穴（图 3-1-38b）和圆环槽形冷料穴（图 3-1-38c）。冷料穴开设在主流道末端，可储藏冷料。开模时，靠冷料穴的倒锥或侧凹起拉料作用，使主流道凝料脱出浇口套并滞留在动模一侧，然后通过脱模机构强制推出凝料。这两种形式拉料杆的固定端均装在推杆固定板上，宜用于韧性较好的塑件。由于在取出凝料时无须作侧向移动，故采用倒锥和圆环槽形冷料穴易实现自动化操作。

③ 球形头拉料杆。即拉料杆头部为球形，开模时，靠冷料对球头的包紧力，将主流道凝料从主流道中拉出，如图 3-1-40a 所示。球形头拉料杆通常固定在动模一侧的型芯固定

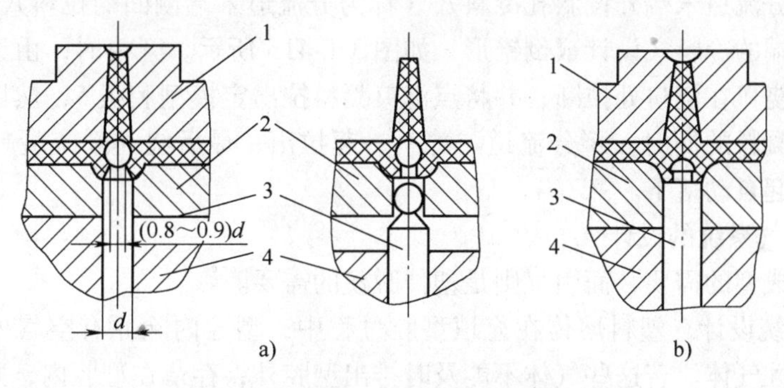

图 3-1-40　球形头拉料杆及其变异形式

a）球形头拉料杆　b）菌形头拉料杆

1—定模　2—推件板　3—拉料杆　4—型芯固定板

板上，推出时不随推出机构移动。因此，当推件板从型芯上推出塑件时，也将主流道凝料从球形头拉料杆上强制脱出。

球形头拉料杆常用于弹性较好的塑料件且采用推件板脱模的情况，也常用于点浇口凝料自动脱落时起拉料作用。此拉料杆用于后者时，球形头拉料杆固定在定模一侧的定模板（定模型腔板）上，但球头部分加工较困难。

图 3-1-40b 为菌形头拉料杆，它是球形头拉料杆的变异形式，使用、安装情况均相同。

④ 侧凹拉料冷料穴。在主流道对面的模板上开设锥形凹坑作为冷料穴（称为主流道末端侧凹的拉料穴），如图 3-1-41a 所示。为了拉住主流道的凝料，在锥形凹坑的侧壁上钻一条中心线与另一边平行、深度较浅的小孔。开模时，靠小孔的作用将主流道凝料从主流道中拉出。这种结构必须与 S 形或带挠性的分流道相匹配，如图 3-1-41a 中件 4 所示；推出时，推杆顶在塑件上或分流道上，这时，小孔内的凝料顺着小孔的轴线方向向外移动，从不通孔中顺利拔出，然后冷料被全部拔出。

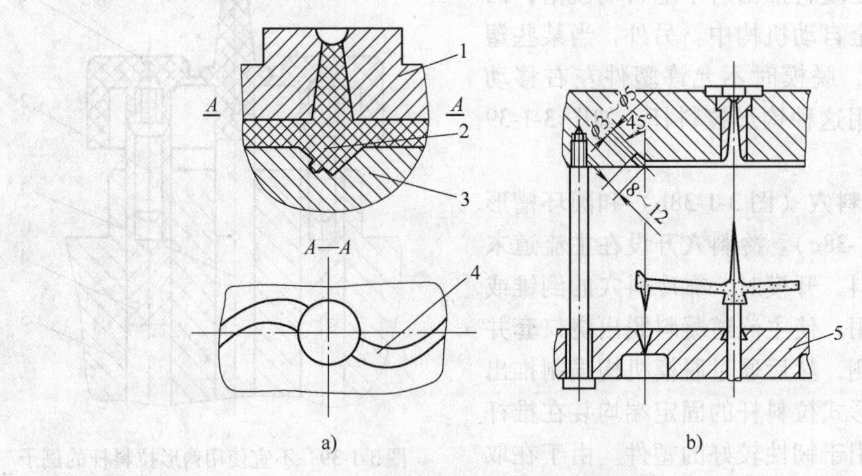

图 3-1-41　侧凹拉料冷料穴

a）主流道末端侧凹　b）分流道末端侧凹

1—定模　2—冷料穴　3—动模　4—分流道　5—定模型腔板

在定模板的分流道末端开设斜孔冷料穴（称为分流道末端侧凹的拉料穴），通常称为侧凹，主流道末端的冷料穴设计成倒锥形，如图 3-1-41b 所示。开模时，由于斜孔中冷料的限制，先将点浇口在浇口处拉断，并将点浇口凝料拉出定模型腔板 5，然后倒锥形拉料穴在拉出主流道凝料的同时，将分流道与冷料一起拉出，最后浇注系统凝料被推出机构推出，随塑件一起自动落下。

4. 排气和引气系统的设计

排气是塑件成型的需要，而引气则是塑件脱模的需要。

（1）排气系统设计　塑料熔体在充填型腔过程中，型腔内除原有空气外，还有从塑料中逸出的挥发性气体。若这些气体不能及时排出型腔外，存留在型腔内，则对熔体产生流动阻力而使充模速度降低，导致塑件出现充填不足、棱边不清晰、有熔接痕等缺陷；同时一部分气体还会在此阻力的作用下渗入塑料内部，导致塑件中产生气泡、银纹及组织疏松等缺陷。此外，型腔中存留的气体在受到高压时，还可能出现高温，使塑件出现局部碳化和烧焦的现象。

因此，在进行型腔结构与浇注系统设计时，必须处理好模具排气问题，以确保型腔内各种气体顺利、及时地排出型腔，保证塑件质量。

大多数情况下，可利用模具分型面之间的间隙自然排气，因此排气问题往往被模具设计人员所忽视。当塑件所用物料发气量较大，成型具有部分薄壁的制品或采用快速注射工艺时，必须妥善地处理排气问题。

排气方式有三类，第一类是利用模具零件的配合间隙排气；第二类是开设排气槽；第三类是利用多孔粉末冶金件渗导排气。

1）分型面及配合间隙排气。对于一般中、小型模具，均可利用分型面间隙或推杆与孔的配合间隙进行排气，如图 3-1-42 所示。利用间隙排气时，间隙大小以不发生溢料现象为宜，其数值与塑料黏度有关，通常在 0. 02 ~0. 05mm 范围内选择。

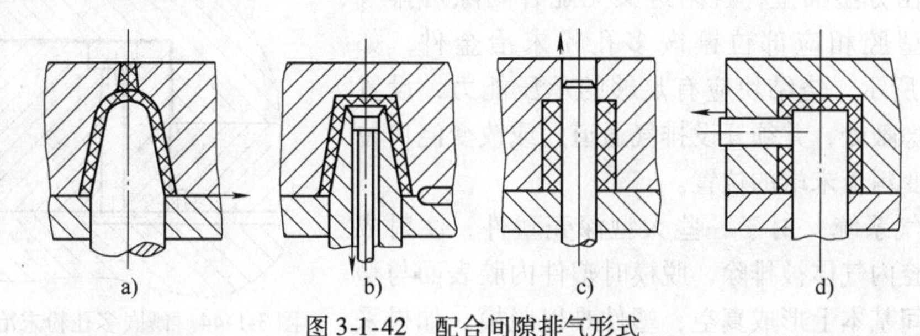

图 3-1-42　配合间隙排气形式

a）分型面间隙排气　b）推杆间隙排气　c）型芯配合间隙排气　d）侧型芯间隙排气

2）加工排气槽排气。对于大型注射模，在分型面上开设排气槽，是可靠且有效的方法。

① 开设排气槽应遵循的原则。

a）排气槽最好开设在分型面上，并与大气相通，分型面上因排气槽而产生的飞边，易随塑件脱出。

b）排气槽应尽量开设在型腔内塑料流动的末端，如分流道或冷料穴的终端；排气槽最好开设在靠近嵌件或制品壁最薄处，因为这些部位容易形成熔接痕。

c）排气槽不应朝向操作者一侧开设，以防溢料而发生工伤事故；为便于模具加工及清模方便，排气槽应尽量开设在凹模一侧。

② 排气槽的尺寸。排气槽的宽度可取 1. 5 ~6mm，如图 3-1-43 所示。深度 h 在不产生飞

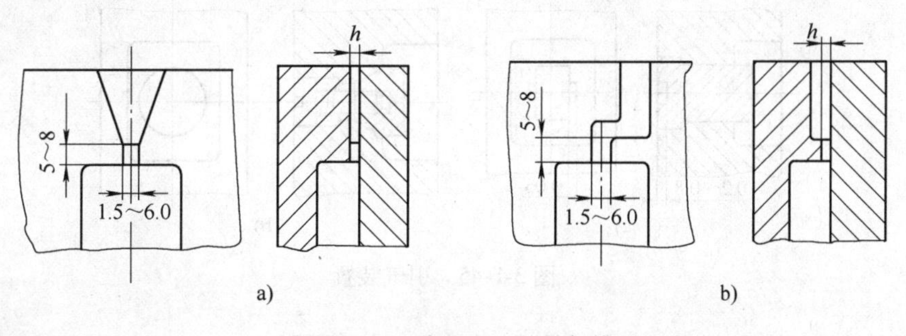

图 3-1-43　分型面上的排气槽

边和塑料熔体不溢进排气槽的条件下，可尽量取深一些。具体数值与塑料黏度有关，通常在0.01~0.03mm范围内选取，或参考表3-1-8。排气槽表面应沿气流方向进行抛光，其后续的导气沟（与大气相通）应适当增大，以减小排气阻力。

表3-1-8　分型面上排气槽的深度

塑料品种	深度 h/mm	塑料品种	深度 h/mm
聚乙烯（PE）	0.02	聚酰胺（PA）	0.01
聚丙烯（PP）	0.01~0.02	聚碳酸酯（PC）	0.01~0.03
聚苯乙烯（PS）	0.02	聚甲醛（POM）	0.01~0.03
ABS	0.03	丙烯酸共聚物	0.03

3）利用多孔粉末冶金件渗导排气。若型腔最后充满部分不在分型面上，且附近又无配合间隙可排气时，可在型腔相应部位镶嵌多孔粉末冶金件，如图3-1-44所示。烧结块应有足够的承压能力，设置在塑件的隐蔽处，并须开设排气通道，或改变浇口位置，以改变料流末端的位置。

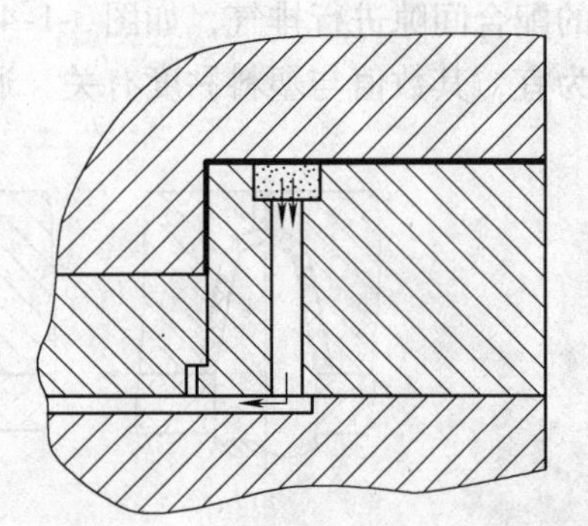
图3-1-44　镶嵌多孔粉末冶金件排气

（2）引气系统　对于一些大型深壳塑件，注射成型后，型腔内气体被排除，脱模时塑件内腔表面与型芯表面之间基本上形成真空，塑件难以脱模。如果采取强制脱模，势必造成塑件变形或损坏，因此，必须设置引气装置，即开模时引入空气才能使塑件顺利脱模。

常见引气形式有镶拼式侧隙引气和气阀式引气两种。

1）镶拼式侧隙引气。在利用成型零件分型面配合间隙排气的场合，其排气间隙即为引气间隙。但在镶块或型芯与其他成型零件为过盈配合的情况下，空气是无法被引入型腔的，如图3-1-45所示。如果配合间隙放大，则镶块的位置精度将受影响，所以只能在镶块侧面的局部开设引气槽。引气槽不仅开设在型腔与镶块的配合面之间，而且必须延续到模外。和塑件接触部分的槽深不应大于0.05mm，以免溢料堵塞，而其延长部分的深度为0.2~0.8mm，如图3-1-45a所示。这种引气方式结构简单，但引气槽容易堵塞。

2）气阀式引气。这种引气方式主要依靠阀门的开启与关闭，如图3-1-45b所示。

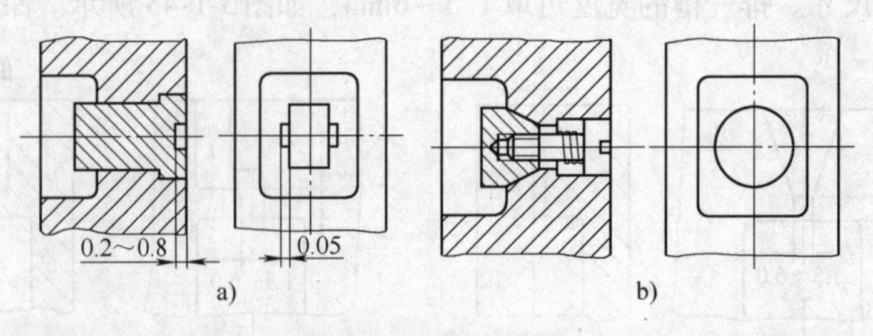

图3-1-45　引气装置

开模时，塑件与型芯之间的真空力将阀门吸开，空气便能引入，而当熔体注射充模时，由于熔体的压力将阀门紧紧压住，处于关闭状态。其接触面为锥形，所以不产生缝隙。这种引气方式比较理想，但阀门的锥面加工要求较高。当型腔内不具有镶块时，气阀的顶部可与型腔平齐，作为型腔的一部分。

引气阀不仅可装在型腔上或型芯上，也能在型腔、型芯上同时安装，这要根据塑件脱模需要和模具具体结构而定。

3.1.4	汽车操作按钮模具分型面与浇注系统设计

1. 汽车操作按钮模具型腔布置

该制件材料为PVC，制件总体形状为带有台阶的圆形，中部有两层凸台，六个筋均匀分布，底部有个沉孔，该零件属于中等复杂程度，精度要求不高，生产批量较大。对于一模多件的模具型腔布置，在保证浇注系统分流道的流程短、模具结构紧凑、模具能正常工作的前提下，尽可能使得模具型腔对称、均衡、取件方便。由于该塑件的外形是圆形，各方向尺寸一致；为提高生产率，生产该件的模具拟采用一模四腔的单分型面注射模具结构。综合考虑浇注系统、模具结构的复杂程度等因素，采取如图3-1-46所示的型腔排列方式，并采用侧浇口、推杆推出机构。

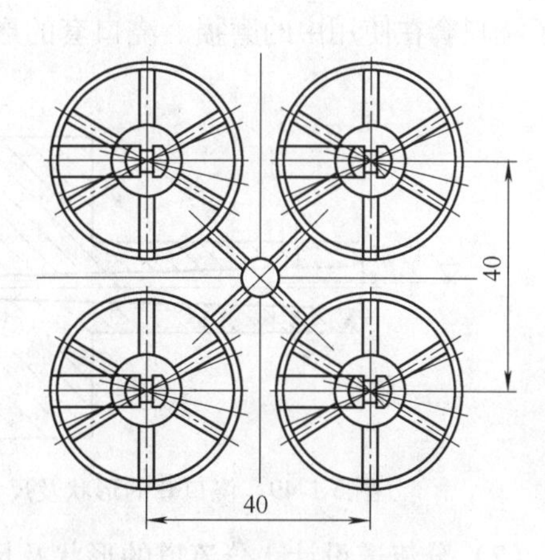

图3-1-46　汽车操作按钮模具型腔布置

2. 汽车操作按钮模具分型面选择

不论塑件的结构如何，采用何种设计方法，都必须首先确定分型面，模具结构很大程度上取决于分型面的选择。为保证塑件能顺利分型，主分型面应首先考虑选择在塑件外形的最大轮廓处。汽车操作按钮外形表面质量要求较高，在选择分型面时，根据分型面的选择原则，考虑不影响塑件的外观质量，便于清除毛刺及飞边，有利于排除模具型腔内的气体，开模后塑件留在动模一侧，便于取出塑件等因素，分型面应选择在塑件外形轮廓的最大处。

如图3-1-47所示，a、b两处均为塑件外形轮廓的最大处，如果选择图3-1-47中a处分型面分型，制件的成型部分都在动模部分，则模具结构复杂，脱模困难，影响制件的表面质量。而选择图3-1-47中b处分型面分型，便于推出制件且开模后塑件留在动模一侧。因此，决定采用图3-1-47中b处位置为分型面，如图3-1-48所示。

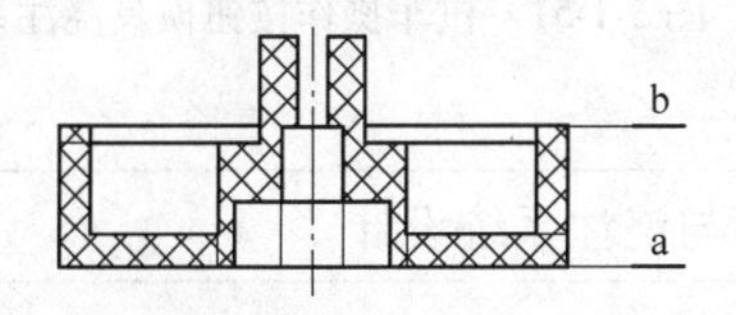

图3-1-47　塑件外形的最大轮廓处

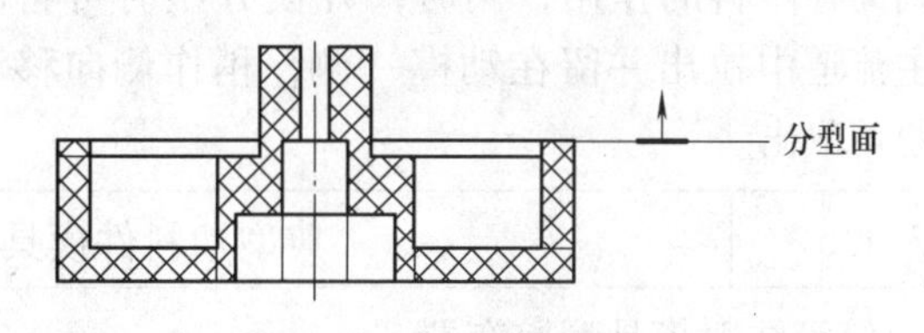

图3-1-48　分型面位置

3. 汽车操作按钮模具浇注系统设计

（1）主流道设计　由任务2.2可知，汽车操作按钮注射成型选择XS-ZY-125型注射成型机。喷嘴的有关尺寸为：喷嘴孔直径 $d_0=4\text{mm}$；喷嘴前端球面半径 $R_0=12\text{mm}$。根据模具主流道与喷嘴的关系可知，主流道进口端球面半径 $R=R_0+1\sim2\text{mm}=(12+1\sim2)\text{mm}$，取 $R=14\text{mm}$。主流道进口端孔直径 $d=d_0+0.5\sim1\text{mm}=(4+0.5\sim1)\text{mm}$，取 $d=4.5\text{mm}$。为了便于将凝料从主流道中拔出，将主流道设计成圆锥形，其斜度取4°；同时为了使熔料顺利进入分流道，在主流道出料端设计 $r=5\text{mm}$ 的圆弧过渡。主流道衬套采用可拆卸更换的浇口套，浇口套的形状及尺寸设计采用推荐尺寸的常用浇口套；为了能与注射成型机的定位部分相配合，采用外加定位圈的方式，这样不仅减小了浇口套的总体尺寸，还避免了浇口套在使用中的磨损。浇口套的形状及尺寸如图3-1-49和图3-1-50所示。

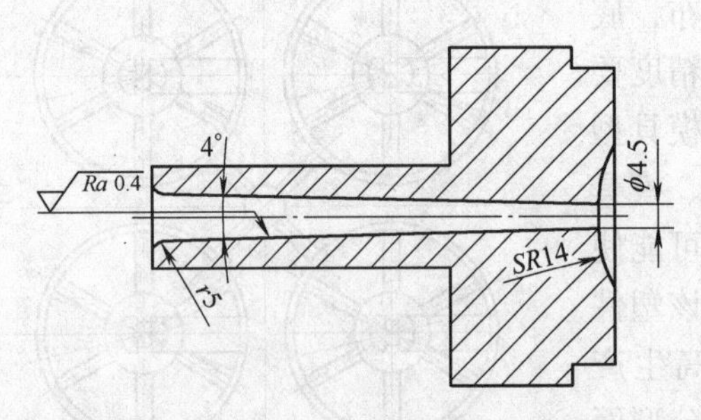

图3-1-49　浇口套的形状及尺寸

图3-1-50　浇口套三维图

(2) 分流道设计　分流道的形状及尺寸，应根据塑件的体积、壁厚、形状的复杂程度、注射速度、分流道长度因素来确定。塑件的形状不算太复杂，熔料填充型腔比较容易。根据型腔的排列方式可知道分道流的长度较短，为了便于加工，选用截面形状为半圆形的分流道，查表取 $R=4\text{mm}$。

(3) 侧浇口设计　塑件表面质量无特殊要求，故选择采用侧浇口。侧浇口一般开设在模具的分型面上，从制品侧面边缘进料。它能方便地调整浇口尺寸，控制剪切速率和浇口封闭时间，是被广泛采用的一种浇口形式。本模具侧浇口的截面形状采用矩形，查相关手册后确定尺寸为2mm×1.5mm×0.8mm。试模时修正。

(4) 冷料穴设计　采用带Z形头拉料杆的冷料穴，如图3-1-51所示。冷料穴设置在主流道的末端，可起到储存冷料的作用，同时，开模分型时可将凝料从主流道中拉出并留在动模一侧，稍作侧向移动凝料便可取出。

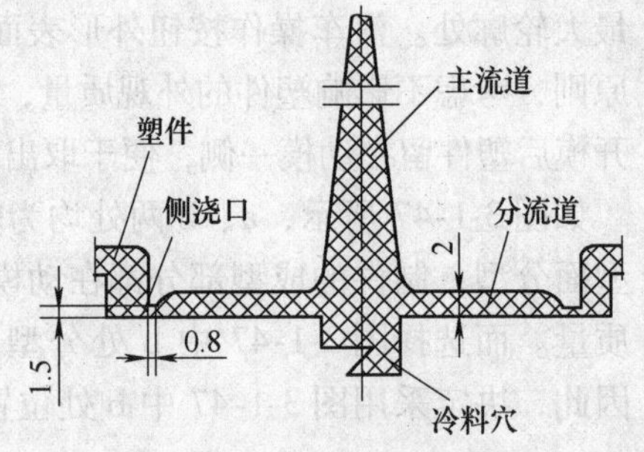

图3-1-51　汽车操作按钮模具浇注系统

3.1.5	典型塑料件模具分型面与浇注系统设计

1. 笔筒注射模具型腔布置

该制件材料为ABS，制件总体形状为两个圆筒形，口部有外凸台，底部有两圆相切的结构，该零件属于中等复杂程度，精度要求不高，生产批量较大，宜采用一模一件的模具型腔布置。在保证浇注系统分流道的流程短、模具结构紧凑、模具能正常工作的前提下，生产该件的模具拟采用一模一腔的单分型面及对开的瓣合注射模具结构。综合考虑浇注系统、模具结构的复杂程度等因素，采取直浇口，推件板及推管推出。

2. 笔筒模具分型面选择

为保证塑件能顺利分型，主分型面应首先考虑选择在塑件外形的最大轮廓处。笔筒外形表面质量要求较高。在选择分型面时，根据分型面的选择原则，考虑不影响塑件的外观质量，便于清除毛刺及飞边，有利于排除模具型腔内的气体，分模后塑件留在动模一侧，便于取出塑件等因素，分型面选择在塑件外形轮廓最大的底座处。

由于笔筒口部有外凸台，模具需要侧向分型，制件才能脱模，需要对开的瓣合分型面，如图 3-1-52 所示，以便于推出制件且塑件在开模后留在动模一侧。

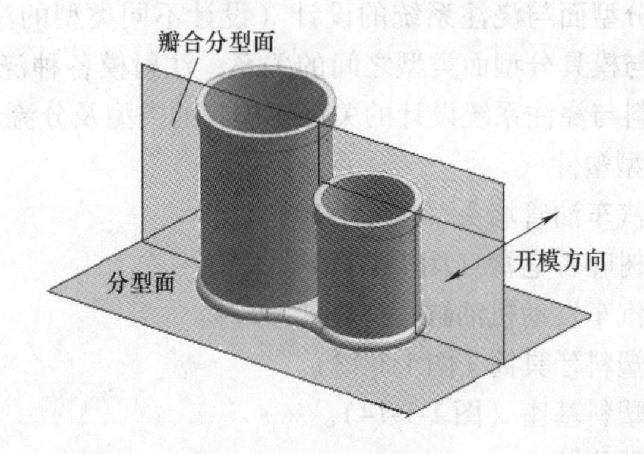

图 3-1-52　分型面示意图

3. 笔筒模具浇注系统设计

（1）主流道设计　由任务 2.2 可知，笔筒注射成型选择 XS-ZY-500 型注射成型机。喷嘴的有关尺寸为：喷嘴孔直径 $d_0=4\text{mm}$；喷嘴前端球面半径 $R_0=18\text{mm}$。根据模具主流道与喷嘴的关系可知，主流道进口端球面半径 $R=R_0+1\sim2\text{mm}=(18+1\sim2)\ \text{mm}$，取 $R=19\text{mm}$。主流道进口端孔直径 $d=d_0+0.5\sim1\text{mm}=(4+0.5\sim1)\ \text{mm}$，取 $d=4.5\text{mm}$。为了便于将凝料从主流道中拔出，将主流道设计成圆锥形，其斜度取 4°；同时为了使熔料顺利进入分流道，在主流道出料端设计 $r=5\text{mm}$ 的圆弧过渡。主流道衬套采用可拆卸更换的浇口套，浇口套的形状及尺寸设计采用推荐尺寸的常用浇口套。为了能与注射成型机的定位部分相配合，采用外加定位圈的方式，这样不仅可减小浇口套的总体尺寸，还可避免浇口套在使用中的磨损。

（2）分流道设计　一模一腔、直浇口，无分流道。

（3）直浇口设计　塑件表面质量无特殊要求，故在塑件底部选择采用直浇口。塑料以最小的压力降直接从竖浇道填入型腔。此类浇口在剪除后容易在塑件表面留下浇口痕迹。直浇口的凝固受控于塑件壁厚，而不是浇口厚度。通常塑件在接近直浇口区域的收缩不大。

作 业 单

<table>
<tr><td>学习领域</td><td colspan="6">塑料成型工艺及模具设计</td></tr>
<tr><td>学习情境三</td><td>注射模设计</td><td colspan="2">任务 3.1</td><td colspan="3">汽车操作按钮注射模分型面与浇注系统设计</td></tr>
<tr><td>实践方式</td><td colspan="3">小组成员动手实践，教师指导</td><td colspan="2">计划学时</td><td>8 学时</td></tr>
<tr><td>实践内容</td><td colspan="6">参看学习单 5 中的计划单、决策单、材料工具清单、实施单、检查单、评价单。学生完成任务：根据各类典型塑料制品的结构特点，完成下列典型塑件模具分型面与浇注系统的设计（设计不同类型的注射模分型面；分析塑料制件与模具分型面类型之间的关系；注射模各种浇注系统的组成及作用；塑料材料与浇注系统设计的关系；模具的类型及分流道的设计）。
1. 典型塑件
（1）汽车油管堵头（图 1-1-10）。
（2）树叶香皂盒（图 1-1-11）。
（3）汽车发动机油缸盖（图 1-1-12）。
（4）塑料牙具筒（图 1-1-13）。
（5）塑料基座（图 1-1-14）。
2. 实践步骤
1）小组讨论、共同制订计划，完成计划单。
2）小组根据班级各组计划，综合评价方案，完成决策单。
3）小组成员均根据需要完成的工作任务，完成材料工具清单。
4）小组成员共同研讨、确定动手实践的实施步骤，完成实施单。
5）小组成员均根据实施单中的实施步骤，分析典型塑料零件的应用。
6）小组成员完成检查单。
7）按照专业能力、社会能力、方法能力三方面综合评价每位学生，完成评价单。</td></tr>
<tr><td>班级</td><td></td><td>第　　组</td><td colspan="2">日期</td><td colspan="2"></td></tr>
</table>

任 务 单

<table>
<tr><td>学习领域</td><td colspan="6">塑料成型工艺及模具设计</td></tr>
<tr><td>学习情境三</td><td colspan="2">注射模设计</td><td colspan="2">任务 3.2</td><td colspan="2">成型零部件的设计</td></tr>
<tr><td colspan="3">任务学时</td><td colspan="4">10 学时</td></tr>
<tr><td colspan="7">布置任务</td></tr>
<tr><td>工作目标</td><td colspan="6">1. 掌握典型注射模的设计程序。
2. 掌握成型零部件的设计及模具的工作原理。
3. 根据塑料制品图画出模具图。</td></tr>
<tr><td>任务描述</td><td colspan="6">根据注射模设计程序，设计汽车操作按钮、笔筒注射成型模，通过对汽车操作按钮、笔筒模具结构的确定，实现注射模成型零部件的设计。
1. 注射模成型零部件的设计。
2. 模具成型零部件的结构确定。
3. 模具成型零部件有关尺寸计算。</td></tr>
<tr><td>学时安排</td><td>资讯
2 学时</td><td>计划
0.5 学时</td><td>决策
0.5 学时</td><td>实施
6 学时</td><td>检查
0.5 学时</td><td>评价
0.5 学时</td></tr>
<tr><td>提供资源</td><td colspan="6">1. 注射模模拟仿真软件。
2. 教案、课程标准、多媒体课件、加工视频、参考资料、塑料技术标准等。
3. 典型模具成型工作原理动画。</td></tr>
<tr><td>对学生的要求</td><td colspan="6">1. 应了解塑料模具中成型零件的作用，掌握注射模具成型零部件的设计。
2. 根据塑料模具图的结构设计模具成型零部件。
3. 以小组的形式进行学习、讨论、操作、总结，每位同学必须积极参与小组活动，进行自评和互评；上交一份成型零部件设计图，分析模具成型零部件的特点。</td></tr>
</table>

资 讯 单

<table>
<tr><td>学习领域</td><td colspan="3">塑料成型工艺及模具设计</td></tr>
<tr><td>学习情境三</td><td>注射模设计</td><td>任务 3. 2</td><td>成型零部件的设计</td></tr>
<tr><td colspan="2">资讯学时</td><td colspan="2">2 学时</td></tr>
<tr><td>资讯方式</td><td colspan="3">观察实物，观看视频，通过杂志、教材、互联网及信息单内容查询问题；咨询任课教师。</td></tr>
<tr><td rowspan="8">资讯问题</td><td colspan="3">1. 注射模具成型零部件的设计包括哪些内容?</td></tr>
<tr><td colspan="3">2. 成型零部件工作尺寸如何计算?</td></tr>
<tr><td colspan="3">3. 成型零部件工作尺寸计算考虑的因素有哪些?</td></tr>
<tr><td colspan="3">4. 模具成型零部件与塑件有什么关系?</td></tr>
<tr><td colspan="3">5. 模具成型零部件的作用是什么?</td></tr>
<tr><td colspan="3">6. 模具成型零部件的结构有哪几种?</td></tr>
<tr><td colspan="3">7. 各种因素对尺寸有什么影响?</td></tr>
<tr><td colspan="3">学生需要单独资讯的问题……</td></tr>
<tr><td>资讯引导</td><td colspan="3">1. 问题 1 可参考信息单 3. 2. 1。
2. 问题 2 可参考信息单 3. 2. 2。
3. 问题 3 可参考信息单 3. 2. 2。
4. 问题 4 可参考《塑料成型工艺及模具设计》，陈建荣，北京理工大学出版社，2010。
5. 问题 5 可参考《简明塑料模具设计手册》，齐卫东，北京理工大学出版社，2012。
6. 问题 6 可参考《塑料成型工艺与模具设计》，屈华昌，机械工业出版社，2007。
7. 问题 7 可参考《塑料注射模结构与设计》，杨占尧，高等教育出版社，2008。</td></tr>
</table>

信 息 单

学习领域	塑料成型工艺及模具设计		
学习情境三	注射模设计	任务 3.2	成型零部件的设计
3.2.1	注射模成型零部件的设计		

1. 凹模的结构设计

凹模是成型塑件外表面的主要零件，按结构不同可分为整体式和组合式两种结构形式。

(1) 整体式凹模　整体式凹模如图 3-2-1 所示，它是在整块金属模板上加工而成的，其特点是牢固、不易变形，不会使塑件产生熔接痕。但是由于整体式型腔加工困难，热处理不方便，内尖角处易开裂，维修困难，所以常用于形状简单的中、小型模具。

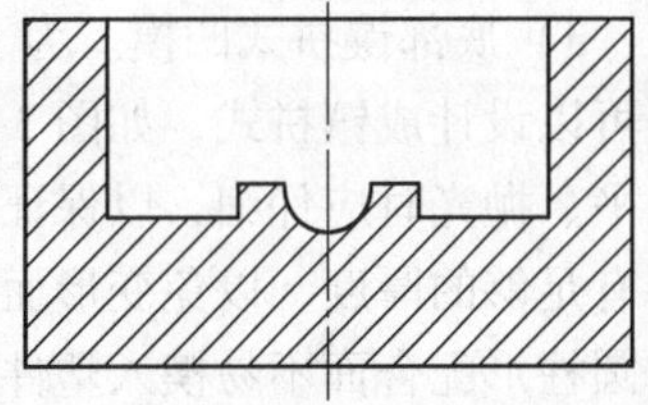

图 3-2-1　整体式凹模结构

(2) 组合式凹模　组合式凹模是指由两个以上的零部件组合而成的凹模。按组合方式不同，组合式凹模可分为整体嵌入式、局部镶嵌式、底部镶拼式、侧壁镶拼式和四壁拼合式等。

1) 整体嵌入式凹模。整体嵌入式凹模如图 3-2-2 所示。小型塑件采用多型腔模具成型时，各个型腔采用机械加工、冷挤压、电加工等方法制成，然后压入模板中。这种结构加工效率高，装拆方便，可以保证各个型腔的形状尺寸一致。

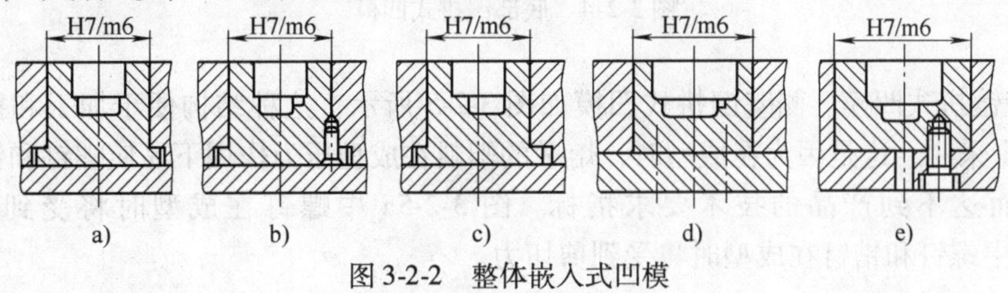

图 3-2-2　整体嵌入式凹模

图 3-2-2a ~ c 为通孔台肩式，即凹模带有台肩，从固定板下面嵌入模板，再用螺钉与垫板紧固。如果凹模镶件是回转体，而型腔是非回转体，则需要用销钉或键止转定位。图 3-2-2b 采用销钉定位，结构简单，装拆方便；图 3-2-2c 采用键定位，接触面积大，止转可靠。图 3-2-2d 是通孔无台肩式，凹模嵌入固定板内并用螺钉与垫板固定。图 3-2-2e 是盲孔式，凹模嵌入固定板后直接用螺钉固定，在固定板下部设计有装拆凹模用的工艺通孔，这种结构可省去垫板。

2) 局部镶嵌式凹模。局部镶嵌式凹模如图 3-2-3 所示。为了加工方便或由于凹模的某一部分容易损坏而需要经常更换，应采用局部镶嵌的办法。图 3-2-3a 所示为异形凹模，先钻周围的小孔，再在小孔内镶入芯棒并加工成大孔，加工完毕后把这些芯棒取出，调换型芯，镶入小孔与大孔组成型腔。图 3-2-3b 所示凹模内有局部凸起，可将此凸起部分单独加工，再把加工好的镶块利用圆形槽镶在圆形凹模内。图 3-2-3c 是利用局部镶嵌的办法加工圆环形凹模，在凹模底部局部镶嵌。图 3-2-3d 是利用局部镶嵌的办法加工长条形凹模。

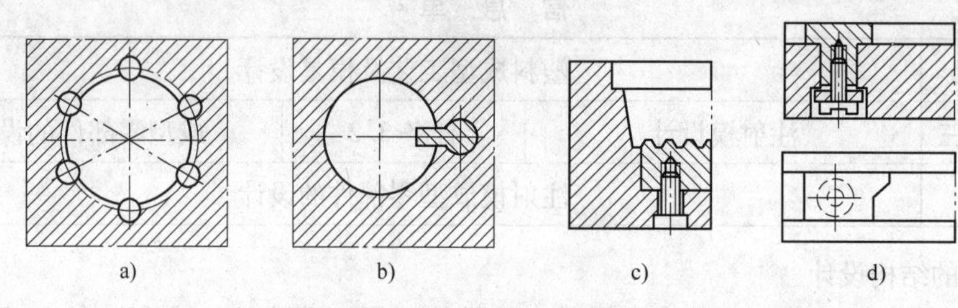

图 3-2-3　局部镶嵌式凹模

3）底部镶拼式凹模。为了方便机械加工、研磨、抛光和热处理，形状复杂的型腔底部可以设计成镶拼式，如图 3-2-4 所示。图 3-2-4a 所示的结构形式比较简单，但结合面磨平、抛光时应仔细，以保证接合处的锐棱（不能带圆角）不影响脱模。此外，底板还应有足够的厚度，以免变形而楔入塑件。图 3-2-4b 和图 3-2-4c 所示的结构制造较麻烦，但圆柱形配合面不易楔入塑件。

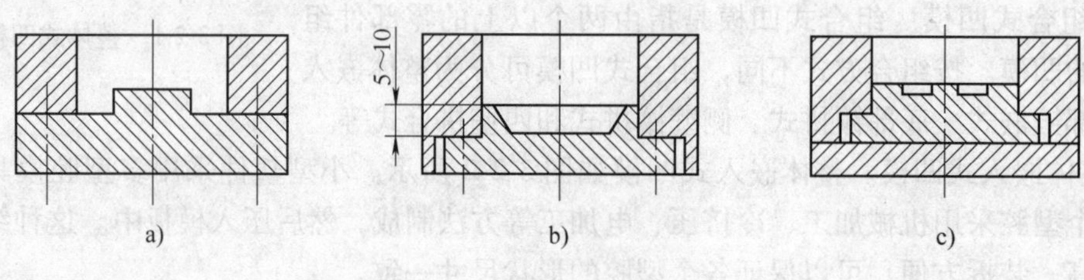

图 3-2-4　底部镶拼式凹模

4）侧壁镶拼式凹模。侧壁镶拼式凹模如图 3-2-5 所示，这种结构便于加工和抛光，但是一般很少采用，这是因为在成型时，熔融的塑料在成型压力作用下易使螺钉和销钉产生变形，从而达不到产品的技术要求指标。图 3-2-5a 中螺钉在成型时将受到拉伸力；图 3-2-5b 中螺钉和销钉在成型时将受到剪切力。

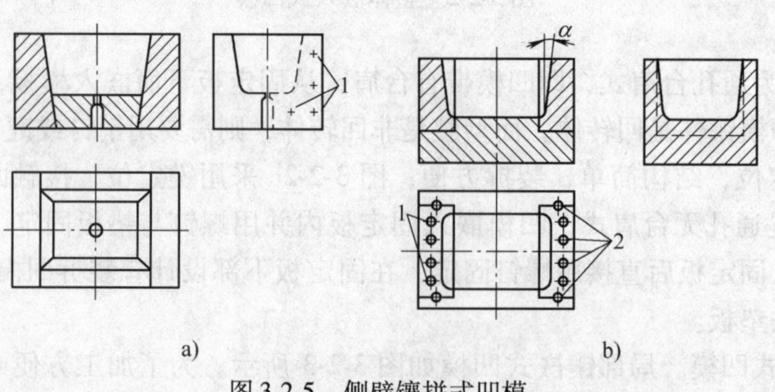

图 3-2-5　侧壁镶拼式凹模
1—螺钉　2—销钉

5）四壁拼合式凹模。大型和形状复杂的凹模，可以分别加工它的四壁和底板，经研磨后压入模套中，如图 3-2-6 所示。为了保证装配的准确性，侧壁之间采用锁扣连接，连接处外壁留有 0.3～0.4mm 的间隙，以使内侧接缝紧密，减少塑料的挤入。

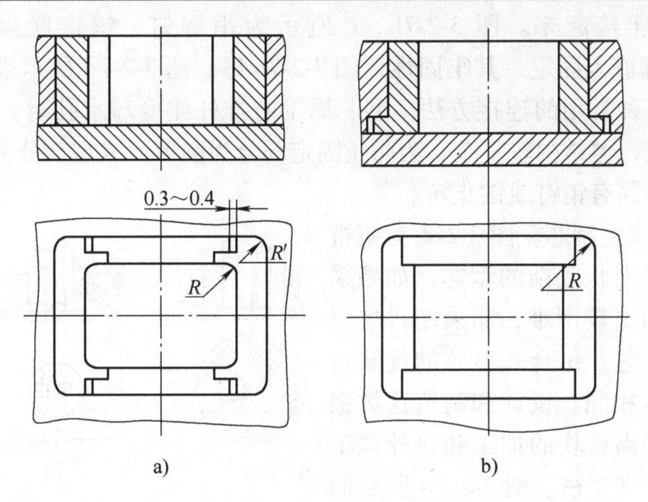

图 3-2-6　四壁拼合式凹模

综上所述，采用组合式凹模结构可简化复杂凹模的加工工艺，减少热处理变形，拼合处的间隙利于排气，便于模具的维修，节省贵重的模具钢。为了保证组合后型腔尺寸的精度和装配的牢固，减少塑件上的镶拼痕迹，要求镶块的尺寸、几何公差等级较高，组合结构必须牢固，镶块的机械加工工艺性要好。因此，选择合理的组合镶拼结构是非常重要的。

2. 凸模和型芯的结构设计

型芯是成型塑件内表面的成型零件。根据型芯所成型零件内表面大小不同，通常又有型芯和小型芯之分。型芯一般是指成型塑件中较大的主要内型的成型零件，又称主型芯；小型芯一般是指成型塑件上较小孔的成型零件，又称成型杆。下面介绍型芯和小型芯的主要结构形式。

（1）凸模或主型芯的结构设计　凸模或主型芯有整体式和组合式两类。

1）整体式凸模或主型芯。图 3-2-7 所示为整体式型芯，其中图 3-2-7a 表示型芯与模板为一个整体，其结构牢固，成型的塑件质量较好，但消耗贵重模具钢较多，不便加工，因此主要用于形状简单的型芯。为了节约贵重模具钢和便于加工，模板和型芯可采用不同材

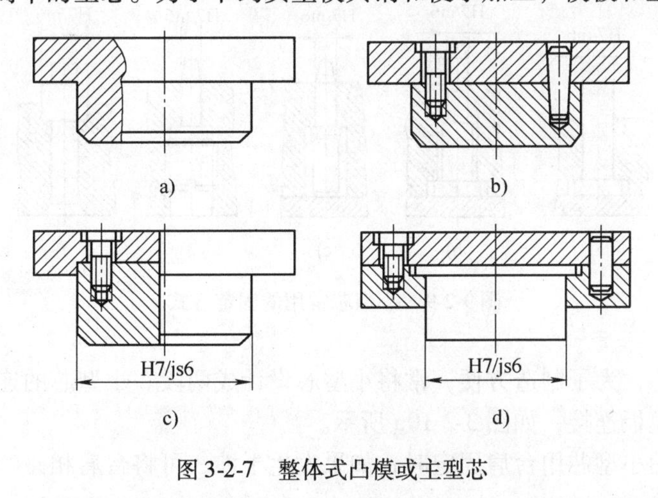

图 3-2-7　整体式凸模或主型芯

料制成，然后再连接起来。图 3-2-7b、c 所示为用螺钉、销钉联接，结构较简单。图 3-2-7c 采用局部嵌入固定，其牢固性比图 3-2-7b 好。图 3-2-7d 所示采用台阶连接，连接牢固可靠，是一种常用的连接方法。型芯周围有推杆或冷却水孔时，采用图 3-2-7d 所示连接方法较适宜，但结构较复杂。为防止固定部分为圆形而成型部分为非圆形的型芯在固定板内旋转，必须有销钉或键止转。

2）组合式凸模或主型芯。图 3-2-8 为镶拼组合式型芯。对于形状复杂的型芯，如果采用整体式结构，加工较困难，而采用拼块组合，可简化加工工艺。组合式型芯的优缺点与组合式凹模基本相同。设计和制造这类型芯时，必须注意提高拼块的加工和热处理工艺性，拼接必须牢靠严密。图 3-2-8a 所示的型芯，如采用整体式结构，必然造成加工困难，改用两个小型芯的镶拼结构分别单独加工，则可使加工工艺大大简化。

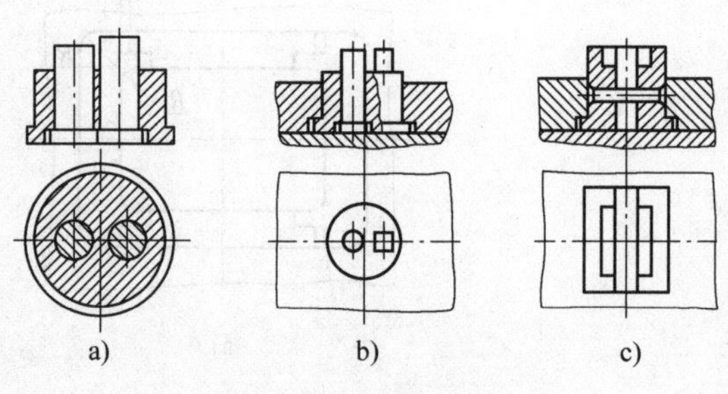

图 3-2-8　镶拼组合式型芯

当两个小型芯靠得太近时，由于型芯孔之间的壁很薄，热处理时容易开裂，则不宜采用这种结构，而应采用图 3-2-8b 所示的结构，仅镶嵌一个小型芯，则可避免上述缺点。图 3-2-8c 所示的结构，有两处长方形凹槽，如采用整体式结构，难以排气，加工也很困难，改用三块镶块分别加工后用铆钉铆合，就可以消除以上缺陷。

（2）小型芯的结构设计　小型芯用来成型塑件上的小孔或槽。小型芯单独制造后，再嵌入模板中。图 3-2-9 所示为小型芯常用的几种固定方式。图 3-2-9a 所示为用台肩固定的形式，下面用垫板压紧；图 3-2-9b 中的固定板太厚，可采用在固定板上减少配合长度，同时细小型芯制成台阶的形式；图 3-2-9c 所示为型芯细小而固定板太厚的形式，小型芯镶入后，在下端用圆柱垫垫平；图 3-2-9d 所示结构用于固定板厚而无垫板的场合，即在小型芯的下端用螺塞紧固；图 3-2-9e 所示为小型芯镶入后在另一端采用铆接固定的形式。

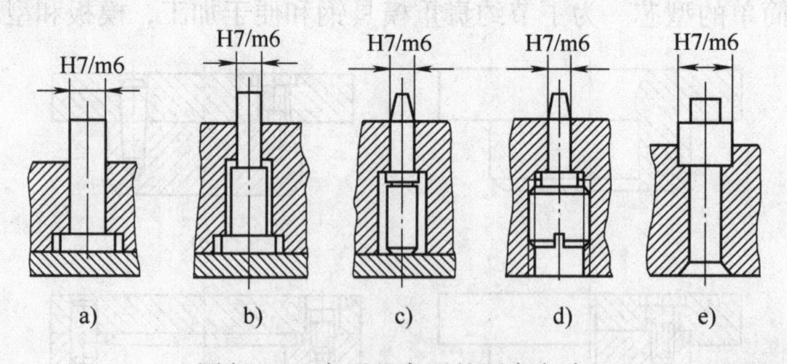

图 3-2-9　小型芯常用的固定方式

对于异形小型芯，为了制造方便，常将小型芯设计成两段。小型芯的连接固定段制成圆形，并用台肩和模板连接，如图 3-2-10a 所示。

多个相互靠近的小型芯用台肩固定时，如果发生干涉，可将台肩相碰的一面磨去，将小型芯固定板的台阶孔加工成大圆形台阶或长腰形台阶孔，然后再将小型芯镶入，如图3-2-10b和图3-2-10c所示。

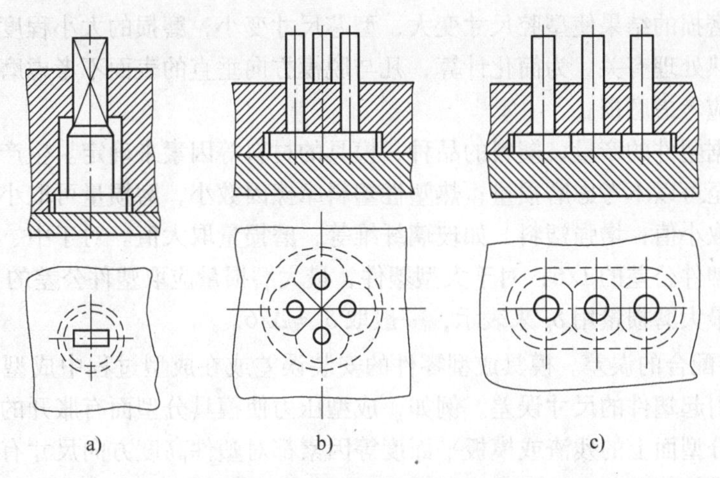

图3-2-10 异形小型芯的固定

3.2.2 成型零部件尺寸的计算

1. 成型零部件工作尺寸的计算

工作尺寸是指成型零部件上直接用以成型塑件型面的尺寸，主要有型腔和型芯的径向尺寸（包括矩形或异形的长和宽）、型腔的深度或型芯的高度尺寸、中心距尺寸等。

（1）计算模具成型零部件的工作尺寸要考虑的要素　影响塑件尺寸精度的因素很多，有塑件材料、塑件结构、成型工艺过程、模具结构、模具制造和装配、模具使用中的磨损等因素，其中塑件材料方面的因素主要是指收缩率的影响。在模具设计中，应根据塑件的材料、几何形状、尺寸精度及影响因素等进行设计计算。

1）塑料成型收缩率的偏差和波动。塑件成型后的收缩变化与塑料的品种以及塑件的形状、尺寸、壁厚、成型工艺条件、模具的结构等因素有关，所以确定准确的收缩率是很困难的。工艺条件、塑料批号的变化也会造成塑料收缩率的波动，由此所引起的塑件尺寸误差δ_s可用公式表示为

$$\delta_s = (S_{max} - S_{min}) L_s \tag{3-2-1}$$

式中　δ_s——收缩率波动所引起的塑件尺寸误差（mm）；

S_{max}——塑料的最大收缩率；

S_{min}——塑料的最小收缩率；

L_s—塑件的基本尺寸（mm）。

据有关资料介绍，一般可取$\delta_s = \Delta/3$。Δ为塑件的公差（mm）。

2）成型零件的制造误差。模具成型零件的制造精度越低，塑件尺寸精度也越低。一般成型零件工作尺寸的制造公差δ_z取塑件总公差Δ的1/4～1/3，即$\delta_z = \Delta/4 \sim \Delta/3$。组合式成型零件的制造公差应根据尺寸链加以确定。

3）成型零件的磨损量。在模具使用过程中，由于塑料熔体流动的冲刷，成型过程中可

能产生腐蚀性气体的锈蚀，脱模时塑件与模具的摩擦以及由于上述原因造成成型零件表面粗糙度值增大而需要重新打磨抛光等，均会造成成型零件尺寸的变化，这种变化称为成型零件的磨损。磨损的结果使型腔尺寸变大，型芯尺寸变小，磨损的大小程度与塑料的品种和模具材料及热处理有关。为简化计算，凡与脱模方向垂直的表面不考虑磨损，与脱模方向平行的表面应考虑磨损。

磨损量应根据塑件的产量、塑料的品种、模具的材料等因素来确定。生产批量小，磨损量取小值，甚至可以不考虑磨损量；热塑性塑料摩擦因数小，磨损量可取小值；模具材料耐磨性好，可取小值；增强塑料，如玻璃纤维等，磨损量取大值。对于中、小型塑件，最大磨损量可取塑件公差的1/6；对于大型塑件，最大磨损量应取塑件公差的1/6以下。

成型零件的最大磨损量用δ_c来表示，一般取$\delta_c=\Delta/6$。

4）模具安装配合的误差。模具成型零件的安装误差或在成型过程中成型零件配合间隙的变化，都会引起塑件的尺寸误差。例如，成型压力使模具分型面有胀开的趋势，动定模分型面间隙、分型面上的残渣或模板平面度等因素都对塑件高度方向尺寸有影响；由上模或下模之间合模位置所确定的尺寸，其波动要受导向零件配合间隙值的影响，如壳体塑件侧壁厚度的波动，是由导柱与导向孔的配合间隙来确定的；成型塑件上孔的型芯，若按间隙配合安装在模内，则中心位置的误差（型芯最大偏移量）要受配合间隙值的影响，但若采用过盈配合，则不存在此误差。安装配合误差常用δ_j表示。

5）塑件的总误差。综上所述，塑件可能产生的最大误差δ为上述各种误差的总和，即

$$\delta=\delta_z+\delta_c+\delta_s+\delta_j \tag{3-2-2}$$

塑件的公差值Δ应大于或等于上述各种因素所引起的累积误差δ，即

$$\Delta\geqslant\delta \tag{3-2-3}$$

因此，在设计塑件时应慎重确定其公差值，以免给模具制造和成型工艺条件的控制带来困难。

一般情况下，以上影响塑件公差的因素中，模具制造误差δ_z、成型零件的磨损量δ_c和收缩率的波动δ_s是主要的。在生产大尺寸塑件时，δ_s对塑件公差影响很大，此时应着重设法稳定工艺条件和选用收缩率波动小的塑料，并在模具设计时，慎重估计收缩率作为计算成型尺寸的依据，单靠提高成型零件的制造精度没有实际意义，也不经济实用。

相反，在生产小尺寸塑件时，δ_z和δ_c对塑件公差的影响比较突出，此时应主要提高成型零件的制造精度和减小磨损量。在精密成型中，减小成型工艺条件的波动是一个很重要的问题，单纯地根据塑件的公差来确定成型零件的尺寸公差是难以达到要求的。

（2）成型零件工作尺寸计算方法　计算模具成型零件最基本的公式为

$$L_M=L_s+L_sS \tag{3-2-4}$$

式中　L_M——模具成型零件在常温下的实际尺寸；

L_s——塑件在常温下的实际尺寸；

S——塑料成型的收缩率（%）。

以上是仅考虑塑料收缩率时模具成型零件工作尺寸的计算公式。若考虑其他因素，则模

具成型零件工作尺寸的计算公式就会有不同形式。现介绍一种常用的方法，即以平均收缩率、平均磨损量和平均制造公差为基准的计算。

从表1-1-2可查到常用塑料的最大收缩率S_{max}和最小收缩率S_{min}，则该塑料的平均收缩率为

$$S_p=\frac{S_{max}+S_{min}}{2}\times100\% \tag{3-2-5}$$

在以下的计算中，塑料的收缩率均为平均收缩率。这里首先说明，在型腔、型芯径向尺寸以及其他各类尺寸计算公式的导出过程中，所涉及的无论是塑件尺寸或成型模具零件尺寸，都按“入体原则”标注。凡孔都按基孔制，公差下限为零，公差等于上极限偏差；凡轴都按基轴制，公差上限为零，公差等于下极限偏差，如图3-2-11所示。

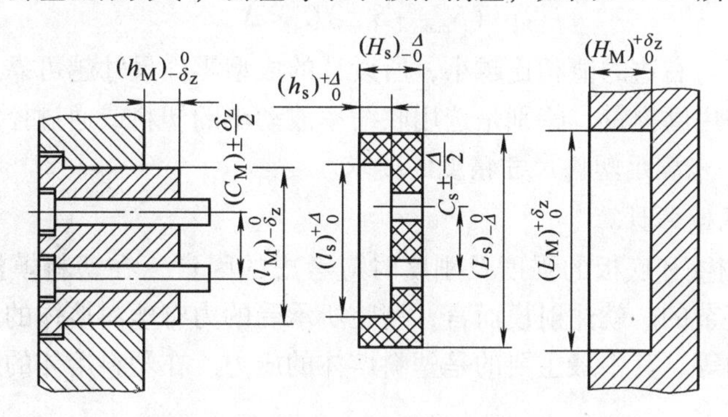

图3-2-11　成型零件工作尺寸和塑件尺寸的关系

图3-2-11所示为塑件尺寸与模具成型零件尺寸的关系，模具成型零件尺寸决定塑件尺寸。成型零件工作尺寸的计算公式见表3-2-1。

表3-2-1　成型零件工作尺寸计算公式

尺寸类型		计算公式
型腔	径向尺寸（直径、长、宽）	$L_M=[(1+S_p)L_s-X\Delta]_0^{+\delta_z}$
	深度	$H_M=[(1+S_p)H_s-X'\Delta]_0^{+\delta_z}$
型芯	径向尺寸（直径、长、宽）	$l_M=[(1+S_p)l_s+X\Delta]_{-\delta_z}^{0}$
	高度	$h_M=[(1+S_p)h_s+X'\Delta]_{-\delta_z}^{0}$
中心距		$C_M=[(1+S_p)C_s]\pm1/2\delta_z$

注：表中各尺寸偏差的标注必须符合图3-2-11所示格式，如不符合，在代入公式之前必须转化成规定标注形式，公式标注符号注释如下：

L_M、l_M——型腔、型芯径向尺寸（mm）；　　C_M——模具的中心距尺寸（mm）；

L_s、l_s——塑件的径向极限尺寸（mm）；　　C_s——塑件的中心距尺寸（mm）；

H_M、h_M——型腔、型芯高度尺寸（mm）；　　S_p——塑件平均收缩率；

H_s、h_s——塑件高度极限尺寸（mm）；　　Δ——塑件的尺寸公差（mm）；

X——修正系数，取1/2～3/4，公差值大取小值。中、小型塑件一般取3/4；

X'——修正系数，取1/2～3/4，尺寸较大、精度较低时取最小值，反之取最大值。

按平均收缩率法计算模具工作尺寸有一定误差，这是因为在计算公式中，δ_z及修正系数

取值凭经验确定。为保证塑件实际尺寸在规定的公差范围内，尤其是对于尺寸较大且收缩率波动范围较大的塑件，需要对成型零件尺寸进行校核。校核的条件是塑件成型零件尺寸公差应小于塑件的尺寸公差。型腔或型芯的径向尺寸为

$$(S_{max} - S_{min})L_s(或\ l_s) + \delta_z + \delta_c < \Delta \tag{3-2-6}$$

其中

$$\delta_c = \Delta/6$$

型腔深度或型芯高度尺寸为

$$(S_{max} - S_{min})H_s(或\ h_s) + \delta_z < \Delta \tag{3-2-7}$$

塑件的中心距尺寸为

$$(S_{max} - S_{min})C_s < \Delta \tag{3-2-8}$$

校核后左边的值与右边的值相比越小，所设计的成型零件尺寸越可靠。否则应提高模具制造精度，降低许用磨损量，特别是选用收缩率波动小的塑料或通过控制塑料收缩率波动范围（$S_{max} \sim S_{min}$）来满足塑件尺寸精度的要求。

2. 成型零部件的壁厚计算

（1）计算型腔侧壁和底板的强度及刚度时应考虑的因素　在塑料模塑过程中，型腔所承受的力是十分复杂的。就注射模而言，型腔所承受的力有塑料熔体的压力、合模时的压力、开模时的拉力等，其中最主要的是塑料熔体的压力。在塑料熔体的压力作用下，型腔将产生内应力及变形。

如果型腔壁厚和底板厚度不够，当型腔中产生的内应力超过型腔材料的许用应力时，型腔将发生强度破坏。与此同时，刚度不足则会发生过大的弹性变形，从而产生溢料和影响塑件尺寸及成型精度，也可能导致脱模困难等。可见，模具对强度和刚度的要求都很高。

但是，对强度和刚度的要求也并非要同时兼顾。对于大尺寸型腔，刚度不足是主要矛盾，应按刚度条件计算；对于小尺寸型腔，强度不够则是主要矛盾，应按强度条件计算。强度计算的条件是满足各种受力状态下的许用应力；刚度计算的条件则由于模具的特殊性，可以从以下几个方面来考虑：

1）要防止溢料。当高压塑料熔体注入时，模具型腔的某些配合面会产生足以溢料的间隙。为了使型腔不致因模具弹性变形而发生溢料，此时应根据不同塑料的最大不溢料间隙来确定其刚度条件。如尼龙、聚乙烯、聚丙烯、聚甲醛等低黏度塑料，其允许间隙为0.025～0.04mm；对于聚苯乙烯、有机玻璃、ABS等中等黏度塑料，其允许间隙为0.05mm；对于聚砜、聚碳酸酯、硬质聚氯乙烯等高黏度塑料，其允许间隙为0.06～0.08mm。

2）应保证塑件精度。塑件均有尺寸要求，尤其是精度要求高的小型塑件，要求模具型腔具有很好的刚性，即塑料注入时不产生过大的弹性变形。最大弹性变形量可取塑件允许公差的1/5。常见的中、小型塑件公差为0.13～0.25mm（非自由尺寸），因此允许弹性变形量为0.026～0.05mm，可按塑件大小和精度等级选取。

3）要有利于脱模。当变形量大于塑件冷却的收缩量时，塑件的周边被型腔紧紧包住而难以脱模，强制顶出则易使塑件划伤或损坏，因此型腔允许的弹性变形量应小于塑件的收缩量。但是，一般来说塑料的收缩率较大，故多数情况下，当满足上述两项要求时已能满

足本项要求。

按照上述要求设计模具时，其刚度条件应以这些项中最苛刻者（允许最小的变形量）为设计标准，但也不应无根据地过分提高标准，以免浪费钢材，增加制造难度。

（2）型腔侧壁和底板的强度及刚度计算

1）查表法。型腔壁厚的计算比较复杂且烦琐，为了简化模具设计，一般查有关表格。

2）采用经验数据。矩形型腔壁厚尺寸与圆形型腔壁厚尺寸的选用可参考表3-2-2和表3-2-3。

表3-2-2 矩形型腔壁厚尺寸 （单位：mm）

矩形型腔内壁短边 b	整体式型腔侧壁厚 S	镶拼式型腔	
		凹模壁厚 S_1	模套壁厚 S_2
≤40	25	9	22
>40~50	25~30	9~10	22~25
>50~60	30~35	10~11	25~28
>60~70	35~42	11~12	28~35
>70~80	42~48	12~13	35~40
>80~90	48~55	13~14	40~45
>90~100	55~60	14~15	45~50
>100~120	60~72	15~17	50~60
>120~140	72~85	17~19	60~70
>140~160	85~95	19~21	70~80

表3-2-3 圆形型腔壁厚尺寸 （单位：mm）

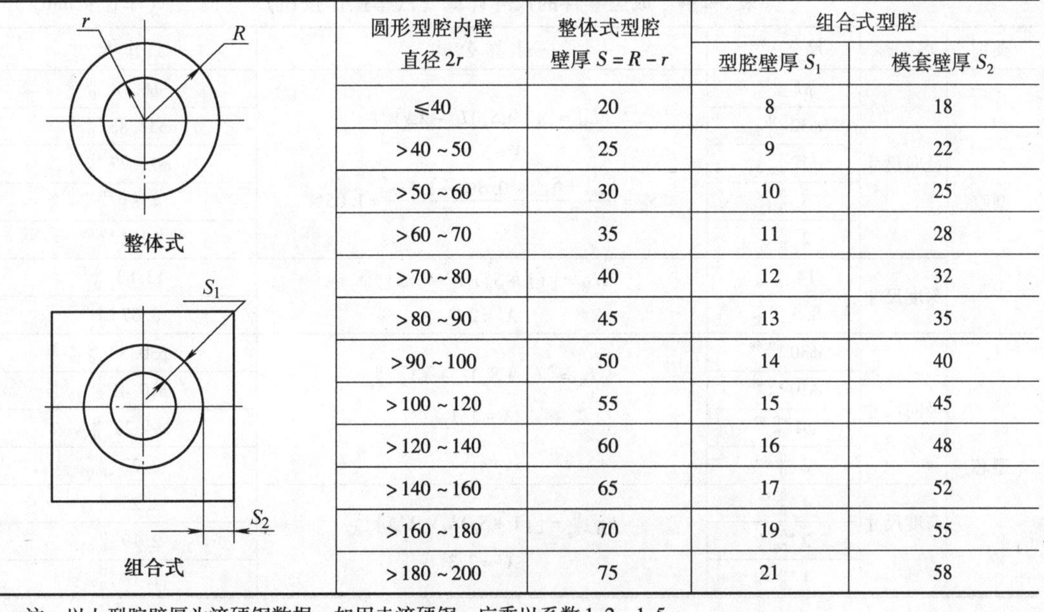

圆形型腔内壁直径 $2r$	整体式型腔壁厚 $S=R-r$	组合式型腔	
		型腔壁厚 S_1	模套壁厚 S_2
≤40	20	8	18
>40~50	25	9	22
>50~60	30	10	25
>60~70	35	11	28
>70~80	40	12	32
>80~90	45	13	35
>90~100	50	14	40
>100~120	55	15	45
>120~140	60	16	48
>140~160	65	17	52
>160~180	70	19	55
>180~200	75	21	58

注：以上型腔壁厚为淬硬钢数据，如用未淬硬钢，应乘以系数1.2~1.5。

3.2.3	汽车操作按钮注射模成型零部件的设计

1. 注射模成型零件设计

成型零件直接与高温高压的塑料接触，它的质量直接影响制件的质量，因此要求成型零件有足够的强度、刚度、硬度、耐磨性，应选用优质模具钢制作，还应进行热处理，使其硬度达到53～58HRC。凹模、凸模的装配结构如图3-2-12所示。

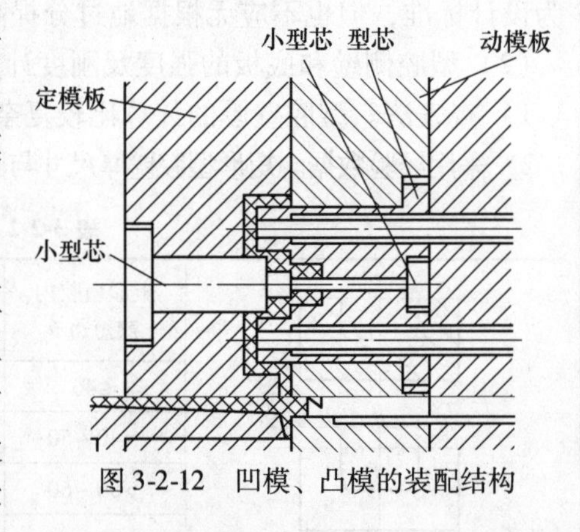

图3-2-12　凹模、凸模的装配结构

凹模设计：采用整体式凹模，整体式凹模是直接在模板上加工的，有较高的强度和刚度，加工容易实现，且使用中不易发生变形。该塑件尺寸较小，形状为圆形。由于该塑件尺寸较小，最大处也只有32mm，且形状为圆形，型腔加工容易实现，故可以采用整体式结构。

凸模（型芯）设计：型芯结构应采用组合式型芯，以节省贵重模具钢，减少加工工作量。成型塑件内壁的大型芯装在动模板上，成型ϕ4mm与ϕ10mm沉孔的小型芯装在定模板上，方便型芯的制作安装、塑件的飞边去除。

整体镶嵌式型芯可节省贵重模具钢，便于机加工和热处理，修理更换方便，同时也有利于型芯冷却和排气。考虑到型芯加工制造方便和降低模具成本，故采用整体镶嵌式型芯。

2. 成型零件的成型尺寸计算

塑件的材料是一种收缩范围较大的塑料，因此成型零件的尺寸均按平均值法计算。查得低密度聚氯乙烯的收缩率为0.6%～1.5%，故取平均收缩率为1.05%。成型零件的尺寸计算见表3-2-4。

表3-2-4　成型零件的尺寸计算（汽车操作按钮）　　（单位：mm）

类别	名称	尺寸	计算公式	工作尺寸
型腔	径向尺寸	$\phi7_{-0.40}^{0}$		$\phi6.78_{0}^{+0.1}$
		$\phi32_{-0.70}^{0}$	$L_M=[(1+S_p)L_s-X\Delta]_{0}^{+\delta_z}$	$\phi31.83_{0}^{+0.18}$
		$\phi12_{-0.48}^{0}$	$X=3/4$	$\phi11.77_{0}^{+0.12}$
		$5_{-0.32}^{0}$	$S_p=\dfrac{S_{max}+S_{min}}{2}=\dfrac{0.6\%+1.5\%}{2}=1.05\%$	$4.81_{0}^{+0.08}$
		$2_{-0.26}^{0}$		$1.83_{0}^{+0.06}$
	深度尺寸	$14_{-0.48}^{0}$	$H_M=[(1+S_p)H_s-X'\Delta]_{0}^{+\delta_z}$	$13.83_{0}^{+0.12}$
		$8.5_{-0.32}^{0}$	$X'=2/3$	$8.37_{0}^{+0.08}$
型芯	径向尺寸	$\phi30_{0}^{+0.68}$		$\phi30.83_{-0.17}^{0}$
		$\phi10_{0}^{+0.40}$	$l_M=[(1+S_p)l_s+X\Delta]_{-\delta_z}^{0}$	$\phi10.41_{-0.10}^{0}$
		$\phi4_{0}^{+0.32}$	$X=3/4$	$\phi4.28_{-0.08}^{0}$
		$2_{0}^{+0.26}$		$2.22_{-0.06}^{0}$
	高度尺寸	$4_{0}^{+0.32}$		$4.25_{-0.08}^{0}$
		$2_{0}^{+0.26}$	$h_{M}{}_{-\delta_z}^{0}=[(1+S_p)h_s+X'\Delta]_{-\delta_z}^{0}$	$2.19_{-0.06}^{0}$
		$1_{0}^{+0.26}$	$X'=2/3$	$1.18_{-0.06}^{0}$

3.2.4 塑料笔筒注射模成型零部件的设计实例

1. 成型零件设计

成型零件应有足够的强度、刚度、硬度、耐磨性，应选用优质模具钢制作，还应进行热处理，使其硬度达到53～58HRC。

凹模设计：凹模采用两个瓣合分型对开的型腔滑块。

塑料笔筒注射模中的凸模为两个轴类零件，便于机加工和热处理，修理更换方便，凹模、凸模结构如图3-2-13 所示。

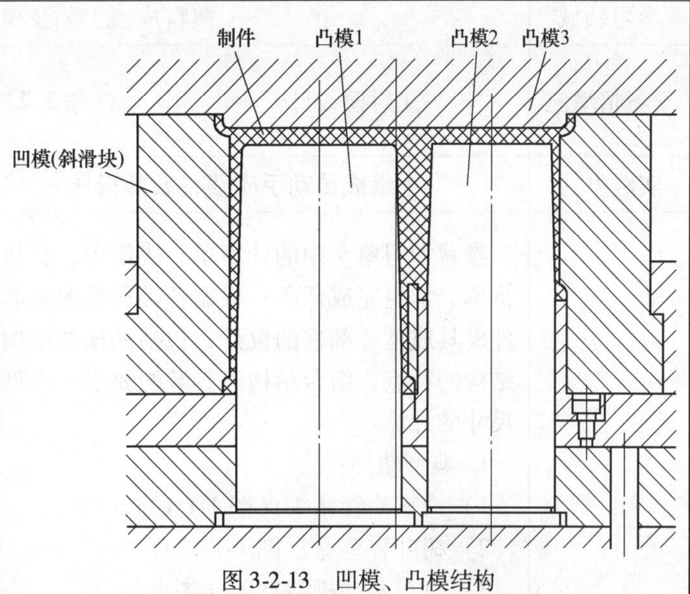

图3-2-13　凹模、凸模结构

2. 成型零件的尺寸计算

成型零件的尺寸均按平均值法计算。查得低密度聚氯乙烯的收缩率为0.3%～0.8%，故取平均收缩率为0.55%。成型零件的尺寸计算见表3-2-5。

表3-2-5　成型零件的尺寸计算（笔筒）　（单位：mm）

类别	名称	尺寸	计算公式	工作尺寸
型腔	径向尺寸	$\phi73_{-0.84}^{0}$	$L_M=[(1+S_p)L_s-X\Delta]_{0}^{+\delta_z}$ $X=3/4$ $S_p=\frac{S_{max}+S_{min}}{2}=\frac{0.3\%+0.8\%}{2}=0.55\%$	$\phi72.77_{0}^{+0.21}$
		$\phi58_{-0.76}^{0}$		$\phi57.75_{0}^{+0.19}$
		$\phi70_{-0.84}^{0}$		$\phi69.76_{0}^{+0.21}$
		$\phi55_{-0.76}^{0}$		$\phi54.73_{0}^{+0.19}$
		$\phi80_{-0.84}^{0}$		$\phi79.81_{0}^{+0.21}$
		$\phi65_{-0.76}^{0}$		$\phi64.78_{0}^{+0.19}$
		$R30_{-0.48}^{0}$		$R29.8_{0}^{+0.12}$
		$R5_{-0.28}^{0}$		$R4.8_{0}^{+0.07}$
	深度尺寸	$100_{-0.86}^{0}$	$H_M=[(1+S_p)H_s-X'\Delta]_{0}^{+\delta_z}$ $X'=2/3$	$99.98_{0}^{+0.21}$
		$70_{-0.84}^{0}$		$69.82_{0}^{+0.21}$
		$8_{-0.28}^{0}$		$7.86_{0}^{+0.07}$
		$6_{-0.28}^{0}$		$5.85_{0}^{+0.07}$
型芯	径向尺寸	$\phi65_{0}^{+0.76}$	$l_M=[(1+S_p)l_s+X\Delta]_{-\delta_z}^{0}$ $X=3/4$	$\phi65.93_{-0.19}^{0}$
		$\phi50_{0}^{+0.64}$		$\phi50.76_{-0.16}^{0}$
	高度尺寸	$3_{0}^{+0.2}$	$h_{M}{}_{-\delta_z}^{0}=[(1+S_p)h_s+X'\Delta]_{-\delta_z}^{0}$ $X'=2/3$	$3.15_{-0.05}^{0}$
中心距		70 ± 0.43	$C_M=[(1+S_p)C_s]\pm1/2\delta_z$	70.39 ± 0.10

作　业　单

<table>
<tr><td>学习领域</td><td colspan="5">塑料成型工艺及模具设计</td></tr>
<tr><td>学习情境三</td><td>注射模设计</td><td>任务 3.2</td><td colspan="3">成型零部件的设计</td></tr>
<tr><td>实践方式</td><td colspan="2">小组成员动手实践，教师指导</td><td>计划学时</td><td colspan="2">8 学时</td></tr>
<tr><td>实践内容</td><td colspan="5">参看学习单 6 中的计划单、决策单、材料工具清单、实施单、检查单、评价单。学生完成任务：根据各类典型塑料制品的结构特点，完成下列典型塑件模具成型零部件的设计，包括凹模的结构；凸模的结构；整体结构与组合结构的特点；组合结构模具装配要求；成型零部件的安装；成型零部件工作尺寸的计算。
1. 典型塑件
1）汽车油管堵头（图 1-1-10）。
2）树叶香皂盒（图 1-1-11）。
3）汽车发动机油缸盖（图 1-1-12）。
4）塑料牙具筒（图 1-1-13）。
5）塑料基座（图 1-1-14）。
2. 实践步骤
1）小组讨论、共同制订计划，完成计划单。
2）小组根据班级各组计划，综合评价方案，完成决策单。
3）小组成员均根据需要完成的工作任务，完成材料工具清单。
4）小组成员共同研讨、确定动手实践的实施步骤，完成实施单。
5）小组成员均根据实施单中的实施步骤，分析典型塑料零件的应用。
6）小组成员完成检查单。
7）按照专业能力、社会能力、方法能力三方面综合评价每位学生，完成评价单。</td></tr>
<tr><td>班级</td><td></td><td>第　　组</td><td>日期</td><td colspan="2"></td></tr>
</table>

任 务 单

<table>
<tr><td>学习领域</td><td colspan="6">塑料成型工艺及模具设计</td></tr>
<tr><td>学习情境三</td><td colspan="2">注射模设计</td><td colspan="2">任务 3.3</td><td colspan="2">推出与温度调节系统、模架的设计</td></tr>
<tr><td colspan="3">任务学时</td><td colspan="4">12 学时</td></tr>
<tr><td colspan="7">布置任务</td></tr>
<tr><td>工作目标</td><td colspan="6">1. 掌握注射模具推出机构原理及其分类。
2. 掌握推出机构的导向与复位设计方法。
3. 掌握注射模温度调节系统的设计原则。
4. 能合理地选择模架。</td></tr>
<tr><td>任务描述</td><td colspan="6">根据注射模具设计程序，设计控制按钮、笔筒推出与温度调节系统，选择模架。通过对汽车操作按钮、笔筒模具推出与温度调节系统、模架的确定，实现注射模具的设计。
1. 设计推出机构，分析其原理。
2. 设计推出机构的导向与复位。
3. 设计注射模温度调节系统。
4. 选择模具标准模架。</td></tr>
<tr><td>学时安排</td><td>资讯
2 学时</td><td>计划
0.5 学时</td><td>决策
0.5 学时</td><td>实施
8 学时</td><td>检查
0.5 学时</td><td>评价
0.5 学时</td></tr>
<tr><td>提供资源</td><td colspan="6">1. 注射模模拟仿真软件。
2. 教案、课程标准、多媒体课件、加工视频、参考资料、塑料技术标准等。
3. 典型模具成型工作原理动画。</td></tr>
<tr><td>对学生的要求</td><td colspan="6">1. 应了解塑料件生产过程中的出件、冷却，掌握注射模推出与温度调节系统、模架的设计方法。
2. 应掌握注射模具推出与温度调节系统、模架的组成及作用。
3. 以小组的形式进行学习、讨论、操作、总结，每位同学必须积极参与小组活动，进行自评和互评；上交一份模具推出与温度调节系统的设计图及选定的模架图。</td></tr>
</table>

资 讯 单

<table>
<tr><td>学习领域</td><td colspan="3">塑料成型工艺及模具设计</td></tr>
<tr><td>学习情境三</td><td>注射模设计</td><td>任务 3. 3</td><td>推出与温度调节系统、模架的设计</td></tr>
<tr><td>资讯学时</td><td colspan="3">2 学时</td></tr>
<tr><td>资讯方式</td><td colspan="3">观察实物，观看视频，通过杂志、教材、互联网及信息单内容查询问题；咨询任课教师。</td></tr>
<tr><td>资讯问题</td><td colspan="3">1. 注射模推出机构的原理是什么？其如何分类？
2. 什么是简单的模具推出机构？
3. 手动推出机构、机动推出机构、液压和气动推出机构有何不同？
4. 推杆推出机构、推管推出机构、推件板推出机构、推块推出机构各有什么特点？
5. 多元综合推出机构的特点是什么？
6. 二次推出机构的设计原则是什么？
7. 推出机构为什么需要导向与复位？
8. 注射模温度调节系统的设计原则是什么？
9. 如何选择模架？
学生需要单独资讯的问题……</td></tr>
<tr><td>资讯引导</td><td colspan="3">1. 问题 1 可参考信息单 3. 3. 1。
2. 问题 2 可参考信息单 3. 3. 1。
3. 问题 3 可参考信息单 3. 3. 1。
4. 问题 4 可参考信息单 3. 3. 1。
5. 问题 5 可参考《塑料成型工艺及模具设计》，陈建荣，北京理工大学出版社，2010。
6. 问题 6 可参考《简明塑料模具设计手册》，齐卫东，北京理工大学出版社，2012。
7. 问题 7 可参考《塑料成型工艺与模具设计》，屈华昌，机械工业出版社，2007。
8. 问题 8 可参考《塑料注射模结构与设计》，杨占尧，高等教育出版社，2008。
9. 问题 9 可参考《塑料成型工艺及模具设计》，叶久新，机械工业出版社，2008。</td></tr>
</table>

信 息 单

学习领域	塑料成型工艺及模具设计		
学习情境三	注射模设计	任务 3.3	推出与温度调节系统、模架的设计
3.3.1	注射模推出机构的设计		

1. 推出机构概述

（1）推出机构的结构组成和分类　在注射成型的每一个循环周期中，塑件都必须由模具型腔脱出，模具中脱出塑件的机构称为推出机构，或称脱模机构。

1）推出机构的结构组成。推出机构由以下几部分组成：推出部分（推杆、拉料杆、限位钉）、导向部分（导柱、导套）和复位部分（复位杆）。图 3-3-1 所示的模具中，推出机构由推杆 1、拉料杆 6、推杆固定板 2、推板 5、推板导柱 4、推板导套 3 及复位杆 7 等组成。开模时，动模部分向左移动，开模一段距离后，当注射机的顶杆接触模具推板 5 后，推杆 1、拉料杆 6 与推杆固定板 2 及推板 5 一起静止不动，当动模部分继续向左移动时，塑件就由推杆从凸模上推出。

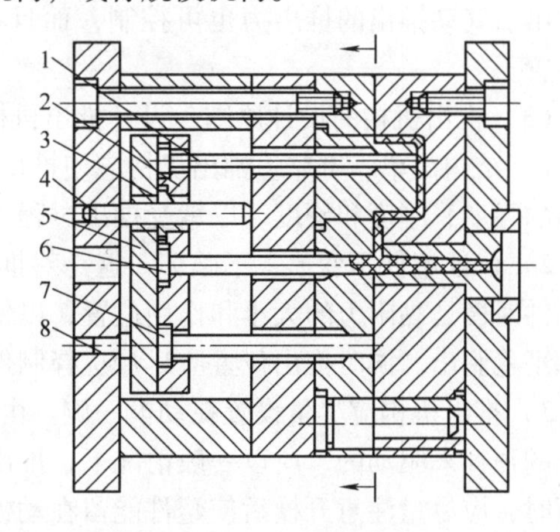

图 3-3-1　推出机构的结构

1—推杆　2—推杆固定板　3—推板导套　4—推板导柱　5—推板　6—拉料杆　7—复位杆　8—限位钉

推出机构中，凡直接与塑件相接触，并将塑件推出型腔或型芯的零件称为推出零件。常用推出零件有推杆、推管、推件板、成型推杆等。图 3-3-1 中的推出零件为推杆 1，推杆固定板 2 和推板 5 由螺钉联接，用来固定推出零件。为了保证推出零件在合模后能回到原来的位置，需设置复位机构，图 3-3-1 中的复位部件为复位杆 7。

推出机构中，从保证推出平稳、灵活的角度考虑，通常还设有导向装置，图 3-3-1 中的导向零件为推板导柱 4 和推板导套 3。除此之外还有拉料杆 6，以保证浇注系统的主流道凝料从定模的浇口套中拉出，留在动模一侧。有的模具还设有限位钉 8，使推板与底板间形成间隙，易保证推板平面度要求，并且有利于废料、杂物的去除，另外还可以通过限位钉厚度的调节来控制推出距离。

2）推出机构的分类。

① 按模具结构分类。按模具结构，可将推出机构分为简单推出机构、动定模双向推出机构、顺序推出机构、二次推出机构和带螺纹塑件的推出机构等。

② 按动力来源分类。按动力来源，可将推出机构分为手动推出机构、机动推出机构、液压和气动推出机构。

③ 按推出零件的类别分类。推出机构按推出零件的类别分类，可分为推杆推出机构、推管推出机构、推件板推出机构、推块推出机构、多元综合推出机构等。

（2）推出机构的驱动方式　推出机构的驱动方式一般有四种。

1）手动驱动方式。即开模以后由人工操纵推出机构来推出塑件。这种推出机构推出动作平稳，操作安全，但工人劳动强度大，生产率低。

2）机动驱动方式。即利用注射机的开模动作推出塑件。机动推出机构生产率高，工人劳动强度低且推出力大，是生产中广泛应用的一类推出机构。

3）液压驱动方式。液压驱动方式是在注射机上设置专用顶出液压缸，当开模到一定距离后，通过液压缸活塞驱动推出机构实现脱模。这种推出机构推出动作平稳，推出力可以控制，但需设置专用的液压装置。

4）气动驱动方式。气动驱动方式是利用压缩空气，通过型腔里微小的顶出气孔将塑件吹出。气动推出的推出力也可控制，而且在塑件上不留推出痕迹，但需设置专门的气动装置。

（3）推出机构的设计原则　设计推出机构时，应遵循以下原则：

1）结构简单、可靠。推出机构应使推出动作可靠、灵活，制造方便，机构本身要有足够的强度、刚度和硬度，以承受推出过程中的各种力的作用，确保塑件顺利脱模。

2）保证塑件不变形，不破坏。这是对推出机构最基本的要求，在设计时必须正确分析制件对模具黏附力的大小和作用位置，以便选择合适的脱模方式和恰当的推出位置，使制件平稳脱出。同时推出位置应尽量选择制件内表面或隐藏处，使制件外表面不留痕迹。

3）推出机构应尽量设置在动模一侧。由于推出机构的动作是通过装在注射机合模机构上的顶杆来驱动的，所以一般情况下，推出机构设在动模一侧。正因为如此，在设计分型面时，应尽量注意开模后使塑件能留在动模一侧。

4）合模时正确复位。设计推出机构时，还必须考虑合模时推出机构的正确复位，并保证不与其他模具零件发生干涉。

（4）脱模力的计算　脱模力是指将塑件从型芯上脱出时所需克服的阻力，它是设计推出机构的主要依据之一。

推出塑件时需要克服的阻力有成型收缩的包紧力、不带通孔的壳体类塑件所受的大气压力、机构运动的摩擦力、塑件对模具的黏附力等。

影响脱模力大小的因素很多，如型芯成型部分塑料的收缩率以及型芯的摩擦因数；塑件的壁厚及同时包紧型芯的数量；成型时的工艺参数（注射压力越大，冷却时间越长，包紧力就越大）等。根据这些因素来精确计算脱模力是相当困难的，设计推出机构时应全面分析，找出主要影响因素进行粗略计算。

一般而论，塑料制件刚开始脱模时，所需克服的阻力最大，即所需的脱模力最大，图 3-3-2 所示为塑件脱模时的型芯受力分析。

脱模力 F 的近似计算公式为

$$F = AP(\mu\cos\alpha - \sin\alpha) \tag{3-3-1}$$

式中　F——脱模力；

μ——塑料对钢的摩擦因数，为 0.1～0.3；

A——塑件包容型芯的面积；

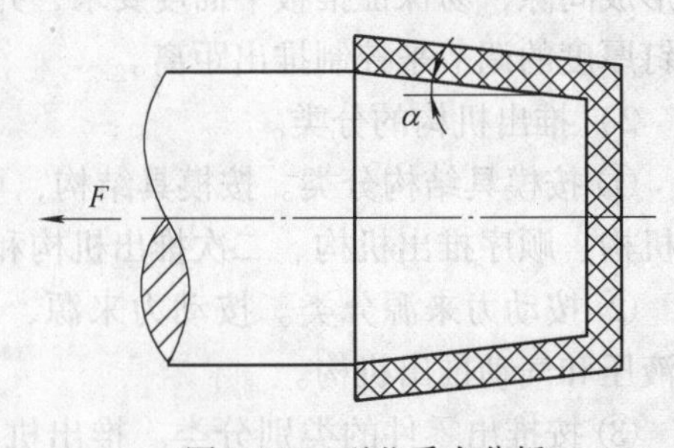

图 3-3-2　型芯受力分析

P——塑件对型芯单位面积上的包紧力，一般情况下，模外冷却的塑件，P 取 $(2.4 \sim 3.9) \times 10^7$ Pa；模内冷却的塑件，P 取 $(0.8 \sim 1.2) \times 10^7$ Pa；

α——型芯的脱模斜度。

2. 一次推出机构

一次推出机构又称为简单推出机构，是指塑件在推出机构的作用下，只用一次推出动作就可以被推出的机构。常见的结构形式有以下几种：

（1）推杆推出机构　由于推杆加工简单，更换方便，滑动阻力小，脱模效果好，设置的位置自由度较大，因此在生产中应用广泛。但因推杆与塑件接触面积小，易引起应力集中，从而可能损坏塑件或使塑件变形，故不宜用于斜度小和脱模阻力大的管形或箱形塑件的推出。

1）推杆推出机构的组成。图 3-3-1 所示为最常用的推出机构，主要由推出部件、推出导向部件和复位件等组成。

① 推出部件。

组成：推出部件由推杆 1、推杆固定板 2、推板 5 和限位钉 8 等组成。

作用：推杆直接与塑件接触，开模后将塑件推出；推杆固定板和推板起固定推杆及传递注射机顶出压力缸推力的作用；限位钉用于调节推杆位置，并便于消除杂物。

② 导向部件。

组成：导柱 4 和导套 3。

作用：使推出过程平稳，推出零件不致弯曲和卡死。

③ 复位部件。

组成：复位杆 7，有利用弹簧复位的形式，如图 3-3-3 所示。图 3-3-3a 所示弹簧套在定位柱上，以免工作时弹簧扭斜，同时定位柱也起限制推出距离的作用，避免弹簧压缩过度；当推杆固定板移动空间不够时，采用将弹簧套在推杆上的形式，如图 3-3-3b 所示；在推杆多、复位力要求大时，弹簧常与复位杆配合使用，以防止复位过程中发生卡滞或推出机构不能准确复位的情况。

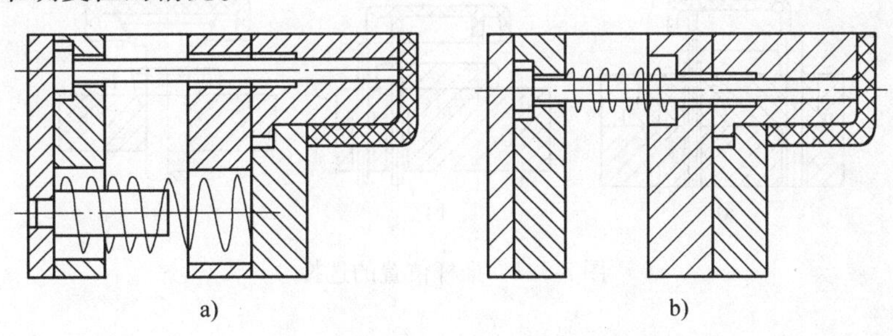

图 3-3-3　弹簧复位结构

作用：使完成推出任务的推出零部件回复到初始位置。

2）常见推杆推出机构。见表 3-3-1。

3）推杆位置的选择。合理地布置推杆的位置是推出机构设计中的重要工作之一，推杆的位置分布得合理，可避免塑件产生变形或被顶坏。

表 3-3-1　常见推杆推出机构

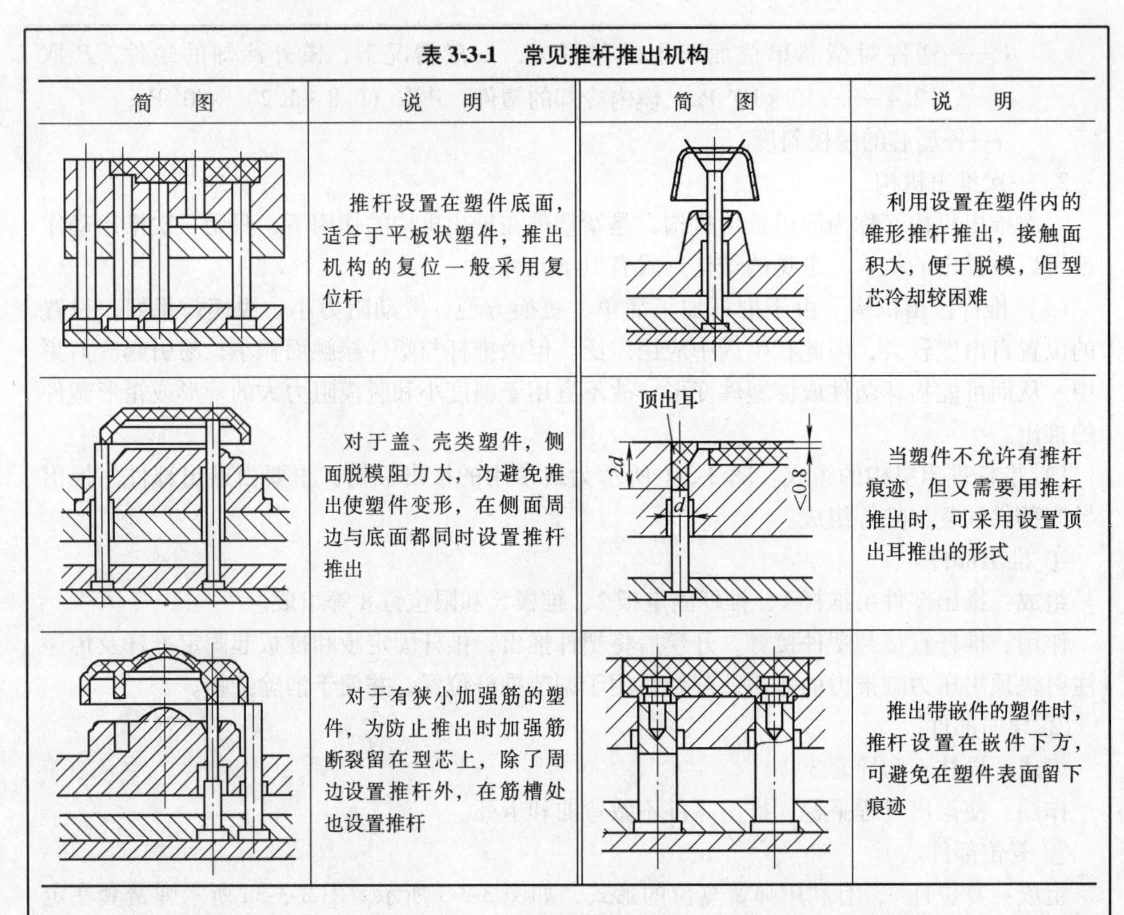

简　图	说　明	简　图	说　明
	推杆设置在塑件底面，适合于平板状塑件，推出机构的复位一般采用复位杆		利用设置在塑件内的锥形推杆推出，接触面积大，便于脱模，但型芯冷却较困难
	对于盖、壳类塑件，侧面脱模阻力大，为避免推出使塑件变形，在侧面周边与底面都同时设置推杆推出		当塑件不允许有推杆痕迹，但又需要用推杆推出时，可采用设置顶出耳推出的形式
	对于有狭小加强筋的塑件，为防止推出时加强筋断裂留在型芯上，除了周边设置推杆外，在筋槽处也设置推杆		推出带嵌件的塑件时，推杆设置在嵌件下方，可避免在塑件表面留下痕迹

① 推杆应设在脱模阻力大的地方。一般型芯周围塑件对型芯包紧力很大，所以可在型芯外侧塑件的端面上设推杆，如图 3-3-4a 所示，也可在型芯内靠近侧壁处设推杆。如果只在中心部分推出，塑件容易出现被顶坏的现象，如图 3-3-4b 所示。

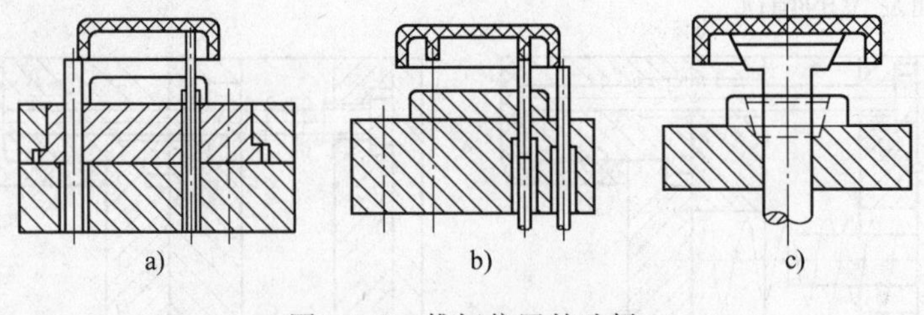

图 3-3-4　推杆位置的选择

② 推杆应均匀布置。当塑件各处脱模阻力相同时，应均匀布置推杆，保证塑件被推出时受力均匀，推出平稳、不变形。

③ 推杆应设在塑件强度、刚度较大处。推杆不宜设在塑件薄壁处，应尽可能设在塑件壁厚、凸缘、加强筋等处，以免塑件变形损坏。如果结构需要，必须设在薄壁处时，可通过增大推杆截面积的方法，以降低单位面积的推出力，从而改善塑件的受力状况。如采用盘形推杆推出薄壁圆盖形塑件，可使塑件不变形，如图 3-3-4c 所示。

4）推杆的形状、固定形式及配合形式。图 3-3-5 所示是各种形状的推杆。A 型、B 型为圆形截面的推杆，C 型、D 型为非圆形截面推杆。A 型最常用，结构简单，尾部采用台肩的形式，台肩的直径 D 与推杆的直径相差 4 ~ 6mm；B 型为阶梯形推杆，由于推杆工作部分比较细小，故在其后部加粗以提高刚性；C 型为整体式非圆形截面的推杆，它是在圆形截面基础上，将工作部分磨削成型；D 型为插入式非圆形截面的推杆，其工作部分与固定部分用两个销钉联接，此形式并不常用。

图 3-3-6 所示为推杆的固定形式。图 3-3-6a 所示为带台肩的推杆与固定板连接的形式，这种形式最常用；图 3-3-6b 采用垫圈来代替图 3-3-6a 中固定板上的沉孔，这样可使加工简便；图 3-3-6c 的结构中，推杆的高度可以调节，两个螺母起锁紧作用；图 3-3-6d 是推杆底部用螺塞拧紧的形式，它适用于推杆固定板较厚的场合；图 3-3-6e 是细小推杆用铆接方法固定的形式；图 3-3-6 f 的结构为较粗的推杆镶入固定板后采用螺钉紧固的形式。

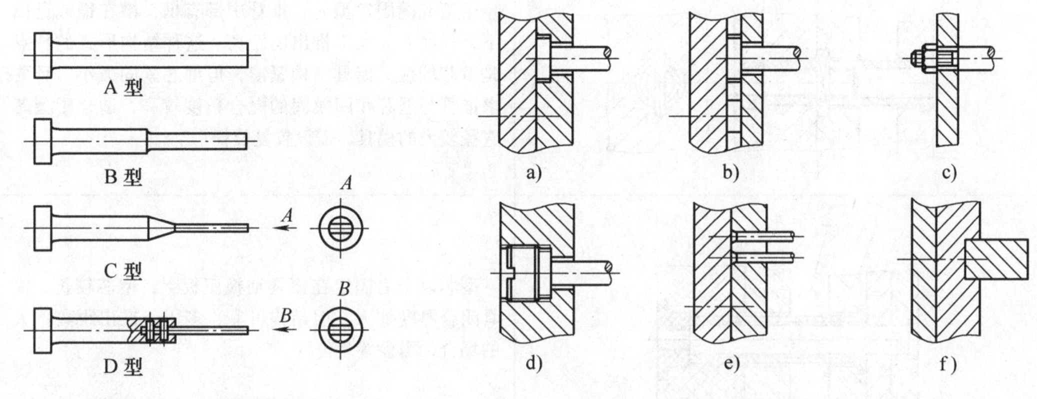

图 3-3-5　推杆的形状　　　　图 3-3-6　推杆的固定形式

推杆的常见配合形式如图 3-3-7 所示。推杆直径为 d，在推杆固定板上的孔径应为 d + 1mm；推杆台阶部分的直径常为 d + 5mm；推杆固定板上的台阶孔径为 d + 6mm。这样既可降低加工要求，又能在多推杆的情况下，不会因推杆孔加工时产生的偏差而发生卡死现象。

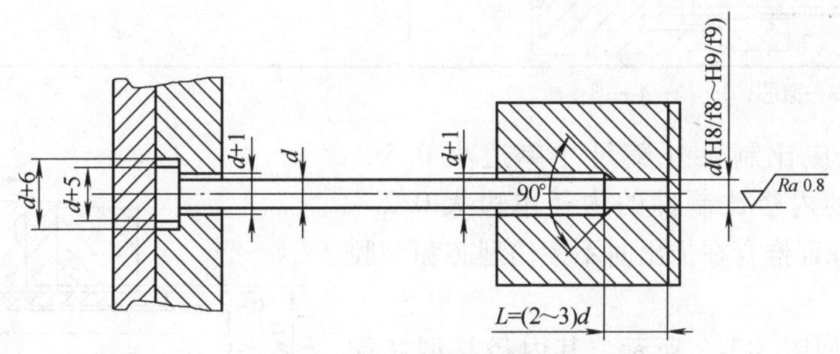

图 3-3-7　推杆的配合形式

推杆工作部分与模板或型芯上推杆间的配合常采用 H8/f8 ~ H9/f9 的间隙配合，可根据推杆直径的大小与塑料品种的不同而定。推杆直径小、塑料流动性差，可以取 H9/f9，反之采用 H8/f8。

推杆与推杆孔的配合长度视推杆直径的大小而定，当 $d<5$mm 时，配合长度可取 12 ~ 15mm；当 $d>5$mm 时，配合长度可取（2 ~ 3）d。推杆工作端配合部分的表面粗糙度 $Ra\leqslant 0.8\mu$m。

（2）推管推出机构　对于中心带孔的圆筒形或局部是圆筒形的塑件，可采用推管推出机构脱模。推管推出机构推出动作均匀、可靠，且在塑件上不留任何推出痕迹。但对于一些软质塑料（如聚乙烯、软质聚氯乙烯等）塑件或薄壁深筒型塑件，不宜采用单一的推管推出，通常要有其他推出元件（如推杆等）同时使用才能达到理想的效果。

常见推管推出机构形式见表 3-3-2。

表 3-3-2　常见推管推出机构形式

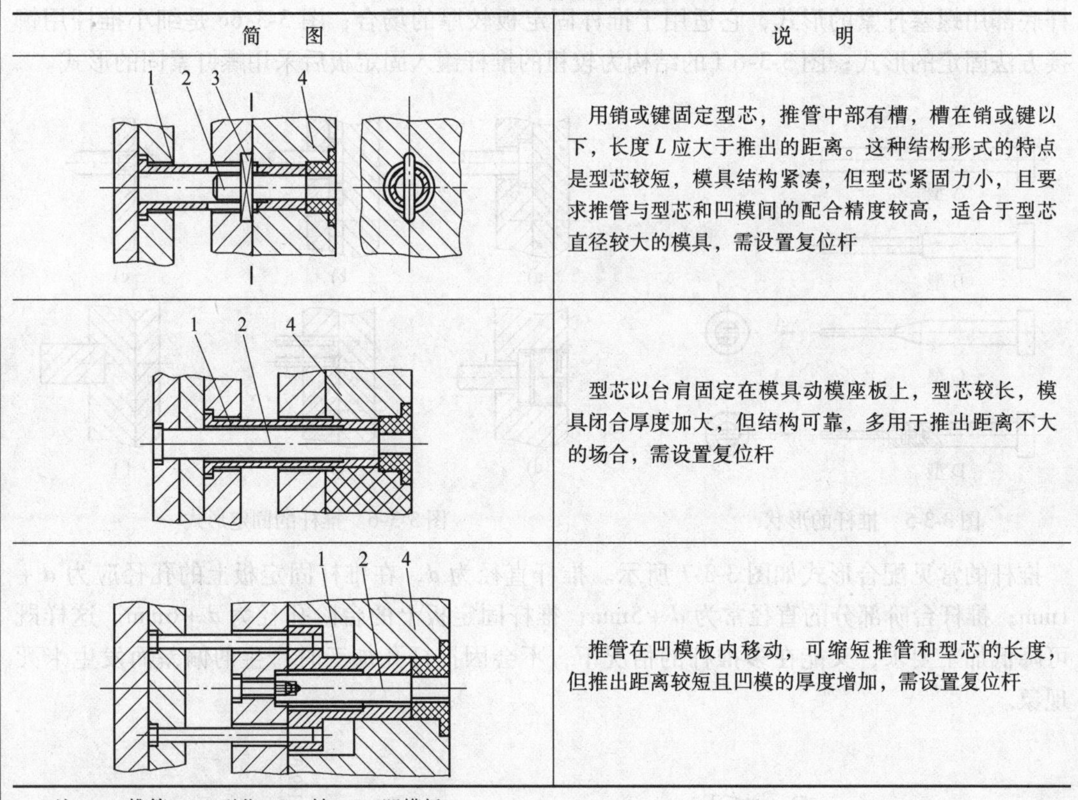

简　图	说　明
1 2 3 4	用销或键固定型芯，推管中部有槽，槽在销或键以下，长度 L 应大于推出的距离。这种结构形式的特点是型芯较短，模具结构紧凑，但型芯紧固力小，且要求推管与型芯和凹模间的配合精度较高，适合于型芯直径较大的模具，需设置复位杆
1 2 4	型芯以台肩固定在模具动模座板上，型芯较长，模具闭合厚度加大，但结构可靠，多用于推出距离不大的场合，需设置复位杆
1 2 4	推管在凹模板内移动，可缩短推管和型芯的长度，但推出距离较短且凹模的厚度增加，需设置复位杆

注：1—推管；2—型芯；3—销；4—凹模板。

推管的外径应比制件外壁尺寸单边小 0.5 ~ 1.2mm，推管的内径比制件的内径单边大 0.2 ~ 0.5mm，用以保证推管在推出时不擦伤型芯和型腔的成型表面。

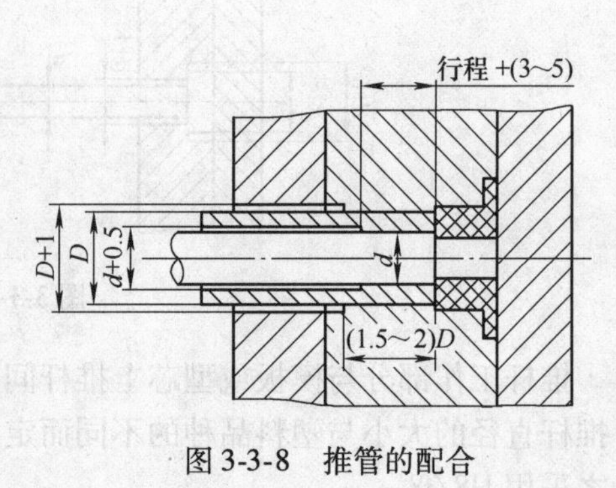

图 3-3-8　推管的配合

推管的配合如图 3-3-8 所示，其内径与型芯配合，外径与模板配合。对于小直径推管，取 H8/f8 配合，大直径推管则取 H7/f7 配合，实际配合间隙应小于塑料的溢边值。推管与型芯的配合长度一般比推出行程大 3 ~ 5mm；推管与模板的配合长度取推管外径的1.5～2倍。推管的材料、热处理要求及配合部分的表面粗糙度要求与推杆相同。

（3）推件板推出机构　对于一些深腔薄壁的容器、罩壳型塑件，以及不允许有推杆痕迹的塑件，一般都可采用推件板推出机构。推件板推出机构的结构形式见表3-3-3。推件板推出机构的特点是脱模力大而均匀，运动平稳，无明显的推出痕迹，且不必另设复位机构，在合模过程中推件板依靠锁模力的作用回到初始位置。但对于非圆环型塑件，推件板与型芯的配合部位加工较困难。

表3-3-3　常见推件板推出机构的结构形式

简　图	说　明	简　图	说　明
1 2 3 4	推件板借助于动、定模的导柱导向，该结构应用最广泛	4 5	利用注射机两侧的顶杆直接推动推件板，模具结构简单，但推件板要适当增大厚度
1 2 3 4	推件板由定距螺钉固定，以防脱落	1 2 3 4	定距螺钉反向安装，可省去定距螺钉固定板后面的垫板

注：1—推板；2—推杆固定板；3—推杆；4—推件板；5—注射机顶杆。

另外，在成型大型深腔容器塑件，特别是软质塑料塑件时，若采用推件板脱模，应考虑附设引气装置，以防止在脱模过程中塑件的内腔形成真空，造成脱模困难，甚至使塑件变形损坏。推件板推出时的引气装置通常是在型芯上设置引气阀，如图3-3-9所示。其中图3-3-9a是靠大气压力使引气阀进气，图3-3-9b是将引气阀连在推杆固定板上。

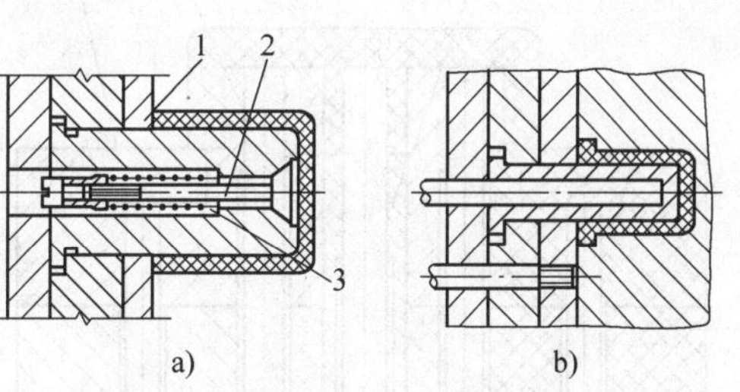

图3-3-9　推件板推出时的引气装置

1—推件板　2—引气阀　3—弹簧

（4）推块推出机构　对于表面不允许有推杆痕迹，且平面度要求较高的制件，可利用整个制件表面采用推块将塑件推出，图3-3-10是利用推块推出塑件的结构。

图3-3-10a是螺纹型环作推出零件，推出后通过手工或其他辅助机构将塑件取下，为了便于螺纹型环的安放，采用弹簧先复位。图3-3-10b是利用活动镶块来推塑件，镶块与推杆连接在一起，塑件脱模后仍与镶块一起，故还需要手工将塑件从活动镶块上取下。图3-3-10c是通过凹模型腔将塑件从型芯中脱出，然后通过手工或其他专用工具将塑件从

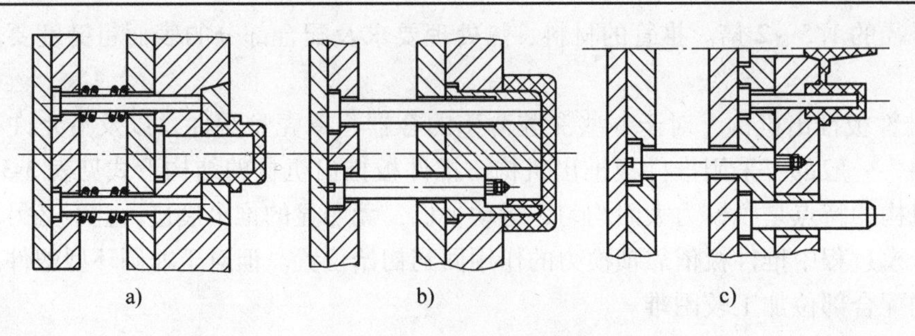

图 3-3-10　推块推出机构

凹模型腔中取出。这种形式的推出机构，实质上是推件板有型腔的推出机构，设计时应注意推件板上的型腔不能太深，否则手工无法取下塑件。另外，推杆一定要与凹模板螺纹联接，否则取塑件时，凹模板会从导柱上掉下来。

（5）综合推出机构　在实际生产中，对于某些深腔制件、薄壁制件以及有局部形状凸起、凸筋或金属嵌件的复杂制件，如果采用上述单一的推出机构，不能保证塑件顺利脱模，甚至会造成塑件变形、损坏等不良后果。因此，须采用两种或两种以上的多元件组合脱模方式，这种推出机构即称为综合推出机构。综合推出机构有推杆、推件板综合推出机构，也有推杆、推管综合推出机构等。图 3-3-11 所示为推杆、推管、推件板三元综合推出机构。

（6）气压脱模机构　图 3-3-12 所示为用于深腔塑件及软性塑件脱模的气压脱模机构，模具加工简单，但必须设置气路和气门等。塑件固化后开模，通入 0.1～0.4MPa 的压缩空气，将阀门打开，空气进入型芯与塑件之间，使塑件脱模。

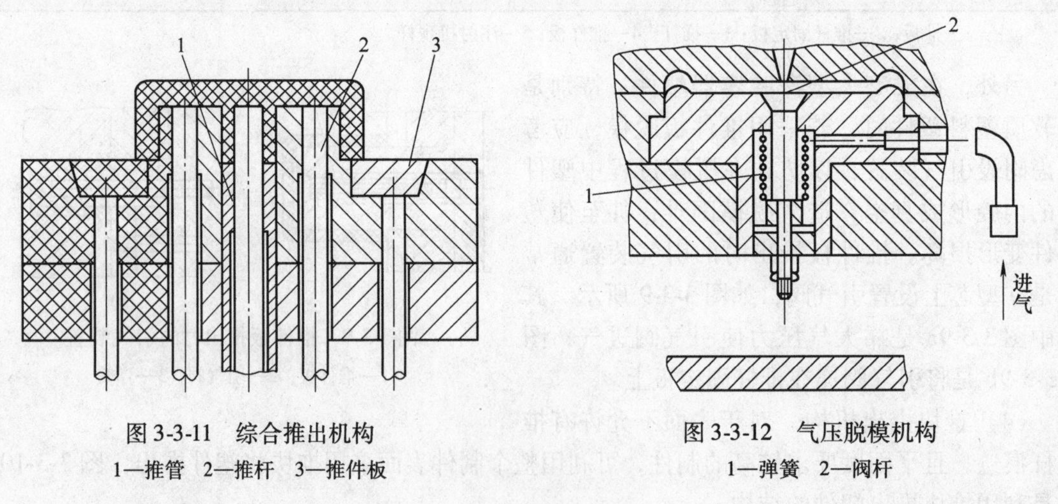

图 3-3-11　综合推出机构

1—推管　2—推杆　3—推件板

图 3-3-12　气压脱模机构

1—弹簧　2—阀杆

3. 二级推出机构

有的塑件由于结构形式较特殊或由于某些自动化生产的需要，使用上述简单推出方式推出制件，可能会出现脱模不可靠、推出力过大而破坏塑件或者根本取不出塑件等情况，这时候就需要采用二级推出机构。

二级推出机构是一种在动模侧实现先后两次推出动作，且这两次推出动作在时间上有特定顺序的推出机构。

（1）单推板二级推出机构　单推板二级推出机构是指该推出机构中只设置了一组推板和推杆固定板，而另一次推出则是靠一些特殊零件的运动来实现的。

1）弹簧式二级推出机构。弹簧式二级推出机构是利用弹簧力实现第一次推出，然后再由推杆实现第二次推出，图3-3-13所示即为弹簧式二级推出机构的典型示例。图3-3-13a为开模后塑件推出前的状态；开模一段距离后，在弹簧力的作用下，动模板7不再随动模一起移动，从而使塑件从型芯6上脱出，完成第一次推出，如图3-3-13b所示；最后动模部分的推出机构工作，由推杆固定板2带动推杆3将塑件从动模板7中推出，即为第二次推出，如图3-3-13c所示。

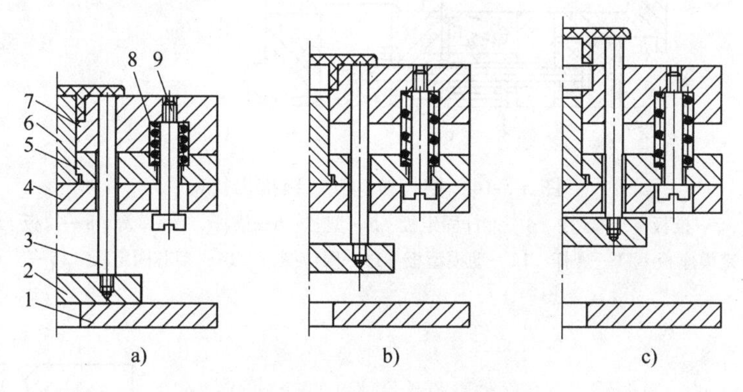

图3-3-13　弹簧式二级推出机构

1—动模座板　2—推杆固定板　3—推杆　4—支承板　5—动模固定板
6—型芯　7—动模板腔　8—弹簧　9—限位螺钉

图3-3-13只描述了二级推出的结构，设计时还需考虑各动作过程的顺序控制及各零件的正确复位。特别要注意的是，刚开模时，弹簧不能马上起作用，以免塑件开模后滞留在定模一侧，使塑件无法脱模。要实现这一动作必须设置定距分型机构。

2）摆杆拉钩式二级推出机构。摆杆拉钩式二级推出机构如图3-3-14所示。当开模一定距离后，固定在定模上的拉钩9首先带动摆杆6向内转动，驱使动模型板12移动l_1距离，使塑件与型芯5脱开，实现一级推出动作；继续开模，拉钩9不再驱动摆杆6，在限位螺钉13带动下，动模型板12跟随动模整体一起运动，并失去对塑件的推出作用，当推板2与注射机推顶装置接触后，推杆11开始将塑件从凹模型腔中推出，完成二级推出动作。弹簧7用于拉住摆杆6，使其在推杆11进行二级推出的过程中，能始终顶住动模型板，以避免摆杆向外转动而妨碍合模时拉钩复位。推出行程与塑件高度的关系式为

$$l_1 \geqslant h_1, \ L \geqslant l_1 + h_2 \tag{3-3-2}$$

3）转轴式二级推出机构。转轴式二级推出机构如图3-3-15所示。图3-3-15a为合模状态，图3-3-15b为当开模到一定距离，拉块1接触转轴4并推动推件板2完成一级脱模。图3-3-15c所示为一级推出后用推杆3推出塑件，完成塑件二级脱模。

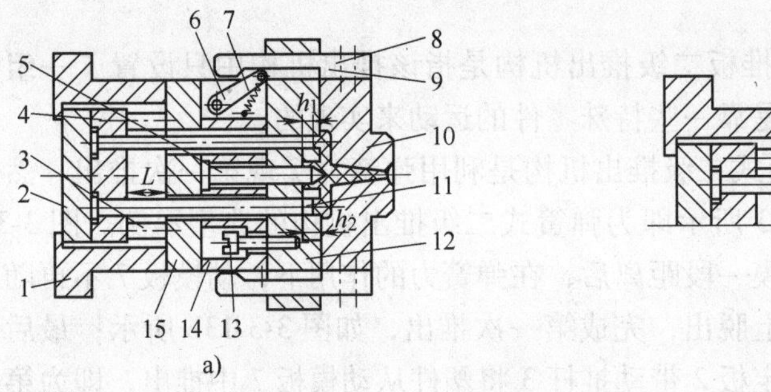

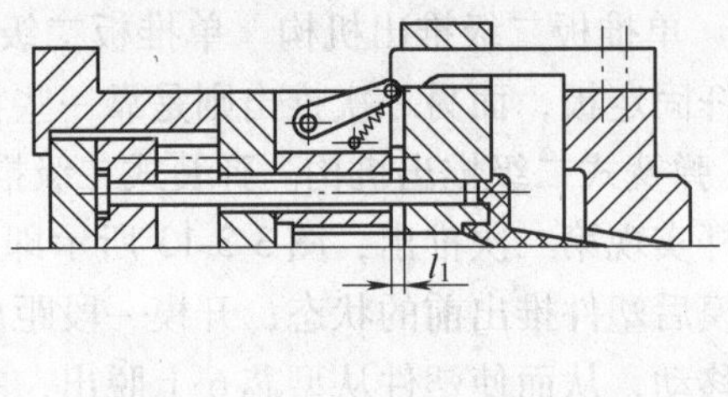

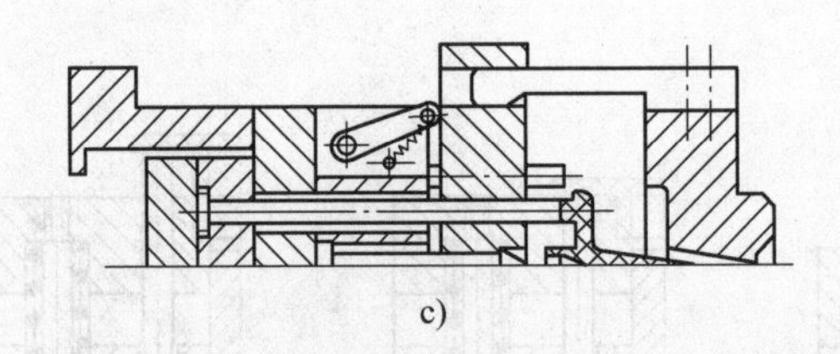

图 3-3-14　摆杆拉钩式二级推出机构

1—模座　2—推板　3—导柱　4—推杆固定板　5—型芯　6—摆杆　7—弹簧　8—拉板　9—拉钩
10—定模座板　11—推杆　12—动模型板　13—限位螺钉　14—型芯固定板　15—支承板

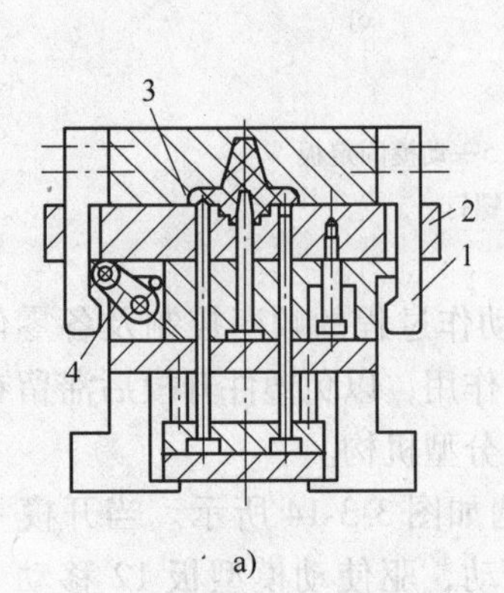

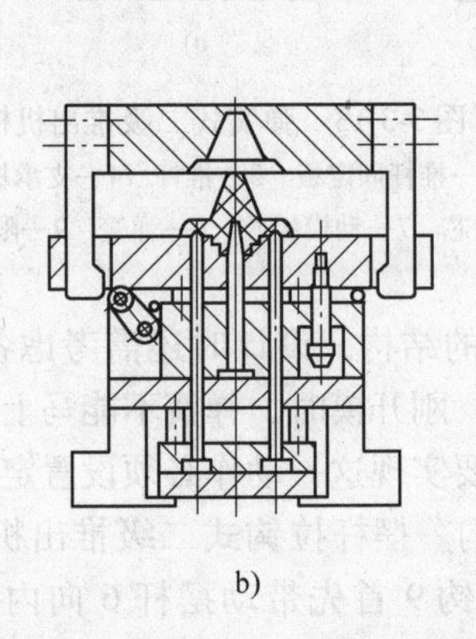

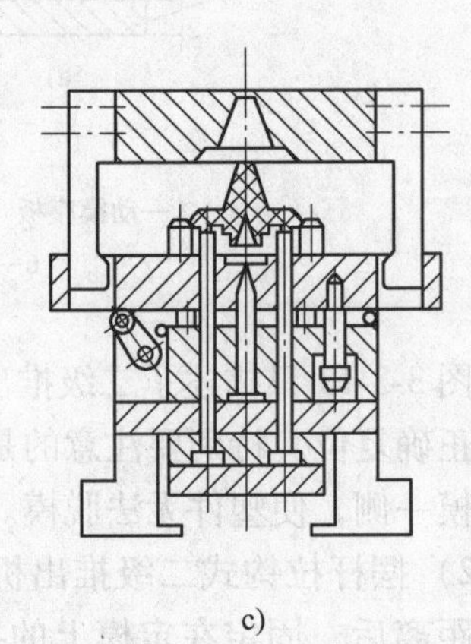

图 3-3-15　转轴式二级推出机构

1—拉块　2—推件板　3—推杆　4—转轴

（2）双推板二次推出机构　该机构的特点是两次推出动作分别由两块不同的推板完成。推出塑件时，这两种简单推出机构按顺序依次推出。

1）斜楔拉钩式二级推出机构，如图 3-3-16 所示。图 3-3-16a 为开模时塑件尚未推出状态，图 3-3-16b 为推板 2、3 同时动作完成一级脱模，图 3-3-16c 实现塑件二级脱模。

安装在二级推板 2 上的拉钩 6 在合模状态下和二级推出动作开始之前，通过柱销 7 将二级推板 2 和一级推板 3 拉合在一起；开模后，注射机推杆 4 驱动二级推板 2 和推杆 15 进行初期运动，一级推板通过推杆 10 驱使凹模型板 11 与其同步运动，于是塑件在凹模型板 11 与推杆 10 的共同作用下与型芯 13 脱开，实现一级推出动作；继续开模，安装在型芯

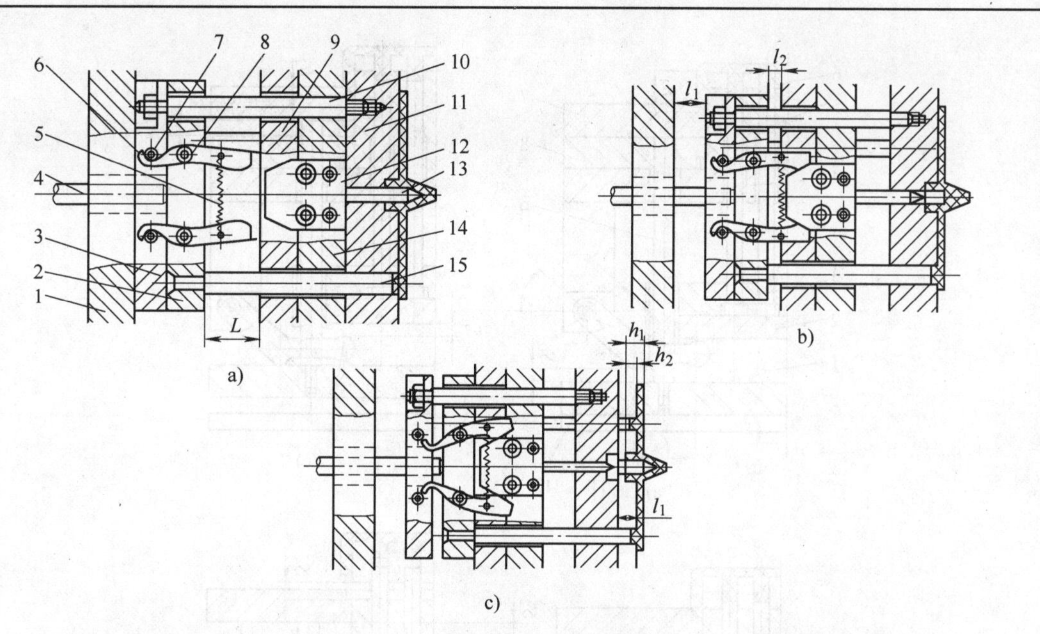

图 3-3-16　斜楔拉钩式二级推出机构

1—动模座板　2—二级推板　3——级推板　4、10、15—推杆　5—拉簧　6—拉钩　7—柱销　8—转销　9—支承板　11—凹模型板　12—斜楔　13—型芯　14—型芯固定板

固定板 14 上的斜楔 12 将压迫两个拉钩张开，以迫使一级和二级两块推板脱开连接；继续开模，一级推板 3、推杆 10 和凹模型板 11 均停止运动，注射机推杆单独驱动二级推板 2 和推杆 15 运动，将塑件从凹模型板 11 中脱出，从而完成二级推出动作。在图 3-3-16 所示的机构中，推出行程与塑件高度的关系为

$$l_1 \geqslant h_1,\ l_2 \geqslant h_2,\ L = l_1 + l_2 \tag{3-3-3}$$

2）八字摆杆式二级推出机构，如图 3-3-17 所示。该机构负责把塑件从凸模 6 上脱出凹模型板 7，通过推杆 9 与一级推板 10 相连，负责把塑件从凹模型板 7 中脱出的推杆 5 与二级推板 2 相连，两块推板之间还有一个定距块 1，使推杆 5 能够与凹模型板 7 同步运动。开模一定距离后，在注射机推顶装置作用下，一级推板 10 通过推杆 9 带动凹模型板 7 移动距离 S_1，使塑件与凸模 6 脱开，实现一级推出动作。

在一级推出过程中，由于定距块 1 的传力作用，二级推板 2 和推杆 5 均与一级推出底板和凹模型板同步运动，推杆 5 负责把塑件从凹模内的凹槽中推出；一级推出动作完成后，摆杆 11 在一级推板 10 的作用下，经过一定角度转动，已经开始和二级推板 2 接触；继续开模时，一级推板 10 将通过摆杆 11 使二级推板 2 和推杆 5 发生超前于它自身和凹模型板 7 的推出运动，于是塑件将在推杆 5 的作用下从凹模型板 7 中脱出，从而实现二级推出动作。

图 3-3-17 中推出行程、塑件高度和其他有关几何要素之间的关系如下：

摆杆转角 α 一般可取 45°。

$$l_1 \geqslant h_1,\ l_2 \geqslant h_2 \tag{3-3-4}$$

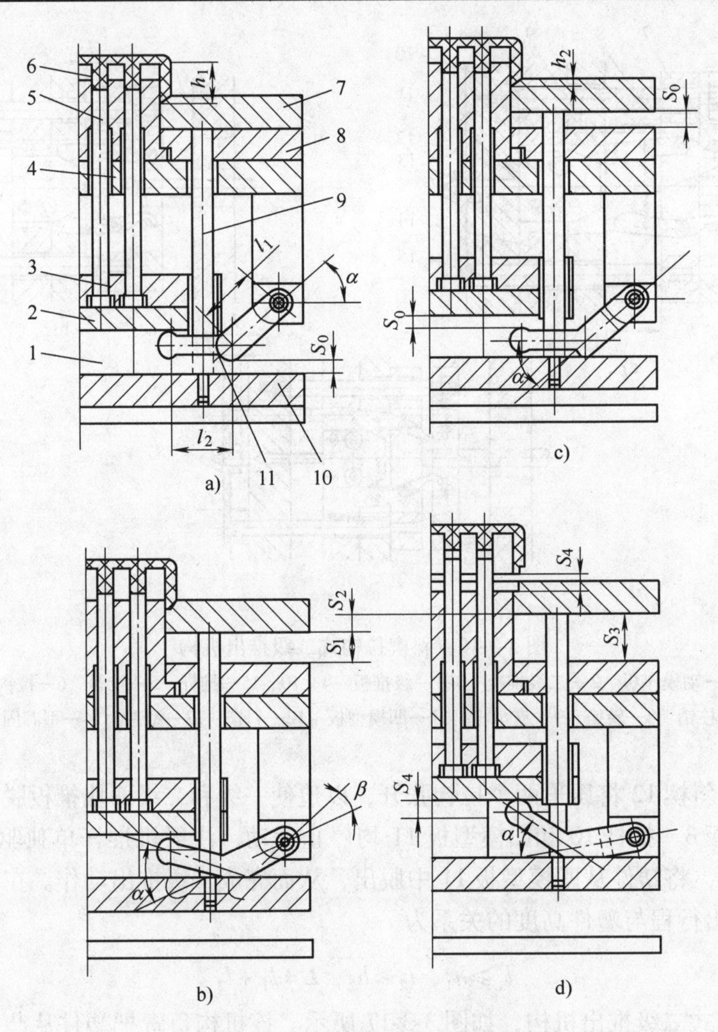

图 3-3-17 八字摆杆式二级推出机构

1—定距块 2—二级推板 3—推杆固定板 4—模板 5、9—推杆
6—凸模 7—凹模型板 8—型芯固定板 10—一级推板 11—摆杆

$$S_1 + S_2 \geqslant h_1,\ S_1 + S_2 = S_3 = l_1\sin\alpha + S_0$$

$$S_4 \geqslant h_2$$

超前量

$$S_4 = l_2\sin\alpha + S_0,\ S_0 = l_2\sin\beta,\ l_2 = \frac{S_0 + S_4}{\sin\alpha} \qquad (3\text{-}3\text{-}5)$$

4. 其他推出机构

（1）双推出机构　前面介绍的推出机构，不管是简单推出机构还是二级推出机构，都侧重于在动模一侧推出塑件的方法。而在实际生产中往往会遇到一些形状特殊的塑件，开模后，这类塑件既可能留在动模一侧，也可能留在定模一侧。为了让塑件能顺利地脱模，需考虑动、定模两侧都设置推出机构，使动、定模两侧都有推出塑件的动作。

图 3-3-18 所示为常见的两种双推出机构。其中图 3-3-18a 是利用弹簧的弹力使塑件从定模内首先脱出而留于动模，然后再从动模上推出的形式。这种结构简单紧凑，适合于定模上所需脱模力不大、推出距离不长的塑件。图 3-3-18b 是利用杠杆的作用实现定模推出的结构，开模时，弹簧的弹力作用在凸模固定板上，迫使塑件留于动模上，然后再由动模推出塑件。

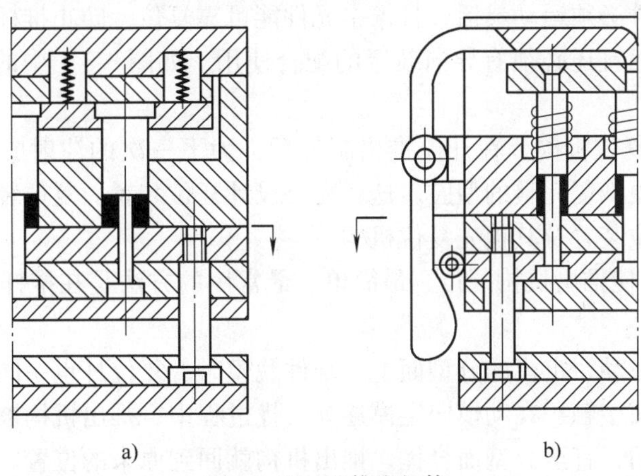

图 3-3-18　双推出机构

（2）螺纹推出机构　螺纹结构脱模的方式有以下两种：

1）手动脱模。塑件手动脱模分为模内和模外手动脱模两类。模外手动脱模采用活动螺纹型芯和型环，开模后随塑件一起脱出模具，然后在模具外用专用工具由人工将塑件从螺纹型芯或型环上拧下。对于模内脱模，塑件成型后，需用带方孔的专用工具先将螺纹型芯脱出，然后再由推出机构将塑件从型腔中脱出。图 3-3-19 所示为带螺纹塑件的模内手动脱模。

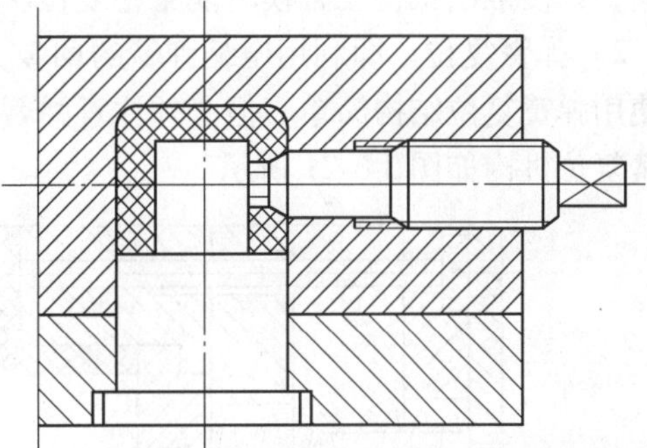

图 3-3-19　带螺纹塑件的模内手动脱模

2）机动脱模。机动脱模通常是将开合模的往复运动转变成旋转运动，从而使塑件螺纹脱出，或是在注射机上设置专用的开合模丝杠，这类带有机动脱螺纹的模具，生产率高，但一般结构较复杂，模具制造成本较高。

图 3-3-20 所示为横向脱螺纹的机动推出机构，它是利用固定在定模上的导柱齿条完成抽出螺纹型芯的动作。开模后，导柱齿条 3 带动螺纹型芯 2 旋转，而使其成型部分退出塑件，非成型部分旋入套筒螺母 4 内。该机构中，螺纹型芯 2 两端螺纹的螺距应一致，否则脱螺纹无法进行。另外，齿轮的宽度要保证螺纹型芯在脱模和复位过程中，齿轮移动到左右两端极限位置时仍和齿条保持接触。

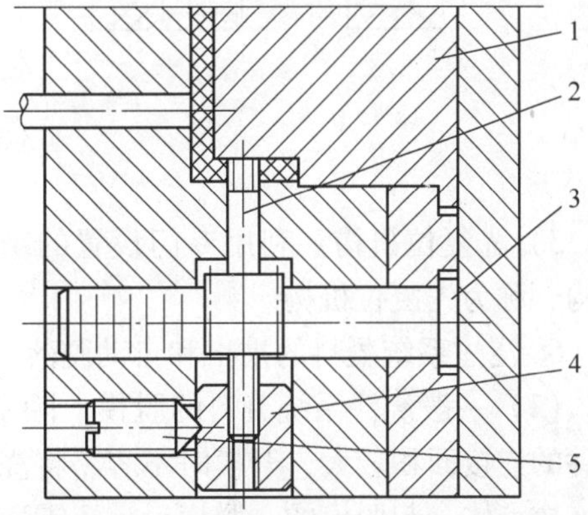

图 3-3-20　横向脱螺纹的机动推出机构

1—定模型芯　2—螺纹型芯　3—导柱齿条　4—套筒螺母　5—紧固螺钉

5. 推出机构的导向与复位

（1）推出机构的导向装置　注射机工作时，每开合模一次，推出机构就往复运动一次，除了推杆、推管和复位杆与模板的滑动配合以外，其余部分均处于浮动状态。

推杆固定板与推杆的重量不应作用在推杆上，而应由导向零件来支承。为了保证制件顺利脱模，各推出部件必须运动灵活，且推出元件能可靠复位，防止推杆在推出过程中出现歪斜和扭曲现象；而且还必须有导向装置的配合使用，如图 3-3-1 中的推板导套 3、推板导柱 4。

（2）推出机构的复位机构　在开模推出制件后，为下一次的注射成型做准备，必须使推出机构复位，以便恢复完整的型腔，这就需要设计复位装置。复位装置的类型有复位杆复位装置、弹簧复位装置及其他先复位机构。

1）复位杆复位。使推出机构复位，最简单、最常用的方法是在推杆固定板上安装复位杆，也称回程杆。

复位杆端面设计在动、定模的分型面上。塑件脱模时，复位杆也一同推出；合模时，复位杆先与定模分型面接触，在动模向定模逐渐合拢过程中，推出机构被复位杆顶住，从而与动模产生相对移动，直至分型面合拢，推出机构就回到原来的位置。这种结构中动、定模的合模运动和推出机构的复位是同时完成的，如图 3-3-1 所示。

复位杆为圆形截面，每副模具一般设置四根复位杆，其位置应对称设在推杆固定板的四周，以便推出机构在合模时能平稳复位。

2）弹簧复位。即利用压缩弹簧的回复力使推出机构复位，其复位先于合模动作完成。使用弹簧复位结构简单，但必须注意弹簧要有足够的弹力，若弹簧失效，要及时更换。弹簧复位机构如图 3-3-21 所示。

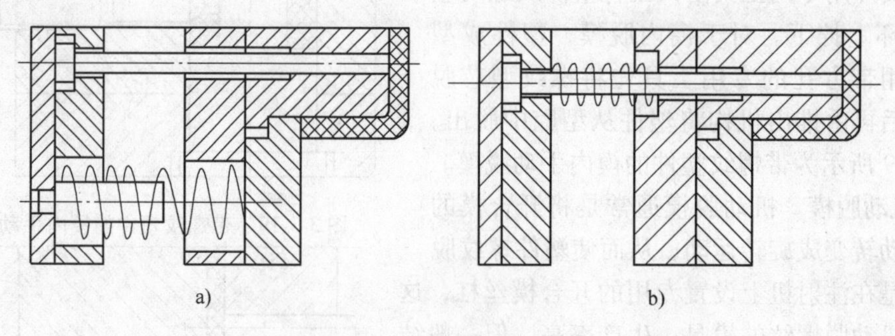

图 3-3-21　弹簧复位机构

3）先复位机构。利用专门设置的结构使推出机构在模具合模初始阶段提前复位的机构，称为先复位机构。

6. 浇注系统凝料的推出和自动脱落

（1）一般浇注系统凝料的脱模　除了采用点浇口和潜伏浇口外，其他形式的浇口与塑件的连接面积较大，开模时不容易将浇注系统凝料与塑件切断。因此，浇注系统和塑件是连成一体一起脱模的，脱模后，还需通过后续加工将它们分离，所以生产率低，不易实现自动化。

（2）点浇口浇注系统凝料的脱模　点浇口与塑件的连接面积较小，较容易在开模的同时将它们分离，并分别从模具上脱出，有利于提高生产率，实现自动化生产。由于浇注系统凝料已与塑件分离，不能借助塑件的脱模机构而脱出，因而要有专门的推出机构。下面介绍几种点浇口浇注系统凝料推出机构。

1）分流道推板推出机构。在定模一侧增设一块分流道推板，利用分流道推板将浇注系统从模具中脱卸的结构，称为分流道推板推出机构，如图 3-3-22 所示。开模时，由于流道拉料杆 6 的作用，模具首先从中间板 1 和分流道推板 5 之间分型，此时，点浇口被拉断，浇注系统凝料留于定模一侧。动模移动一定距离后，在拉板 7 的作用下，分流道推板 5 与中间板 1 分型；继续开模，中间板 1 与拉杆 2 左端接触，从而使分流道推板 5 与定模板 3 分型，即由分流道推板将浇注系统凝料从定模板中脱出，并且同时脱离分流道拉杆。

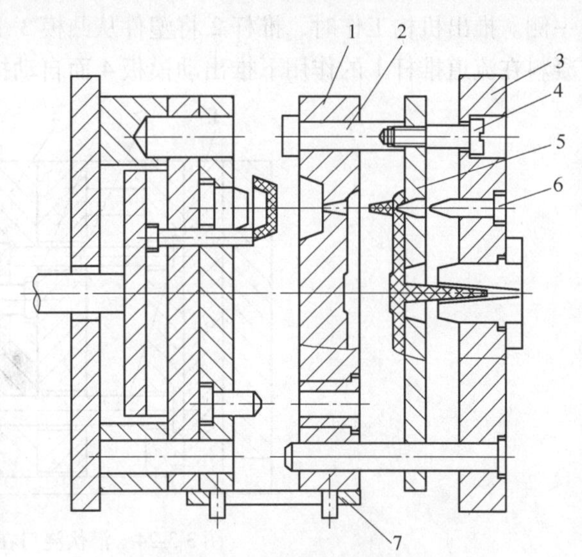

图 3-3-22　分流道推板推出机构

1—中间板　2—拉杆　3—定模板　4—限位螺钉　5—分流道推板　6—流道拉料杆　7—拉板

2）拉料杆推出机构。图 3-3-23 所示为利用分流道拉断浇注系统的结构。在分流道的尽头加工一个斜孔，开模时，由于斜孔内冷凝塑料的作用，使浇注系统在浇口处与塑件断开，同时在动模板上设置了反锥度拉料杆 2，使主流道凝料脱出定模板 5，并使分流道凝料拉出斜孔。当第一次分型结束后，拉料杆 2 从浇注系统的主流道凝料末端退出，从而使浇注系统自动坠落。分流道末端的斜孔直径为 3 ~5mm，孔深 2 ~4mm，斜孔的倾斜角为 15° ~30°。

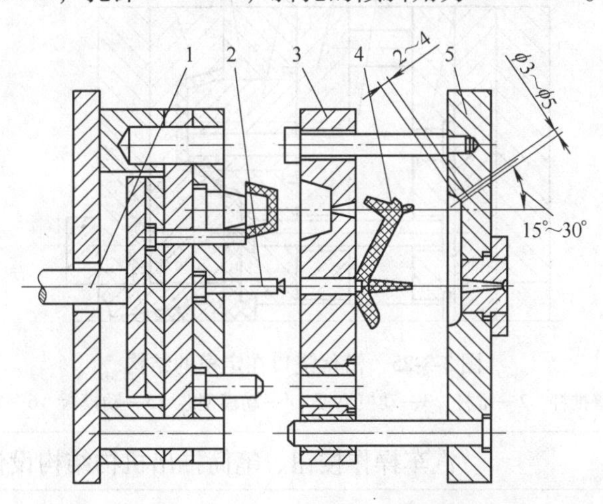

图 3-3-23　拉料杆推出机构

1—注射机顶杆　2—拉料杆　3—中间板　4—塑件　5—定模板

（3）潜伏浇口浇注系统凝料的脱模　潜伏浇口和点浇口一样，在开模时容易与塑件分离，也有专门的推出机构。图 3-3-24 是潜伏浇口设计在动模部分的结构形式。开模时，塑件包在凸模 3 上随动模一起移动，分流道、浇口及主流道凝料由于倒锥的作用留在动模一侧。推出机构工作时，推杆 2 将塑件从凸模 3 上推出。同时潜伏浇口被切断，浇注系统凝料在流道推杆 1 的作用下推出动模板 4 而自动掉落。

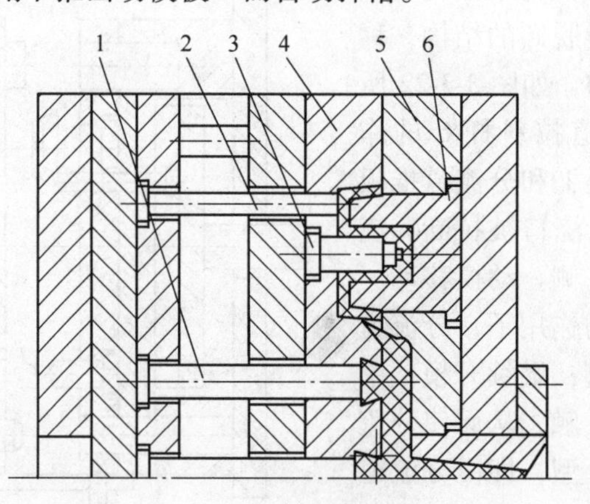

图 3-3-24　潜伏浇口在动模的结构

1—流道推杆　2—推杆　3—凸模　4—动模板　5—定模板　6—定模型芯

图 3-3-25 是潜伏浇口设计在定模部分的结构形式。开模时，塑件包在动模型芯 4 上，从定模板 6 中脱出，同时潜伏浇口被切断，而分流道、浇口和主流道凝料在冷料井倒锥穴的作用下，从定模板拉出而随动模移动。推出机构工作时，推杆 2 将塑件从动模型芯 4 上脱下，而流道推杆 1 将浇注系统凝料推出动模板 5，最后因自重掉落。

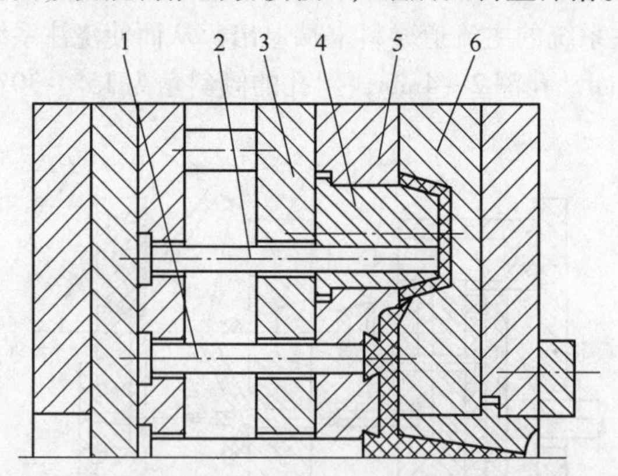

图 3-3-25　潜伏浇口在定模的结构

1—流道推杆　2—推杆　3—动模垫板　4—动模型芯　5—动模板　6—定模板

3. 3. 2	汽车操作按钮、笔筒推出机构结构设计

1. 汽车操作按钮模具推出系统的设计

汽车操作按钮成型采用侧浇口单分型面注射模，结构较简单，采用简单推出结构即可满足脱模要求。根据塑件结构特点，在每个塑件上沿纵向均匀布置 6 根顶杆，共 24 根顶杆，在6个加强筋间隔处均匀分布。推杆位置及痕迹如图3-3-26所示。

2. 笔筒模具推出系统的设计

塑件为筒型类塑件，外形为两个圆柱，直径分别为 ϕ73mm、ϕ58mm；底座外形为两个圆形，中心距为70mm；高度分别为100mm、70mm，根据笔筒的形状特点，其推出机构可采用推件板推出或推管推出，其中，推件板推出结构可靠、顶出力均匀，不影响塑件的外观质量，但制造困难，成本高。由于两个圆柱高度为100mm、70mm，推出面为阶梯形，因此还必须设置推管。推管推出结构简单，推出平稳可靠，推出时不会在塑件上留下顶出痕迹，不影响塑件外观。推件板推管推出机构如图3-3-27所示。

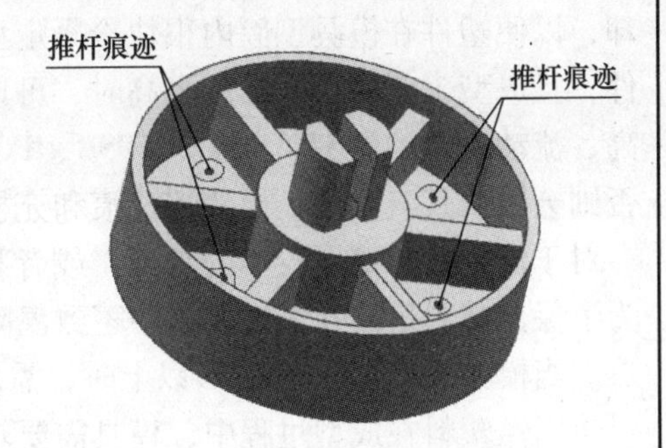

图3-3-26　推杆位置及痕迹

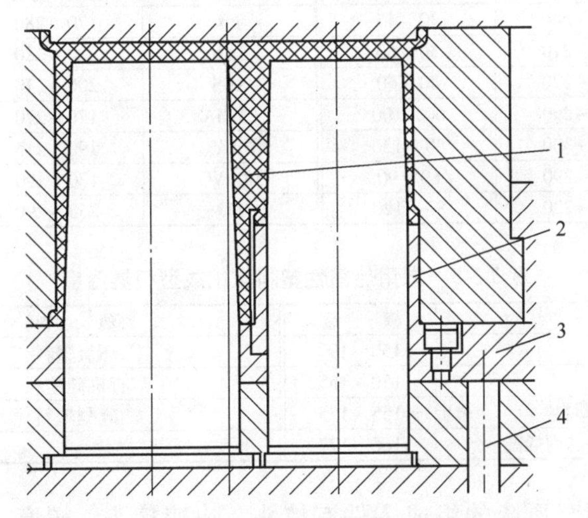

图3-3-27　笔筒模具推件板推管推出机构

1—塑件　2—推管　3—推件板　4—推杆

3.3.3	注射模温度调节系统的设计

1. 模具温度与塑料成型温度的关系

模具的温度是指模具型腔和型芯的表面温度。模具温度是否合适、均一与稳定，对塑料熔体的充模流动、固化定型、生产率及塑料制件的形状、外观和尺寸精度都有重要的影响。模具中设置温度调节系统的目的就是通过控制模具的温度，提高注射成型的质量和生产率。

注射入模具型腔的熔融热塑性塑料，必须在模具内冷却固化才能成为塑件，所以模具温度必须低于注射入模具型腔的熔融塑料的温度，即达到 T_0（玻璃化温度）以下的某一温度范围。为了提高成型效率，一般通过缩短冷却时间的方法来缩短成型周期。由于塑料本身的性能特点不同，所以不同的塑料要求有不同的模具温度。

热塑性塑料在注射成型过程中，其品种的不同，对模具温度的要求也有所不同。对于熔融黏度较低、流动性较好的塑料，如PE、PS、PP、PA等，因成型工艺要求模温不太高，所以常用常温水对模具冷却；对于结晶型塑料，因冷凝时放出的热量多，应对模具充分冷却，以便塑件在模具型腔内很快冷凝定型，缩短成型周期，提高生产率；对于小型薄壁塑件，且成型工艺要求模温不太高时，可以不设置冷却装置而靠自然冷却；对于熔融黏度较高、流动性差的塑料，如 PC、PSU、POM、PPO 及氟塑料等，则要求较高的模具温度，否则会影响其流动性，导致熔接痕和充模不满等缺陷。

对于流程长、壁厚较小的塑件，或者黏流温度、熔点虽然不高但成型面积很大的塑件，为了保证塑料熔体在充模过程中不致温降太大而影响充型，可设置加热装置对模具进行预热。当模具温度要求在 80℃以上时，需对模具进行加热。

热固性塑料在成型过程中，模具需要较高的温度，以便塑料硬化定型，此时也必须对模具进行加热。部分塑料的模具温度可参见表 3-3-4 和表 3-3-5。

表 3-3-4　部分热塑性塑料的成型温度与模具温度　（单位:℃）

树脂名称	成型温度	模具温度	树脂名称	成型温度	模具温度
LDPE	190～240	30～45	PS	170～280	20～70
HDPE	210～270	30～60	SAN	220～280	50～70
PP	200～270	40～60	ABS	200～270	50～70
PA6	230～290	60～100	PMMA	170～270	40～80
PA66	280～300	60～120	硬 PVC	190～215	30～60
PA610	230～290	60～90	软 PVC	170～190	30～40
POM	180～220	80～120	PC	250～290	90～110

表 3-3-5　常用热固性塑料压缩成型模具温度　（单位:℃）

塑　料	模　温	塑　料	模　温
酚醛塑料	150～190	环氧塑料	177～188
脲-甲醛塑料	150～155	有机硅塑料	165～175
三聚氰胺-甲醛塑料	155～175	硅酮塑料	160～190
聚邻（对）苯二甲酸二丙烯酯	166～177		

注射模中，温度调节系统的组成零件有堵头、快速接头、螺塞、密封圈、密封胶带（主要用于密封螺塞或水管接头与冷却通道的连接处）、软管（主要作用是连接并构造模外冷却回路）、喷管件（主要用于喷流式冷却系统，最好用铜管）、隔片（用于隔片导流式冷却系统，最好用黄铜片）和导热杆（用于导热式冷却系统）等，如图 3-3-28 所示。

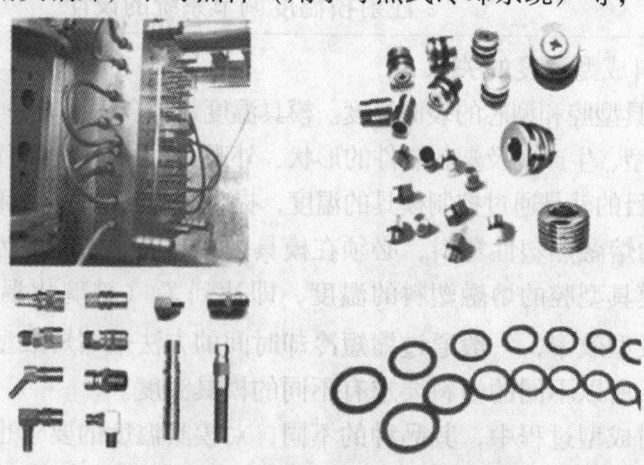

图 3-3-28　温度调节系统的组成零件

2. 对模具温度控制系统设计的基本要求

1）温度控制系统应具有的功能。能够保持均匀的模温，以便成型工艺得以顺利进行，并有利于塑件尺寸稳定、变形小、表面质量好，物理和力学性能良好。

不同种类的塑料，在成型时对模具温度的要求是不同的。黏度低的塑料，宜采用较低的模具温度；黏度高的塑料，必须考虑熔体充模和减少制件应力开裂的需要，模具温度较高为宜；对于结晶型塑料，模具温度必须考虑对其结晶度及物理、化学和力学性能的影响。

2）根据塑料品种、成型方法及模具尺寸大小，正确确定模温的调节方法。对于热固性塑料的注射成型和压缩、压注成型，一般在较高的温度下进行，要求模具温度较高，因而必须设置加热系统对模具进行加热；对于热塑性塑料，根据模具尺寸大小等不同情况进行温度调节。

3）模具温度调节系统应尽量结构简单、加工容易和成本低廉。

4）性能、外观和尺寸精度要求高的塑件，对模具温度调节系统的要求也高，为了满足塑件对模具的要求，现代化生产中多采用模具恒温器，以闭路循环冷却介质对模温进行控制。

3. 冷却系统的设计

（1）冷却回路的尺寸确定　模具冷却装置的设计与使用的冷却介质、冷却方法有关。模具可以用水、压缩空气和冷凝水冷却，但用水冷却最为普遍，因为水的热容量大，传热系数大，成本低廉。水冷就是在模具型腔周围和型芯内开设冷却水回路，使水或者冷凝水在其中循环，带走热量，进而维持所需的温度。

成型塑件所传导的热量，使模具成型表面的温度稳定地保持在所需的温度范围内，而且要做到使冷却介质在回路系统内流动畅通，无滞留部位。但在开设冷却水回路时，受到模具上各种孔（顶杆孔、型芯孔、镶件接缝等）的限制，所以要按理想情况设计较困难，必须根据模具的具体特点灵活地设置冷却回路。

1）冷却回路所需的总表面积。冷却回路所需总表面积为

$$A=\frac{Mq}{3600\alpha(\theta_{\mathrm{m}}-\theta_{\mathrm{w}})} \tag{3-3-6}$$

式中　A——冷却回路总表面积（m^2）；

M——单位时间内注入模具中的树脂质量（kg/h）；

q——单位质量树脂在模具内释放的热量（J/kg），见表3-3-6；

α——冷却水的表面传热系数［$W/(m^2 \cdot K)$］；

θ_m——模具成型表面的温度（℃）；

θ_w——冷却水的平均温度（℃）。

表3-3-6　单位质量树脂成型时放出的热量　（单位：$\times 10^5$ J/kg）

树脂名称	q值	树脂名称	q值	树脂名称	q值
ABS	3～4	CA	2.9	PP	5.9
AS	3.55	CAB	2.7	PA6	5.6
POM	4.2	PA66	6.5～7.5	PS	2.7
PAVC	2.9	LDPE	5.9～6.9	PTFE	5.0
丙烯酸类	2.9	HDPE	6.9～8.2	PVC	1.7～3.6
PMMA	2.1	PC	2.9	SAN	2.7～3.6

冷却水的表面传热系数 α 为

$$\alpha = \phi \frac{(\rho v)^{0.8}}{d^{0.2}} \tag{3-3-7}$$

式中 ρ——冷却水在该温度下的密度（kg/m^3）；

v——冷却水的流速（m/s）；

d——冷却水孔直径（m）；

ϕ——与冷却水温度有关的物理系数，ϕ 的值见表 3-3-7。

表 3-3-7 水的 ϕ 值与其温度的关系

平均水温/℃	5	10	15	20	25	30	35	40	45	56
ϕ 值	6.16	6.60	7.06	7.50	7.95	8.40	8.84	9.28	9.66	10.05

2）冷却回路的总长度。冷却回路总长度为

$$L = \frac{A}{\pi d} \tag{3-3-8}$$

式中 L——冷却回路总长度（m）；

A——冷却回路总表面积（m^2）；

d——冷却水孔直径（m）。

确定冷却水孔的直径时应注意，无论多大的模具，水孔的直径不能大于 14mm，否则冷却水难以成为湍流状态，以至降低热交换效率。一般水孔的直径可根据塑件的平均壁厚来确定。平均壁厚为 2mm 时，水孔直径可取 8～10mm；平均壁厚为 2～4mm 时，水孔直径可取 10～12mm；平均壁厚为 4～6mm 时，水孔直径可取 12～14mm。

3）冷却水孔数。因受模具尺寸限制，每一根水孔长度为 L（冷却管道开设方向上模具的长度或宽度），则模具内应开设的水孔数为

$$n = \frac{L}{l} \tag{3-3-9}$$

4）冷却水体积流量的计算。塑料注射模冷却时所需要的冷却水量（体积）为

$$V = \frac{nm\Delta h}{60\rho c_p(t_1 - t_2)} \tag{3-3-10}$$

式中 V——所需冷却水的体积（m^3/min）；

m——包括浇注系统在内的每次注入模具的塑料质量（kg）；

n——每小时注射的次数；

ρ——冷却水在使用状态下的密度（kg/m^3）；

c_p——冷却水的比热容［J/(kg·℃)］；

t_1——冷却水出口温度（℃）；

t_2——冷却水入口温度（℃）；

Δh——从熔融状态的塑料进入型腔到塑料冷却脱模为止，塑料所放出的比焓（J/kg），Δh 值见表 3-3-8。

表 3-3-8　常用塑料在凝固时所放出的比焓 Δh　（单位：J/kg）

塑　料	Δh	塑　料	Δh
高密度聚乙烯	583.33～700.14	尼龙	700.14～816.48
低密度聚乙烯	700.14～816.48	聚甲醛	420.00
聚丙烯	583.33～700.14	醋酸纤维素	289.38
聚苯乙烯	280.14～349.85	丁酸-醋酸纤维素	259.14
聚氯乙烯	210.00	ABS	326.76～396.48
有机玻璃	285.85	AS	280.14～349.85

求出所需冷却水体积后，可根据处于湍流状态下水的流速、流量与管道直径的关系，确定模具上的冷却水道孔径，见表 3-3-9。

表 3-3-9　湍流状态冷却水道的流速、流量与管道直径的关系

冷却水道直径 d/mm	流动速度 v/(m/s)	流量 V/(m^3/min)
8	1.66	5.0×10^{-3}
10	1.32	6.2×10^{-3}
12	1.10	7.4×10^{-3}
15	0.87	9.2×10^{-3}
20	0.66	12.4×10^{-3}
25	0.53	15.5×10^{-3}

注：在 $Re=10000$ 及水温 10℃的条件下（Re 为雷诺数）。

冷却水道的孔径确定之后，再求出冷却水道总的传热面积，就可根据冷却水道的排列方式计算出水道的数量。鉴于冷却水道总的传热面积计算较烦琐，而且结果与实际往往出入较多，设计时可参考有关资料。

（2）设计原则　冷却系统的设计原则如下：

1）冷却水孔应尽量多、孔径应尽量大。型腔表面的温度与冷却水孔的数量、孔径的大小有直接的关系，图 3-3-29a 所示的 5 个大孔要比图 3-3-29b 所示的两个小孔冷却效果好得多。图 3-3-29a 所示的模具表面温差较小，塑件冷却较均匀，因而成型的塑件变形小，尺寸精度可以保证。

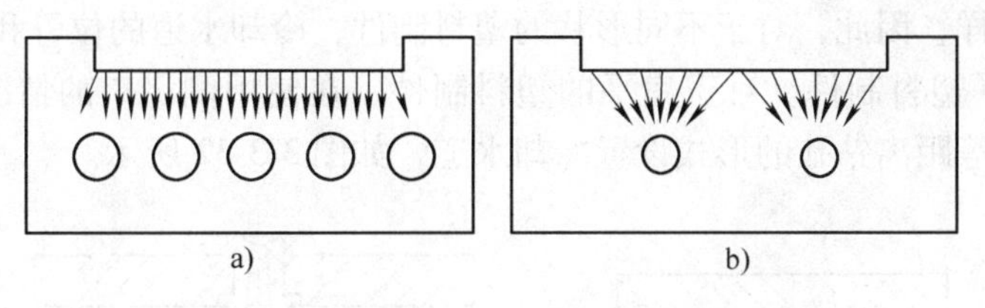

图 3-3-29　冷却水孔数量与模温的关系

2）冷却水道至型腔表面的距离应尽量相等。当塑件壁厚均匀时，冷却水道至型腔表面的距离最好相等，但是当塑件壁厚不均匀时，厚的地方冷却水道至型腔表面的距离应近一些。一般冷却水孔的孔壁至型腔表面的距离应大于 10mm，常采用 12～15mm。

3）浇口处加强冷却。一般熔融塑料填充型腔时，浇口附近的温度最高，距浇口距离越

远温度越低。因此浇口附近应加强冷却，可在它的附近设冷却水的入口，如图 3-3-30 所示。

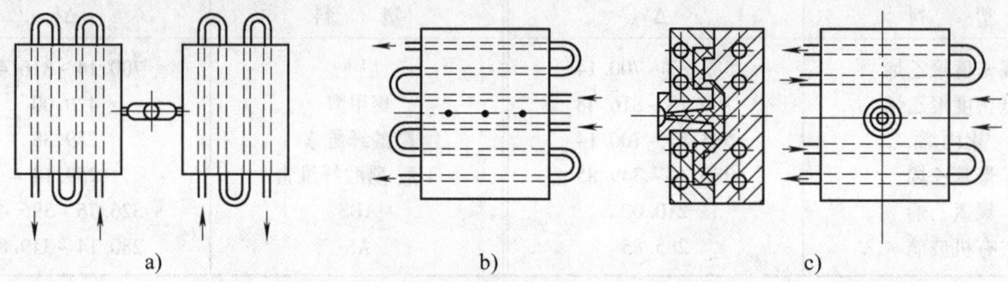

图 3-3-30　冷却水道的出、入口布置

4）降低入水与出水的温差。如果冷却水道较长，则入水与出水的温差就较大，这样就会使模具的温度分布不均匀。为了避免这个现象发生，可以通过改变冷却水道的排列方式来克服这个缺陷。图 3-3-31b 所示的形式比图 3-3-31a 所示的形式好，它降低了出、入水的温差，提高了冷却效果。

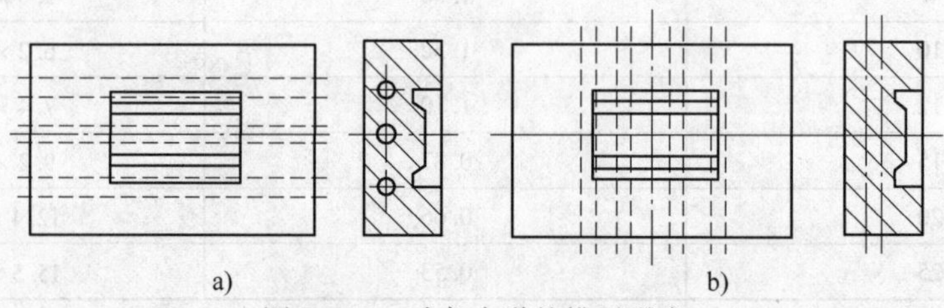

图 3-3-31　冷却水道的排列形式

a）冷却水道长，出入水温差大　b）冷却水道短，出入水温差小，冷却效果好

5）注意干涉和密封等问题，避免将冷却水道开设在塑件熔接痕部位。冷却管道应避开模具内的推杆孔、螺纹孔、型芯和其他孔道。水管接头处必须密封，以防止漏水。另外，冷却管道不应穿过镶块，以免在接缝处漏水；若必须通过镶块，则应加镶套管密封。为了避免熔接不牢，影响塑件的强度，冷却水道要避免开设在熔接痕部位。

6）冷却水道的大小要易于加工和清理。为易于加工和清理冷却水道，一般冷却水道孔径为 8～10mm。

（3）常见冷却系统的结构　冷却水道的形式是根据塑料制件的形状而设置的，塑料制件的形状多种多样，因此，对于不同形状的塑料制件，冷却水道的位置和形状也不同。

1）浅型腔扁平塑料制件。对于扁平的塑料制件，在使用侧浇口的情况下，常采用动、定模两侧与型腔等距离钻孔的形式设置冷却水道，如图 3-3-32 所示。

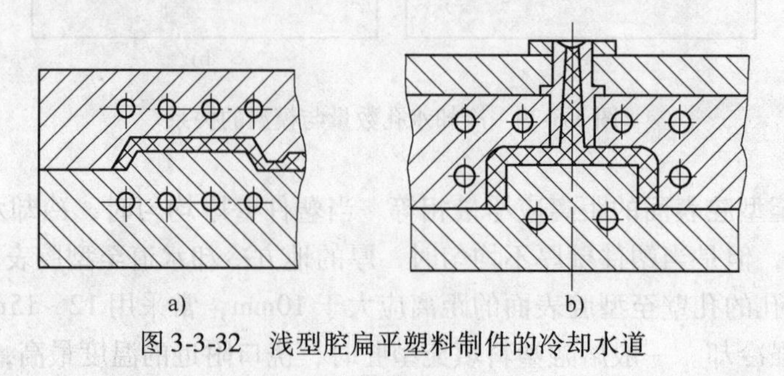

图 3-3-32　浅型腔扁平塑料制件的冷却水道

2）中等深度的塑料制件。使用侧浇口进料的中等深度的壳形塑料制件，可在凹模底部采用与型腔表面等距离钻孔的形式设置冷却水道。在凸模中，由于容易储存热量，所以要加强冷却，按塑料制件的形状铣出矩形截面的冷却环形水槽，如图3-3-33a所示；凹模也要加强冷却，可采用图3-3-33b所示的结构，铣出冷却环形槽的形式；凸模上的冷却水道也可采用图3-3-33c所示的形式。

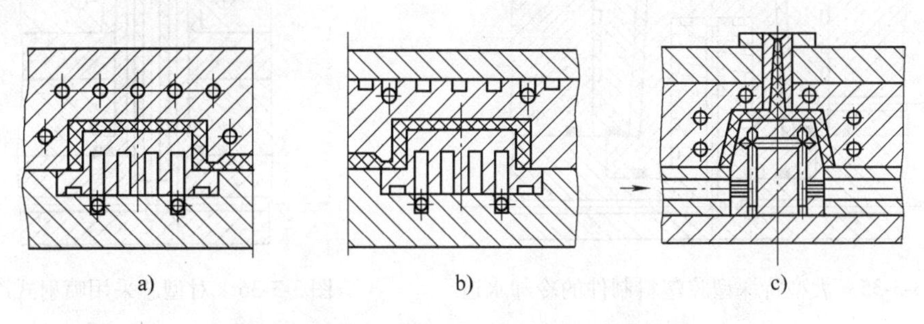

图3-3-33　中等深度塑料制件的冷却水道

3）深型腔的塑料制件。对于深型腔的塑料制件模具，最困难的是凸模的冷却问题。图3-3-34所示的大型深型腔的塑料制件模具，在凹模一侧底部可从浇口附近通入冷却水，流经矩形截面水槽后流出，其侧部开设圆形截面水道，围绕型腔一周之后从分型面附近的出口排出。凸模上加工出螺旋槽，并在螺旋槽内加工出一定数量的盲孔，而每个盲孔用隔板分成底部相通的两个部分，形成凸模中心进水、外侧出水的冷却回路。这种隔板式的冷却水道加工麻烦，隔板与孔的配合要求高，否则隔板易转动而达不到要求。隔板采用先车削成形（与孔过渡配合）再将两侧面铣出或线切割成形的方法制成，然后再插入孔中。

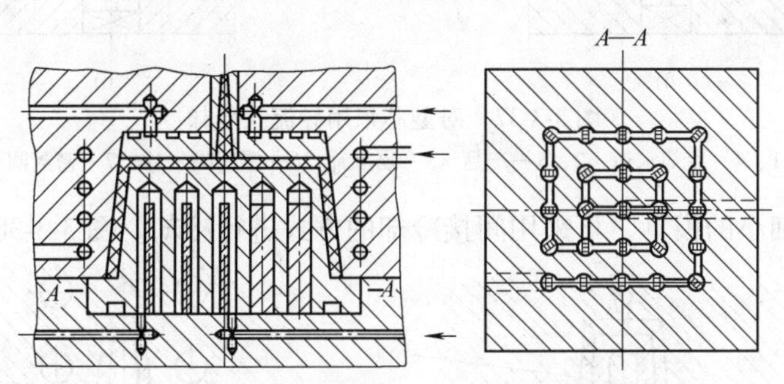

图3-3-34　大型深型腔塑料制件的冷却水道

对于大型特深型腔的塑料制件，其模具的凹模和凸模均可采用在对应的镶拼件上分别开设螺旋槽的形式，如图3-3-35所示，这种形式的冷却效果特别好。

4）细长塑料制件。空心细长塑件需要使用细长的型芯，在细长的型芯上开设冷却水道是比较困难的。当塑件内孔相对比较大时，可采用喷射式冷却，如图3-3-36所示。即在型芯的中心制出一个盲孔，在孔中插入一根管子，冷却水从中心管子流入，喷射到浇口附近型芯盲孔的底部对型芯进行冷却，然后经过管子与凸模的间隙从出口处流出。也可采用导流式冷却系统，用隔水片对冷却水进行导流，如图3-3-37所示。

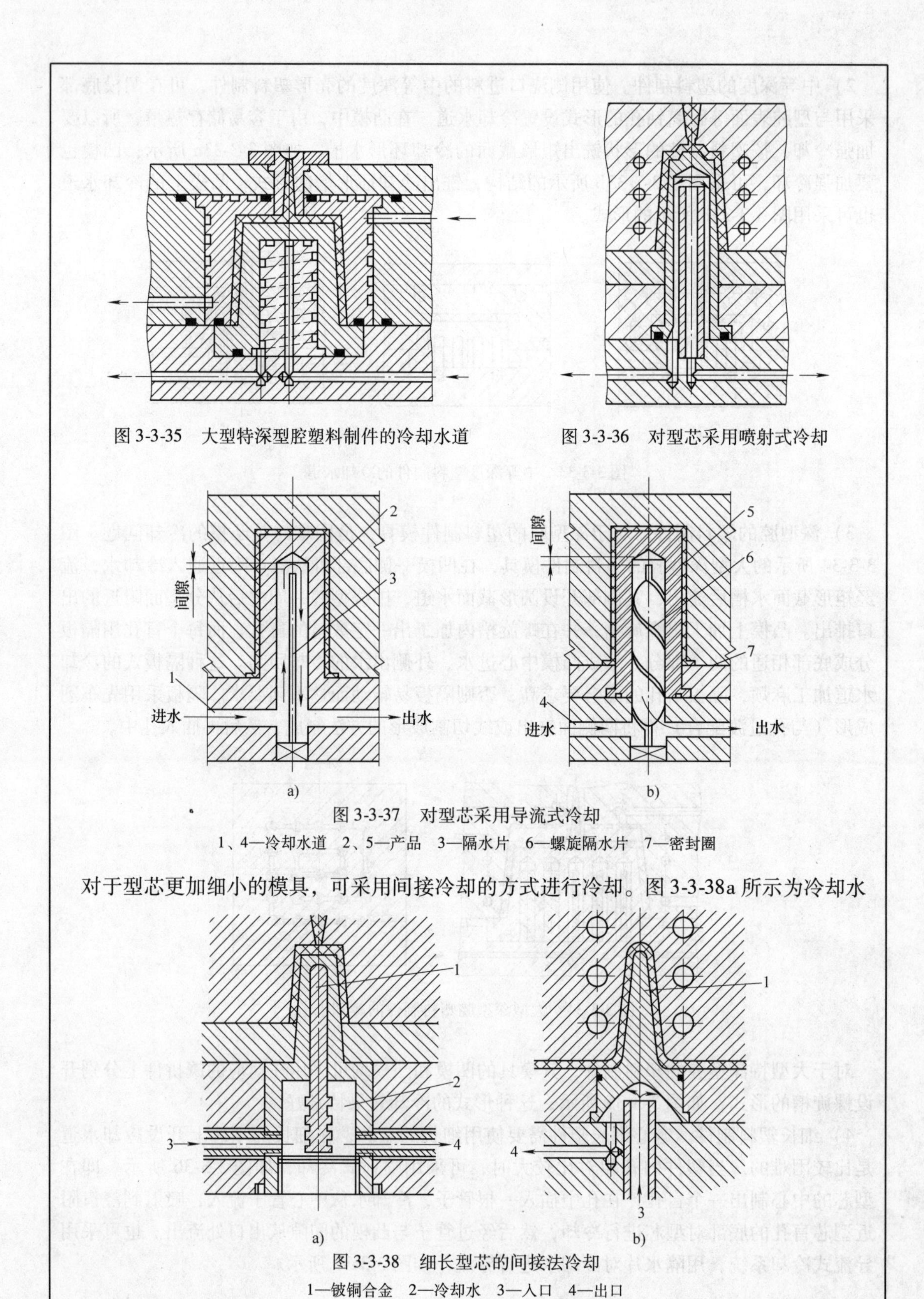

图 3-3-35　大型特深型腔塑料制件的冷却水道

图 3-3-36　对型芯采用喷射式冷却

图 3-3-37　对型芯采用导流式冷却

1、4—冷却水道　2、5—产品　3—隔水片　6—螺旋隔水片　7—密封圈

对于型芯更加细小的模具，可采用间接冷却的方式进行冷却。图 3-3-38a 所示为冷却水

图 3-3-38　细长型芯的间接法冷却

1—铍铜合金　2—冷却水　3—入口　4—出口

喷射在铍铜制成的细小型芯的后端，靠铍铜良好的导热性能对其进行冷却；图 3-3-38b 所示为在细小型芯中插入一根与之配合接触很好的铍铜杆，在其另一端加工出翅片，用它来扩大散热面积，提高水流的冷却效果。

以上介绍了冷却回路的各种结构形式，在设计冷却水道时必须对结构加以认真考虑，但另外一点也应该引起重视，那就是冷却水道的密封问题。模具的冷却水道穿过两块或两块以上的模板或镶件时，在它们的接合面处一定要用密封圈或橡胶加以密封，以防模板之间、镶拼零件之间渗水，影响模具的正常工作。

4. 模具的加热系统

（1）模具加热的方式　当注射成型工艺要求模具温度在 80℃以上时，模具中必须设置加热装置。模具的加热方式有很多，如热水、热油、水蒸气、煤气或天然气加热和电加热等。目前普遍采用的是电加热温度调节系统，电加热有电阻加热和工频感应加热两种。如果加热介质采用各种流体，那么其设计方法类似于冷却水道的设计，这里就不再详述。下面介绍电加热的主要方式。

1）电热丝直接加热。将选择好的电热丝放入绝缘瓷管中，装入模板的加热孔中，通电后就可以对模具进行加热。这种加热方法结构简单，成本低廉，但电热丝与空气接触后易氧化，寿命较短，同时也不太安全。

2）电热圈和电热板加热。将电热丝绕制在云母片上，再装夹在特制的金属外壳中，电热丝与金属外壳之间用云母片绝缘，如图 3-3-39 所示，将它装在模具外侧对模具进行加热。其特点是结构简单，更换方便，但缺点是耗电量大。这种加热装置更适合于压缩模和压注模。

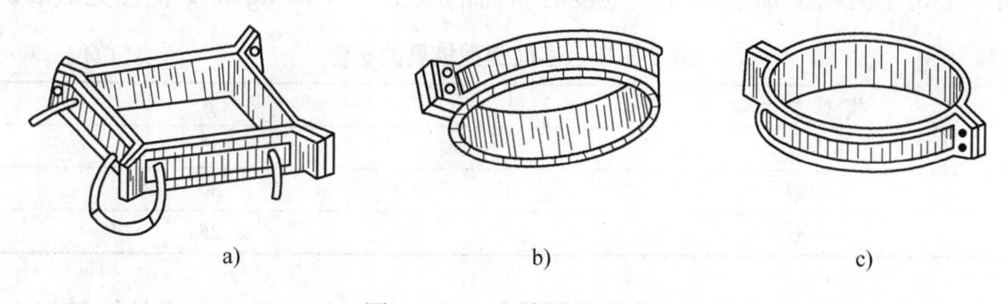

图 3-3-39　电热圈的形式

3）电热棒加热。电热棒是一种标准的加热元件，它由具有一定功率的电阻丝和带有耐热绝缘材料的金属密封管组成，如图 3-3-40a 所示。使用时，只要将其插入模板上的加热孔内通电即可，如图 3-3-40b 所示。电热棒加热的特点是使用和安装都很方便。

（2）模具加热装置的要求和计算

1）对模具电加热的要求。

① 电加热元件功率应适当，不宜过小也不宜过大。如过小，模具不能被加热到适合温度并保持所需的温度；如过大，即使采用温度调节器，仍难以保持稳定。这是由于电加热元件附近温度比模具型腔的温度高得多，即使断电，其周围积聚的大量热量仍继续传到型腔，使型腔继续保持高温，这种现象称为“加热后效”。电阻元件的功率越大，“加热后效”越显著。

② 应合理布置电加热元件，使模温趋于均匀。

③ 注意模具温度的调节，保持模温均匀和稳定。加热板中央和边缘可采用两个调节器。对于大型模具，最好将电加热元件分为两组，即主要加热组和辅助加热组，成为双联加热器。主要加热组的电功率占总电功率的2/3以上，它处在连续不断的加热状态，但只能维持稍低于规定的模具温度；当辅助加热组也接通时，才能使模具达到规定的温度。调节器控制着辅助加热组的接通与断开。现在模具温度多由注射机相应的温控系统进行调控。

电加热装置清洁、简单，便于安装、维修和使用，温度调节容易，可调节温度范围大，易于实现自动控制，但升温慢，不能在模具中轮换地加热和冷却，有“加热后效”现象。

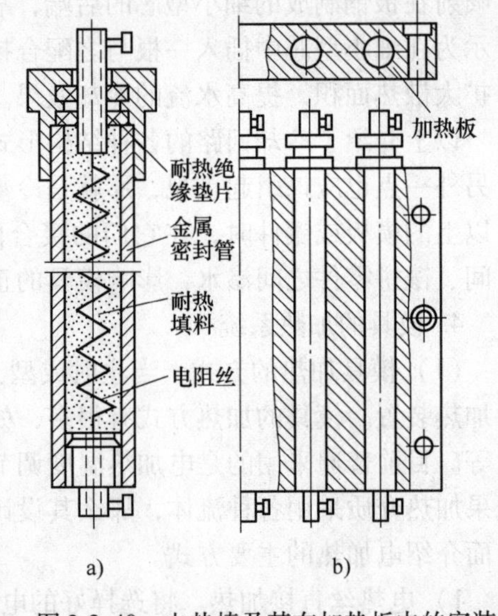

图 3-3-40　电热棒及其在加热板内的安装

2）模具加热装置的计算。首先计算模具加热所需的电功率，即

$$P = gM \tag{3-3-11}$$

式中　P——电功率（W）；

M——模具质量（kg）；

g——每千克模具加热到成型温度时所需的电功率（W/kg），g 值参见表 3-3-10。

表 3-3-10　不同类型模具的 g 值　（单位：W/kg）

模具类型	g
小型	35
中型	30
大型	25

总的电功率确定之后，可根据电热板的尺寸确定电热棒的数量，进而计算每根电热棒的功率。设电热棒采用并联法，则

$$P_{\mathrm{r}} = \frac{P}{n} \tag{3-3-12}$$

式中　P_{r}——每根电热棒的功率（W）；

n——电热棒的根数。

根据 P，查手册选择适当尺寸的电热棒，也可先选择电热棒的适当功率再计算电热棒的根数。如果手册中无合适的电热棒可选，则需自行设计制造电加热元件。

为了减少繁重的模具设计与制造工作量，在设计模具时应尽可能地选用标准件，尤其是直接选用标准模架，将会简化模具的设计和制造过程，大大节约模具制造时间和费用，同时也可提高模具中易损零件的互换性，便于模具的维修。不仅如此，在标准模架的基础上可实现模具制图的标准化、模具结构的标准化以及工艺规范的标准化。

目前，我国的塑料模具标准化工作已经基本形成，国内外已有许多标准化的模架形式供用户订购。

模具的标准化在不同的国家和地区存在一些差别，主要是在品种和名称上有区别，但模架所具有的结构基本上是一样的。

广东珠江三角洲以及港台地区按浇口的形式不同将模架分为大水口模架和小水口模架两大类，大水口模架指采用除点浇口以外的其他浇口形式的模具所选用的模架，小水口模架指采用点浇口形式的模具所选用的模架。

图 3-3-41　塑料注射模模架的外形

GB/T 12555—2006《塑料注射模模架》规定了塑料注射模模架的组合形式、尺寸与标记，适用于塑料注射模模架。注射模模架的外形如图 3-3-41 所示。

3.3.4	汽车操作按钮、笔筒模具温度调节系统的设计

1. 汽车操作按钮模具温度调节系统

汽车操作按钮的外形尺寸为 ϕ32mm，高 14mm，壁厚为 1～2mm，比较均匀，制件精度要求一般，冷却时间较短，因此该塑件注射成型不需要温度调节，可自然冷却。在模具上不需设加热系统。

2. 笔筒模具温度调节系统

笔筒为筒型类塑件，外形为两个圆柱，直径分别为 ϕ73mm，ϕ58mm，口部有 8mm 高的外凸；底座外形为两个圆形，中心距为 70mm，高度为 100mm、70mm。塑件尺寸较大，重量为 120g 左右，为大批量生产，应尽量缩短成型周期，提高生产率，且 ABS 塑料为结晶型塑料，成型时需要充分冷却，冷却水道要均匀分布。因此，在该模具的两个型芯上开出冷却水道，采用冷却水进行循环冷却。冷却水管内部加装钢管，采用喷流冷却的方式，其进、出水孔开设在支承板上。冷却水道如图 3-3-42 所示。

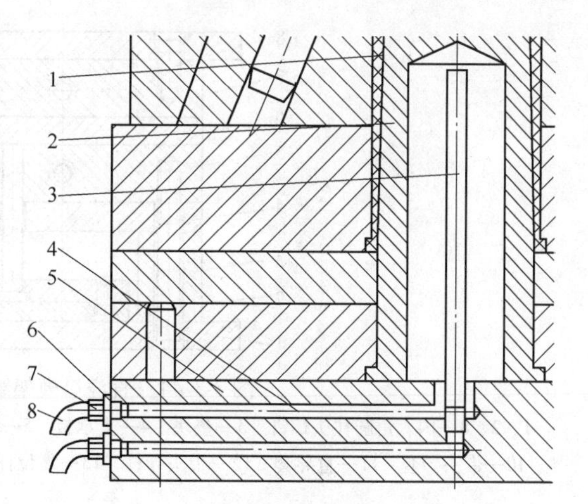

图 3-3-42　笔筒模具冷却水道

1—塑件　2—型芯　3—钢管　4—冷却水道
5—支承板　6—胶垫　7—水嘴　8—水管

制件精度要求一般，在模具上不需设加热系统。

3. 3. 5	模架的设计

1. 注射模模架的结构

标准模架一般由定模座板、定模板、动模板、支承板、垫块、推杆固定板、推板、动模座板、导柱、导套、复位杆等组成，如图 3-3-43 所示。塑料模的模架零件起装配、定位和安装的作用。

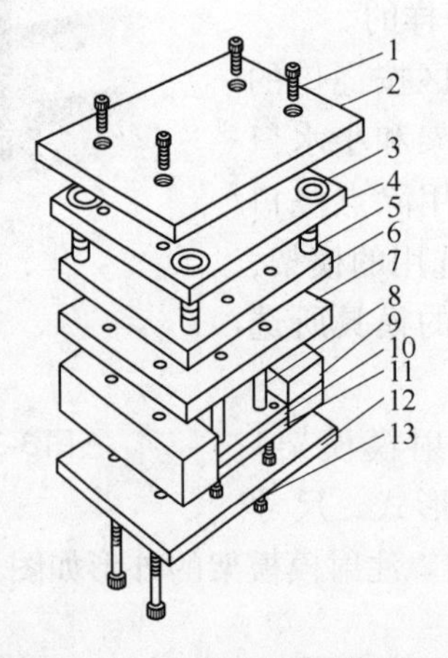

图 3-3-43 塑料注射模模架结构

1、13—内六角圆柱头螺钉 2—定模座板 3—导套 4—定模板 5—导柱 6—动模板 7—支承板 8—复位杆 9—垫块 10—推杆固定板 11—推板 12—动模座板

塑料注射模模架按其在模具中的应用方式不同，分为直浇口与点浇口两种形式，其组成零件的名称分别如图 3-3-44 和图 3-3-45 所示。

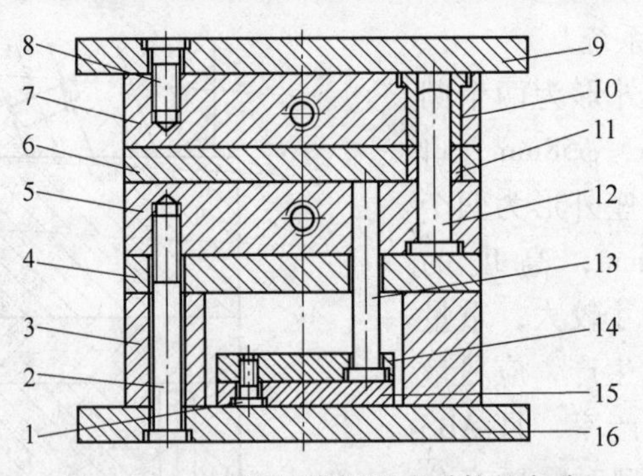

图 3-3-44 直浇口模架组成零件的名称

1、2、8—内六角圆柱头螺钉 3—垫块 4—支承板 5—动模板 6—推件板 7—定模板 9—定模座板 10—带头导套 11—直导套 12—带头导柱 13—复位杆 14—推杆固定板 15—推板 16—动模座板

2. 模架组合形式

塑料注射模模架按结构特征分为 36 种主要结构，其中直浇口模架 12 种，点浇口模架 16 种，简化点浇口模架 8 种。

（1）直浇口模架　直浇口模架有 12 种，其中直浇口基本型 4 种，直身基本型 4 种，直身无定模座板型 4 种。

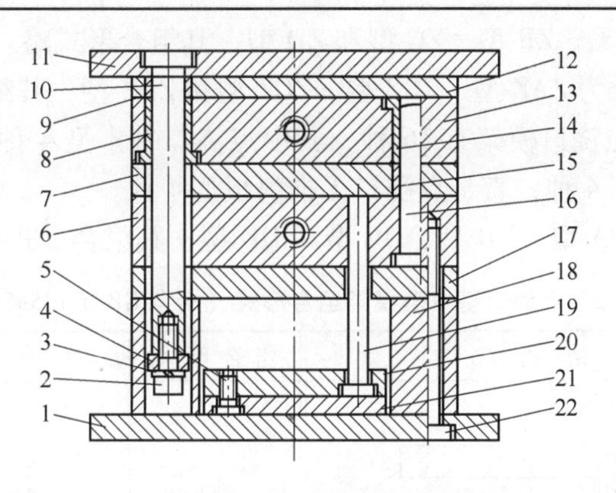

图 3-3-45　点浇口模架组成零件的名称

1—动模座板　2、5、22—内六角圆柱头螺钉　3—弹簧垫圈　4—挡环　6—动模板　7—推件板　8、14—带头导套　9、15—直导套　10—拉杆导柱　11—定模座板　12—推料板　13—定模板　16—带头导柱　17—支承板　18—垫块　19—复位杆　20—推杆固定板　21—推板

直浇口基本型分为 A 型、B 型、C 型和 D 型，其组合形式见表 3-3-11。

表 3-3-11　直浇口基本型模架组合形式

组合形式	结构图	组合形式	结构图
直浇口基本型 A 型	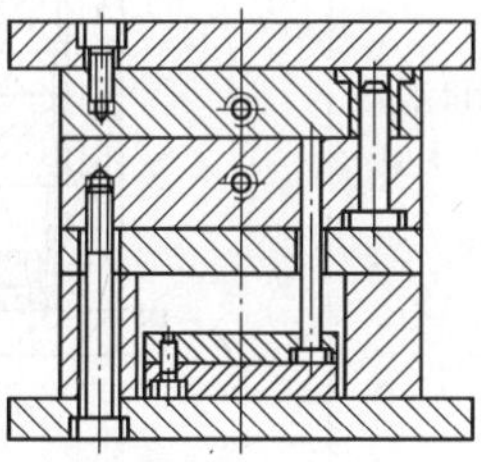	直浇口基本型 C 型	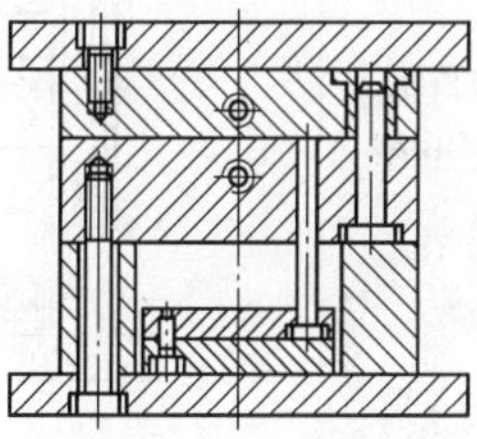
直浇口基本型 B 型	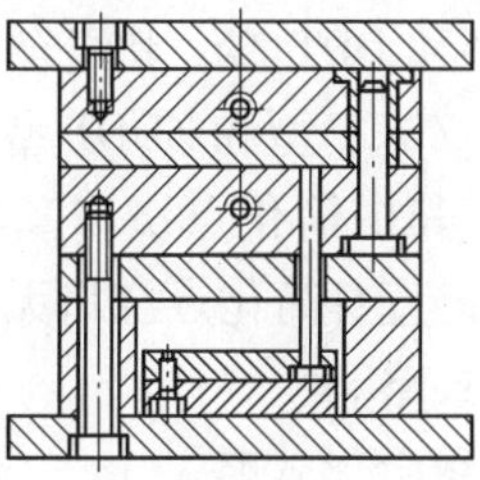	直浇口基本型 D 型	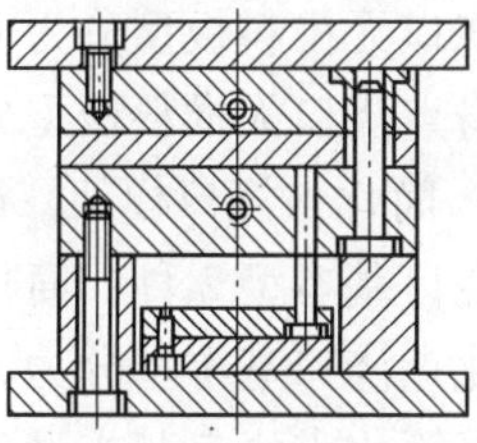

A 型：定模两块模板，动模两块模板。

B 型：定模两块模板，动模两块模板，加装推件板。

C 型：定模两块模板，动模一块模板。

D 型：定模两块模板，动模一块模板，加装推件板。

直身基本型分为 ZA 型、ZB 型、ZC 型和 ZD 型，其组合形式略。

直身无定模座板型分为 ZAZ 型、ZBZ 型、ZCZ 型和 ZDZ 型，其组合形式略。

（2）点浇口模架　点浇口模架有 16 种，其中点浇口基本型 4 种，直身点浇口基本型 4 种，点浇口无推料板型 4 种，直身点浇口无推料板型 4 种。

点浇口基本型分为 DA 型、DB 型、DC 型和 DD 型，其组合形式见表 3-3-12。

表 3-3-12　点浇口基本型模架组合形式（摘自 GB/T 12555—2006）

组合形式	结构图	组合形式	结构图
点浇口基本型 DA 型	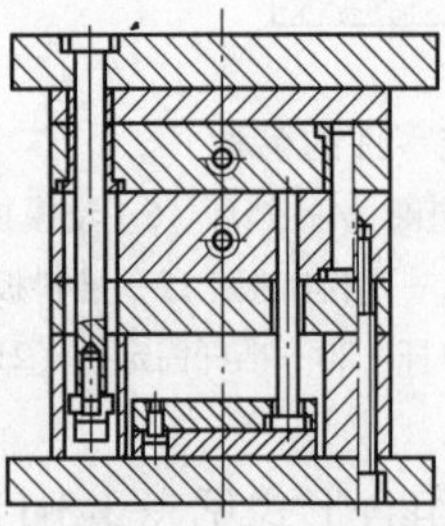	点浇口基本型 DC 型	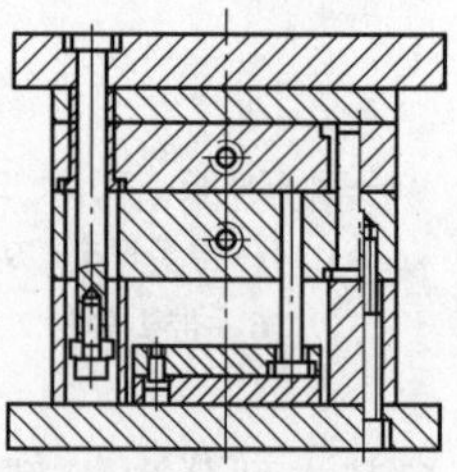
点浇口基本型 DB 型	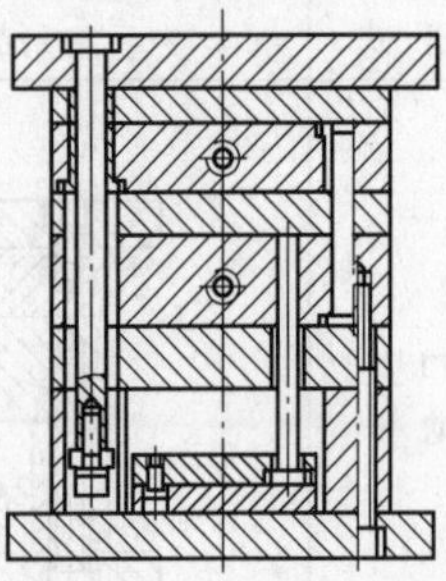	点浇口基本型 DD 型	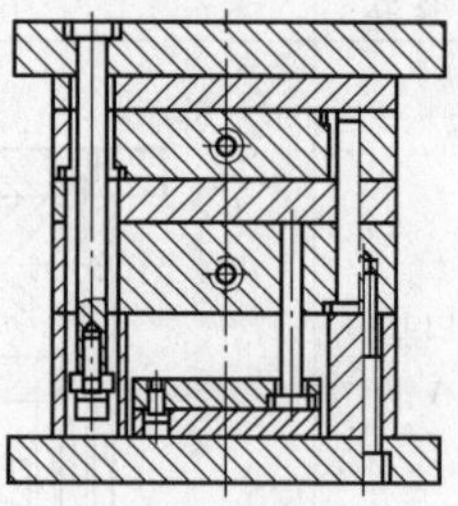

直身点浇口基本型分为 ZDA 型、ZDB 型、ZDC 型和 ZDD 型，其组合形式略。

点浇口无推料板型分为 DAT 型、DBT 型、DCT 型和 DDT 型，其组合形式略。

直身点浇口无推料板型分为 ZDAT 型、ZDBT 型、ZDCT 型和 ZDDT 型，其组合形式略。

（3）简化点浇口模架　简化点浇口模架有 8 种，其中简化点浇口基本型 2 种，直身简化点浇口基本型 2 种，简化点浇口无推料板型 2 种，直身简化点浇口无推料板型 2 种。

简化点浇口基本型分为 JA 型和 JC 型，其组合形式略。

直身简化点浇口基本型分为 ZJA 型和 ZJC 型，其组合形式略。

简化点浇口无推料板型分为 JAT 型和 JCT 型，其组合形式略。

直身简化点浇口无推料板型分为 ZJAT 型和 ZJCT 型，其组合形式略。

3. 基本型模架组合尺寸

1）组成模架的零件应符合 GB/T 4169.1～4169.23—2006《塑料注射模零件》的规定。

2）组合尺寸为零件的外形尺寸和孔径与空位尺寸。

3）基本型模架组合尺寸如图 3-3-46、图 3-3-47 和表 3-3-13 所示。

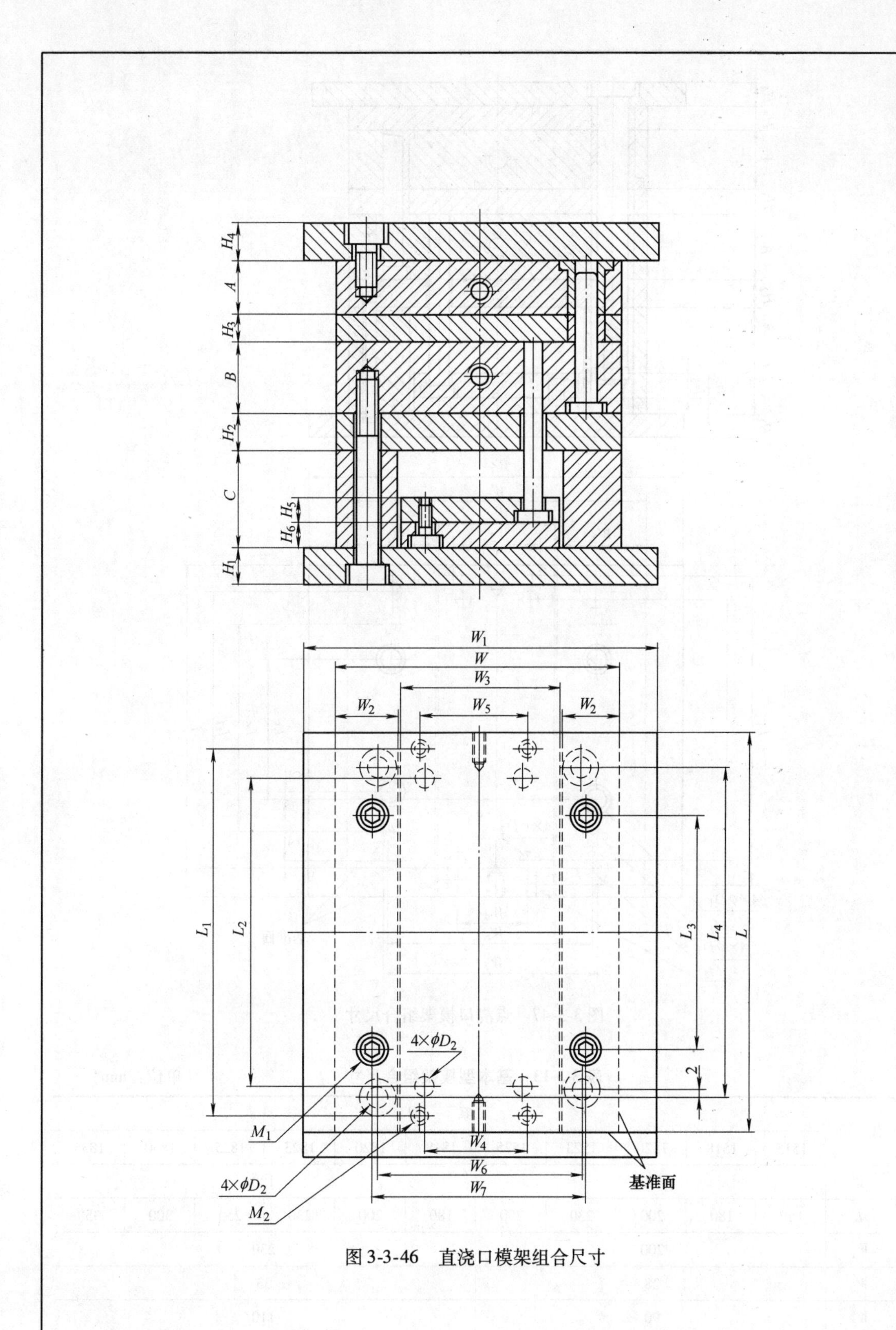

图 3-3-46　直浇口模架组合尺寸

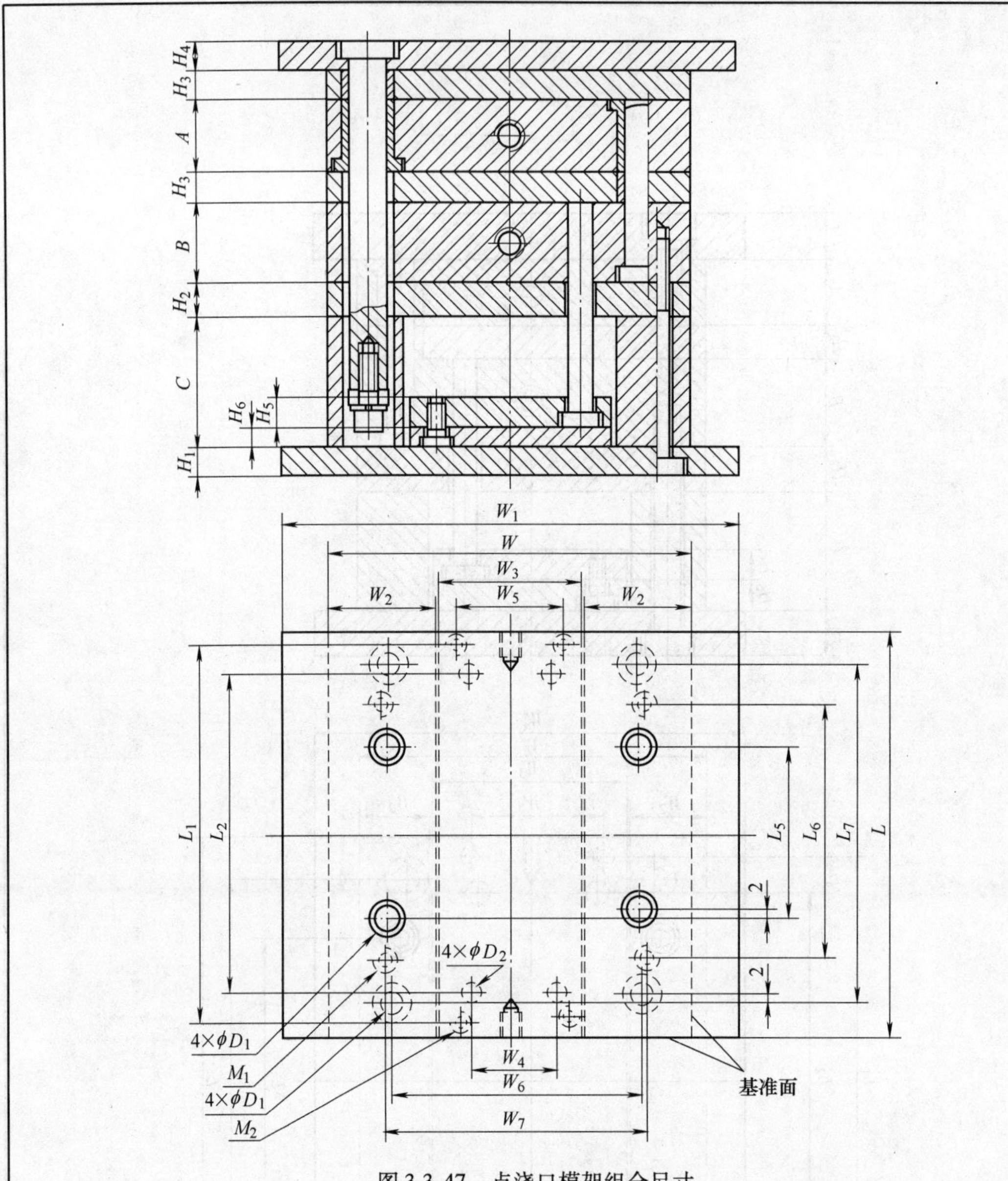

图 3-3-47　点浇口模架组合尺寸

表 3-3-13　基本型模架组合尺寸　　（单位：mm）

代　号	系　列										
	1515	1518	1520	1523	1525	1818	1820	1823	1825	1830	1835
W	150					180					
L	150	180	200	230	250	180	200	230	250	300	350
W_1	200					230					
W_2	28					33					
W_3	90					110					

（续）

代号	系列										
	1515	1518	1520	1523	1525	1818	1820	1823	1825	1830	1835
A、B	20、25、30、35、40、45、50、60、70、80					25、30、35、40、45、50、60、70、80					
C	50、60、70					60、70、80					
H_1	20					20					
H_2	30					30					
H_3	20					20					
H_4	25					30					
H_5	13					15					
H_6	15					20					
W_4	48					68					
W_5	72					90					
W_6	114					134					
W_7	120					145					
L_1	132	162	182	212	232	160	180	210	230	280	330
L_2	114	114	164	194	214	138	158	188	208	258	308
L_3	56	86	106	136	156	64	84	114	124	174	224
L_4	114	144	164	194	214	134	154	184	204	254	304
L_5	—	52	72	102	122	—	46	76	96	146	196
L_6	—	96	116	146	166	—	98	128	148	198	248
L_7	—	144	164	194	214	—	154	184	204	254	304
D_1	16					20					
D_2	12					12					
M_1	4×M10					4×M12					6×M12
M_2	4×M6					4×M8					

代号	系列											
	2020	2023	2025	2030	2035	2040	2323	2325	2327	2330	2335	2340
W	200						230					
L	200	230	250	300	350	400	230	250	270	300	350	400
W_1	250						280					
W_2	38						43					
W_3	120						140					
A、B	25、30、35、40、45、50、60、70、80、90、100						25、30、35、40、45、50、60、70、80、90、100					
C	60、70、80						70、80、90					
H_1	25						25					
H_2	30						35					
H_3	20						20					

（续）

代号	系列											
	2020	2023	2025	2030	2035	2040	2323	2325	2327	2330	2335	2340
H_4	30						30					
H_5	15						15					
H_6	20						20					
W_4	84	80					106					
W_5	100						120					
W_6	154						184					
W_7	160						185					
L_1	180	210	230	280	330	380	210	230	250	280	330	380
L_2	150	180	200	250	300	350	180	200	220	250	300	350
L_3	80	110	130	180	230	280	106	126	144	174	224	274
L_4	154	184	204	254	304	354	184	204	224	254	304	354
L_5	46	76	96	146	196	246	74	94	112	142	192	242
L_6	98	128	148	198	248	298	128	148	166	196	246	296
L_7	154	184	204	254	304	354	184	204	224	254	304	354
D_1	20						20					
D_2	12	15					15					
M_1	4×M12			6×M12			4×M12		4×M14		6×M14	
M_2	4×M8						4×M8					

代号	系列												
	2525	2527	2530	2535	2540	2545	2550	2727	2730	2735	2740	2745	2750
W	250							270					
L	250	270	300	350	400	450	500	270	300	350	400	450	500
W_1	300							320					
W_2	48							53					
W_3	150							160					
A、B	30、35、40、45、50、60、70、80、90、100、110、120							30、35、40、45、50、60、70、80、90、100、110、120					
C	70、80、90							70、80、90					
H_1	25							25					
H_2	35							40					
H_3	25							25					
H_4	35							35					
H_5	15							15					
H_6	20							20					
W_4	110							114					
W_5	130							136					

（续）

<table>
<tr><td rowspan="2">代号</td><td colspan="13">系　列</td></tr>
<tr><td>2525</td><td>2527</td><td>2530</td><td>2535</td><td>2540</td><td>2545</td><td>2550</td><td>2727</td><td>2730</td><td>2735</td><td>2740</td><td>2745</td><td>2750</td></tr>
<tr><td>W_6</td><td colspan="7">194</td><td colspan="6">214</td></tr>
<tr><td>W_7</td><td colspan="7">200</td><td colspan="6">215</td></tr>
<tr><td>L_1</td><td>230</td><td>250</td><td>280</td><td>330</td><td>380</td><td>430</td><td>480</td><td>246</td><td>276</td><td>326</td><td>376</td><td>426</td><td>476</td></tr>
<tr><td>L_2</td><td>200</td><td>220</td><td>250</td><td>298</td><td>348</td><td>398</td><td>448</td><td>210</td><td>240</td><td>290</td><td>340</td><td>390</td><td>440</td></tr>
<tr><td>L_3</td><td>108</td><td>124</td><td>154</td><td>204</td><td>254</td><td>304</td><td>354</td><td>124</td><td>154</td><td>204</td><td>254</td><td>304</td><td>354</td></tr>
<tr><td>L_4</td><td>194</td><td>214</td><td>244</td><td>294</td><td>344</td><td>394</td><td>444</td><td>214</td><td>244</td><td>294</td><td>344</td><td>394</td><td>444</td></tr>
<tr><td>L_5</td><td>70</td><td>90</td><td>120</td><td>170</td><td>220</td><td>270</td><td>320</td><td>90</td><td>120</td><td>170</td><td>220</td><td>270</td><td>320</td></tr>
<tr><td>L_6</td><td>130</td><td>150</td><td>180</td><td>230</td><td>280</td><td>330</td><td>380</td><td>150</td><td>180</td><td>230</td><td>280</td><td>330</td><td>380</td></tr>
<tr><td>L_7</td><td>194</td><td>214</td><td>244</td><td>294</td><td>344</td><td>394</td><td>444</td><td>214</td><td>244</td><td>294</td><td>344</td><td>394</td><td>444</td></tr>
<tr><td>D_1</td><td colspan="7">25</td><td colspan="6">25</td></tr>
<tr><td>D_2</td><td colspan="3">15</td><td colspan="4">20</td><td colspan="6">20</td></tr>
<tr><td>M_1</td><td colspan="3">4×M14</td><td colspan="4">6×M14</td><td colspan="3">4×M14</td><td colspan="3">6×M14</td></tr>
<tr><td>M_2</td><td colspan="7">4×M8</td><td colspan="6">4×M10</td></tr>
<tr><td rowspan="2">代　号</td><td colspan="13">系　列</td></tr>
<tr><td>3030</td><td>3035</td><td>3040</td><td>3045</td><td>3050</td><td>3055</td><td>3060</td><td>3535</td><td>3540</td><td>3545</td><td>3550</td><td>3555</td><td>3560</td></tr>
<tr><td>W</td><td colspan="7">300</td><td colspan="6">350</td></tr>
<tr><td>L</td><td>300</td><td>350</td><td>400</td><td>450</td><td>500</td><td>550</td><td>600</td><td>350</td><td>400</td><td>450</td><td>500</td><td>550</td><td>600</td></tr>
<tr><td>W_1</td><td colspan="7">350</td><td colspan="6">400</td></tr>
<tr><td>W_2</td><td colspan="7">58</td><td colspan="6">63</td></tr>
<tr><td>W_3</td><td colspan="7">180</td><td colspan="6">220</td></tr>
<tr><td>A、B</td><td colspan="7">35、40、45、50、60、70、80、90、100、110、120、130</td><td colspan="6">40、45、50、60、70、80、90、100、110、120、130</td></tr>
<tr><td>C</td><td colspan="7">80、90、100</td><td colspan="6">90、100、110</td></tr>
<tr><td>H_1</td><td colspan="2">25</td><td colspan="5">30</td><td colspan="6">30</td></tr>
<tr><td>H_2</td><td colspan="7">45</td><td colspan="6">45</td></tr>
<tr><td>H_3</td><td colspan="7">30</td><td colspan="6">35</td></tr>
<tr><td>H_4</td><td colspan="7">45</td><td colspan="3">45</td><td colspan="3">50</td></tr>
<tr><td>H_5</td><td colspan="7">20</td><td colspan="6">20</td></tr>
<tr><td>H_6</td><td colspan="7">25</td><td colspan="6">25</td></tr>
<tr><td>W_4</td><td colspan="3">134</td><td colspan="4">128</td><td colspan="3">164</td><td colspan="3">152</td></tr>
<tr><td>W_5</td><td colspan="7">156</td><td colspan="6">196</td></tr>
<tr><td>W_6</td><td colspan="7">234</td><td colspan="3">284</td><td colspan="3">274</td></tr>
<tr><td>W_7</td><td colspan="7">240</td><td colspan="6">285</td></tr>
<tr><td>L_1</td><td>276</td><td>326</td><td>376</td><td>426</td><td>476</td><td>526</td><td>576</td><td>326</td><td>376</td><td>426</td><td>476</td><td>526</td><td>576</td></tr>
<tr><td>L_2</td><td>240</td><td>290</td><td>340</td><td>390</td><td>440</td><td>490</td><td>540</td><td>290</td><td>340</td><td>390</td><td>440</td><td>490</td><td>540</td></tr>
<tr><td>L_3</td><td>138</td><td>188</td><td>238</td><td>288</td><td>338</td><td>388</td><td>438</td><td>178</td><td>224</td><td>274</td><td>308</td><td>358</td><td>408</td></tr>
</table>

（续）

代　号	系　　列												
	3030	3035	3040	3045	3050	3055	3060	3535	3540	3545	3550	3555	3560
L_4	234	284	334	384	434	484	534	284	334	384	424	474	524
L_5	98	148	198	244	294	344	394	144	194	244	268	318	368
L_6	164	214	264	312	362	412	462	212	262	312	344	394	444
L_7	234	284	334	384	434	484	534	284	334	384	424	474	524
D_1	30							30			35		
D_2	20			25				25					
M_1	4×M14	6×M14		6×M16				4×M16	6×M16				
M_2	4×M10							4×M10					

4. 模架尺寸组合系列的标记方法

按照 GB/T 12555—2006，模架的标记如图 3-3-48 所示。

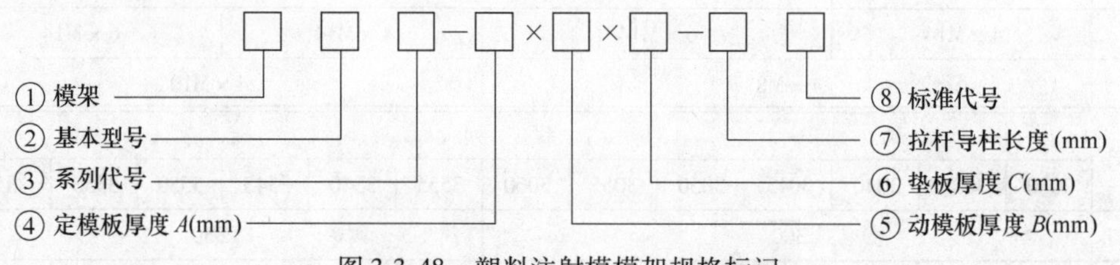

图 3-3-48　塑料注射模模架规格标记

示例 1：模板宽 200mm，长 250mm，$A=50$mm，$B=40$mm，$C=70$mm 的直浇口 A 型模架标记为：模架 A 2025 -50×40×70 GB/T 12555—2006。

示例 2：模板宽 300mm，长 300mm，$A=50$mm，$B=60$mm，$C=90$mm，拉杆导柱长度为 200mm 的点浇口 B 型模架标记为：模架 DB 3030-50×60×90-200 GB/T 12555—2006。

5. 标准模架的选用

标准模架的选用取决于制件尺寸的大小、形状、型腔数、浇注形式、模具的分型面数、制件脱模方式、推板行程、定模和动模的组合形式、注射机规格，以及模具设计者的设计理念等有关因素。

标准模架的尺寸系列很多，应选用合适的尺寸。如果选择的尺寸过小，就有可能使模架强度、刚度不够，而且会导致螺孔、销孔、导套（导柱）的安放位置不够；选择尺寸过大的模架，不仅会使成本提高，还有可能使注射机型号增大。

塑料注射模基本型模架系列由模板的 $W \times L$ 决定，如图 3-3-46 和图 3-3-47 所示。除了动、定模板的厚度需由设计者从标准中选定外，模架的其他有关尺寸在标准中都已规定。

选择模架的关键是确定型腔模板的周界尺寸（长×宽）和厚度。要确定模板的周界尺寸，就要确定型腔到模板边缘之间的壁厚。

模板的厚度主要由型腔的深度来确定，并需考虑型腔底部的刚度和强度是否足够。如果型腔底部有支承板，型腔底部就不需要太厚。支承板的厚度同样可以通过计算方法来确定，但在实际工作中使用不方便，通常使用的方法是查表或用经验公式来确定。

模架选择步骤如下：

（1）确定模架组合形式　根据制件成型所需要的结构来确定模架的结构组合形式。

（2）确定型腔侧壁厚度和支承板厚度　确定模板的侧壁可查表 3-2-2、表 3-2-3 及表 3-3-14 中的经验数据来计算或确定，支承板厚度可查表 3-3-15 中的经验数据。

表 3-3-14　型腔侧壁厚度 S 的经验数据

型腔压力/MPa	型腔侧壁厚度 S/mm
<29（压缩）	$0.14l+12$
<49（压缩）	$0.16l+15$
<49（注射）	$0.20l+17$

注：型腔为整体，$l>100$mm 时，表中值需乘以 0.85～0.90。

表 3-3-15　支承板厚度 h 的经验数据

B	h		
	$b\approx L$	$b\approx 0.8L$	$b\approx 0.5L$
<102	(0.12～0.13) b	(0.1～0.11) b	$0.08b$
≥102～300	(0.13～0.15) b	(0.11～0.12) b	(0.08～0.09) b
≥300～500	(0.15～0.17) b	(0.12～0.13) b	(0.09～0.1) b

注：当压力 $p>49$MPa，$L\geqslant 1.5b$ 时，取表中数值乘以 1.25～1.5；当压力 $p<49$MPa，$L\geqslant 1.5b$ 时，取表中数值乘以 1.5～1.6。

（3）计算型腔模板周界　型腔模板尺寸如图 3-3-49 所示，其相关尺寸计算公式如下：

型腔模板的长度为

$$L=S'+A+t+A+S' \tag{3-3-13}$$

型腔模板的宽度为

$$W=S+B+t+B+S \tag{3-3-14}$$

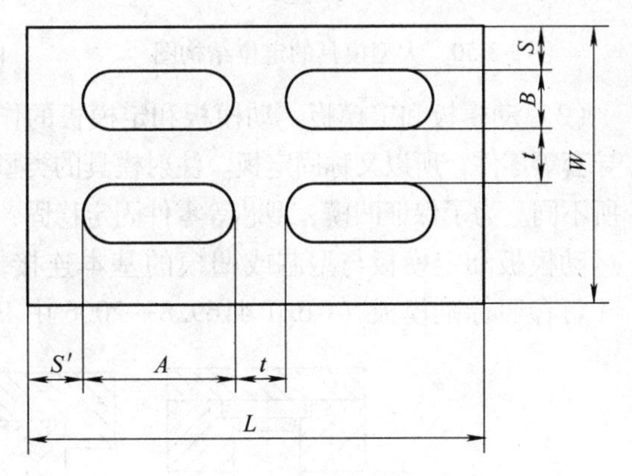

图 3-3-49　型腔模板尺寸

式中　L——型腔模板长度；

W——型腔模板宽度；

S'、S——模板长度、宽度方向侧壁厚度；

A——型腔长度；

B——型腔宽度；

t——型腔间壁厚，一般取壁厚 S 尺寸的 1/3 或 1/4。

（4）确定模板周界尺寸　计算出的模板周界尺寸不太可能与标准模板的尺寸相等，所以必须将计算出的数据向标准尺寸“靠拢”，一般向较大值修整。另外，在修整时需考虑到在模板长、宽位置上应有足够的空间安装其他零件，需要增加模板长度和宽度尺寸。

（5）确定模板厚度　根据型腔深度得到模板厚度，并按照标准尺寸进行修整。

（6）选择模架尺寸　根据确定下来的模具周边尺寸，配合模板所需要的厚度，查标准选择模架。

（7）检验所选模架　对所选模架还需检查模架与注射机之间的关系，如闭合高度、开模空间等，如不合适，还需重新选择。

6. 模架结构零部件的设计

（1）动模座板和定模座板　动模座板和定模座板是动模和定模的基座，也是塑料模与成型设备连接的模板。为保证注射机喷嘴中心与注射模浇口套中心重合，固定式注射模定模座板上的定位圈与注射机定模固定座板的定位孔有配合要求，如图 3-3-50 所示。定模座板、动模座板在注射机上安装时要可靠，常用螺栓或压板紧固，如图 3-3-51 所示。注射模的动模座板和定模座板尺寸可参照 GB/T 4169. 8—2006 中 A 型模板的尺寸规格。

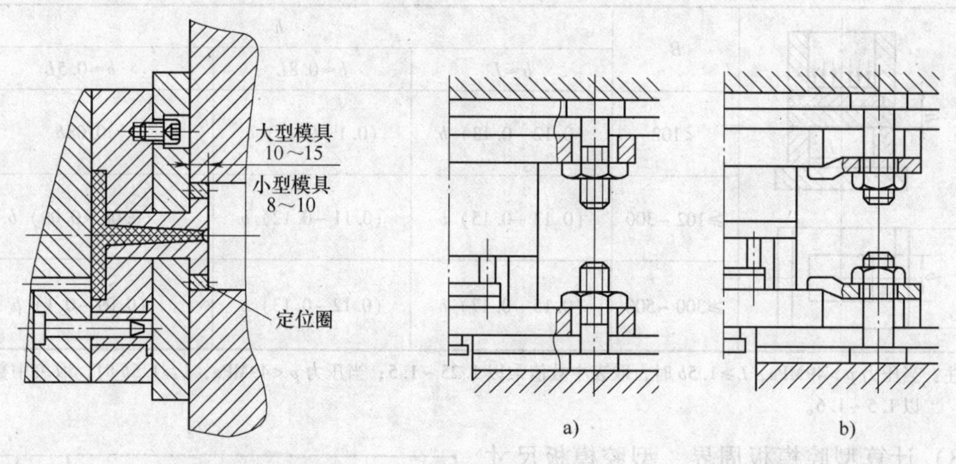

图 3-3-50　大型模具的定位结构图　　图 3-3-51　定、动模座板在注射机上的安装

（2）动模板和定模板　动模板和定模板的作用是固定型芯（凸模）、型腔（凹模）、导柱、导套等零件，所以又称固定板。注射模具的类型及结构不同，动模板和定模板的工作条件也有所不同。为了保证凹模、型芯等零件固定稳固，动模板和定模板应有足够的厚度。

动模板和定模板与型芯或凹模的基本连接方式如图 3-3-52 所示。动模板和定模板的尺寸可参照标准模板（GB/T 4169. 8—2006 中 B 型）选用。

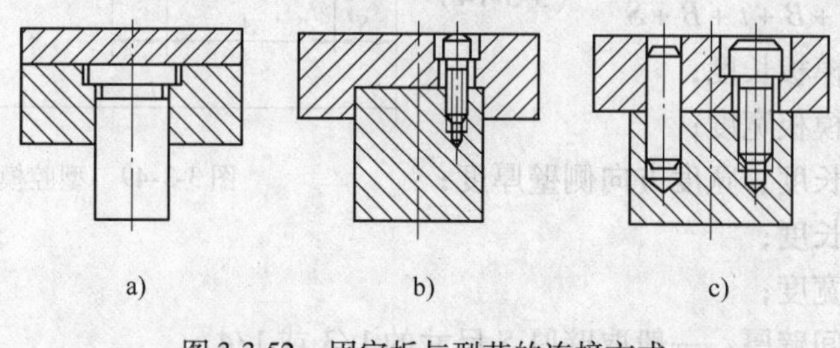

图 3-3-52　固定板与型芯的连接方式

a）台肩连接　b）螺钉联接　c）螺钉加销钉联接

(3) 支承板　支承板是垫在固定板背面的模板。它的作用是防止型芯（凸模）、型腔（凹模）、导柱或导套等零件脱出，增强这些零件的稳固性，并承受型芯和凹模等传递来的成型压力。支承板与固定板的连接方式如图 3-3-53 所示。支承板应具有足够的强度和刚度，以承受成型压力，且不产生过量变形，其强度和刚度计算方法与型腔底板的计算方法相似。支承板的尺寸也可参照标准模板（GB/T 4169.8—2006）选用。

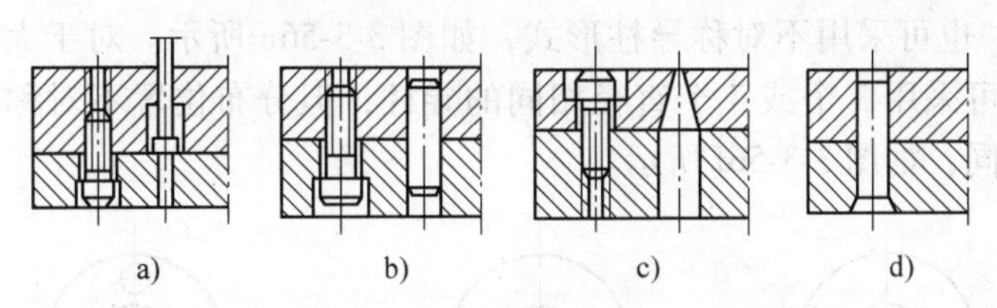

图 3-3-53　支承板与固定板的连接方式

(4) 垫块　垫块的作用是使动模支承板与动模座板之间形成供推出机构运动的空间，或调节模具总高度，以适应成型设备上模具安装空间对模具总高度的要求。垫块与支承板和动模座板的组装方法如图 3-3-54 所示。所有垫块的高度应一致，否则会由于动定模轴线不重合造成导柱导套局部过度磨损。

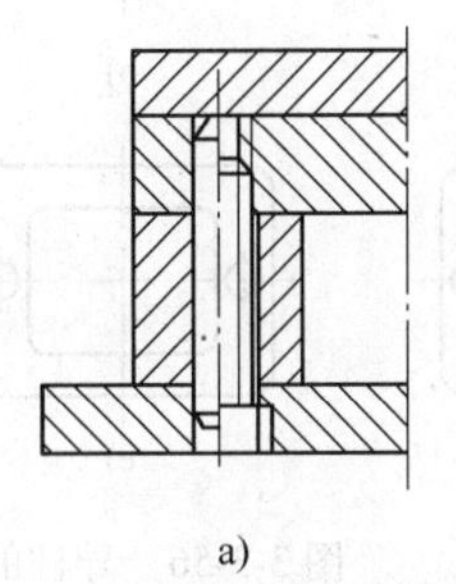
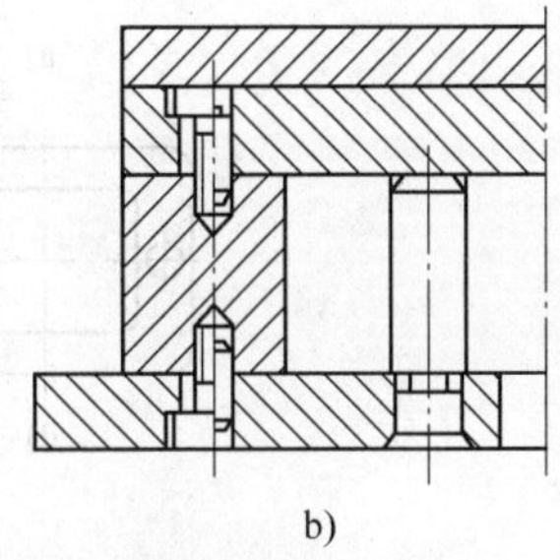

图 3-3-54　垫块与支承板和动模座板的组装

a）螺钉加销钉联接　b）支承柱辅助支承

对于大型模具，为了增强动模的刚度，可在支承板和动模座板之间采用支承柱，如图 3-3-54b 所示，这种支承柱起辅助支承作用。如果推出机构设有导向装置，则导柱也能起到辅助支承作用。垫块和支承柱的尺寸可参照有关标准（GB/T 4169.6—2006 和 GB/T 4169.10—2006）。

(5) 合模导向装置　合模导向装置是保证动、定模或上、下模合模时，正确地定位和导向的零件。合模导向装置主要有导柱导向和锥面定位两种形式，通常采用导柱导向机构，如图 3-3-55 所示。

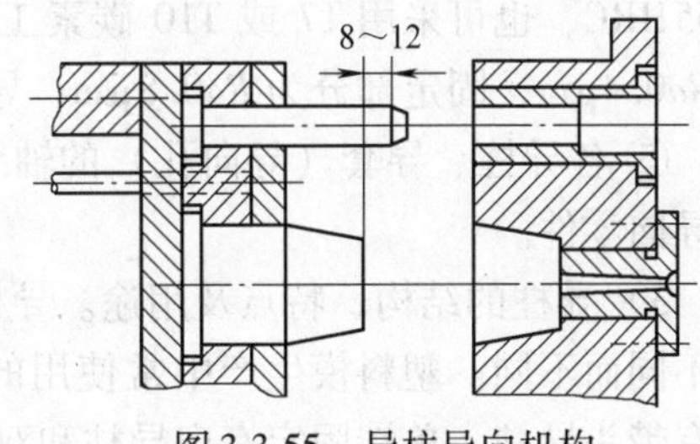

图 3-3-55　导柱导向机构

1）导向装置的作用。

① 导向作用。开模时，首先是导向零件接触，引导动、定模或上、下模准确闭合，避免型芯先进入型腔造成成型零件损坏。

② 定位作用。模具闭合后，保证动、定模或上、下模位置正确，满足型腔的形状和尺寸精度。导向装置在模具装配过程中也会起到定位作用，便于模具的装配和调整。

③ 承受一定的侧向压力。塑料熔体在充型过程中可能产生单向侧向压力或受成型设备精度低的影响，工作过程中导柱将承受一定的侧向压力。

2）导向零件的设计原则。

① 导向零件应合理地均匀分布在模具的周围或靠近边缘的部位，其中心至模具边缘应有足够的距离，以保证模具的强度，防止压入导柱和导套时发生变形。

② 根据模具的形状和大小，一副模具一般需要 2 ~ 4 个导柱。对于小型模具，无论是圆形或矩形，通常只用两个直径相同且对称分布的导柱，如图 3-3-56a、图 3-3-56d 所示。如果模具的凸模与型腔合模有方位要求，则用两个直径不同的导柱，如图 3-3-56b、图 3-3-56e 所示；也可采用不对称导柱形式，如图 3-3-56c 所示。对于大中型模具，为了简化加工工艺，可采用 3 个或 4 个直径相同的导柱，但分布位置不对称，或导柱位置对称，但中心距不同，如图 3-3-56f 所示。

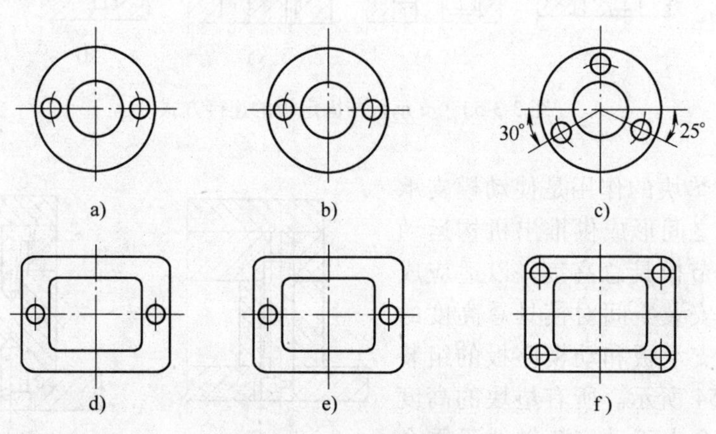

图 3-3-56　导柱的布置形式

a）圆形模架对称导柱　b）圆形模架不等直径导柱　c）圆形模架不对称导柱
d）矩形模架对称导柱　e）矩形模架不等直径导柱　f）矩形模架不对称导柱

③ 导柱先导部分应做成球状或带有锥度；导套前端应倒角；导柱工作部分长度应比型芯端面高出 8 ~ 12mm，以确保其具有导向与引导的作用，如图 3-3-55 所示。

④ 导柱与导套应有足够的耐磨性，多采用低碳钢经渗碳淬火处理，其硬度为 48 ~ 55HRC，也可采用 T7 或 T10 碳素工具钢，经淬火处理。导柱工作部分表面粗糙度值为 $Ra0.4\mu m$，固定部分为 $Ra0.8\mu m$；导套内、外圆柱面表面粗糙度值取 $Ra0.8\mu m$。

⑤ 各导柱、导套（导向孔）的轴线应保证平行，否则将影响合模的准确性，甚至损坏导向零件。

3）导柱的结构、特点及用途。导柱的结构形式随模具结构大小及塑料制件生产批量的不同而不同。塑料模生产中常使用的导柱如图 3-3-57 所示。塑料注射模常用的标准导柱有带头导柱、单端固定有肩导柱和双端固定有肩导柱，如图 3-3-58 所示。

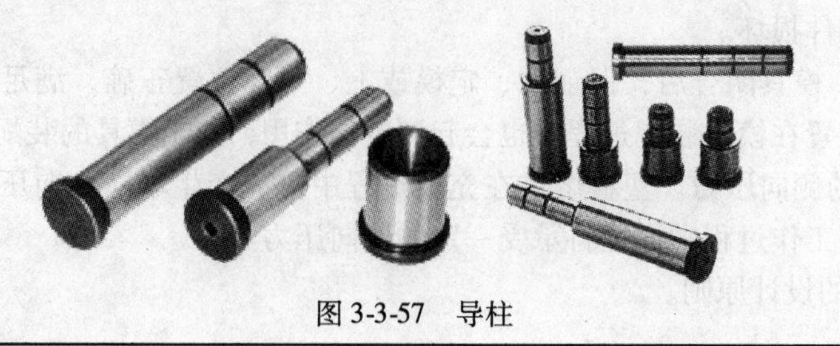

图 3-3-57　导柱

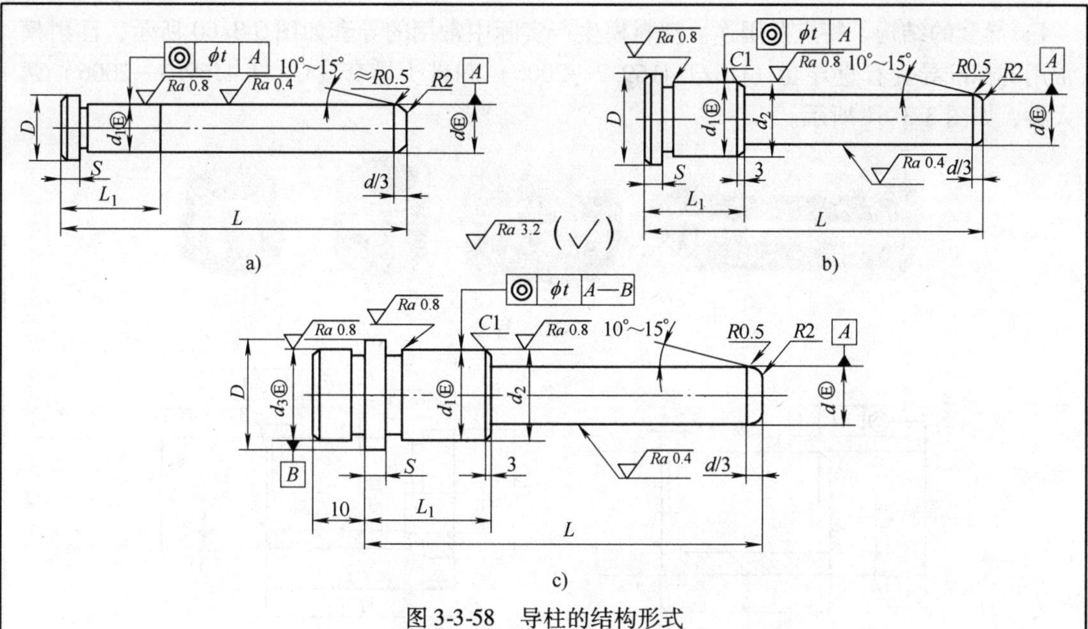

图 3-3-58　导柱的结构形式

a）带头导柱　b）单端固定有肩导柱　c）双端固定有肩导柱

导柱与导套的配合形式有多种，如图 3-3-59 所示。在小批量生产时，带头导柱通常不需要导套，导柱直接与模板导向孔配合，如图 3-3-59a 所示；也可以与导套配合，如图 3-3-59b、c 所示。带头导柱一般用于简单模具。有肩导柱一般与导套配合使用，如图 3-3-59d、图 3-3-59e 所示，导套外径与导柱固定端直径相等，便于导柱固定孔和导套固定孔的加工。如果导柱固定板较薄，可采用双端固定有肩导柱，其固定部分有两段，分别固定在两块模板上，如图 3-3-59 f 所示。有肩导柱一般用于大型或精度要求高、生产批量大的模具。根据需要，导柱的导滑部分可以加工出油槽。

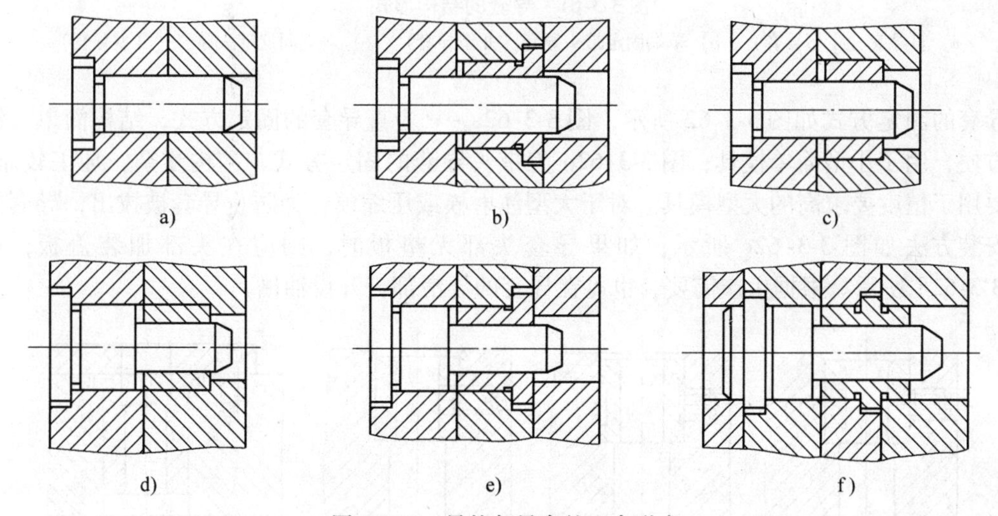

图 3-3-59　导柱与导套的配合形式

a）带头导柱与模板导向孔直接配合　b）带头导柱与带头导套配合　c）带头导柱与直导套配合

d）有肩导柱与直导套配合　e）有肩导柱与带头导套配合　f）导柱与导套分别固定在两块模板中的配合

4）导套的结构、特点及用途。塑料模生产实际中常用的导套如图 3-3-60 所示，注射模常用的标准导套有直导套（GB/T 4169. 2—2006）和带头导套（GB/T 4169. 3—2006）两大类，如图 3-3-61 所示。

图 3-3-60　导套

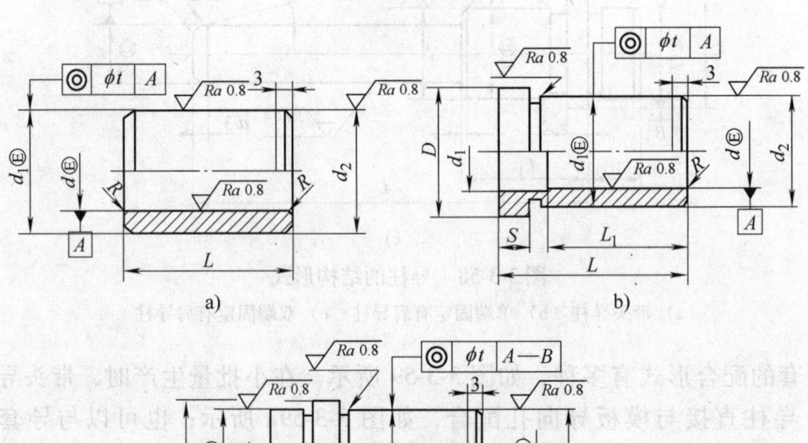

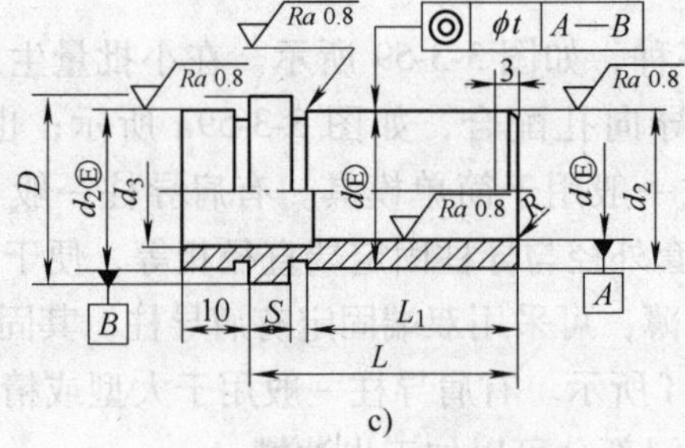

图 3-3-61　导套的结构形式

a）直导套（Ⅰ型导套）　b）单端固定带头导套（Ⅱ型导套）　c）双端固定带头导套（Ⅱ型导套）

导套的固定方式如图 3-3-62 所示，图 3-3-62a ~ c 为直导套的固定方式，结构简单，制造方便，用于小型简单模具；图 3-3-62d 为带头导套的固定方式，结构复杂，加工较难，主要用于精度要求高的大型模具。对于大型注射模或压缩模，为防止导套被拔出，导套头部安装方法如图 3-3- 62c 所示；如果导套头部无垫板时，则应在头部加装盖板，如图 3-3-62d 所示。根据生产需要，也可在导套的导滑部分开设油槽。

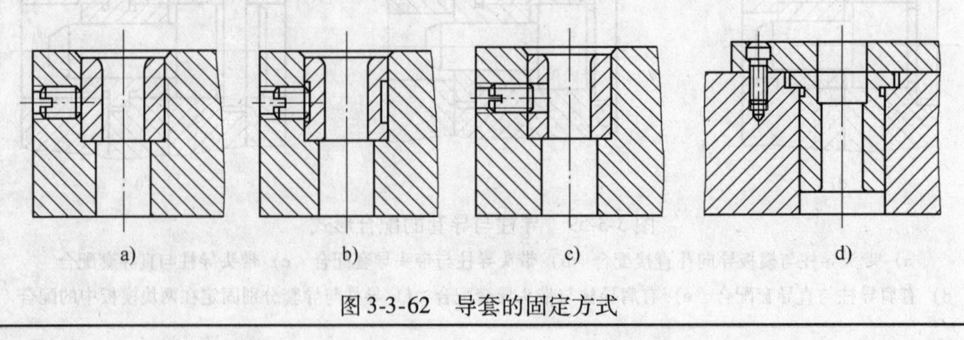

图 3-3-62　导套的固定方式

导套的配合精度：直导套采用 H7/r6 过盈配合镶入模板，带头导套采用 H7/m6 或 H7/k6 过渡配合镶入模板。

5）锥面定位结构。导柱导套导向定位虽然对中性好，但毕竟由于导柱与导套有配合间隙，导向精度不可能太高。当要求配合精度很高或侧压力很大时，必须采用锥面导向定位的方法。

对于尺寸较大的模具，必须采用动、定模模板各自带锥面的导向定位机构与导柱导套联合用。对于圆形型腔，有两种导向定位设计方案，如图 3-3-63 所示。

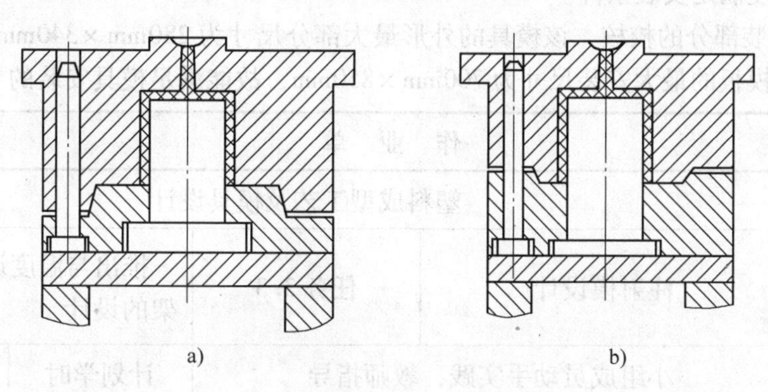

图 3-3-63　圆形型腔锥面定位机构

图 3-3-64a 是型腔模板环抱动模板的结构，成型时，在型腔内塑料的压力下，型腔侧壁向外开会使定位锥面出现间隙；图 3-3-64b 是动模板环抱型腔模板的结构，成型时，定位锥面会贴得更紧，是合理的选择。锥面角度取小值有利于定位，但会增大所需的开模阻力，因此锥面的单面斜度一般可在 5°~20°范围内选取。

3.3.6	汽车操作按钮、笔筒模具模架的设计

1. 汽车操作按钮模具模架的设计

塑件成型采用一模四腔平衡布置、侧浇口一次分型结构，综合考虑型腔的壁厚要求、塑件尺寸大小等多项因素，估算型腔模板的概略尺寸，查表选取标准模板的尺寸为230mm × 280mm，选用 A 型标准模架（GB/T 12555—2006）。选取标准导向零件，见任务 4.2。

（1）模具闭合高度的校核　由于 XS-ZY-125 型注射成型机所允许的模具最小厚度 $H_{min}=200$mm，模具最大厚度 $H_{max}=300$mm，而计算所得模具的闭合高度 $H=225$mm，模具闭合高度满足安装条件。

（2）模具安装部分的校核　该模具的外形最大部分尺寸为 230mm × 280mm，XS-ZY-125 型注射成型机模板的最大安装尺寸为 360mm × 360mm，故能满足模具安装的要求。

（3）模具开模行程的校核　XS-ZY-125 型注射成型机的最大开模行程 $S_{max}=300$mm。为了使塑件成型后能够顺利脱模，并结合该模具单分型面的特点，确定该模具的开模行程 S 应满足

$$S_{max} > 225\text{mm} + (5 \sim 10)\text{mm} = 230 \sim 235\text{mm}$$

因 $S_{max}=300\text{mm}>235\text{mm}$，故该注射成型机的开模行程满足要求。

2. 笔筒模具模架的设计

塑件成型采用一模一腔、直接浇口侧向分型结构，对开的瓣合分型面，模具尺寸较大且结构复杂，考虑型腔的壁厚要求、塑件尺寸大小等多项因素，选用B型标准模架（GB/T 12555—2006）。选取标准导向零件，见任务4.2。

（1）模具闭合高度的校核　由于XS-ZY-500型注射成型机所允许的模具最小厚度 $H_{min}=300mm$，模具最大厚度 $H_{max}=450mm$，而计算所得模具的闭合高度 $H=425mm$，所以模具闭合高度满足安装条件。

（2）模具安装部分的校核　该模具的外形最大部分尺寸为280mm×340mm，XS-ZY-500型注射成型机模板的最大安装尺寸为700mm×850mm，故能满足模具安装的要求。

作　业　单

学习领域	塑料成型工艺及模具设计			
学习情境三	注射模设计	任务3.3	推出与温度调节系统、模架的设计	
实践方式	小组成员动手实践，教师指导		计划学时	10学时
实践内容	参看学习单7中的计划单、决策单、材料工具清单、实施单、检查单、评价单。学生完成任务：根据各类典型塑料制品的结构特点，完成下列典型塑件模具推出与温度调节系统、模架的设计（推出机构的组成；推出机构的分类；温度调节系统的作用；模具冷却系统的类型；模架的选用）。 1. 典型塑件 （1）汽车油管堵头（图1-1-10）。 （2）树叶香皂盒（图1-1-11）。 （3）汽车发动机油缸盖（图1-1-12）。 （4）塑料牙具筒（图1-1-13）。 （5）塑料基座（图1-1-14）。 2. 实践步骤 1）小组讨论、共同制订计划，完成计划单。 2）小组根据班级各组计划，综合评价方案，完成决策单。 3）小组成员均根据需要完成的工作任务，完成材料工具清单。 4）小组成员共同研讨、确定动手实践的实施步骤，完成实施单。 5）小组成员均根据实施单中的实施步骤，分析典型塑料零件的应用。 6）小组成员完成检查单。 7）按照专业能力、社会能力、方法能力三方面综合评价每位学生，完成评价单。				
班级		第　组	日期	

任务单

<table>
<tr><td>学习领域</td><td colspan="6">塑料成型工艺及模具设计</td></tr>
<tr><td>学习情境三</td><td colspan="2">注射模设计</td><td colspan="2">任务 3.4</td><td colspan="2">塑料笔筒注射模侧向分型与抽芯机构的设计</td></tr>
<tr><td colspan="3">任务学时</td><td colspan="4">8 学时</td></tr>
<tr><td colspan="7">布置任务</td></tr>
<tr><td>工作目标</td><td colspan="6">1. 掌握侧向分型与抽芯机构的设计方法。
2. 掌握侧向分型与抽芯机构的分类。
3. 掌握斜导柱侧向分型与抽芯机构的结构组成。
4. 能根据塑料制品结构确定模具侧向分型与抽芯机构。</td></tr>
<tr><td>任务描述</td><td colspan="6">根据注射模具设计程序，分析笔筒结构，设计注射模侧向分型与抽芯机构，实现注射模具的侧向分型零部件的设计。
1. 掌握侧向分型与抽芯机构分类，分析各类结构的特点。
2. 确定斜导柱侧向分型与抽芯机构的结构组成。
3. 分析侧向分型与抽芯机构的作用。
4. 计算模具侧向分型与抽芯机构零部件的有关尺寸，进行结构设计。</td></tr>
<tr><td>学时安排</td><td>资讯
2 学时</td><td>计划
0.5 学时</td><td>决策
0.5 学时</td><td>实施
4 学时</td><td>检查
0.5 学时</td><td>评价
0.5 学时</td></tr>
<tr><td>提供资源</td><td colspan="6">1. 注射模模拟仿真软件。
2. 教案、课程标准、多媒体课件、加工视频、参考资料、塑料技术标准等。
3. 典型模具成型工作原理动画。</td></tr>
<tr><td>对学生的要求</td><td colspan="6">1. 应了解各类塑料模具的工作原理，掌握侧向分型与抽芯机构的设计方法。
2. 掌握塑料件的结构特点、模具的结构特点及工作原理。
3. 掌握侧向分型与抽芯机构的结构组成及作用。
4. 以小组的形式进行学习、讨论、操作、总结，每位同学必须积极参与小组活动，进行自评和互评；上交一份侧向分型与抽芯机构的设计完成图，并分析各种侧向分型与抽芯机构的主要特点。</td></tr>
</table>

资 讯 单

<table>
<tr><td>学习领域</td><td colspan="3">塑料成型工艺及模具设计</td></tr>
<tr><td>学习情境三</td><td>注射模设计</td><td>任务 3.4</td><td>塑料笔筒注射模侧向分型与抽芯机构的设计</td></tr>
<tr><td colspan="2">资讯学时</td><td colspan="2">2 学时</td></tr>
<tr><td>资讯方式</td><td colspan="3">观察实物，观看视频，通过杂志、教材、互联网及信息单内容查询问题；咨询任课教师。</td></tr>
<tr><td>资讯问题</td><td colspan="3">1. 注射模具侧向分型与抽芯机构如何分类？
2. 斜导柱侧向分型与抽芯机构的特点是什么？
3. 斜滑块侧向分型与抽芯机构有什么特点？
4. 各种类型侧向分型与抽芯机构模具的特点是什么？
5. 手动、机动、液压和气动侧向分型与抽芯机构有什么区别？
6. 斜导柱侧向分型与抽芯机构的结构由哪些零件组成？
7. 斜导柱侧向分型与抽芯机构的设计原则是什么？
8. 什么是抽芯距？
9. 滑块如何定距？</td></tr>
<tr><td>资讯引导</td><td colspan="3">1. 问题 1 可参考信息单 3.4.1。
2. 问题 2 可参考信息单 3.4.2。
3. 问题 3 可参考信息单 3.4.3。
4. 问题 4 可参考信息单 3.4.2～3.4.7。
5. 问题 5 可参考《塑料成型工艺及模具设计》，陈建荣，北京理工大学出版社，2010。
6. 问题 6 可参考《简明塑料模具设计手册》，齐卫东，北京理工大学出版社，2012。
7. 问题 7 可参考《塑料成型工艺与模具设计》，屈华昌，机械工业出版社，2007。
8. 问题 8 可参考《塑料注射模结构与设计》，杨占尧，高等教育出版社，2008。
9. 问题 9 可参考《塑料成型工艺模具设计》，李东君，化学工业出版社，2010。</td></tr>
</table>

信 息 单

学习领域	塑料成型工艺及模具设计		
学习情境三	注射模设计	任务 3.4	塑料笔筒注射模侧向分型与抽芯机构的设计
3.4.1	侧向分型与抽芯机构的分类		

根据动力来源不同，侧向分型与抽芯机构一般可分为机动、手动、液压或气动三大类型。

1. 机动侧向分型与抽芯机构

机动侧向分型与抽芯机构是利用注射机开模力作为动力，通过相关传动零件（如斜导柱）作用于侧向成型零件而将模具侧向分型或将侧型芯从塑件中抽出，合模时又靠它使侧向成型零件复位。

这类机构虽然结构比较复杂，但分型与抽芯无须手动操作，生产率高，在生产中应用最为广泛。根据传动零件的不同，侧向分型与抽芯机构可分为斜导柱侧向分型与抽芯机构、弯销侧向分型与抽芯机构、斜导槽侧向分型与抽芯机构、斜滑块侧向分型与抽芯机构、齿轮齿条侧向分型与抽芯机构等许多类型，其中斜导柱侧向分型与抽芯机构和斜滑块侧向分型与抽芯机构最为常用，后面将重点介绍。

2. 液压或气动侧向分型与抽芯机构

液压或气动侧向分型与抽芯机构是以液压力或气压力作为动力进行侧向分型、抽芯和复位。液压或气动侧向分型与抽芯机构多用于抽拔力大、抽芯距比较长的场合，缺点是液压或气动装置成本较高，模具体积较大。

3. 手动侧向分型与抽芯机构

手动侧向分型与抽芯机构是利用人力将模具侧向分型或将侧型芯从成型塑件中抽出。这一类机构操作不方便，工人劳动强度大，生产率低，但模具结构简单，加工成本低。

3.4.2	斜导柱侧向分型与抽芯机构设计

1. 斜导柱侧向分型与抽芯机构的结构组成及设计

斜导柱侧向分型与抽芯机构是利用斜导柱等零件把开模力和锁模力传给侧型芯或侧向成型块，使之产生侧向运动完成分型与抽芯动作。

斜导柱侧向分型与抽芯机构的特点是结构紧凑，动作安全可靠，加工制造方便，是设计和制造注射模侧抽芯时最常用的机构，但它的抽芯力和抽芯距受到模具结构的限制，一般适用于抽芯力不大及抽芯距小于 10mm 的场合。斜导柱侧向分型与抽芯机构主要由与开模方向成一定角度的斜导柱、侧型腔或型芯滑块、导滑槽、楔紧块和侧型腔或型芯滑块定距限位装置等组成。典型示例如图 3-4-1 所示。

图 3-4-1 中塑料制件的上侧有通孔，下侧有凸起，上侧需要带有侧型芯镶件 7 的侧型芯滑块 5 成型，下侧用侧型腔滑块成型，斜导柱 11 被定模座板 6 固定于定模板 10 上。开模时，塑件包在型芯 9 上随动模部分一起向左移动，在斜导柱的作用下，侧型芯滑块 5 随推件板 1 后退的同时，在推件板 1 的导滑槽内分别向上和向下移动，于是侧型芯和侧型腔逐渐脱离塑件，直至斜导柱分别与两滑块脱离，侧向抽芯和分型才结束。

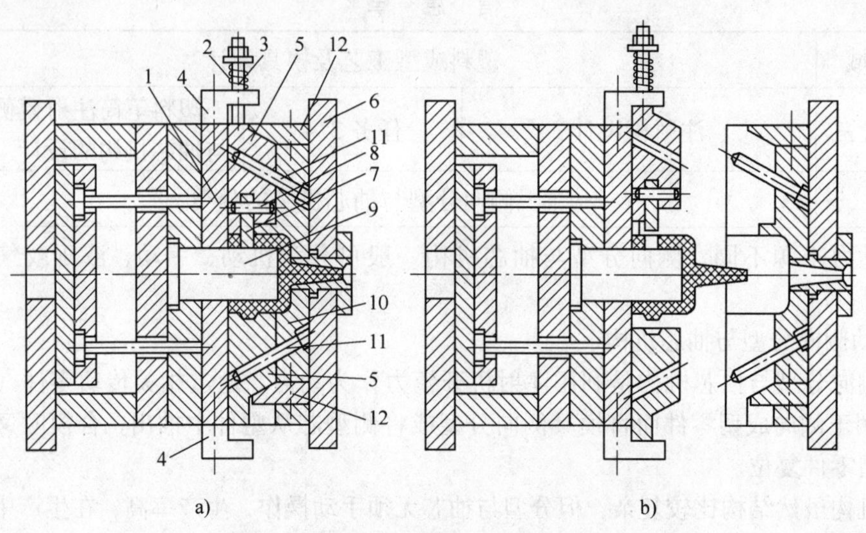

图 3-4-1　斜导柱侧向分型与抽芯机构示例

a）合模状态　b）侧向分型抽芯结束状态

1—推件板　2—弹簧　3—限位螺杆　4—挡块　5—侧型芯（腔）滑块　6—定模座板　7—侧型芯镶件　8—定位销钉　9—型芯　10—定模板　11—斜导柱　12—楔紧块

为了合模时斜导柱能准确地插入斜滑块上的斜导孔中，在滑块脱离斜导柱时要设置滑块的定距限位装置。在压缩弹簧 2 的作用下，侧型芯滑块在抽芯结束的同时紧靠挡块 4 而定位，下侧滑块在侧向分型结束时由于自身的重力定位于挡块上。动模部分继续向左移动，直至脱模机构动作，推杆推动推件板 1 把塑件从型芯 9 上推出。合模时，滑块靠斜导柱复位，由楔紧块 12 锁紧，以使其处于正确的成型位置而不受塑料熔体压力的作用向两侧松动。

下面再从细部结构进一步了解其工作过程。图 3-4-2a 所示模具处于闭合注射状态。斜导柱 3 固定在定模座板 2 上，侧型芯滑块 8 可以在动模板 7 的导滑槽内滑动，侧型芯 5 用销钉 4 固定在侧型芯滑块 8 上。开模时，开模力通过斜导柱 3 作用于侧型芯滑块 8，迫使侧型芯滑块 8 在动模板导滑槽内向左滑动，直至斜导柱全部脱离滑块，即完成抽芯动作，如图 3-4-2b 所示。

限位挡块 9、弹簧 10 及螺钉 11 组成定位装置，使滑块保持抽芯后的最终位置，以确保合模时斜导柱能准确地进入滑块中的斜孔，使滑块再次回到成型位置。随后塑件由推出机构中的推管 6 推离型芯，如图 3-4-2c 所示。模具闭合时，斜导柱 3 插入滑块中的斜孔，使抽芯机构复位，如图 3-4-2d 所示。最终依靠楔紧块 1 完成模具闭合，如图 3-4-2e 所示。滑块受到型腔内熔体压力的作用，有产生位移的可能，因此楔紧块 1 用于在注射时锁紧滑块，防止侧型芯受到成型压力的作用时向外移动，保证滑块成型时的位置。

（1）侧向抽芯距的确定　在设计侧向分型与抽芯机构时，除了计算侧向抽芯力以外，还必须考虑侧向抽芯距（亦称抽拔距）的问题。侧向抽芯距应为完成侧孔、侧凹抽拔所需的最大深度 h 加上 2 ~ 3mm 的安全裕量。不同的侧抽芯机构，完成侧向抽芯所需抽芯距不同，图 3-4-3a 所示结构所需抽芯距为

$$S = S' + 2 \sim 3\text{mm} \tag{3-4-1}$$

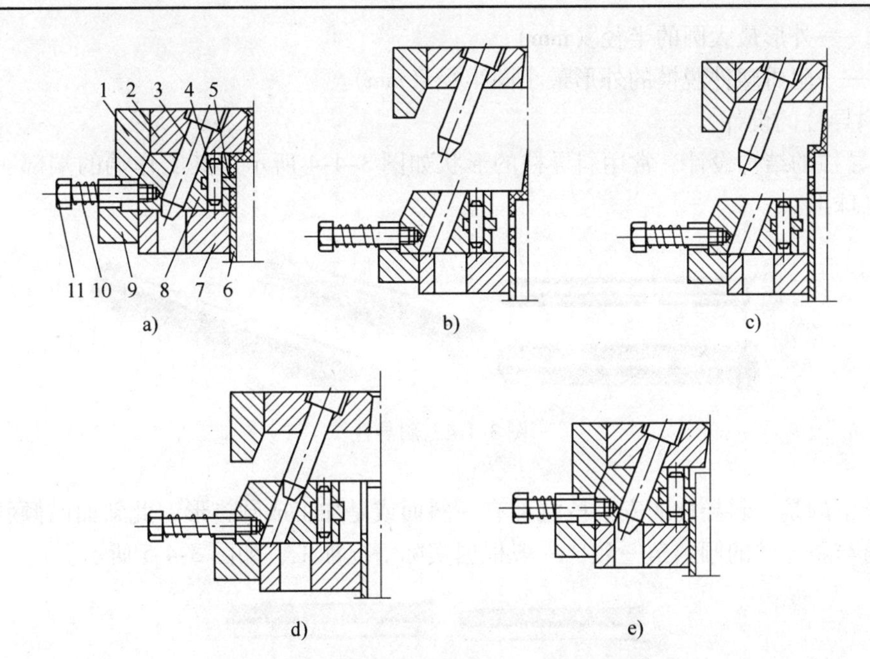

图 3-4-2　斜导柱侧向分型抽芯机构原理图

a）合模注射状态　b）侧向分型后的状态　c）推出塑件状态

d）合模过程中斜导柱重新插入滑块时的状态　e）合模完成时的状态

1—楔紧块　2—定模座板　3—斜导柱　4—销钉　5—侧型芯　6—推管

7—动模板　8—侧型芯滑块　9—限位挡块　10—弹簧　11—螺钉

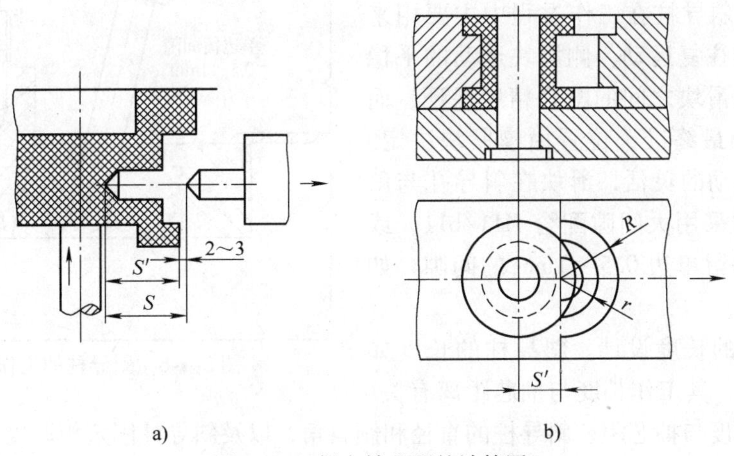

图 3-4-3　侧向抽芯距的计算图

式中　S——抽芯距（mm）；

S'——塑件上侧凹、侧孔的深度或侧向凸台的高度（mm）。

当塑件的结构比较特殊时，塑件外形为圆形并采用对开式滑块侧抽芯，如图 3-4-3b 所示，其抽芯距为

$$S = S' + 2 \sim 3\text{mm} = \sqrt{R^2 - r^2} + 2 \sim 3\text{mm} \tag{3-4-2}$$

式中　R——外形最大圆的半径（mm）；

r——阻碍塑件脱模的外形最小圆半径（mm）。

（2）斜导柱的设计

1）斜导柱的结构设计。常用斜导柱的形状如图 3-4-4 所示，其工作端的端部一般为锥台形或半球形。

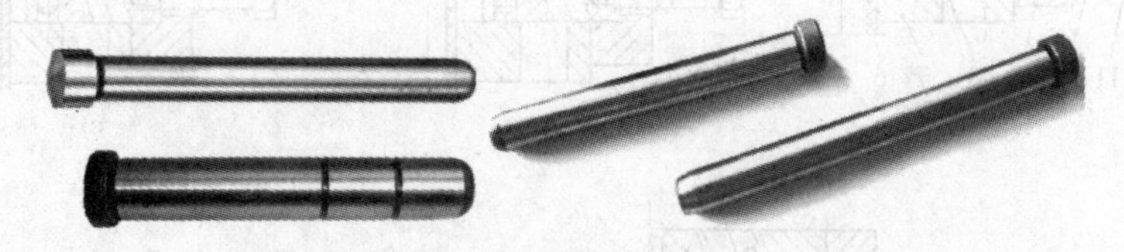

图 3-4-4　斜导柱

需要指出的是，斜导柱的安装段端部有一斜面或是加工成圆锥形，此斜面的倾斜角或锥面的斜角与斜导柱的倾斜角一致，一般根据实际情况加工，如图 3-4-5 所示。

图 3-4-5　安装段端部加工成斜面和圆锥形的斜导柱

斜导柱的材料多为 T8、T10 等碳素工具钢，也可以用 20 钢渗碳处理。由于斜导柱经常与滑块摩擦，热处理要求硬度 55≥HRC，表面粗糙度 $Ra \leqslant 0.8\mu m$。

斜导柱与其固定的模板之间采用过渡配合 H7/m6。由于斜导柱在工作过程中主要用来驱动侧滑块做往复运动，侧滑块运动的平稳性由导滑槽与滑块之间的配合精度保证，而合模时滑块的最终准确位置由楔紧块决定。因此，为了运动的灵活，滑块在斜导孔与斜导柱之间常常采用大间隙配合 H11/b11，或在两者之间保留单边 0.5～1mm 的间隙，如图 3-4-6 所示。

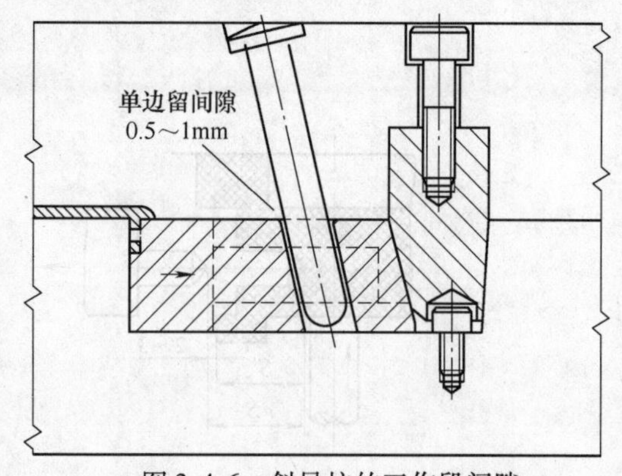

图 3-4-6　斜导柱的工作段间隙

2）斜导柱的长度设计。斜导柱的长度如图 3-4-7 所示，其工作长度与抽芯距离有关。斜导柱的总长度与抽芯距、斜导柱的直径和倾斜角，以及斜导柱固定板厚度等有关。斜导柱的总长为

$$L_Z = L_1 + L_2 + L_3 + L_4 + L_5$$
$$= \frac{d_2}{2}\tan\alpha + \frac{h}{\cos\alpha} + \frac{d}{2}\tan\alpha + \frac{S}{\sin\alpha} + 5 \sim 10\text{mm} \tag{3-4-3}$$

式中　L_Z——斜导柱总长度（mm）；

d_2——斜导柱固定部分大端直径（mm）；

h——斜导柱固定板厚度（mm）；

d——斜导柱工作部分直径（mm）；

S——抽芯距（mm）；

α——斜导柱倾斜角。

3）斜导柱的直径。斜导柱受力分析如图 3-4-7 所示，根据材料力学理论可推导出斜导柱直径 d 的计算公式为

$$d=\sqrt[3]{\frac{F_{c}L_{w}}{0.1[\sigma_{w}]\cos\alpha}} \tag{3-4-4}$$

式中 d——斜导柱直径（mm）；

F_c——抽出侧型芯的抽芯力（N）；

L_w——斜导柱的弯曲力臂（mm）；

$[\sigma_w]$——斜导柱许用弯曲应力；

α——斜导柱倾斜角。

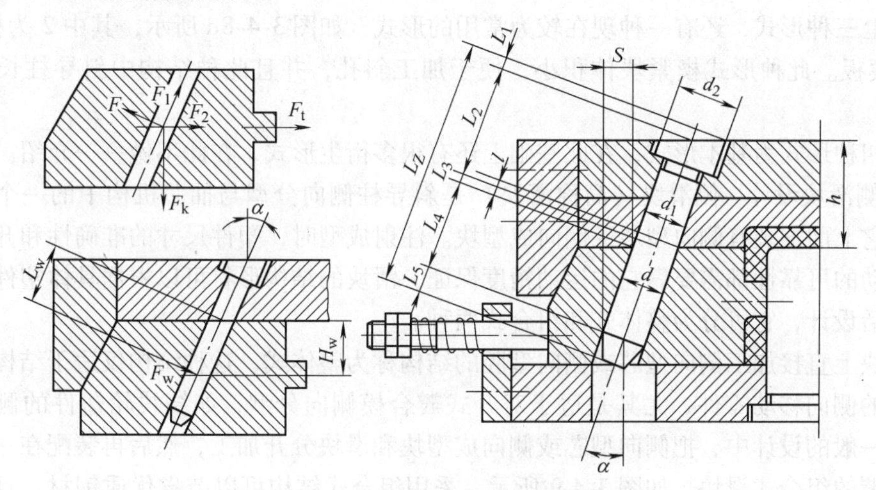

图 3-4-7 斜导柱长度计算及受力分析

斜导柱直径理论计算比较麻烦，实际设计过程中往往依据有关经验数据、表格确定。

4）斜导柱的倾角。斜导柱的倾角与斜导柱的长度、抽芯距都有关系。一般来说，在斜导柱长度一定的情况下，倾角越大，抽芯距越大，但是斜导柱所受的弯曲力越大，摩擦也越大。

在抽芯距一定的情况下，减小斜导柱的倾角有利于降低斜导柱上的弯曲力。斜导柱的倾角 α 应小于 25°，一般选择 12°～25°，通常在 15°～22°范围内选择。

5）斜导柱的固定。斜导柱的固定形式有多种，主要根据模具结构来选择。常见的形式分述如下。

斜导柱固定形式中两种最原始的形式是斜导柱固定在定模板上或者凹模镶件（定模仁）上。图 3-4-8a 所示斜导柱固定在定模板上，图 3-4-8a 中 1 为滑块，2 为定模板，3 为定模座板，斜导柱靠定模座板 3 紧固。图 3-4-8b 所示斜导柱固定在凹模镶件 3 上，其中 2 是定模板兼楔紧块。

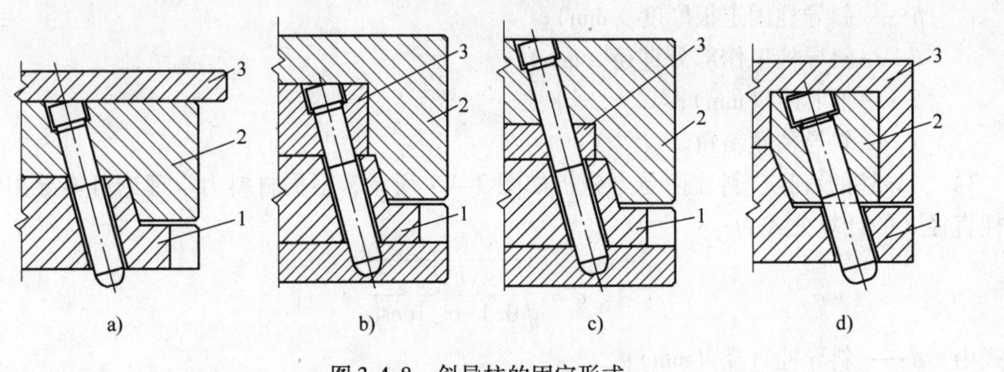

图 3-4-8 斜导柱的固定形式

图 3-4-8b 相比图 3-4-8a，斜导柱长度可以减小，较为常用。图 3-4-8c 为上述两种情况的衍生类型，凹模镶件 3 厚度较小，不能固定斜导柱，故斜导柱由定模板 2 固定。此种形式一般尽量不用。因为在零件 2 和 3 上钻孔，同轴度不高，加工和装配难度大。

除以上三种形式，还有一种现在较为常用的形式，如图 3-4-8d 所示，其中 2 为楔紧块，3 为定模板。此种形式楔紧块体积小，便于加工斜孔，并且此种结构中斜导柱长度不需太长。

以上四种形式为基本形式，在此基础上还有很多衍生形式，在此不做一一介绍。

（3）侧滑块设计　侧滑块（简称滑块）是斜导柱侧向分型与抽芯机构中的一个重要零部件，它上面安装有侧向型芯或侧向成型块。注射成型时，塑件尺寸的准确性和开合模时机构运动的可靠性都需要靠它的运动精度保证。滑块的结构形状可以根据具体塑件和模具结构灵活设计，它可分为整体式和组合式两种。

在滑块上直接加工侧向型芯或侧向型腔的结构称为整体式，这种结构仅适于结构形状十分简单的侧向移动零件，尤其是适于对开式瓣合模侧向分型，如绕线轮塑件的侧型腔滑块。在一般的设计中，把侧向型芯或侧向成型块和滑块分开加工，然后再装配在一起，这就是所谓的组合式滑块，如图 3-4-9 所示。采用组合式结构可以节省优质钢材，且加工容易，因此应用广泛。表 3-4-1 为几种常见的滑块和侧型芯连接形式和使用场合。

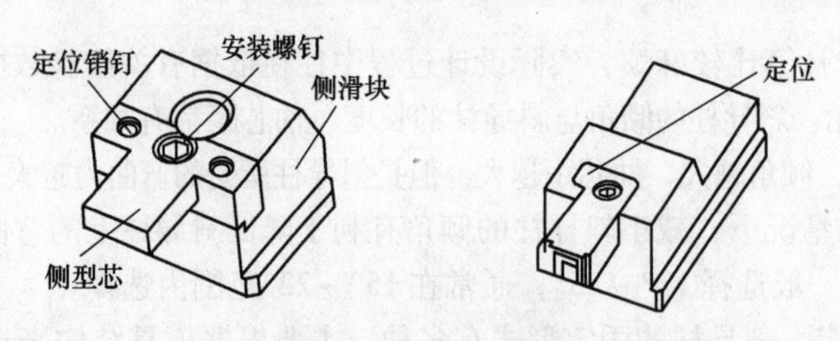

图 3-4-9 组合式滑块

在侧滑块的设计过程中，经常根据经验选择相应的形式和尺寸。常用的侧滑块尺寸系列见表 3-4-2，设计时可参考对应尺寸。需要指出，为了便于加工和考虑互换性，侧滑块各尺寸常以 5mm 为单位进行设计。

（4）导滑槽设计　成型滑块在侧向分型与抽芯和复位过程中，要求其必须沿一定的方向平稳地往复移动，这一过程是在导滑槽内完成的。根据模具上侧型芯的大小、形状和要求不同，以及各工厂的具体使用情况，滑块与导滑槽的配合形式也不同，一般采用T形槽或燕尾槽导滑，常用的形式见表3-4-3。

在设计滑块与导滑槽时，要注意选用正确的配合精度。导滑槽与滑块部分采用间隙配合，一般采用H8/f8；如果配合面在成型时与熔融塑料接触，为了防止配合部分漏料，应适当提高精度，可采用H8/f7或H8/g7；其他各处均应留有0.5mm左右的间隙。配合部分的表面要求较高，表面粗糙度 $Ra \leqslant 0.8\mu m$。

表3-4-1 常见的滑块和侧型芯连接形式和使用场合

简图	说明	简图	说明
	滑块采用整体结构。适用于型芯较大的场合，但是滑块修理不方便		采用螺钉固定，一般型芯较小且截面为圆形时适用
	采用螺钉固定，型芯拆卸方便，为常用结构，但要注明型芯的定位		采用压板固定，多型芯同时固定的滑块上可用此结构

表3-4-2 常用的侧滑块尺寸系列

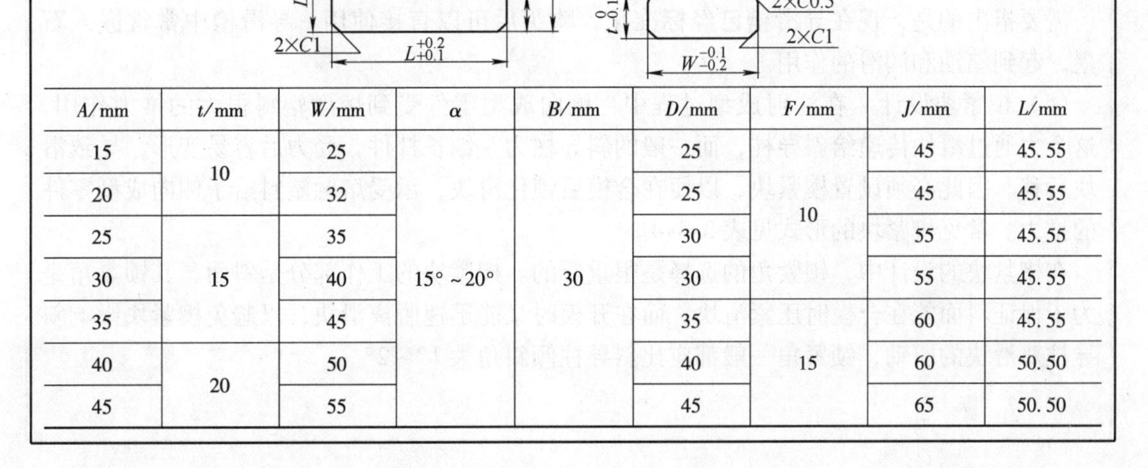

A/mm	t/mm	W/mm	α	B/mm	D/mm	F/mm	J/mm	L/mm
15	10	25			25		45	45.55
20		32			25	10	45	45.55
25		35			30		55	45.55
30	15	40	15°~20°	30	30		55	45.55
35		45			35		60	45.55
40	20	50			40	15	60	50.50
45		55			45		65	50.50

导滑槽与滑块还要保持一定的配合长度。滑块完成抽拔动作后，其滑动部分仍应全部或部分留在导滑槽内。滑块的滑动配合长度通常要大于滑块宽度的1.5倍，而保留在导滑槽内的长度不应小于导滑配合长度的2/3，否则滑块开始复位时容易偏斜，甚至损坏模具。如果模具的尺寸较小，为了保证具有一定的导滑长度，可以将导滑槽局部加长，使其伸出模外。

组成导滑槽的零件对硬度和耐磨性都有一定的要求，一般情况下，整体式导滑槽通常在动模板或定模板上直接加工出来，常用材料为45钢。为了便于加工和防止热处理变形，常常调质至28～32HRC后铣削成型。盖板的材料用T8、T10或45钢，要求硬度≥50HRC。

表3-4-3　导滑槽的常见形式和应用场合

简　图	说　明	简　图	说　明
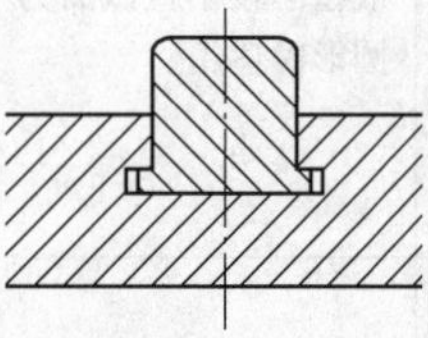	整体式结构，强度高，但是加工困难，模具较多场合常用	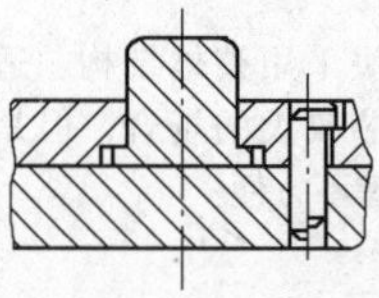 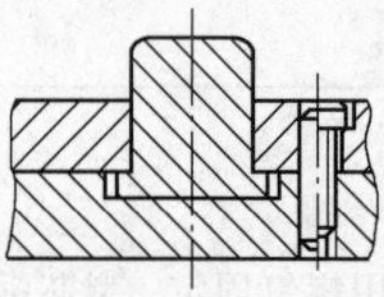	采用整体盖板形式，克服了整体式要用T形铣刀加工高精度的困难，加工简单
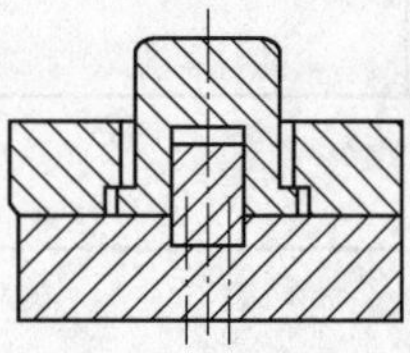	采用T形槽的形式，但移动方向的导滑部分设在中间的镶块上，而高度方向的导滑还依靠T形槽	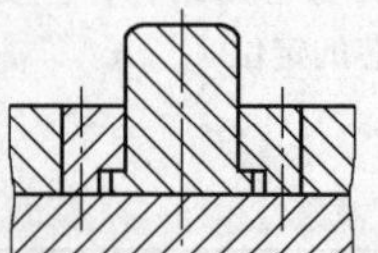 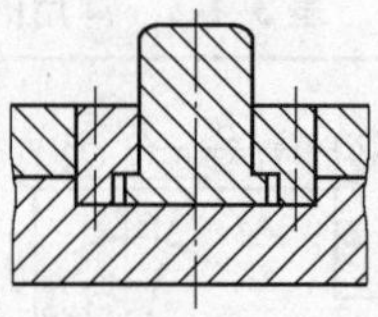	采用局部盖板形式。导滑部分淬硬后便于磨削加工，最为常用，目前此种盖板已标准化

需要指出的是，现在导滑槽已经标准化，购买后可以直接使用。导滑槽中常常嵌入石墨，起到储油和润滑的作用。

（5）楔紧块设计　在注射成型过程中，侧向成型零件受到熔融塑料很大的推力作用，这个力通过滑块传递给斜导柱，而一般的斜导柱为一细长杆件，受力后容易变形，导致滑块后移。因此必须设置楔紧块，以便在合模后锁住滑块，承受熔融塑料给予侧向成型零件的推力。常见楔紧块的形式见表3-4-4。

在楔紧块的设计中，锁紧角的选择是很重要的。楔紧块的工作部分是斜面，其锁紧角是为了保证斜面能在合模时压紧滑块，而在开模时又能迅速脱离滑块，以避免楔紧块影响斜导柱对滑块的驱动，锁紧角一般都应比斜导柱倾斜角大1°～2°。

表 3-4-4　常见楔紧块的形式

简　图	说　明	简　图	说　明
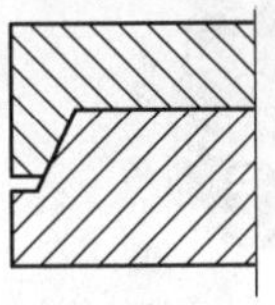	采用整体式楔紧块，结构刚性好，强度高，但消耗的金属材料多，加工和修磨不方便，适合于侧向力较大的场合	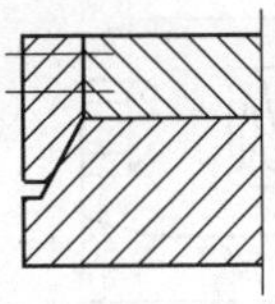	采用销钉定位、螺钉（三个以上）紧固的形式，结构简单，加工方便，应用较普遍，但承受的侧向力较小
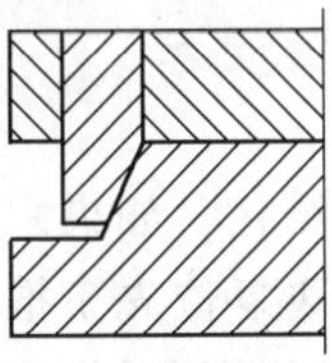	楔紧块采用 H7/m6 配合整体镶入模板中，承受的侧向力中等	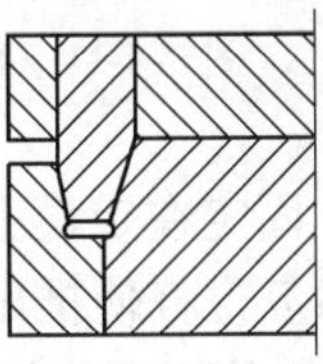	楔紧块的背面设置了一个后挡块，对楔紧块起加强作用
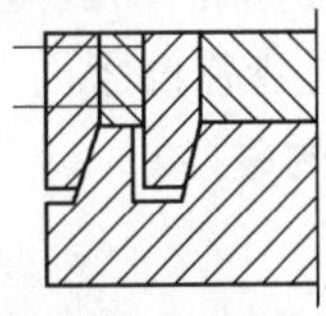	采用双楔紧块的形式，这种结构适于侧向力很大的场合，但安装调试较困难		

（6）滑块定位装置设计　滑块定位装置在开模过程中用来保证滑块停留在刚刚脱离斜导柱的位置，不再发生任何移动，以避免合模时斜导柱不能准确地插进滑块中的斜导孔内，造成模具损坏。在设计滑块的定位装置时，应根据模具的结构和滑块所在的不同位置选用不同的形式。图 3-4-10 是常见的几种形式。

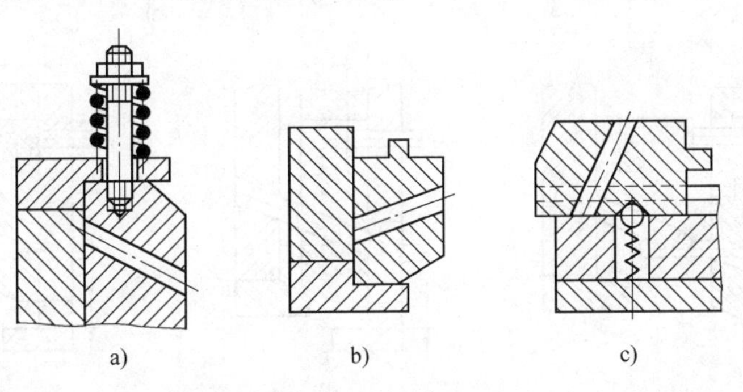

图 3-4-10　滑块定位装置的形式

图 3-4-10a 依靠压缩弹簧的弹力使滑块停留在限位挡块处，俗称弹簧拉杆挡块式。它适用于任何方向的抽芯动作，尤其适用于向上的抽芯。在设计弹簧时，为了使滑块可靠地在限位挡块上定位，压缩弹簧的弹力是滑块重量的 2 倍左右，其压缩长度应大于抽芯距 S，一般取 1.3S 较合适。图 3-4-10b 适于向下抽芯的模具，其利用滑块的自重停靠在限位挡块上，结构简单。图 3-4-10c 是弹簧顶销式定位装置，适用于侧面方向的抽芯动作，弹簧的直径可选 1～1.5mm，顶销的头部制成半球状，滑块上的定位穴设计成球冠状或成 90°的锥穴。其中图 3-4-10c 现在常用弹簧波珠标准件，只需在模板上加工好螺孔即可直接安装。弹簧波珠如图 3-4-11 所示。

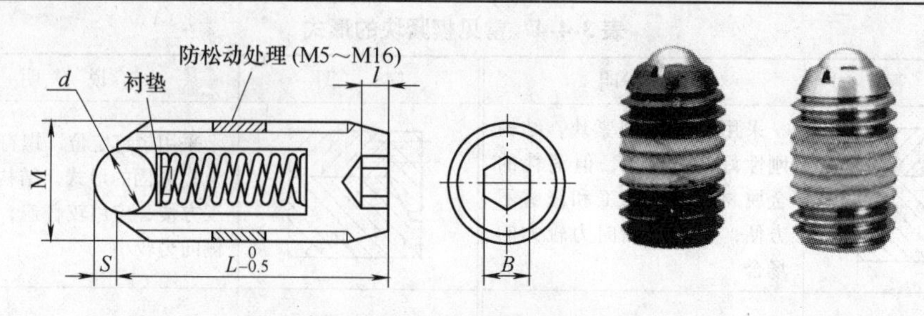

图 3-4-11　弹簧波珠标准件

（7）干涉现象　对于斜导柱固定在定模上，侧滑块安装在动模的模具结构，如果采用推杆（推管）推出机构并依靠复位杆使推出机构复位，则很可能产生滑块复位先于推出机构复位的现象，将导致滑块上的侧型芯与模具中的推出元件发生碰撞，造成活动侧型芯或推杆损坏的事故，这种情况称为干涉现象。图 3-4-12a 所示的推杆在侧型芯投影面下，图 3-4-12b 为侧型芯复位时，推杆还未完全退回，则会发生侧滑块与推杆的碰撞。

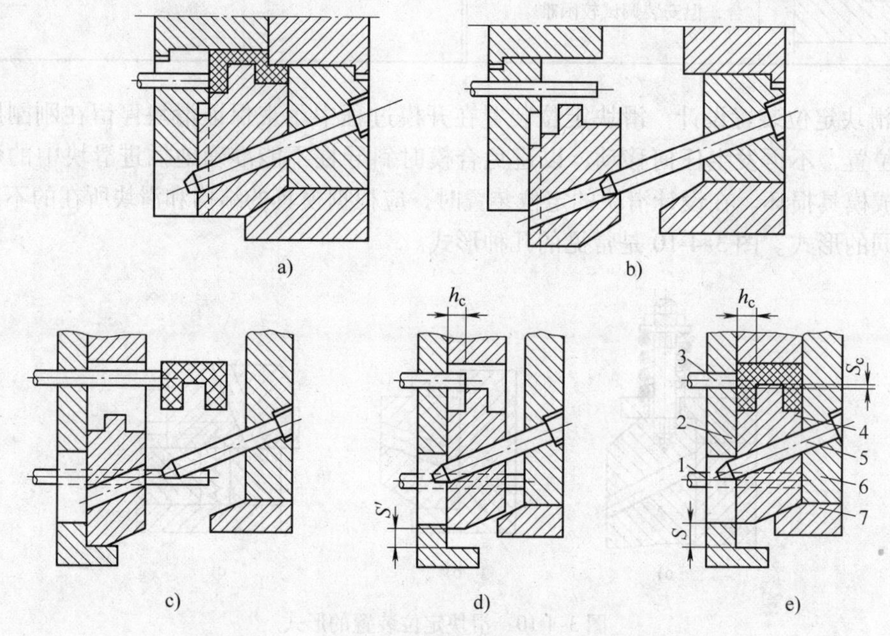

图 3-4-12　斜导柱侧向分型抽芯机构干涉现象分析

1—复位杆　2—动模板　3—推杆　4—滑块　5—斜导柱　6—定模座板　7—楔紧块

在模具结构允许时，应尽量避免侧型芯在分型面的投影范围内设置推杆。如果受到模具结构的限制，必须在侧型芯下设置推杆时，应首先考虑能否使推杆推出塑件后仍低于侧型芯的最低面（往往很难做到）。当这一条件不能满足时，就必须满足避免干涉的临界条件或采取措施使推出机构先复位，然后才允许侧型芯滑块复位，这样才能避免干涉。在一些情况下，侧型芯与推杆（推管）干涉是可以避免的。图 3-4-12c、图 3-4-12d 和图 3-4-12e 所示为分析发生干涉临界条件的示意图。

在不发生干涉的临界状态下，侧型芯已经复位了 S'，还需复位的长度为 $S-S'=S_c$，而

推杆需复位的长度为 h_c，如果完全复位，应有如下关系

$$h_c\tan\alpha \geqslant S_c \tag{3-4-5}$$

式中　h_c——在完全合模状态下推杆端面离侧型芯的最近距离；

S_c——垂直于开模方向上，侧型芯与推杆在分型面投影范围内的重合长度；

α——斜导柱倾斜角。

一般情况下，只要使 $h_c\tan\alpha - S_c \geqslant 0.5\text{mm}$ 即可避免干涉，如果实际的情况无法满足这个条件，则必须设计推杆的先复位机构。先复位机构在推出机构中有介绍，在此不再赘述。

2. 斜导柱侧向分型与抽芯机构的几种变形形式

（1）斜导柱安装在动模、滑块安装在定模　斜导柱安装在动模、滑块安装在定模的结构表面上似乎与斜导柱安装在定模、滑块安装在动模的结构相似，可以随着开模动作的进行使斜导柱与滑块之间发生相对运动而实现侧向分型与抽芯，其实不然。

由于在开模时一般要求塑件包紧于动模部分的型芯上而留于动模一侧，而侧型芯却安装在定模，这样就会产生以下两种情况：一种情况是侧抽芯与脱模同时进行，由于侧型芯在合模方向对塑件有阻碍作用，使塑件从动模部分的型芯上强制脱下而留于定模型腔，侧抽芯结束后，塑件就无法从定模型腔中取出；另一种情况是由于塑件包紧于动模型芯上的力大于侧型芯使塑件留于定模型腔的力，则可能会出现塑件被侧型芯撕破或细小侧型芯被折断的现象，导致模具损坏或无法工作。从以上分析可知，斜导柱安装在动模、滑块安装在定模的模具结构的特点是脱模与侧型芯的抽芯动作不能同时进行，如图 3-4-13 所示。

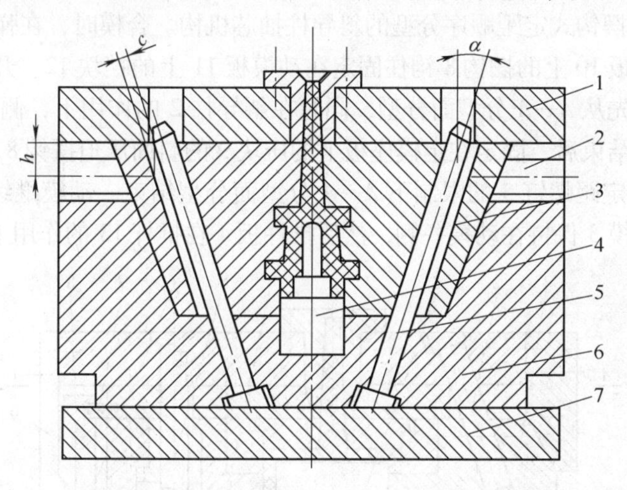

图 3-4-13　斜导柱安装在动模、滑块安装在定模

1—定模座板　2—导滑槽　3—凹模侧滑块　4—型芯　5—斜导柱　6—动模板　7—动模座板

（2）斜导柱与滑块同时安装在定模　在斜导柱与滑块同时安装在定模的结构中，一般情况下斜导柱固定在定模座板上，侧滑块安装在定模板上的导滑槽内。该结构需要先完成斜导柱与滑块两者之间的相对运动，再让塑件随动模从定模中脱出，否则就无法在动、定模分型前实现侧向分型与抽芯动作，导致塑件留在定模中。要实现斜导柱与滑块之间的相对运动，就必须在定模部分增加一个分型面，因此就需要采用顺序分型机构。

图 3-4-14 所示为采用弹簧式顺序分型机构的形式。开模时，动模部分向下移动，在弹簧 8 的作用下，*A* 分型面首先分型，主流道凝料从主流道衬套中脱出，并开始侧向抽芯，侧向抽芯动作完成后，第一次分型结束。动模部分继续向下移动，*B* 分型面开始分型，塑件包在凸模 3 上脱离定模板 6，最后在推杆 4 的作用下，推件板 5 将塑件从凸模上脱下。在采用这种结构时，弹簧的弹力必须满足 *A* 分型面侧向抽芯时开模力合适的需要。

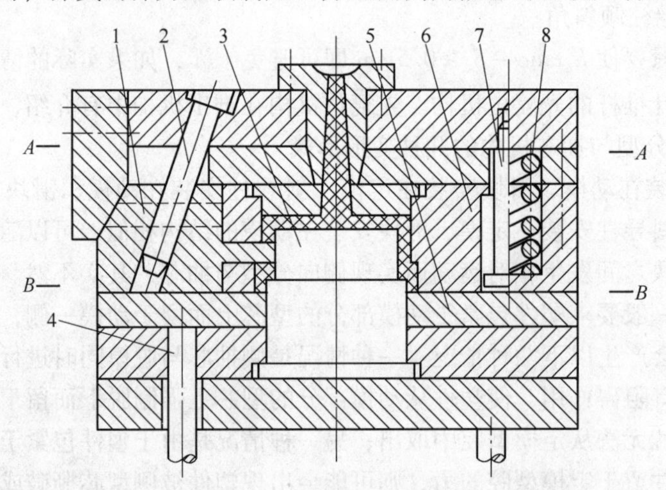

图 3-4-14　斜导柱与滑块同在定模结构——弹簧式

1—侧型芯滑块　2—斜导柱　3—凸模　4—推杆　5—推件板　6—定模板　7—定距拉杆　8—弹簧

图 3-4-15 所示是摆钩式定距顺序分型的斜导柱抽芯机构。合模时，在弹簧 7 的作用下，由转轴 6 固定于定模板 10 上的摆钩 8 钩住固定在动模板 11 上的挡块 12。开模时，由于摆钩 8 钩住挡块，模具首先从 *A—A* 分型面分型，同时在斜导柱 2 的作用下，侧型芯滑块 1 开始侧向抽芯。侧向抽芯结束后，固定在定模座板上的压块 9 的斜面压迫摆钩 8 做逆时针方向摆动而脱离挡块 12，在定距螺钉 5 的限制下 *A—A* 分型面分型结束。动模继续后退，*B—B* 分型面分型，塑件随凸模 3 保持在动模一侧，然后推件板 4 在推杆 13 的作用下使塑件脱模。

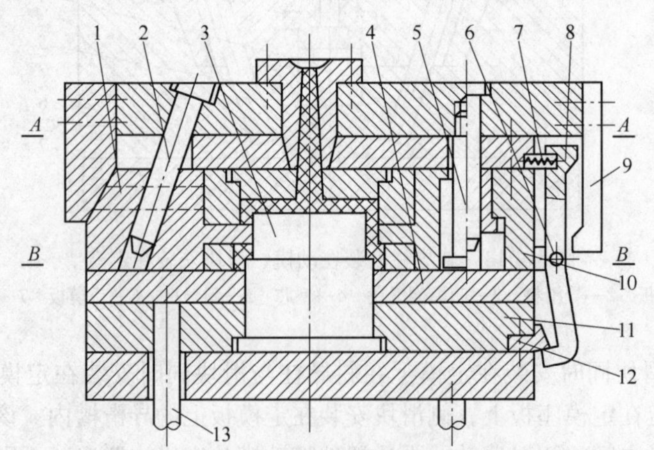

图 3-4-15　摆钩式定距顺序分型的斜导柱抽芯机构

1—侧型芯滑块　2—斜导柱　3—凸模　4—推件板　5—定距螺钉　6—转轴

7—弹簧　8—摆钩　9—压块　10—定模板　11—动模板　12—挡块　13—推杆

（3）斜导柱的内侧抽芯形式　斜导柱侧向分型与抽芯机构除了对塑件进行外侧分型抽芯外，还可以对塑件进行内侧抽芯。图 3-4-16 所示为靠弹簧的弹力进行定模内侧抽芯。开模后，在压缩弹簧 5 的弹性作用下，定模部分从 *A—A* 分型面先分型，同时斜导柱 3 驱动侧型芯滑块 2 运动，实现内侧抽芯；内侧抽芯结束，侧型芯滑块 2 在小弹簧 4 的作用下靠在型芯 1 上而定位，同时限位螺钉 6 限位；继续开模，*B—B* 分型面分型，塑件被带到动模，推出机构工作时，推杆将塑件推出模外。

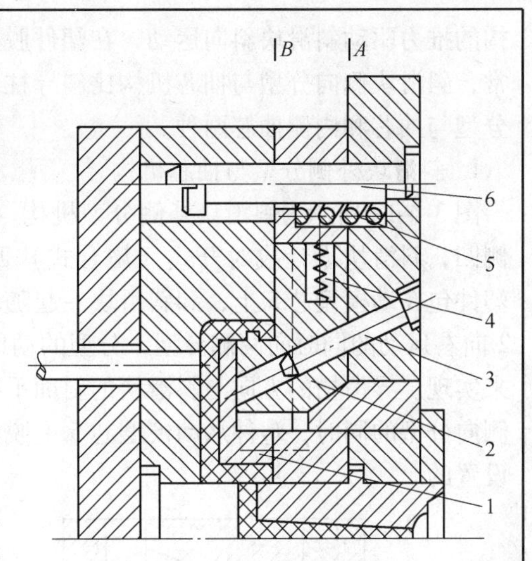

图 3-4-16　斜导柱定模内侧抽芯
1—型芯　2—侧型芯滑块　3—斜导柱
4、5—弹簧　6—限位螺钉

图 3-4-17 所示为斜导柱动模内侧抽芯。斜导柱 2 固定在定模板 1 上，侧型芯滑块 3 安装在动模板 6 上。开模时，塑件包紧在凸模 4 上随动模部分向左移动，斜导柱驱动侧型芯滑块在动模板的导滑槽内移动而进行内侧抽芯，最后推杆 5 将塑件从凸模 4 上推出。这类模具设计时应重点考虑侧型芯滑块脱离斜导柱时的定位问题。

图 3-4-17 所示结构中，将侧型芯滑块 3 设置在模具位置的上方，利用重力定位。

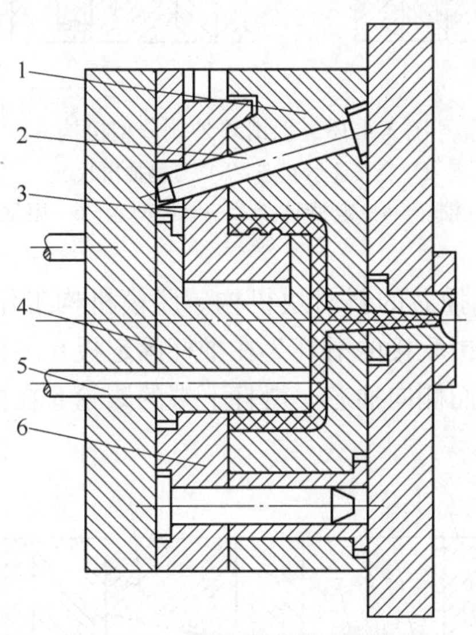

图 3-4-17　斜导柱动模内侧抽芯
1—定模板　2—斜导柱　3—侧型芯滑块　4—凸模　5—推杆　6—动模板

3.4.3	斜滑块侧向分型与抽芯机构设计

当塑件的侧凹较浅，所需的抽芯距不大，但侧凹的成型面积较大，因而需较大的抽芯力时，可采用斜滑块机构进行侧向分型与抽芯。斜滑块侧向分型与抽芯的特点是利用脱模机

构的推力驱动斜滑块斜向运动，在塑件脱模的同时由斜滑块完成侧向分型与抽芯动作。通常，斜滑块侧向分型与抽芯机构比斜导柱侧向分型与抽芯机构简单得多，一般可分为外侧分型与抽芯和内侧抽芯两种。

1. 斜滑块外侧分型与抽芯机构

图 3-4-18 所示为斜滑块外侧分型机构。塑件为绕线轮，外侧常有深度浅但面积较大的侧凹，斜滑块设计成对开式（瓣合式）凹模镶块，即凹模由两个斜滑块组成。开模后，塑件包在动模型芯 5 上，和斜滑块一起随动模部分向左移动；在推杆 3 的作用下，斜滑块 2 向右运动的同时向两侧分型，分型的动作靠斜滑块在动模板 1 的导滑槽内进行斜向运动来实现。导滑槽的方向与斜滑块的斜面平行，斜滑块与导滑槽的配合采用 H8/f8。斜滑块侧向分型的同时，塑件从动模型芯 5 上脱出。限位螺钉 6 是为防止斜滑块从模套中脱出而设置的。

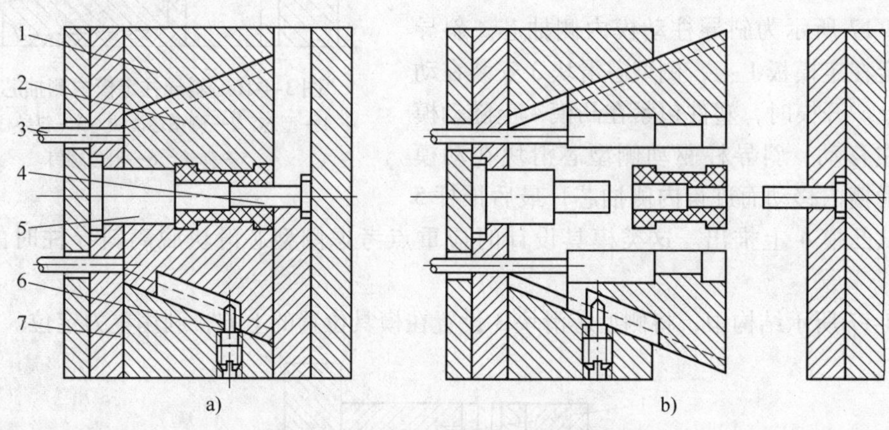

图 3-4-18　斜滑块外侧分型机构

a）合模注射状态　b）分型推出状态

1—动模板　2—斜滑块　3—推杆　4—定模型芯　5—动模型芯　6—限位螺钉　7—动模型芯固定板

图 3-4-19 所示为局部外侧抽芯的斜滑块机构。脱模机构工作时，推杆 4 推动塑件脱模的同时，与斜滑块 1 用圆柱销联接的滑杆 3 在推杆固定板 6 的作用下，带动侧型芯 1 在动模板 2 的导滑槽内斜向运动而侧向抽芯。滑杆下端的滚轮 5 在推出过程中在推杆固定板上滚动。

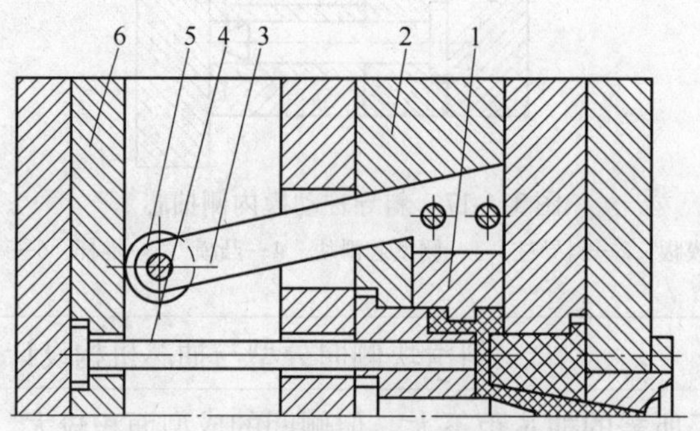

图 3-4-19　局部外侧抽芯的斜滑块机构

1—斜滑块　2—动模板　3—滑杆　4—推杆　5—滚轮　6—推杆固定板

2. 斜滑块内侧抽芯机构

图 3-4-20 是斜滑块内侧抽芯机构的示例。斜滑块 2 的上端为侧向型芯，它安装在凸模 3 的斜孔中，一般可采用 H8/f7 或 H8/f8 的配合；其下端与滑块座 6 通过转销 5 联接（转销可以在滑块座的滑槽内左右移动），并能绕转销 5 转动，滑块座 6 固定在推杆固定板 7 内。开模后，注射机顶出装置通过推板 8 使推杆 4 和斜滑块 2 向前运动，由于斜孔的作用，斜滑块 2 同时还向内侧移动，从而在推杆推出塑件的同时斜滑块完成内侧抽芯的动作。

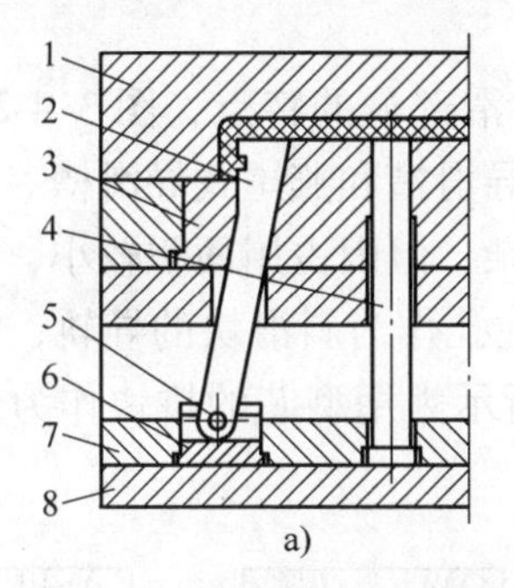

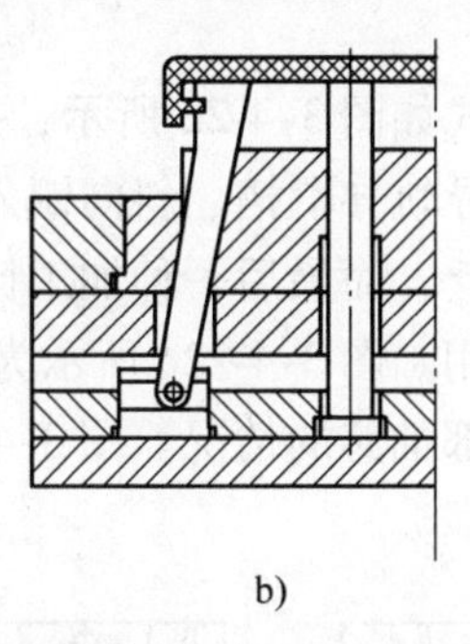

图 3-4-20　斜滑块内侧抽芯机构（一）

a）合模注射状态　b）抽芯推出状态

1—定模板　2—斜滑块　3—凸模（型芯）　4—推杆　5—转销　6—滑块座　7—推杆固定板　8—推板

图 3-4-21 为斜滑块内侧抽芯的又一种形式，其特点是推出机构工作时，斜滑块 2 在推杆 4 的作用下推出塑件的同时，又在动模板 3 的导滑槽里向内收缩而完成内侧抽芯动作。

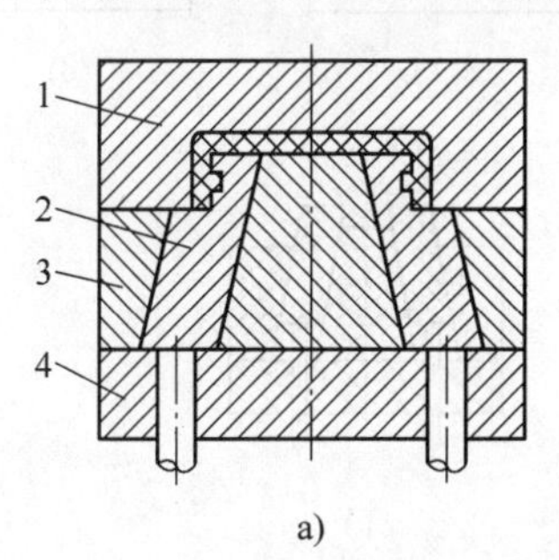

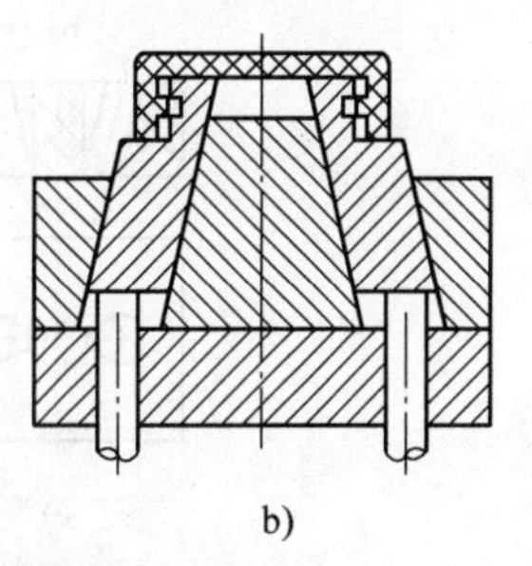

图 3-4-21　斜滑块内侧抽芯机构（二）

a）合模注射状态　b）抽芯推出状态

1—定模板　2—斜滑块　3—动模板　4—推杆

3. 斜滑块的倾斜角和推出行程

斜滑块的倾斜角可分成两种类型。对于外侧滑块，由于斜滑块的强度较高，斜滑块的倾斜角可比斜导柱的倾斜角大一些，最大可达到 40°，通常不超过 30°。对于内侧滑块，一般为 3°~15°。斜滑块的推出距离可由推杆的推出距离来确定。在同一副模具，如果塑件各处的侧凹深浅不同，所需的斜滑块推出行程也不相同。为了解决这一问题，使斜滑块运动保持一致，可将各处的斜滑块设计成不同的倾斜角。对于立式模具，斜滑块推出模套的行程不大于斜滑块高度的 1/2；对于卧式模具，则不大于斜滑块高度的 1/3，如果必须使用更大的推出距离，可加长斜滑块导向的长度。

4. 推杆位置的选择

抽芯距较大的斜滑块应注意防止在侧抽芯过程中斜滑块移出推杆顶端的位置，造成斜滑块无法完成预期侧向分型或抽芯的工作，所以在设计时，选择推杆的位置应予以重视。

5. 斜滑块推出时的限位

斜滑块机构用于卧式注射机时，为了防止斜滑块在工作时滑出模板，可在斜滑块上开一长槽，模板上加一螺钉定位，如图3-4-18中零件6。

6. 导滑形式

斜滑块的导滑形式如图3-4-22所示，按照导滑部分的特点，图3-4-22a～d分别称为T形导滑槽、镶拼式导轨导滑槽、斜向镶入导轨导滑槽和燕尾式导滑槽。其中，前三种加工比较简单，应用广泛，而最后一种加工比较复杂，但因占用面积较小，故在斜滑块的镶拼块较多时也可以使用。图3-4-22e所示为以圆柱孔作为斜滑块的导轨，制造方便，精度容易保证，仅用于局部抽芯的情况。图3-4-22f所示为用型芯的拼块作为斜滑块的导轨，在内侧抽芯时常采用。

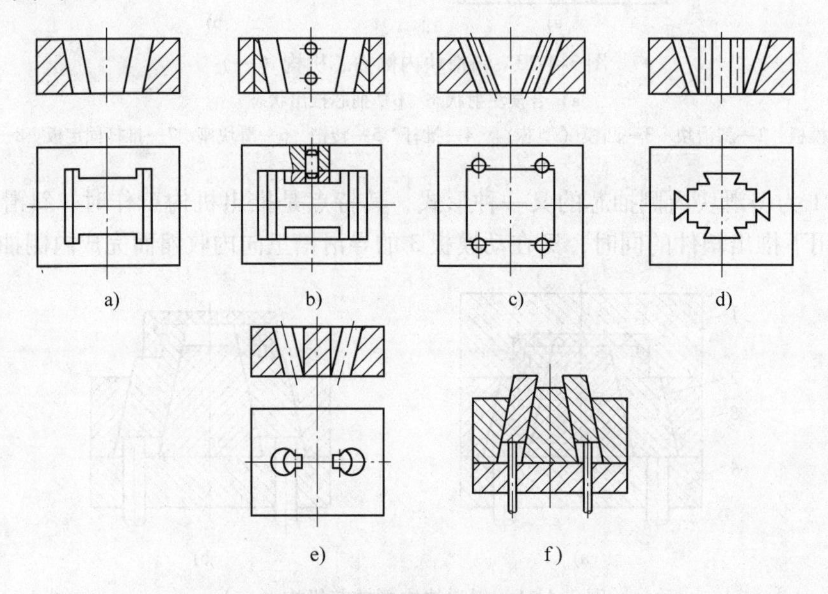

图3-4-22 斜滑块的导滑形式

a）T形导滑槽 b）镶拼式导轨导滑槽 c）斜向镶入导轨导滑槽

d）燕尾式导滑槽 e）斜圆柱孔导轨 f）斜向孔导轨

3.4.4 弯销侧向抽芯机构

1. 弯销侧向抽芯机构的工作原理

弯销侧向抽芯机构的工作原理和斜导柱侧向抽芯机构相似，所不同的是在结构上以矩形截面的弯销代替了斜导柱，因此，弯销侧向抽芯机构仍然离不开滑块的导滑、注射时侧型芯的锁紧和侧向抽芯结束时滑块的定位等设计要素。

图3-4-23所示为弯销侧向抽芯机构，合模后，由楔紧块3将侧型芯滑块5锁紧。侧向抽芯时，侧型芯滑块5在弯销4的驱动下在动模板6的导滑槽内侧向抽芯，抽芯结束，侧型芯滑块由限位装置定位。

2. 弯销侧向抽芯机构的结构特点

（1）强度高，可采用较大的倾斜角　弯销一般采用矩形截面，抗弯截面系数比斜导柱大，因此抗弯强度较高，可以采用较大的倾斜角。在开模距相同的条件下，使用弯销可比斜导柱获得较大的抽芯距。由于弯销的抗弯强度较高，所以在注射塑料对侧型芯总压力不大时，可在其前端设置一个支承块，弯销本身即可对侧型芯滑块起锁紧作用，这样有利于简化模具结构。但在熔料对侧型芯总压力比较大时，仍应考虑设置楔紧块，用来锁紧弯销或直接锁紧滑块。

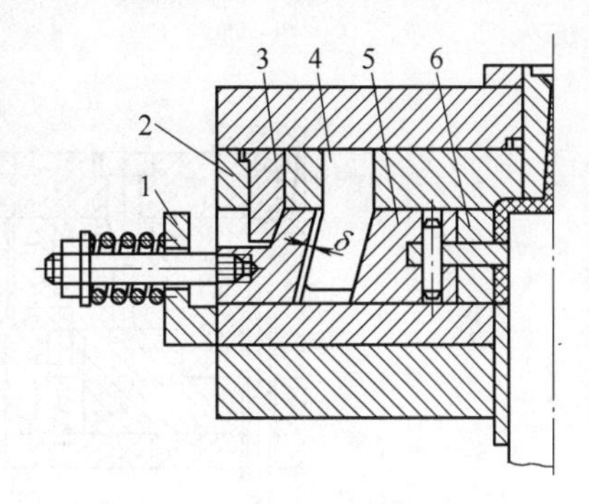

图 3-4-23　弯销侧向抽芯机构

1—挡块　2—定模板　3—楔紧块　4—弯销　5—侧型芯滑块　6—动模板

（2）可以延时侧向抽芯　由于制件特殊或模具结构的需要，弯销还可以延时侧向抽芯。在图 3-4-24 中，弯销 1 的工作面与侧型芯滑块 2 的斜面可设计成离开一段较长的距离 l，这样根据需要，在开模分型时，弯销可暂不工作，直至接触滑块，侧向抽芯才开始。

（3）可以分段侧向抽芯　在图 3-4-25 中，侧型芯滑块 2 较长，且塑件的包紧力也较大，因此采用了变角度弯销侧向抽芯。开模过程中，弯销 1 首先由较小的倾斜角 α_1 起作用，以便具有较大的起始抽芯力；带动侧型芯滑块 2 移动距离 S_1 后，再由倾斜角 α_2 起作用，以抽拔较长的抽芯距离 S_2，从而完成整个侧向抽芯动作，侧向抽芯总的距离为 $S = S_1 + S_2$。

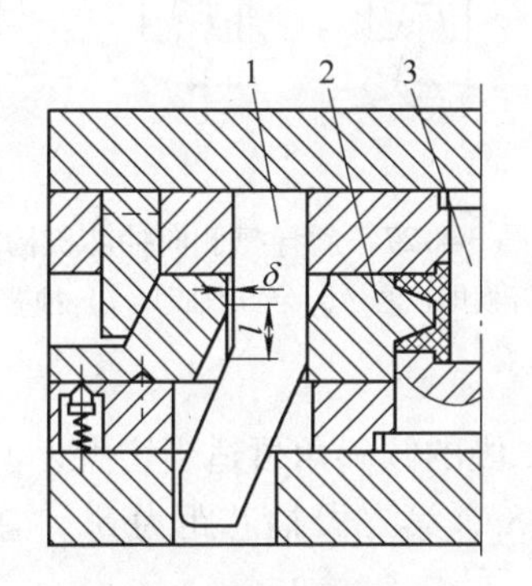

图 3-4-24　弯销延时侧向抽芯

1—弯销　2—侧型芯滑块　3—型芯

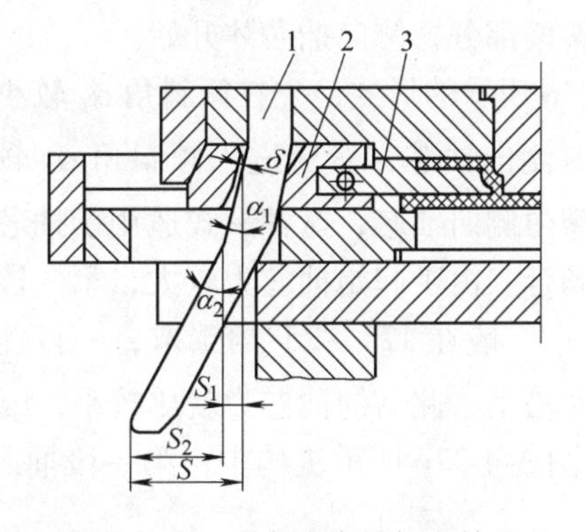

图 3-4-25　变角度弯销侧向抽芯

1—弯销　2—侧型芯滑块　3—型芯

3.4.5　斜导槽侧向抽芯机构

斜导槽侧向抽芯机构是由固定于模外的斜导槽板与固定于侧型芯滑块上的圆柱销联接所形成的，如图 3-4-26 所示。斜导槽板用 4 个螺钉和 2 个销钉安装在定模外侧。开模时，侧型芯滑块的侧向移动是受固定在它上面的圆柱销在斜导槽内的运动轨迹限制的。

当导槽与开模方向没有斜度时，滑块无侧向抽芯动作；当导槽与开模方向成一定角度时，滑块可以侧向抽芯。导槽与开模方向角度越大，侧向抽芯的速度越大；槽越长，侧向抽芯的抽芯距越大。

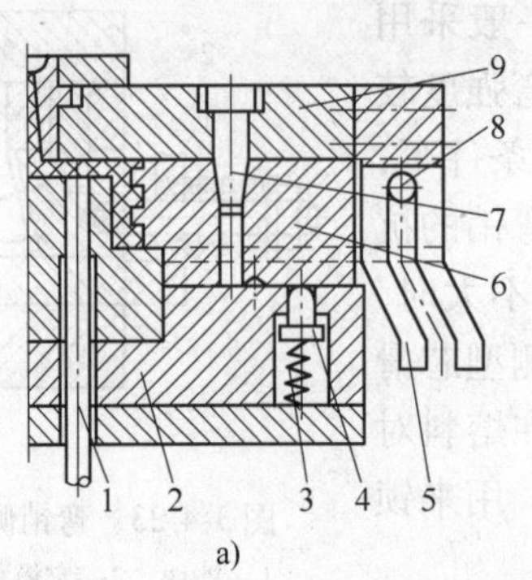

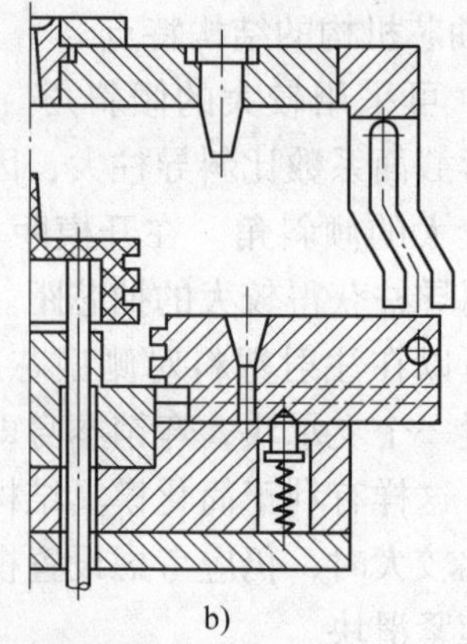

图 3-4-26　斜导槽侧向抽芯机构

a）合模状态　b）抽芯后推出状态

1—推杆　2—动模板　3—弹簧　4—顶销　5—斜导槽板　6—侧型芯滑块　7—止动销　8—滑销　9—定模板

斜导槽侧向抽芯机构抽芯动作的整个过程，实际上是受斜导槽的形状控制的。

图 3-4-27 所示为斜导槽侧向抽芯机构的三种不同形式。

图 3-4-27a 所示的形式，开模便开始侧向抽芯，这时斜导槽倾斜角应小于 25°。

图 3-4-27b 所示的形式，开模后，滑销先在直槽内运动，因此有一段延时抽芯动作，直至滑销进入斜槽部分，侧向抽芯才开始。

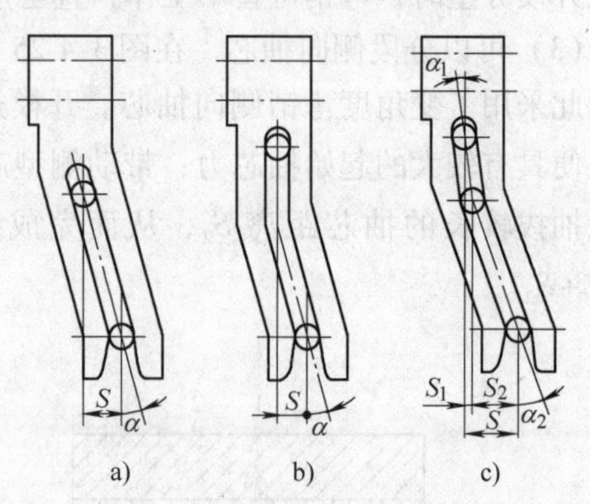

图 3-4-27　斜导槽侧向抽芯机构的形式

a）开模即抽芯　b）延迟抽芯　c）抽芯力逐渐增大

图 3-4-27c 所示的形式，先在倾斜角 α_1 较小的斜导槽内侧向抽芯，然后进入倾斜角 α_2 较大的斜导槽内侧向抽芯，这种形式适用于抽芯距较大的场合。由于起始抽芯力较大，第一段的倾斜角 α_1 一般在 12°～25°内选取；一旦侧型芯与制件松动，此后的抽芯力就比较小，因此第二段的倾斜角可适当增大，但仍应满足 $\alpha_2 < 40°$。图 3-4-27c 所示机构中，第一段抽芯距为 S_1，第二段抽芯距为 S_2，总的抽芯距为 $S = S_1 + S_2$。

斜导槽的宽度一般比圆柱销直径大 0.2mm。

3.4.6	齿轮齿条侧向抽芯机构

斜导柱、斜滑块等侧向抽芯机构仅适于抽芯距较短的塑件；当塑件上的侧向抽芯距较长时，尤其是斜向侧抽芯时，可采用其他的侧向抽芯方法，例如齿轮齿条侧向抽芯，这种机构的侧向抽芯可以获得较长的抽芯距和较大的抽芯力。齿轮齿条侧向抽芯根据传动齿条固定位置的不同，可分为传动齿条固定于定模一侧及传动齿条固定于动模一侧两类。这种机构不仅可以进行正侧方向和斜侧方向的抽芯，也可以进行圆弧方向抽芯和螺纹抽芯。塑件上的成型孔可以是光孔，也可以是螺纹孔。

典型的齿轮齿条侧向抽芯机构的结构如图 3-4-28 所示，它的特点是传动齿条 5 固定在定模板 3 上，齿轮 4 和齿条型芯 2 固定在动模板 7 内。开模时，动模部分向下移动，齿轮 4 在传动齿条 5 的作用下做逆时针方向转动，从而使与之啮合的齿条型芯 2 向右下方运动而脱离塑件。当齿条型芯全部从塑件中抽出后，传动齿条与齿轮脱离，此时，齿轮的定位装置发生作用而使齿轮停止在与传动齿条刚脱离的位置上。最后，推出机构开始工作，推杆 9 将塑件从凸模 1 上脱下。合模时，传动齿条插入动模板对应孔内并与齿轮啮合，顺时针转动的齿轮带动齿条型芯复位，然后锁紧装置将齿轮或齿条型芯锁紧。

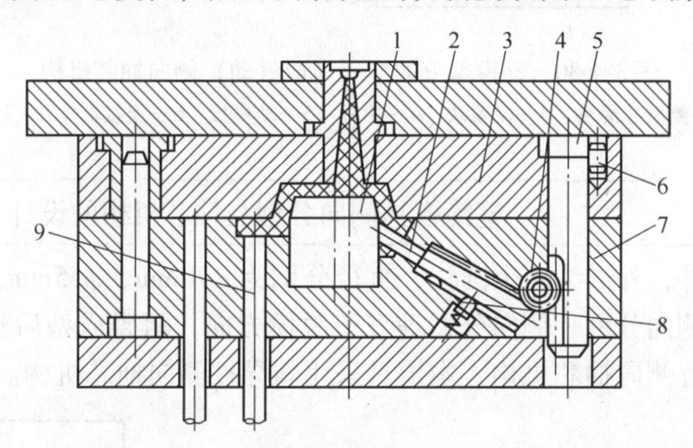

图 3-4-28　传动齿条固定在定模一侧的结构

1—凸模　2—齿条型芯　3—定模板　4—齿轮　5—传动齿条　6—止转销　7—动模板　8—导向销　9—推杆

3.4.7　液压或气动侧向抽芯机构

液压（或气动）侧向抽芯是通过液压缸（或气缸）活塞及控制系统实现的。当制件侧向抽芯力和抽芯距很大时，用斜导柱、斜滑块等侧向抽芯机构无法解决时，往往优先考虑液压（或气动）侧向抽芯机构。

图 3-4-29 所示为液压缸（或气缸）固定于定模、省去楔紧块的侧向抽芯机构，它能完成定模部分的侧向抽芯工作。液压缸（或气缸）在控制系统控制下于开模前必须将侧型芯抽出，然后再开模。而合模结束后，液压缸（或气缸）才能驱动侧型芯复位。

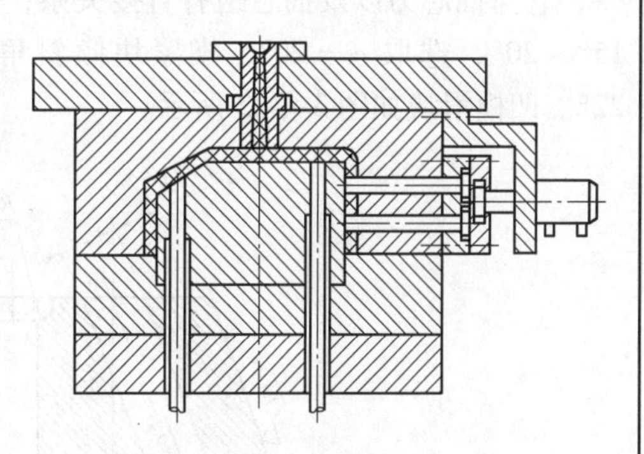
图 3-4-29　定模部分的液压（或气动）侧向抽芯机构

图 3-4-30 所示为液压缸（或气缸）固定于动模、具有楔紧块的侧向抽芯机构，它能完成动模部分的侧向抽芯工作。开模后，当楔紧块脱离侧型芯后首先由液压缸（或气缸）抽出侧型芯，然后推出机构才能使制件脱模。合模时，侧型芯由液压缸（或气缸）驱动先复位，然后推出机构复位，最后楔紧块锁紧。

在设计液压或气动侧向抽芯机构时，要考虑液压缸或气缸在模具上的安装固定方式，以及侧型芯滑块与液压缸或气缸活塞连接的形式。

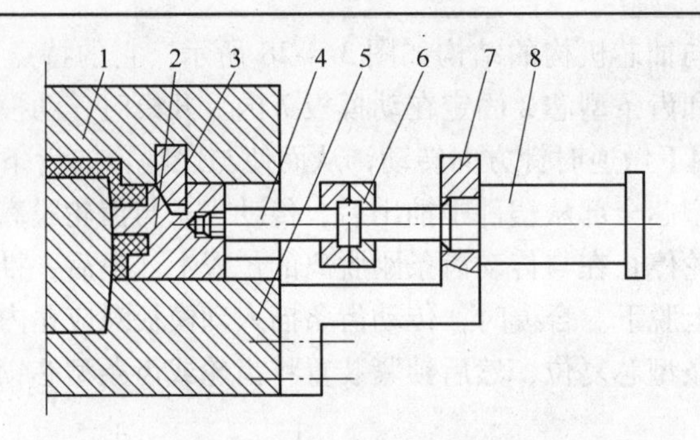

图 3-4-30　动模部分的液压（或气动）侧向抽芯机构

1—定模板　2—侧型芯滑块　3—楔紧块　4—拉杆　5—动模板　6—连接器　7—支架　8—液压缸

3.4.8　笔筒模具侧向分型与抽芯机构的设计

笔筒为筒型类塑件，外形为两个圆柱，直径分别为 ϕ70mm、ϕ55mm，口部为 8mm 高的外凸，开模时需要侧向分型。侧向分型垂直于脱模方向，阻碍成型后塑件从模具中脱出。因此模具上必须设置侧向抽芯机构。本模具采用斜导柱侧向抽芯机构。

1. 确定抽芯距

抽芯距一般应大于成型凸台深度及圆柱半径。塑件最大半径为 35mm，采用两边对称的斜滑块抽芯，则孔深为 35mm。

侧向抽芯后应可以取出塑件，取抽芯距 $S\approx 20$mm。凹模滑块侧向抽芯的距离如图 3-4-31 所示。

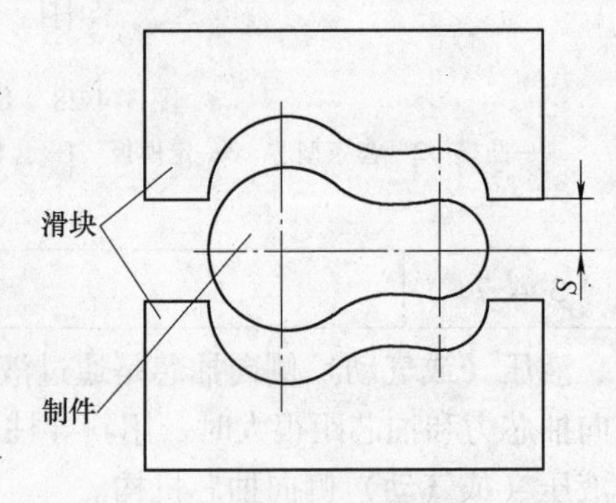

图 3-4-31　凹模滑块侧向分型的距离

2. 确定斜导柱倾斜角

斜导柱的倾斜角是侧向抽芯机构的主要技术数据之一，它与抽芯力以及抽芯距有直接关系，一般取 $\alpha=15°\sim20°$，选取 $\alpha=20°$，楔紧块倾斜角 $\beta>\alpha$，取 22°。凹模滑块如图 3-4-32 所示。

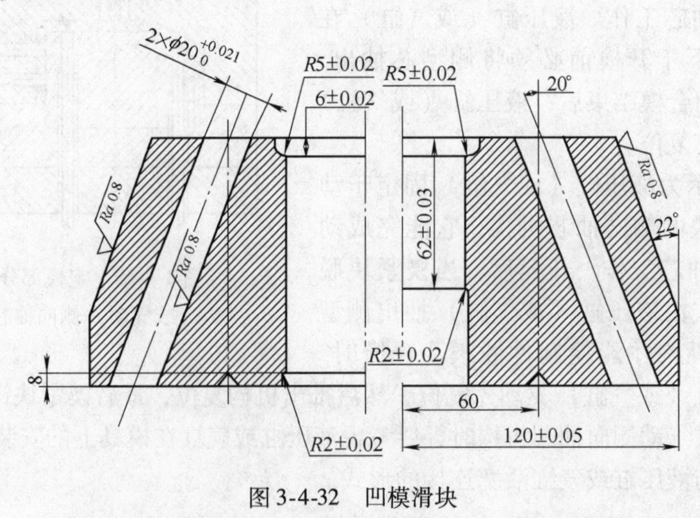

图 3-4-32　凹模滑块

作 业 单

<table>
<tr><td>学习领域</td><td colspan="4">塑料成型工艺及模具设计</td></tr>
<tr><td>学习情境三</td><td>注射模设计</td><td>任务 3.4</td><td colspan="2">塑料笔筒注射模侧向分型与抽芯机构的设计</td></tr>
<tr><td>实践方式</td><td colspan="2">小组成员动手实践，教师指导</td><td>计划学时</td><td>6 学时</td></tr>
<tr><td>实践内容</td><td colspan="4">参看学习单 8 中的计划单、决策单、材料工具清单、实施单、检查单、评价单。学生完成任务：根据各类典型塑料制品的结构特点，完成下列典型塑件模具侧向分型与抽芯机构的设计（避免模具侧向分型；分析斜导柱侧向分型与抽芯机构的特点；防止干涉现象；确定斜导柱侧向分型与抽芯机构零件的组成）。
1. 典型塑件
（1）汽车油管堵头（图 1-1-10）。
（2）树叶香皂盒（图 1-1-11）。
（3）汽车发动机油缸盖（图 1-1-12）。
（4）塑料牙具筒（图 1-1-13）。
（5）塑料基座（图 1-1-14）。
2. 实践步骤
1）小组讨论、共同制订计划，完成计划单。
2）小组根据班级各组计划，综合评价方案，完成决策单。
3）小组成员均根据需要完成的工作任务，完成材料工具清单。
4）小组成员共同研讨、确定动手实践的实施步骤，完成实施单。
5）小组成员均根据实施单中的实施步骤，分析典型塑料零件的应用。
6）小组成员完成检查单。
7）按照专业能力、社会能力、方法能力三方面综合评价每位学生，完成评价单。</td></tr>
<tr><td>班级</td><td></td><td>第　　组</td><td>日期</td><td></td></tr>
</table>

学习情境四

注射模材料选定及工程图绘制

【学习目标】

1. 掌握注射模对材料的要求，常用模具材料的种类及特点。
2. 掌握注射模模具工程图绘制的方法和要求。
3. 能够合理选择模具材料。
4. 能完成汽车操作按钮、笔筒模具装配图及零件图的绘制。

【工作任务】

任务 4.1　汽车操作按钮、塑料笔筒注射模材料选定

依据模具各个零件在模具中所处的位置、作用不同，对材料的要求也不同，实现模具材料合理的选择。

任务 4.2　注射模工程图绘制

根据模具工程图绘制要求和方法，完成注射模具装配图及零件图的绘制。

【学习情境描述】

根据汽车操作按钮、笔筒模具的结构特点，确定“汽车操作按钮、塑料笔筒注射模材料选定”和“注射模工程图绘制”两个工作任务。选择汽车操作按钮、笔筒模具为载体，使学生通过资讯、计划、决策、实施、检查、评价训练，掌握各零件在模具中所处的位置、作用以及对材料的要求，能够确定模具零件的材料，完成塑料模具工程图绘制。通过完成从成型零件材料选用的要求→注射模钢种的选用→常用模具材料的种类及特点→模具总装配图的绘制→模具零件图的绘制的工作过程，使学生对汽车操作按钮、塑料笔筒的生产加工及模具设计有了全面的认识。

任　务　单

<table>
<tr><td>学习领域</td><td colspan="6">塑料成型工艺及模具设计</td></tr>
<tr><td>学习情境四</td><td colspan="2">注射模材料选定及工程图绘制</td><td colspan="2">任务 4.1</td><td colspan="2">汽车操作按钮、塑料笔筒注射模材料选定</td></tr>
<tr><td colspan="3">任务学时</td><td colspan="4">8 学时</td></tr>
<tr><td colspan="7">布置任务</td></tr>
<tr><td>工作目标</td><td colspan="6">1. 掌握注射模对材料的要求。
2. 掌握常用模具材料的种类及特点。
3. 掌握模具材料选择原则。
4. 根据制订的模具结构方案选择模具零件的材料。</td></tr>
<tr><td>任务描述</td><td colspan="6">1. 根据注射模设计程序及汽车操作按钮、笔筒模具结构，各个零件在模具中所处的位置、作用不同，对材料性能的要求不同，选择优质、合理的材料。
2. 依据模具零件的失效形式、成型零件材料选用的要求、注射模钢种的选用原则，合理选择汽车操作按钮、笔筒注射成型模具零件材料。
3. 掌握常用模具零件材料的适用范围与热处理方法。
4. 了解部分国外塑料模具钢材并进行对照。
5. 了解国外钢厂部分牌号的钢种并进行比较。</td></tr>
<tr><td>学时安排</td><td>资讯
1 学时</td><td>计划
0.5 学时</td><td>决策
0.5 学时</td><td>实施
5 学时</td><td>检查
0.5 学时</td><td>评价
0.5 学时</td></tr>
<tr><td>提供资源</td><td colspan="6">1. 注射模模拟仿真软件。
2. 教案、课程标准、多媒体课件、加工视频、参考资料、塑料技术标准等。
3. 典型模具成型工作原理动画。</td></tr>
<tr><td>对学生的要求</td><td colspan="6">1. 应了解机械材料的种类和性能，掌握注射模钢种的种类及特点。
2. 能根据塑料模具各零件的功能，合理地选择模具材料。
3. 以小组的形式进行学习、讨论、操作、总结，每位同学必须积极参与小组活动，进行自评和互评；上交模具各零件的材料选择、材料的热处理、表面处理报告一份，并在模具设计图上标注出表面粗糙度要求。</td></tr>
</table>

资 讯 单

<table>
<tr><td>学习领域</td><td colspan="3">塑料成型工艺及模具设计</td></tr>
<tr><td>学习情境四</td><td>注射模材料选定及工程图绘制</td><td>任务 4.1</td><td>汽车操作按钮、塑料笔筒注射模材料选定</td></tr>
<tr><td colspan="2">资讯学时</td><td colspan="2">1 学时</td></tr>
<tr><td>资讯方式</td><td colspan="3">观察实物，观看视频，通过杂志、教材、互联网及信息单内容查询问题；咨询任课教师。</td></tr>
<tr><td rowspan="8">资讯问题</td><td colspan="3">1. 模具零件的失效形式有哪几种？</td></tr>
<tr><td colspan="3">2. 常用模具材料有哪些种类及特点？</td></tr>
<tr><td colspan="3">3. 塑料模具常用材料如何分类？</td></tr>
<tr><td colspan="3">4. 成型零件材料选用的要求是什么？</td></tr>
<tr><td colspan="3">5. 材料要做哪种表面处理？</td></tr>
<tr><td colspan="3">6. 国内外模具钢有什么区别？</td></tr>
<tr><td colspan="3">7. 模具设计时如何确定模具制造的可能性及合理性？</td></tr>
<tr><td colspan="3">学生需要单独资讯的问题……</td></tr>
<tr><td>资讯引导</td><td colspan="3">1. 问题 1 可参考信息单 4.1.1。
2. 问题 2 可参考信息单 4.1.2。
3. 问题 3 可参考信息单 4.1.3。
4. 问题 4 可参考信息单 4.1.4。
5. 问题 5 参考《简明塑料模具设计手册》，齐卫东，北京理工大学出版社，2012。
6. 问题 6 可参考《塑料成型工艺与模具设计》，李东君，化学工业出版社，2010。
7. 问题 7 可参考《塑料注射模结构与设计》，杨占尧，高等教育出版社，2008。</td></tr>
</table>

信 息 单

学习领域	塑料成型工艺及模具设计		
学习情境四	注射模材料选定及工程图绘制	任务4.1	汽车操作按钮、塑料笔筒注射模材料选定

4.1.1 模具零件的失效形式

塑料成型模具结构复杂，其组成零件多种多样，各个零件在模具中所处的位置、作用不同，对材料的性能要求就有所不同。选择优质、合理的材料，是生产高质量模具的保证。

1. 表面磨损失效

（1）模具型腔表面粗糙度恶化　如酚醛树脂对模具的磨损作用，导致模具表面拉毛，使被压缩制品的外观不符合要求，因此，模具应定期卸下抛光。如用工具钢制成的酚醛树脂成型模具，连续压制20000次左右，模具表面磨损约0.01mm。同时，表面粗糙度值明显增大而需重新抛光。

（2）模具尺寸磨损失效　当压制的塑料中含有无机填料，如云母粉、硅砂、玻璃纤维等硬度较大的固体物质时，将明显加剧模具磨损，不仅模具表面粗糙度迅速恶化，而且尺寸也由于磨损而急剧变化，最终导致尺寸超差。

（3）模具表面腐蚀失效　由于塑料中存在氯、氟等元素，受热分解析出HCl、HF等强腐蚀性气体，侵蚀模具表面，将加剧其磨损失效。

2. 塑性变形失效

模具在持续受热、周期受压的作用下，会发生局部塑性变形而失效。生产中常用渗碳钢或碳素工具钢制作酚醛树脂成型模具，在棱角处易产生塑性变形，表面出现橘皮、凹陷、麻点、棱角堆塌等缺陷。当小型模具在大吨位压力机上超载使用时，这种失效形式更为常见。产生这种失效，主要是由于模具表面硬化层过薄，变形抗力不足；或是模具回火不足，在使用过程中工作温度高于回火温度，使模具发生组织转变所致。

3. 断裂失效

断裂失效是危害性最大的一种失效形式。塑料模具形状复杂，存在许多凹角、薄边，应力集中，因而塑料模具必须具有足够的韧性。因此，对于大型、中型、复杂型腔塑料模具，应优先采用高韧性钢（渗碳钢或热作模具钢），尽量避免采用高碳工具钢。

4.1.2 常用模具材料的种类及特点

1. 碳素塑料模具钢

国外通常采用碳的质量分数为0.5%～0.6%的碳素钢（如日本的S55C）作为碳素塑料模具。国内对于生产批量不大、没有特殊要求的小型塑料模具，采用价格便宜、来源方便、切割加工性能好的碳素钢（如45钢、50钢、55钢、T8钢、T10钢）制造。这类钢一般适用于普通热塑性塑料成型模具。以下主要介绍SM45、SM50、SM55三种碳素塑料模具钢。

（1）SM45钢　SM45钢属优质碳素塑料模具钢，与普通优质45碳素结构钢相比，其中的S、P含量低，钢材纯度好。由于SM45钢的淬透性差，制造较大尺寸的塑料模具一般采用热轧、热锻或正火状态加工，模具硬度低，耐磨性较差；制造小型塑料模具，采用调质处理可获得较高的硬度和较好的强韧性。SM45 钢的优点是价格便宜，切削加工性能好，淬火后具有较高的硬度，调质处理后具有良好的强韧性和一定的耐磨性，被广泛用于制造中档和低档的塑料模具。

（2）SM50 钢　SM50 钢属碳素塑料模具钢，其化学成分与高强中碳优质结构钢 50 钢相近，但钢的洁净度更高，碳含量的波动范围更窄，力学性能更稳定。SM50 钢经正火或调质处理后，具有一定的硬度、强度和耐磨性，而且价格便宜，切削加工性能好，适宜制造形状简单的小型塑料模具或精度要求不高、使用寿命不需很长的模具等。但 SM50 钢的焊接性能不好，冷变形性能差。

（3）SM55 钢　SM55 钢属碳素塑料模具钢，其化学成分与高强中碳优质结构钢 55 钢相近，但钢的洁净度更高，碳含量的波动范围更窄，力学性能更稳定。SM55 钢经热处理后具有高的表面硬度、强度、耐磨性和一定的韧性，一般在正火或调质处理后使用。该钢价格便宜，切削加工性能中等，当硬度为 179 ~ 229 HBW 时，相对加工性为 50%，但焊接性和冷变形性均低，适宜制造形状简单的小型塑料模具或精度要求不高、使用寿命不需要很长的塑料模具。

2. 渗碳型塑料模具钢

渗碳型塑料模具钢主要用于冷挤压成型塑料模具，一般要求较低的含碳量，同时钢中加入能提高淬透性而固溶强化铁素体效果弱的合金元素。这类钢首先要冷挤压成型，因此其退火态必须有低的硬度、高的塑性和低的变形抗力。成型复杂型腔时，其退火硬度≤100HBW；成型浅型腔时，其退火硬度≤160HBW。为了提高模具的耐磨性，这类钢在冷挤压成型后一般需进行渗碳、淬火、回火处理，使模具具有一定的硬度、强度和耐磨性，表面硬度为 58 ~ 62HRC，而心部仍有较好的韧性。

由于模具为冷挤压成型，无须再进行切削加工，故模具制造周期短，便于批量加工，而且精度高。渗碳型塑料模具钢在国外有专用钢种，如美国的 P1、P2、P4、P6，日本的 CH1、CH2、CH41，瑞典的 8416 等。国内有 20、20Cr、20CrMnTi 等。由于现在冷挤压成型塑料模比较少，这里对这些钢只做简要介绍。

（1）20 钢　20 钢属于低碳钢，特点是强度低，塑性和韧性较高，切削加工性能和焊接性能良好。含锰量低的 20 钢的切削加工性能比含锰量高的要差些，但可以用正火或冷变形的方法来改善。冷变形还可以提高钢的强度，而正火可以提高钢的韧性，所以采用冷挤压成型的模具在冷挤压加工前最好先进行正火处理。20 钢适宜制作普通的中、小型塑料模具。为了提高模具型腔的耐磨性，模具成型后需进行渗碳或碳氮共渗热处理，然后再进行淬火和低温回火，从而保证模具表面具有高硬度、高耐磨性，心部具有很好的韧性。

（2）20Cr 钢　20Cr 钢的强度和淬透性比相同含碳量的碳素钢都有明显提高。20Cr 钢经淬火、低温回火后具有良好的综合力学性能，低温冲击韧性良好，回火脆性不明显，该钢适于制造中、小型塑料模具。为了提高模具型腔的耐磨性，模具成型后需要进行渗碳热处理或碳氮共渗热处理，然后再进行淬火和低温回火，从而保证模具表面具有高硬度、高耐磨性而心部具有很好的韧性。对于使用寿命要求不高的模具，也可以直接进行调质处理。

（3）0Cr4NiMoV（LJ）钢　0Cr4NiMoV（LJ）钢由原华中理工大学研制。该钢含碳量很低，因而塑性优异、变形抗力小。LJ 钢的冷成型性与工业纯铁相似，用冷挤压成型的模具型腔轮廓清晰、光洁、精度高，再经渗碳、淬火和回火，使模具表面的硬度和耐磨性高而心部强韧性好。LJ 钢用于制造要求高精度、高镜面，型腔复杂的塑料模具。实际应用中 LJ 钢主要用来替代 10 钢、20 钢及工业纯铁等制造冷挤压成型精密塑料模。由于渗碳淬硬层较深，基体硬度高，不会出现型腔表面塌陷和内壁咬伤现象，使用效果良好。

3. 预硬型塑料模具钢

有些塑料模具钢在加工成型后进行热处理时变形较大，无法保证模具的精度，因此模具钢以预硬化钢的形式供应市场，这样易于制造高精密的塑料模具且降低生产成本。

所谓预硬型塑料模具钢，就是钢厂供货时已预先对模具钢进行了热处理，使之达到了模具使用时的硬度。根据模具工作条件，这个硬度范围变化较大，较低硬度为 25 ~ 35HRC，较高硬度为 40 ~ 50HRC。在这种硬度条件下，可以把模具加工成型不再进行热处理而直接使用，从而保证模具的制造精度。

我国目前使用和新近研制的预硬型塑料模具钢，大多数以中碳钢为基础，适当加入 Cr、Mn、Mo、Ni、V 等合金元素制成。为了解决在较高硬度下机械切削加工的困难，在冶炼时适当地向钢中加入 S、Ca、Pb、Se 等元素，以便改善钢的切削加工性能，从而得到易切削的预硬钢，使模具在较高硬度下顺利完成车、钻、刨、铣、镗、磨等加工过程。有些预硬钢可以在模具加工成型后进行渗氮处理，在不降低基体硬度的前提下使模具的表面硬度和耐磨性提高。

已经列入国家标准的预硬型塑料模具钢仅有 3Cr2Mo 和 3Cr2MnNiMo 两种，但是国内外对这类钢的需求非常大，也是目前主要使用的塑料模具钢。

（1）3Cr2Mo（P20）钢　3Cr2Mo（P20）钢是我国引进的美国塑料模具常用钢，在国际上得到了广泛的应用，综合力学性能较好、淬透性高，可以使截面尺寸较大的钢材获得较均匀的硬度。该钢具有很好的抛光性能，制成模具的表面粗糙度值低。用该钢制造模具时，一般先进行调质处理，硬度为 28 ~ 35HRC（即预硬化），再经冷加工制成模具后可直接使用，这样既保证了模具的使用性能，又避免了热处理引起的模具变形。因此该钢种适于制造大、中型和精密塑料模以及低熔点合金（如锡、锌、铅合金）压铸模等。

（2）3Cr2MnNiMo（718）钢　3Cr2MnNiMo（718）钢是在 P20 钢基础上，加入质量分数为 0.8% ~ 1.2% 的 Ni 而研制的新钢种，是国际上广泛应用的预硬型塑料模具钢。由于 Ni 的作用，该钢较 P20 钢有更高的淬透性、强韧性和耐蚀性，可以使大截面尺寸的钢材在调质后具有较均匀的硬度分布，有很好的抛光性能和低的表面粗糙度值。该钢制造模具时，一般先进行调质热处理，硬度为 28 ~ 35HRC（即预硬化），然后加工成模具直接使用，这样既保证了大型和特大型模具的使用性能，又避免了热处理引起模具的变形。

3Cr2MnNiMo 钢适合制造特大型、大型塑料模具，精密塑料模具，也可用于制造低熔点合金（如锡、锌、铝合金）压铸模等。

日本大同特钢公司的 PX4、PX5 钢，日本日立公司的 HPM7、HPM17 钢的化学成分与 718 钢相近，国内试制的 P4410 钢成分也与 718 钢一致。

4. 时效硬化型塑料模具钢

模具热处理后变形是模具热处理的三大难题之一（变形、开裂、淬硬）。预硬型塑料模具钢解决了模具热处理变形问题，但模具要求硬度高，又给模具加工造成困难。如何既保持模具的加工精度，又使模具具有较高硬度，这对于复杂、精密、长寿命的塑料模具来说，是一个重要难题。为此发展了一系列的时效硬化型塑料模具钢，即模具零件在淬火（固溶）后变软（硬度为28～34HRC），便于切削加工成形，然后再进行时效硬化，获得所需的综合力学性能。时效硬化型塑料模具钢主要用于制造精密、复杂的热塑性塑料制品用模具。

5. 耐蚀性塑料模具钢

在成型会产生化学腐蚀介质的塑料制品（如聚氯乙烯、氟塑料、阻燃塑料等）时，模具材料必须具有较好的耐蚀性。当塑料制品的产量不大、要求不高时，可以在模具表面采取镀铬保护措施，但大多数情况需采用耐蚀钢制造模具，一般采用中碳或高碳的高铬马氏体不锈钢，如20Cr13、30Cr13、40Cr13、95Cr18、102Cr17Mo（9Cr18Mo）、Cr14MoV、14Cr17Ni2、90Cr18MoV（9Cr18MoV）等钢。

国外耐蚀镜面塑料模具钢也比较常用，例如法国CLC2316H钢（同类型钢还有德国X36CrMo17、奥地利百禄公司的M300、瑞典ASSAB的S-136、日本大同S-STAR等）是预硬化型的耐蚀镜面塑料模具钢。耐蚀塑料模具零件的热处理和一般不锈钢制品的热处理基本相同，为了得到模具使用中需要的综合力学性能和较好的耐蚀性能、耐磨性能，要经过适宜的淬火、回火。

目前很多重要的模具零件和出口模具都普遍采用进口钢材，这些模具钢材主要来自美国、日本、德国、瑞典、奥地利等发达国家。我国塑料模具行业正处在高速发展阶段，许多外国公司在中国投资办厂，一方面带来了先进的模具设计、制造技术，另一方面在模具材料领域出现了大量新牌号的钢材。

表4-1-1列出了国外部分塑料模具钢材对照表。

4.1.3 注射模钢种的选用

热塑性塑料注射模成型零件的毛坯、型腔、主型芯以板材和模块作为供应原件，常用50或55调质钢，硬度为250～280HBW，易于切削加工，旧模修复时的焊接性能较好，但抛光性和耐磨性较差。

小型芯和镶件常以棒材作为供应原件，采用淬火变形小、淬透性好的高碳合金钢，经热处理后在磨床上直接研磨至镜面，常用9CrWMn、Cr12MoV和3Cr2W8V等钢种，淬火后回火硬度≥55HRC，有良好耐磨性；也可采用高速钢基体的65Nb（65Cr4W3Mo2VNb）新钢种；价廉但淬火性能差的T8A、T10A也可采用。

20世纪80年代，我国开始引进国外生产的钢种来制造注射模。主要是美国P系列的塑料模钢种和H系列的热锻模钢种，如P20、H13、P20S和H13S。目前，我国已能够生产专用的塑料模具专用钢种，并以模板和棒料供应。

1. 预硬钢

预硬钢是热处理达到一定硬度（25～35HRC或更高）的钢。如国产P20（3Cr2Mo）钢种，是将模板预硬化后以硬度36～38HRC供应，这种钢在模具制造中不必进行热处理，就能保证加工后获得较高的形状和尺寸精度，也易于抛光，适用于中、小型注射模。

表 4-1-1　部分国外塑料模具钢牌号对照表

名称	供应商	注释	出厂硬度	近似对应模具钢牌号					
				中国 GB	奥地利 Bohler	日本 JIS	瑞典 ASSAB	德国 W-Nr（材料编号）	美国 AISI/ASTM
P20	美国 FINKL	塑料模具钢	预硬至 280 ~ 320HBW	3Cr2Mo	M202	MUP（日本三菱）	618	1. 2330	—
P20H	美国 FINKL	P20 改良版	预硬至 330 ~ 370HBW	—	—	PX4、PX5（日本大同）	—	—	—
H13	美国 FINKL	热作模具钢	预硬至 40HRC	4Cr5MoSiV1	W302	SKD61	8407	1. 2344	—
H21	美国 FINKL	热作模具钢	预硬至 40HRC	3Cr2W8V	—	SKD5	—	1. 2581	—
NAK80	日本 DAIDO	P21 真空重熔	预硬至 40HRC	10Ni3MnCuAl	M461	—	—	—	P21
NAK55	日本 DAIDO	P21-S 真空重熔	预硬至 370 ~ 400HBW	—	—	—	—	—	
DC11	日本 DAIDO	冷作模具钢	预硬至 255HBW	Cr12Mo1V1	K110	SKD11	XW-41	1. 2379	D2
DC53	日本 DAIDO	冷作模具钢	预硬至 255HBW	Cr8Mo1VSi	K340	SKD11 改进	ASSAB88	—	D2 改良
S50C	日本 HITACHI	热作模具钢	预硬至 241HBW	SM50	—	—	—	1. 1210	C1050
718H	瑞典 ASSAB	预硬型塑料模具钢	预硬至 330 ~ 380HBW	3Cr2MnNiMo	M238H	—	—	1. 2738H	P20 + Ni
718S	瑞典 ASSAB	预硬型塑料模具钢	预硬至 290 ~ 330HBW		M238	—	—	1. 2738	
S136	瑞典 ASSAB	耐蚀塑料模具钢	预硬至 215HBW	40Cr13	M310	—	—	1. 2083	420SS
S136H	瑞典 ASSAB	耐蚀塑料模具钢	预硬至 31 ~ 35HRC	3Cr17Mo	M300	—	—	1. 2316	420
8407	瑞典 ASSAB	热作模具钢	退火至 185HBW	4Cr5MoSiV1	W302	SKD61	—	1. 2344	H13
DF-3	瑞典 ASSAB	耐磨油钢	退火至 185HBW	9CrWMn	K460	SKS3	—	1. 2510	O1

在预硬钢中加入硫，能改善其切削性能，适合大型模具制造。国产SM1（55CrNiMnMoVS）和5NiSCa（5CrNiMnMoVSCa）预硬化后硬度为35～45HRC，但切削性能类似中碳调质钢。

2. 镜面钢

镜面钢多数属于析出硬化钢，也称为时效硬化钢，采用真空熔炼方法生产。国产PMS（10Ni3CuAlVS）的供货硬度为30HRC，具有优异的镜面加工性能和良好的切削加工性能，热处理工艺简便、变形小，适用于制造工作温度为300℃，使用硬度30～45HRC，要求高镜面、高精度的各种塑料模具，可加工精细图案，还有较好的电加工及耐蚀性能。另一种析出硬化钢是SM2（20CrNi3AlMnMo），预硬化后加工，再经时效硬化后硬度可达40～45HRC。

还有两种镜面钢也各有其特点。一种是高强度的8Cr2S（8Cr2MnWMoVS），预硬化后硬度为33～35HRC，易于切削，淬火时空冷，硬度可达42～60HRC，可用于大型注射模具，以减小模具体积。另一种是可氮化高硬度钢25CrNi3MoAl，调质后硬度为23～25HRC，时效后硬度为38～42HRC，氮化处理后表层硬度在70HRC以上，用于玻璃纤维增强塑料的注射模。

3. 耐蚀钢

国产PCR（07Cr16Ni4Cu3Nb）属于不锈钢类钢种，但比一般不锈钢有更高强度，更好的切削性能和抛光性能，且热处理变形小，使用温度小于400℃，空冷淬硬后硬度为42～53HRC，适用于含氯和阻燃剂的腐蚀性塑料。

选用钢种时，应按塑件的生产批量、塑料品种及塑件精度与表面质量要求确定，部分钢种制造成型零件（模具）的寿命见表4-1-2。

表4-1-2　部分钢种制造成型零件的寿命

塑料与塑件	型腔注射次数（寿命）	成型零件钢种
PP、HDPE等一般塑料	10万次左右	50、55，正火
	20万次左右	50、55，调质
	30万次左右	P20
	50万次左右	SM1、5NiSCa
工程塑料	10万次左右	P20
精密塑料	20万次左右	PMS、SM1、5NiSCa
玻璃纤维增强塑料	10万次左右	PMS、SM2
	20万次左右	25CrNi3MoAl、H13
PC、PMMA、PS透明塑料	20万次左右	PMS、SM2
PVC和阻燃塑料	20万次左右	PCR

常用模具零件材料的适用范围与热处理方法见表4-1-3。部分新型塑料模具钢的热处理及应用见表4-1-4。

表 4-1-3　常用模具零件材料的适用范围与热处理方法

零件类别	零件名称	材料牌号	热处理方法	硬　度
模板零件	支承板、模套、浇口板、锥模套	45	淬火	43~48HRC
	动、定模座板，动、定模板，固定板	45	调质	230~270HBW
	推件板	T8A、T10A	淬火	54~58HRC
		45	调质	230~270HBW
浇注系统零件	浇口套、拉料杆、分流锥	T8A、T10A	淬火	50~55HRC
导向零件	导柱	T8A、T10A	淬火	50~55HRC
		20	渗碳、淬火	56~60HRC
	导套	T8A、T10A	淬火	50~55HRC
	限位导柱、推板导柱、推板导套	T8A、T10A	淬火	50~55HRC
抽芯机构零件	斜导柱、滑块、斜滑块、弯销	T8A、T10A	淬火	54~58HRC
	楔紧块	T8A、T10A	淬火	54~58HRC
		45		43~48HRC
推出机构零件	推杆、推管	T8A、T10A	淬火	50~54HRC
	推板、推块、复位杆	45	淬火	43~48HRC
	推杆固定板	45、Q235A		
定位零件	圆锥定位件	T10A	淬火	58~62HRC
	定位圈	45		
	定距螺钉、限位钉、限位块	45	淬火	43~48HRC
支承零件	支承柱	45	淬火	43~48HRC

表 4-1-4　部分新型塑料模具钢的热处理及应用

钢　种	国　别	牌　号	热 处 理	应　用
预硬钢	中国（GB）	5NiSCa	预硬，不需热处理	用于成型热塑性塑料的长寿命模具
	日本（JIS）	SCM445（改进）		
		SKD61（改进）		同 5NiSCa，以及高韧度、精密模具
		NAK55		同 5NiSCa，以及高硬度、高镜面模具
新型淬火回火钢	日本（JIS）	SKD11（改进）	1020~1030℃淬火，空冷，200~500℃回火	同 5NiSCa，以及高硬度、高镜面模具
	美国（AISI）	H13+S	995℃淬火，510~650℃回火	同 5NiSCa，以及高硬度、高韧性、精密模具
		P20+S	845~857℃淬火，565~620℃回火	

（续）

钢种	国别	牌号	热处理	应用
马氏体时效钢	中国（GB）	18Ni（300）	切削加工后，在470～520℃的温度下进行3h左右的时效处理，空冷	用于成型中小型、精密、复杂的热塑性材料的长寿命模具，以及透明塑件的模具
	日本（JIS）	MASIC		
		YAG		
	美国（AISI）	18MAR300		
耐蚀钢	中国（GB）	PCR		用于各种具有较高耐蚀要求的模具零部件
	日本（JIS）	NAK101	预硬，不需热处理	
		STAVAX	调质	
	美国（AISI）	P21、420	预硬，不需热处理	用于各种耐蚀及需镜面抛光的模具零部件

4.1.4 成型零件材料选用的要求

1. 材料高度纯洁

组织均匀致密，无网状及带状碳化物，无孔洞疏松及白点等缺陷。

2. 良好的冷、热加工性能

要选用易于冷加工，且在加工后得到高精度零件的钢种，因此，以中碳钢和中碳合金钢最常用，这对大型模架尤为重要。同时应具有良好的热加工性能，热处理变形小，尺寸稳定。另外，对需要电火花加工的零件，还要求该钢种的烧伤硬化层较浅。

3. 抛光性能优良

用注射模成型零件工作表面，多需抛光达到镜面，$Ra \leqslant 0.05\mu m$，要求钢材硬度以35～40HRC为宜，过硬表面会使抛光困难。这种特性主要取决于钢的硬度、纯净度、晶粒度、夹杂物形态、组织致密性和均匀性等因素。其中高的硬度及细的晶粒，均有利于镜面抛光。

4. 淬透性高

热处理后应具有高的强韧性、高的硬度和好的等向性能。

5. 耐磨性和抗疲劳性能好

注射模型腔不仅受高压塑料熔体冲刷，而且还承受冷热交变的热应力作用。一般的高碳合金钢，可经热处理获得高硬度，但因韧性差，易形成表面裂纹，不宜采用。所选钢种应使注射模能减少抛光修磨的次数，长期保持型腔的尺寸精度，达到批量生产的使用寿命期限。这对注射次数达30万次以上和纤维增强塑料的注射成型生产尤其重要。

6. 具有耐蚀性和一定的耐热性

对于有些塑料品种，如聚氯乙烯和阻燃型塑料，必须考虑选用耐蚀性好的钢种。

4.1.5 汽车操作按钮和笔筒模具零件材料选择

汽车操作按钮和笔筒模具零件材料选择见表4-1-5和表4-1-6。

表 4-1-5　汽车操作按钮模具零件材料

序　号	名　称	数　量	材　料	热处理硬度
1	浇口套	1	42CrMo	53 ~ 58HRC
2	楔紧块	2	45	43 ~ 48HRC
3	推管	1	T8A	50 ~ 55HRC
4	凸模 2	1	CrWMn	53 ~ 58HRC
5	凸模 1	1	CrWMn	53 ~ 58HRC
6	定模板	1	45	43 ~ 48HRC
7	垫板	1	T8A	50 ~ 55HRC
8	滑块	2	3Cr2W8V	53 ~ 58HRC
9	导轨	2	45	43 ~ 48HRC
10	推件板	1	45	43 ~ 48HRC
11	凸模固定板	1	45	43 ~ 48HRC
12	支承板	1	CrWMn	53 ~ 58HRC
13	垫块	1	CrWMn	53 ~ 58HRC
14	推杆固定板	1	45	43 ~ 48HRC
15	推板	1	45	43 ~ 48HRC
16	动模板	1	45	43 ~ 48HRC

表 4-1-6　笔筒模具零件材料

序　号	名　称	数　量	材　料	热处理硬度
1	动模板	1	3Cr2W8V	53 ~ 58HRC
2	复位杆	4	T8A	50 ~ 55HRC
3	推杆固定板	1	45	43 ~ 48HRC
4	拉料杆	1	T8A	50 ~ 55HRC
5	推板	1	45	43 ~ 48HRC
6	动模座板	1	45	43 ~ 48HRC
7	垫板	2	T8A	50 ~ 55HRC
8	动模支承板	1	45	43 ~ 48HRC
9	型芯	4	CrWMn	53 ~ 58HRC
10	小型芯	4	CrWMn	53 ~ 58HRC
11	定模板	1	CrWMn	53 ~ 58HRC
12	小型芯	4	CrWMn	53 ~ 58HRC
13	浇口套	1	42CrMo	53 ~ 58HRC
14	定位圈	1	45	43 ~ 48HRC
15	定模座板	1	45	43 ~ 48HRC

作 业 单

<table>
<tr><td>学习领域</td><td colspan="4">塑料成型工艺及模具设计</td></tr>
<tr><td>学习情境四</td><td>注射模材料选定及工程图绘制</td><td>任务 4. 1</td><td colspan="2">汽车操作按钮、塑料笔筒注射模材料选定</td></tr>
<tr><td>实践方式</td><td colspan="2">小组成员动手实践，教师指导</td><td>计划学时</td><td>7 学时</td></tr>
<tr><td>实践内容</td><td colspan="4">参看学习单 9 中的计划单、决策单、材料工具清单、实施单、检查单、评价单。学生完成任务：根据汽车操作按钮、笔筒注射模材料选用，完成下列典型塑件的注射模材料选用（注射模零件材料选用原则；注射模零件材料的热处理；材料的表面处理）。
1. 典型塑件
（1）汽车油管堵头（图 1-1-10）。
（2）树叶香皂盒（图 1-1-11）。
（3）汽车发动机油缸盖（图 1-1-12）。
（4）塑料牙具筒（图 1-1-13）。
（5）塑料基座（图 1-1-14）。
2. 实践步骤
1）小组讨论、共同制订计划，完成计划单。
2）小组根据班级各组计划，综合评价方案，完成决策单。
3）小组成员均根据需要完成的工作任务，完成材料工具清单。
4）小组成员共同研讨、确定动手实践的实施步骤，完成实施单。
5）小组成员均根据实施单中的实施步骤，分析典型塑料零件的应用。
6）小组成员完成检查单。
7）按照专业能力、社会能力、方法能力三方面综合评价每位学生，完成评价单。</td></tr>
<tr><td>班级</td><td></td><td>第　　组</td><td>日期</td><td></td></tr>
</table>

任 务 单

<table>
<tr><td>学习领域</td><td colspan="6">塑料成型工艺及模具设计</td></tr>
<tr><td>学习情境四</td><td colspan="2">注射模材料选定及工程图绘制</td><td colspan="2">任务4.2</td><td colspan="2">注射模工程图绘制</td></tr>
<tr><td colspan="3">任务学时</td><td colspan="4">28学时</td></tr>
<tr><td colspan="7">布置任务</td></tr>
<tr><td>工作目标</td><td colspan="6">1. 掌握注射模具装配图的绘制方法。
2. 掌握模具装配图中的技术要求。
3. 掌握模具标准件的选用。
4. 根据制订的模具结构画出模具装配图和零件图。</td></tr>
<tr><td>任务描述</td><td colspan="6">根据注射模具设计程序及汽车操作按钮、笔筒模具结构特点，装配图要求，按照国家制图标准，画出模具装配图和零件图。模具图既要反映出作者设计意图，又要考虑到制造的可能性及合理性，实现工程图绘制，完成模具设计。
1. 掌握模具装配图及零件图绘制的方法。
2. 掌握模具标题栏及技术要求。
3. 掌握模具装配要求及加工使用要求。</td></tr>
<tr><td>学时安排</td><td>资讯
2学时</td><td>计划
1学时</td><td>决策
1学时</td><td>实施
18学时</td><td>检查
2学时</td><td>评价
4学时</td></tr>
<tr><td>提供资源</td><td colspan="6">1. 注射模模拟仿真软件。
2. 教案、课程标准、多媒体课件、加工视频、参考资料、塑料技术标准等。
3. 典型模具成型工作原理动画。</td></tr>
<tr><td>对学生的要求</td><td colspan="6">1. 应具备机械制图的能力，掌握注射模工程图绘制的方法。
2. 根据塑料产品设计模具结构，分析模具工作原理。
3. 掌握注射模装配图及零件图的内容及作用。
4. 以小组的形式进行学习、讨论、操作、总结，每位同学必须积极参与小组活动，进行自评和互评；上交符合国标的模具装配图、非标准件零件完成图，并分析模具的工作原理。</td></tr>
</table>

资 讯 单

<table>
<tr><td>学习领域</td><td colspan="3">塑料成型工艺及模具设计</td></tr>
<tr><td>学习情境四</td><td>注射模材料选定及工程图绘制</td><td>任务 4. 2</td><td>注射模工程图绘制</td></tr>
<tr><td colspan="2">资讯学时</td><td colspan="2">2 学时</td></tr>
<tr><td>资讯方式</td><td colspan="3">观察实物，观看视频，通过杂志、教材、互联网及信息单内容查询问题；咨询任课教师。</td></tr>
<tr><td rowspan="8">资讯问题</td><td colspan="3">1. 注射模装配图的表达方式是怎样的？</td></tr>
<tr><td colspan="3">2. 装配图中各模具零件之间有什么样的装配关系？</td></tr>
<tr><td colspan="3">3. 装配图中标题栏内容有哪些？</td></tr>
<tr><td colspan="3">4. 材料要做怎样的表面处理？</td></tr>
<tr><td colspan="3">5. 模具总装配图的绘制要求有哪些？</td></tr>
<tr><td colspan="3">6. 模具总装配图的内容有哪些？</td></tr>
<tr><td colspan="3">7. 模具零件图反映出作者哪些设计意图？</td></tr>
<tr><td colspan="3">学生需要单独资讯的问题……</td></tr>
<tr><td>资讯引导</td><td colspan="3">1. 问题 1 可参考信息单 4. 2. 1。
2. 问题 2 可参考信息单 4. 2. 2。
3. 问题 3 可参考《塑料成型工艺与模具设计》，李东君，化学工业出版社，2010。
4. 问题 4 可参考《简明塑料模具设计手册》，齐卫东，北京理工大学出版社，2012。
5. 问题 5、7 可参考《塑料成型工艺及模具设计》，陈建荣，北京理工大学出版社，2010。
6. 问题 6 可参考《塑料注射模结构与设计》，杨占尧，高等教育出版社，2008。</td></tr>
</table>

信 息 单

学习领域	塑料成型工艺及模具设计		
学习情境四	注射模材料选定及工程图绘制	任务 4.2	注射模工程图绘制
4.2.1	模具装配图的绘制		

模具装配图的绘制要求见表 4-2-1。

表 4-2-1　模具装配图的绘制要求

内　容	要　求
布置图面及选定比例	遵守国家机械制图标准（GB/T 14689—2008）。 手工绘图比例最好为 1：1，直观性好。计算机绘图，其尺寸必须按照机械制图要求缩放
模具绘图顺序	1. 主视图：一般应按照模具工作位置画出。绘制装配图时，先里后外，由上而下，即塑件、型芯、型腔、镶块、动模板等。 2. 俯视图：将模具沿注射方向“去掉”定模，沿着注射方向分别从上往下看已“去掉”定模的动模部分而绘制俯视图，且俯视图和主视图一一对应画出。 3. 模具工作位置的主视图一般应按照模具闭合状态来画，有时也可以是半开半闭状态。绘图时应能与计算工作联合进行，画出各部分模具零件结构图，并确定模具零件的尺寸，如发现模具不能保证工艺的实施，则需更改工艺设计
模具装配图布置	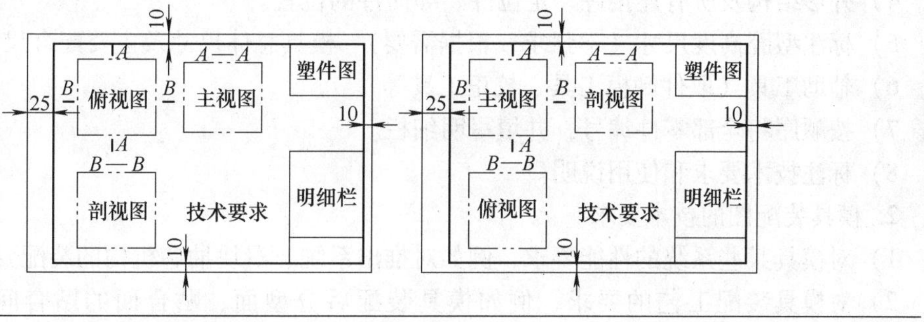 10　A　A—A　塑件图　25　B　俯视图　B　主视图　10　A　B—B　剖视图　技术要求　明细栏　10 10　A　A—A　塑件图　25　B　主视图　B　剖视图　10　A　B—B　俯视图　技术要求　明细栏　10
模具装配图上的视图绘图要求	1. 杆等最小一级旋转体（旋转体内部没有镶件），其剖面不画剖面线；有时为了图面结构清晰，非旋转体的凸模也可不画剖面线。 2. 绘制的模具要处于闭合状态，也可半推半闭。 3. 俯视图可只绘出动模或定模、动模各半的视图。需要时再绘制一侧视图以及其他剖视图和部分剖视图
模具装配图上的工件图	1. 工件图是经过模塑成型后所得的塑件图形，一般画在装配图的右上角（复杂的塑件图可绘制在另一张图纸上），并注明名称、材料、材料收缩率、绘图比例、厚度及必要的尺寸、精度等级、生产批量。 2. 工件图的比例一般与模具图上的一致，特殊情况下可以缩小或放大。工件图的方向应与模具成型方向一致（即与工件在模具中的位置一致），若特殊情况下不一致时，必须用箭头注明模塑成型方向
模具装配图中的技术要求	在模具装配图中，要简要注明对该模具的要求和注意事项、技术要求。技术要求包括所选设备型号、模具闭合高度以及模具上的印记、模具的装配要求（参照国家标准，恰如其分地、正确地拟定所设计模具的技术要求和必需的使用说明）

（续）

内　　容	要　　求
模具装配图上应标注的尺寸	模具闭合尺寸、外形尺寸、特征尺寸（与成型设备配合的定位尺寸）、装配尺寸（安装在成型设备上的螺钉孔中心距）、极限尺寸（活动零件移动起止点）
标题栏和明细栏	标题栏和明细栏放在装配图右下角，若图画不下，可另立一页，其格式应符合国家标准（GB/T 10609.1—2008 和 GB/T 10609.2—2009）
模具图常见的习惯画法	1. 内六角圆柱头螺钉和圆柱销的画法 同一规格、尺寸的内六角圆柱头螺钉和圆柱销，在模具装配图中的剖视图中可各画一个，引一个件号，当剖视图中不宜表达时，也可从俯视图中引出件号。内六角圆柱头螺钉和圆柱销在俯视图中分别用双圆（螺钉头外径和内六角孔）及单圆表示。当剖视图位置比较小时，螺钉和圆柱销可半剖，在装配图中，螺钉孔一般情况下要画出。 2. 直径尺寸不同的各组孔的画法 直径尺寸不同的各组孔可用涂色、符号、阴影线区别

1. 模具装配图的内容

绘制装配图尽量采用 1∶1 的比例，先由型腔开始绘制，主视图与其他视图同时画出。

模具装配图应包括以下内容：

1）模具的成型零件及结构零件。

2）浇注系统、排气系统的结构形式。

3）分型面及开模取件方式。

4）外形结构及所有连接件、定位件、导向件的位置。

5）标注型腔高度尺寸（不强求，根据需要）、模具总体尺寸及主要配合尺寸。

6）辅助工具（取件卸模工具、校正工具等）。

7）按顺序将全部零件编号，并填写明细栏。

8）标注技术要求和使用说明。

2. 模具装配图的技术要求

1）对模具某些系统的性能要求，例如对推出系统、滑块抽芯机构的装配要求等。

2）对模具装配工艺的要求，例如模具装配后分型面、贴合面的贴合间隙应不大于0.05mm 和模具上、下面的平行度要求，并指出由装配决定的尺寸和对该尺寸的要求。

3）模具使用、装拆方法。

4）防氧化处理、模具编号、刻字、标记、油封、保管等要求。

5）有关试模及检验方面的要求。

4.2.2　模具零件图的绘制

模具零件图既要反映出作者设计意图，又要考虑到制造的可能性及合理性。模具零件图设计的质量直接影响模具的制造周期及造价。因此，设计出工艺性好的模具零件图可以减少废品率，方便制造，降低模具成本，提高模具使用寿命。

目前大部分模具零件已标准化，供设计时选用，这对简化模具设计、缩短设计及制造周期、集中精力设计非标准件效果显著。在生产中，标准件不需绘制，而模具装配图中的非标准模具零件均需绘制零件图。有些标准零件（如上、下模座）需补加工的地方太多时，也要求画出，并标注加工部位的尺寸公差。非标准模具零件图应标注全部尺寸、公差、表面粗糙度、材料、热处理和技术要求等。模具零件图是模具零件加工的唯一依据，它应包括制造和检验零件的全部内容，因而设计时必须满足绘制模具零件图的要求。

模具零件图的绘制要求如下：

1. 视图表达准确而充分

所选的视图应准确而充分地表示出零件内部和外部的结构形式和尺寸大小，而且视图及剖视图等的数量应为最少。

2. 具备制造和检验零件的数据

零件图中的尺寸是制造和检验零件的依据，故应慎重细致地标注。尺寸既要完备，同时又不重复。在标注尺寸前，应研究零件的加工和检测的工艺过程，正确选定尺寸的基准面，做到设计、加工、检验基准统一，避免基准不重合造成的误差。零件图的方位应尽量按其在装配图中的方位画出，不要任意旋转和颠倒，以防画错，影响装配。

3. 图形要求

一定要按比例画，允许放大或缩小。视图选择合理，投影正确，布置得当。为了便于装配，图形尽可能与装配图一致，图形要清晰。

4. 标注加工尺寸、公差及表面粗糙度

（1）注意事项　尺寸标注注意事项如下：

1）标注尺寸要求统一、集中、有序、完整，操作者原则上不用再进行计算，尽量做到设计基准与加工基准、测量基准三者统一，并执行尺寸集中的原则。标注尺寸的顺序为：先标主要零件尺寸和脱模斜度，再标注配合尺寸，然后标注全部尺寸。在非主要零件图上先标注配合尺寸，后标注全部尺寸。

2）同一套模具的零件图样尺寸基准应统一，不能定模板按基准角标注，动模板却按对称中心线标注，造成混乱。

3）不同零件的同一尺寸（如模板孔系）或对应尺寸（如型腔镶件外形尺寸与固定板相配合的孔）标注方法应该一致，以便于对照检查和加工。直径尺寸不同的各组孔可用涂色、符号、阴影线区别。

4）模板零件图的位置尺寸（如型腔、孔的间距）尽量标注在主视图上，形状尺寸（如孔径）标注在侧视图上，使各视图要表达的内容更加突出明确。

5）所有的配合尺寸或精度要求较高的尺寸都应标注公差（包括几何公差），未注尺寸公差按 IT14 制造。模具的工作零件（如凸模、凹模、镶块等）的工作部分尺寸按计算值标注。

6）模具零件的加工尺寸应标注在装配图上，如必须在零件图上标注时，应在有关的尺寸旁注明“配作”“装配后加工”等字样或在技术要求中说明。

7）因装配需要留有一定的装配余量时，可在零件图上标注出装配链补偿量及装配后所要求的配合尺寸、公差和表面粗糙度等。两个相互对称的模具零件，一般应分别绘制图样。如绘在一张图样上，必须标明两个图样代号。

8）模具零件的整体加工，分切后成对或成组使用的零件，只要分切后各部分形状相同，则视为一个零件，编一个图样代号，绘在一张图样上，有利于加工和管理。

9）模具零件的整体加工，分切后尺寸不同的零件，也可绘在一张图样上，但应用引出线标明不同的代号，并用表格列出代号、数量及质量。

10）一般来说，零件表面粗糙度可根据各个表面工作要求及公差等级来决定。标注方法同机械制图相关要求。

（2）尺寸标注方法　在塑料模具设计中，两种尺寸标注方法，即对称中心尺寸标注法和坐标尺寸标注法，均常采用。

为了简化标注，一些企业制订有企业内部公差通则，除了特殊要求的尺寸公差要求直接标注在图样上外，其他尺寸的尺寸公差均以保留小数点后位数多少来替代，含义可查看企业的尺寸公差表（附在图样的一角）。例如，某企业的尺寸公差见表4-2-2。

表4-2-2　某企业的尺寸公差

尺寸公差	含　义
××.×	±0.1mm
××.××	±0.02mm
××.×××	±0.005mm

具体应用如下：

标注50.0mm的型腔尺寸，表示该尺寸公差为±0.1mm，有关配合尺寸，孔为+0.1mm，轴为-0.1mm。标注型腔、型芯尺寸为50.00mm，表示该尺寸公差为±0.02mm，若为配合尺寸，孔为+0.02mm，轴为-0.02mm。标注位置尺寸50.00mm，表示该尺寸公差为±0.02mm。

5. 技术要求

凡是图样或符号不便于表示，而在制造时又必须保证的条件和要求，都应注明在技术要求中。技术要求的内容随着不同的零件、要求及加工方法而不同。其中主要注明的内容如下：

1）对材质的要求，如热处理方法及热处理表面所应达到的硬度等。

2）表面处理、表面涂层以及表面修饰（如锐边倒钝、清砂）等要求。

3）未注倒圆半径的说明，个别部位的修饰加工要求。

4）其他特殊要求。

4.2.3　汽车操作按钮模具装配图及零件图

汽车操作按钮模具装配图如图4-2-1所示，标题栏及明细栏见表4-2-3。模具零件图如图4-2-2～图4-2-11所示。

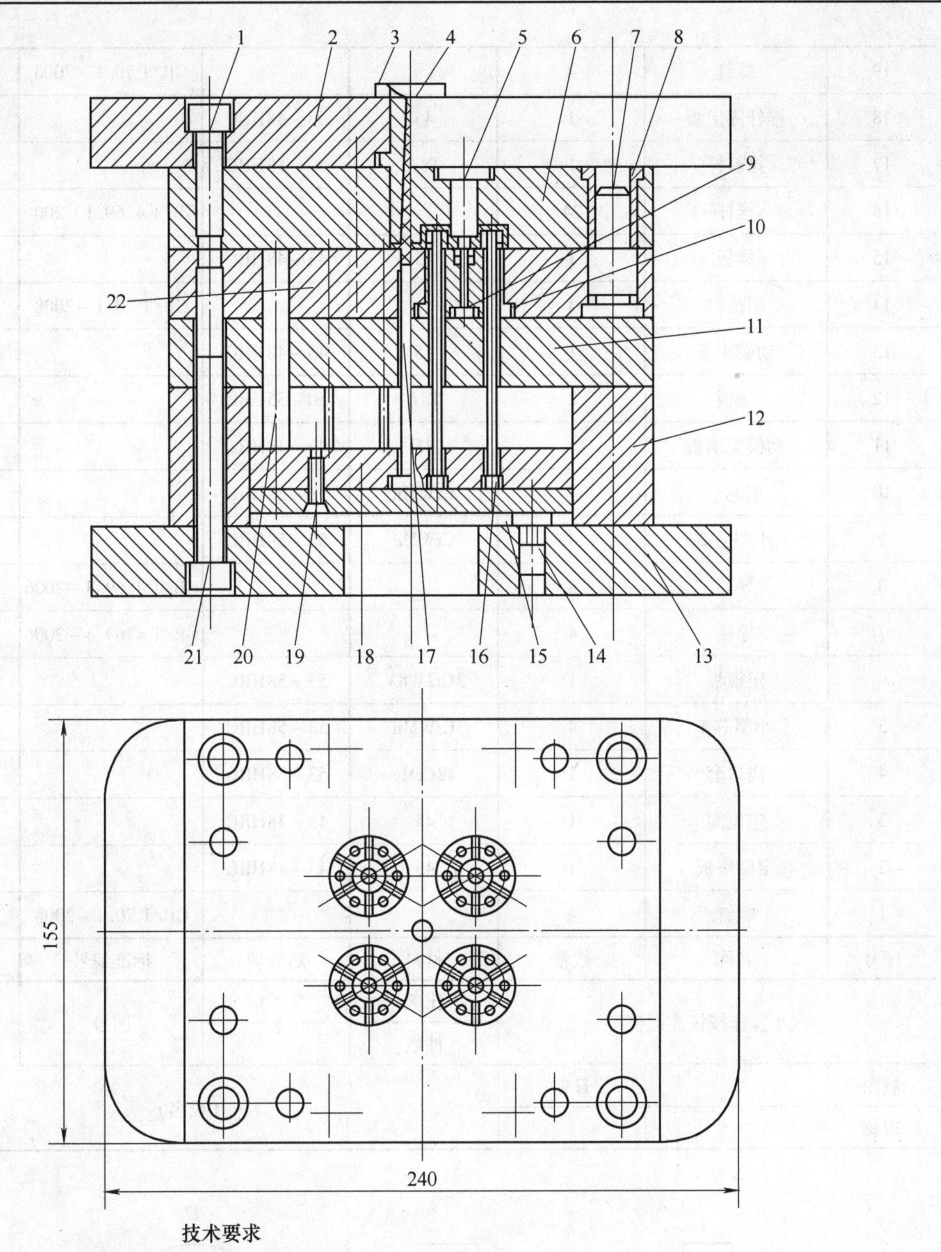

技术要求

1. 合模后分型面间隙不超过 0.02mm。
2. 模具装配后保证推出机构运动灵活，无卡死现象。
3. 刻图号。

图 4-2-1　汽车操作按钮模具装配图

表 4-2-3　汽车操作按钮模具装配图标题栏及明细栏

22	动模板	1	45	43 ~ 48HRC		
21	螺钉	4			GB/T 70. 1 – 2008	M10 × 90
20	复位杆	4	T8A	50 ~ 55HRC		

（续）

19	螺钉	4			GB/T 70.1－2008	M6×22
18	推杆固定板	1	45	43～48HRC		
17	拉料杆	1	T8A	50～55HRC		
16	推杆	24			GB/T 4169.1－2006	$\phi3\times120$
15	推板	1	45	43～48HRC		
14	限位钉	4			GB/T 70.1－2008	M6×22
13	动模座板	1	45	43～48HRC		
12	垫板	2	T8A	50－55HRC		
11	动模支承板	1	45	43～48HRC		
10	型芯②	4	CrWMn	53－58HRC		
9	小型芯2	4	CrWMn	53－58HRC		
8	导套	4			GB/T 4169.3－2006	$\phi12\times60$
7	导柱	4			GB/T 4169.4－2006	$\phi12\times40$
6	定模板	1	3Cr2W8V	53～58HRC		
5	小型芯1	4	CrWMn	53～58HRC		
4	浇口套	1	42CrMo	53～58HRC		
3	定位圈	1	45	43～48HRC		
2	定模座板	1	45	43～48HRC		
1	螺钉	4			GB/T 70.1－2008	M10×50
序号	名称	数量	材料	热处理	标准编号	备注
汽车操作按钮注射模			比例	1∶1	图号	第1页
			件数			共 页
制图		日期	（校名）			
审核						

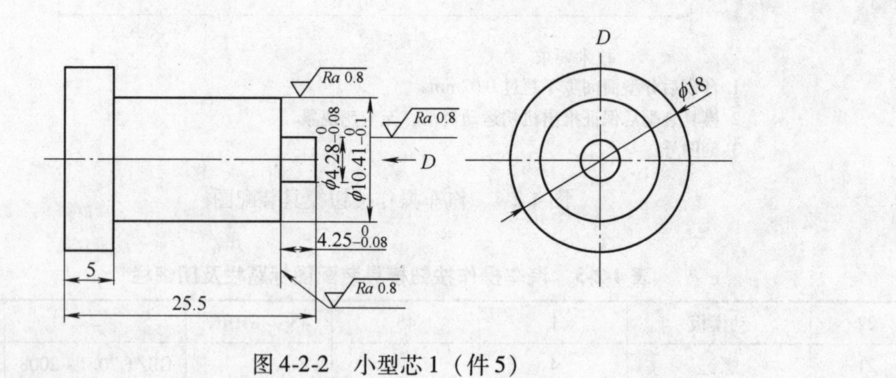

图4-2-2　小型芯1（件5）

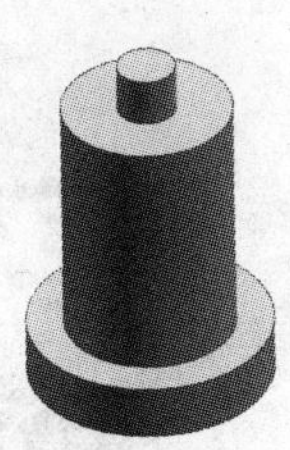

图 4-2-3　小型芯 1 三维图

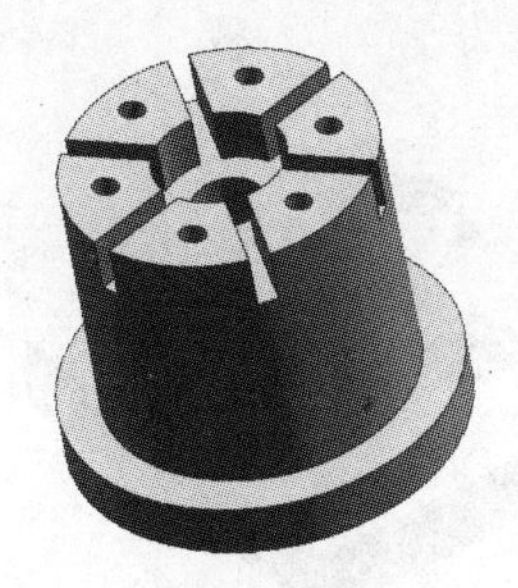

图 4-2-4　型芯三维图（件 10）

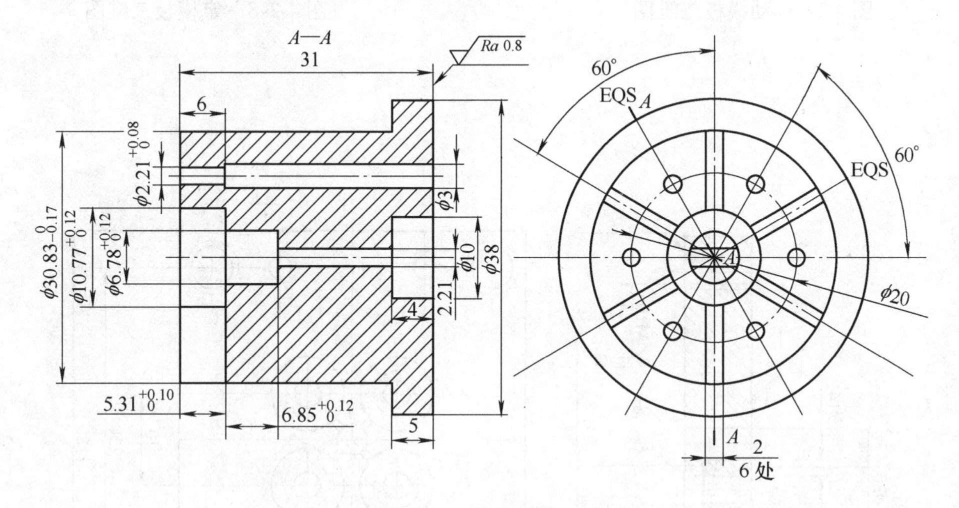

图 4-2-5　型芯（件 10）

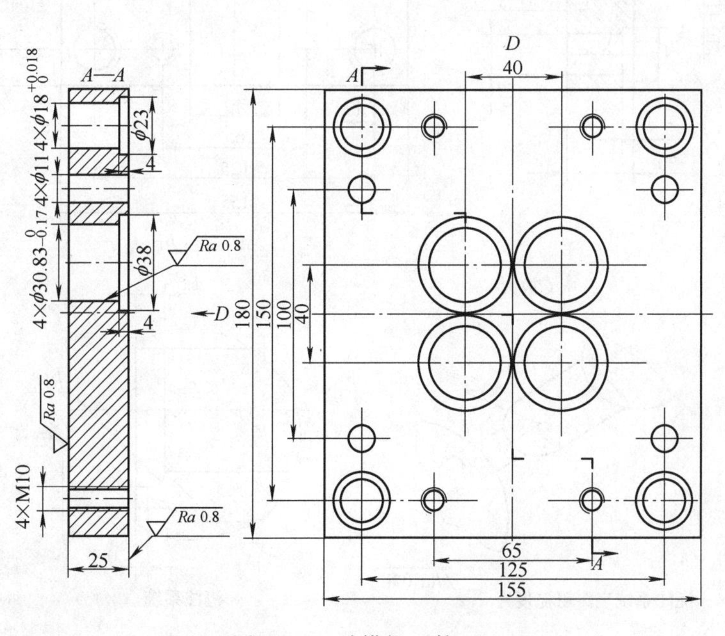

图 4-2-6　动模板（件 22）

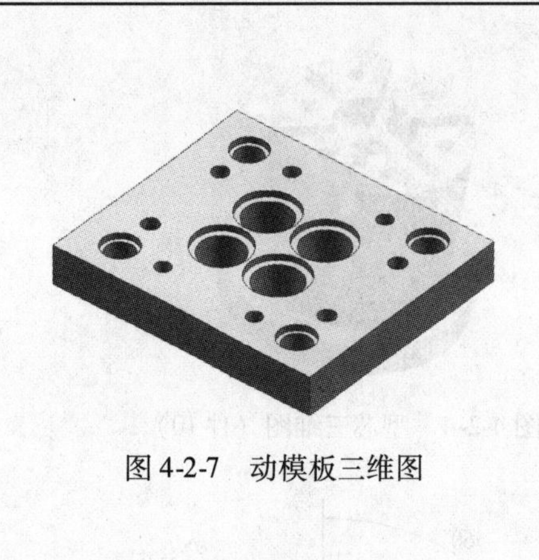

图 4-2-7　动模板三维图

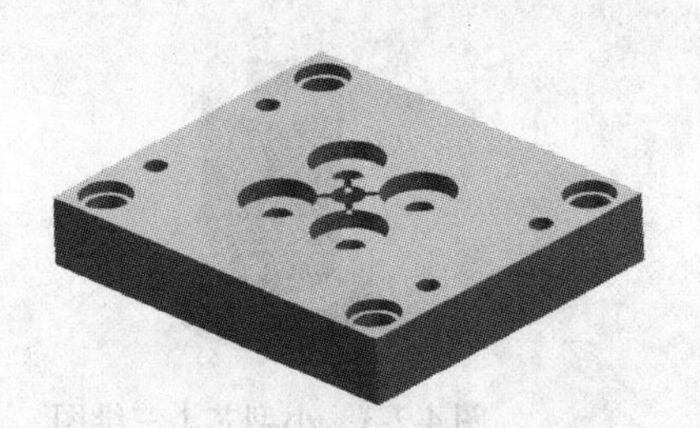

图 4-2-8　定模板三维图

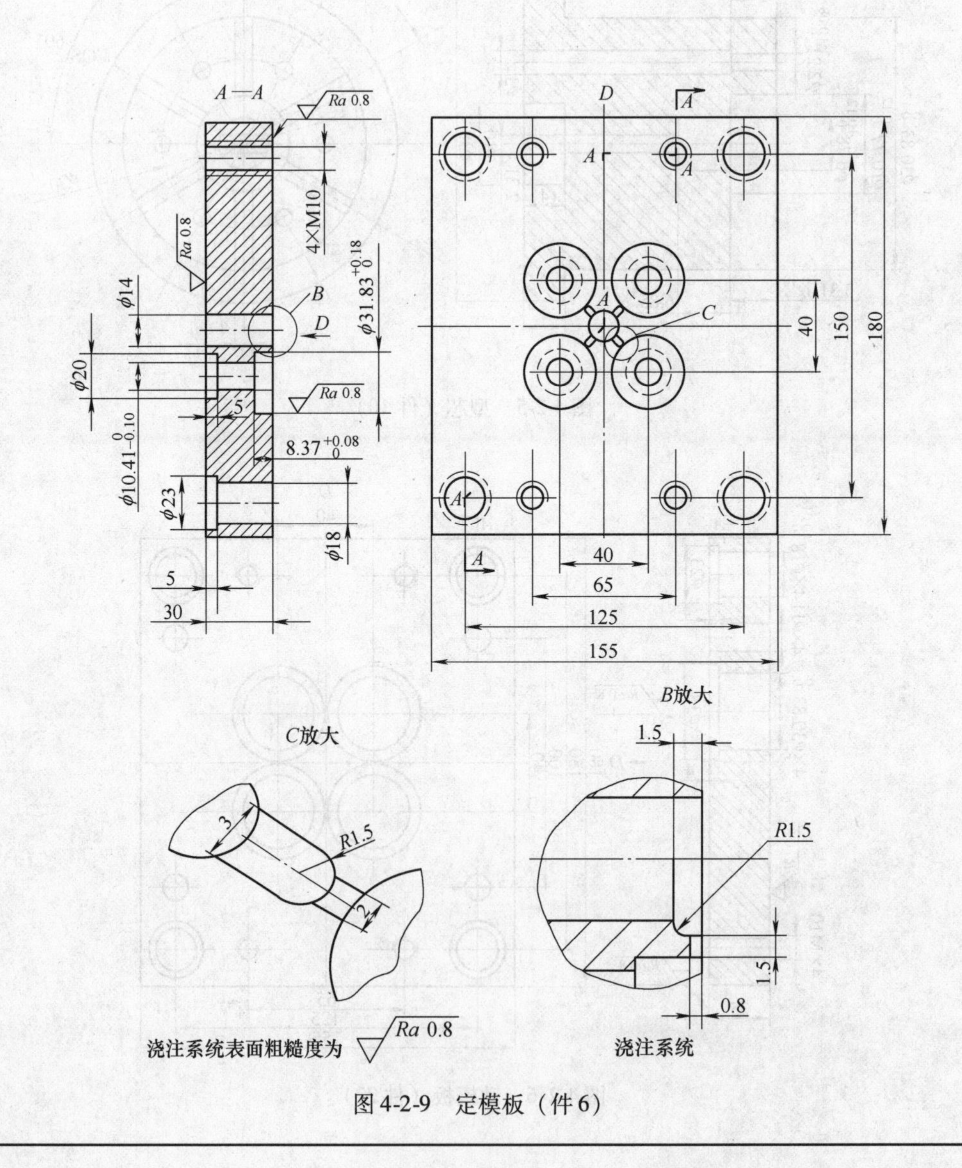

图 4-2-9　定模板（件 6）

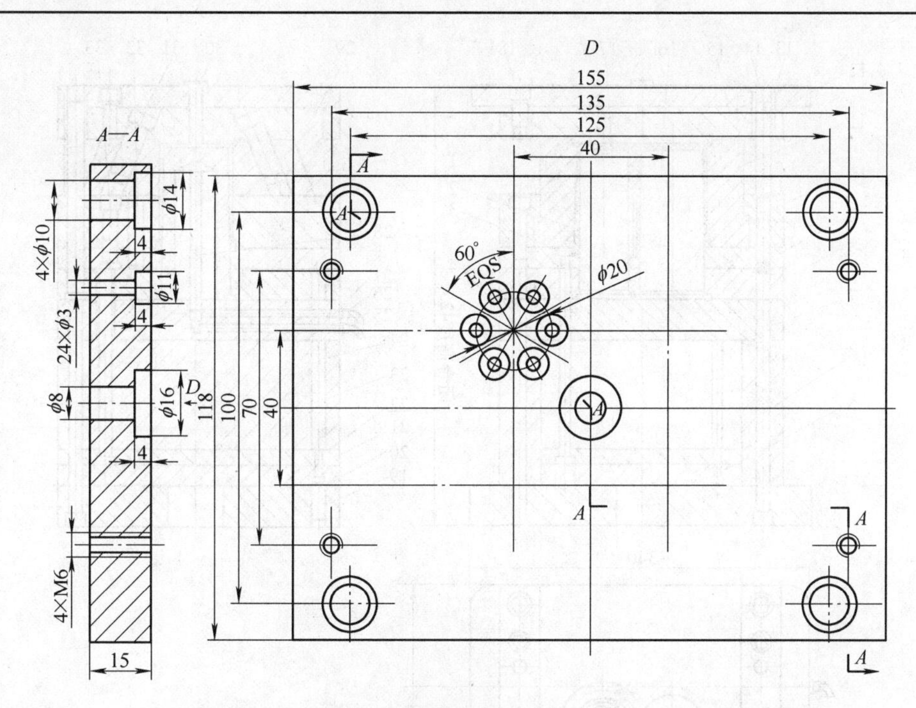

图 4-2-10　推杆固定板（件 18）

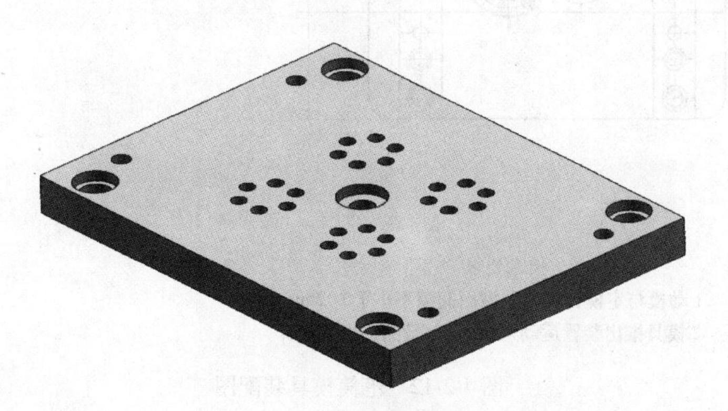

图 4-2-11　推杆固定板三维图

4.2.4　笔筒模具装配图及零件图

笔筒模具装配图如图 4-2-12 所示，其明细栏见表 4-2-4。

笔筒模具零件图如图 4-2-13 ~ 图 4-2-24 所示。

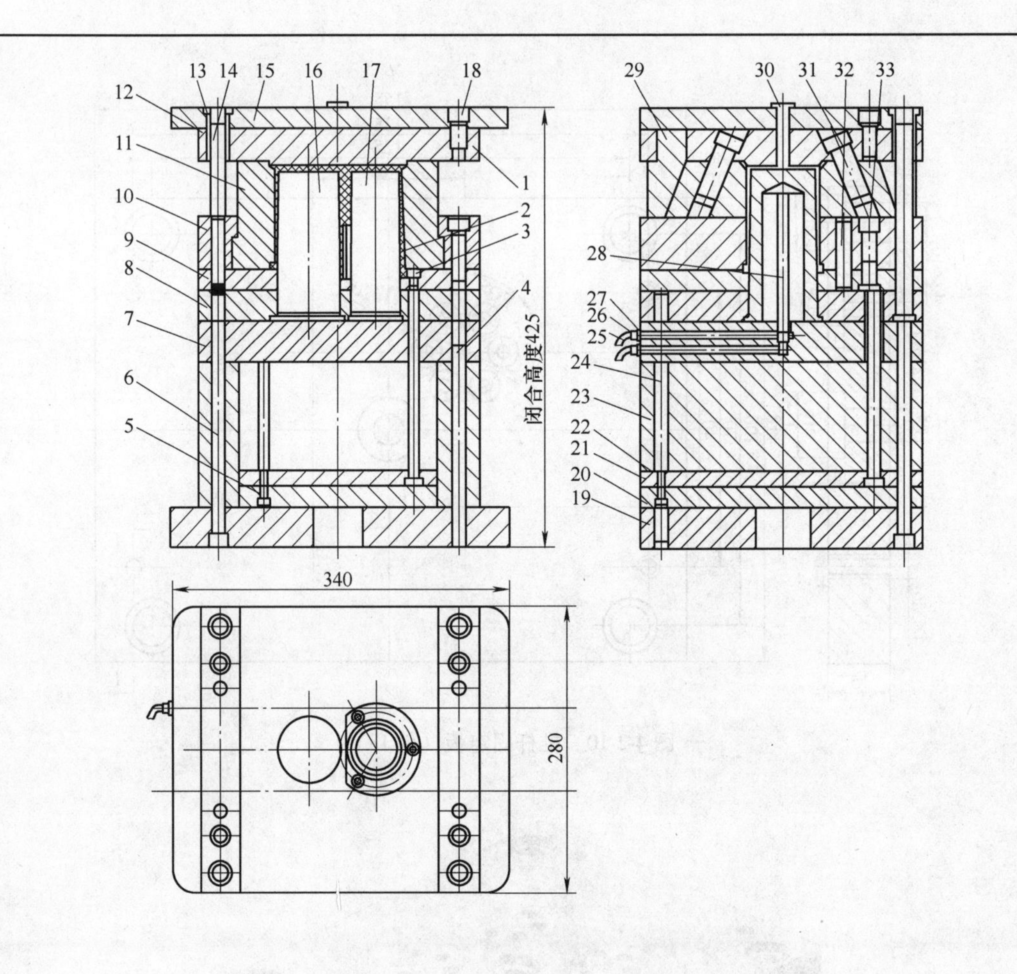

技术要求

1.动模与定模合模后分型面间隙不小于0.02mm。

2.模具推出装置运动可靠，不允许有卡死现象。

图 4-2-12 笔筒模具装配图

表 4-2-4 多功能笔筒模具装配图标题栏及明细栏

1	定模板	1	3Cr2W8V	53～58HRC		
2	推管	1	T8A	50～55HRC		
3	螺钉	3			GB/T 70.1－2008	M8×25
4	推杆	1			GB/T 4169.1－2006	ϕ12×190
5	螺钉	4			GB/T 70.1－2008	M8×40
6	螺钉	4			GB/T 70.1－2008	M12×200
7	支承板	1	CrWMn	53～58HRC		
8	凸模固定板	1	45	43～48HRC		
9	推件板	1	45	43～48HRC		

（续）

10	导轨	2	45	43～48HRC		
11	滑块	2	3Cr2W8V	53～58HRC		
12	凸模3	1	T8A	50～55HRC		
13	导套	4			GB/T 4169.3－2006	$\phi16\times70$
14	导柱	4			GB/T 4169.4－2006	$\phi16\times90$
15	定模座板	1	45	43～48HRC		
16	凸模1	1	CrWMn	53～58HRC		
17	凸模2	1	CrWMn	53～58HRC		
18	螺钉	12			GB/T70.1－2008	M12×30
19	动模座板	1	45	43～48HRC		
20	推板	1	45	43～48HRC		
21	推杆固定板	1	45	43～48HRC		
22	螺钉	4			GB/T 70.1－2008	M6×25
23	垫块	1	CrWMn	53～58HRC		
24	销钉	4			GB/T 119.1~119.2-2000	$\phi12\times200$
25	水管		PE			
26	水嘴	8	黄铜			
27	胶垫	8	橡胶			
28	芯棒	2	45	43～48HRC		
29	楔紧块	2	45	43～48HRC		
30	浇口套	1	42CrMo	53～58HRC		
31	斜导柱	4			GB/T 4169.4－2006	$\phi20\times70$
32	销钉	4			GB/T 119.1~119.2-2000	$\phi12\times60$
33	螺钉	4			GB/T 70.1－2008	M6×60
序号	名称	数量	材料	热处理	标准编号	备注
笔筒注射模			比例	1：1	图号	第1页
			件数			共 页
制图		日期	（校名）			
审核						

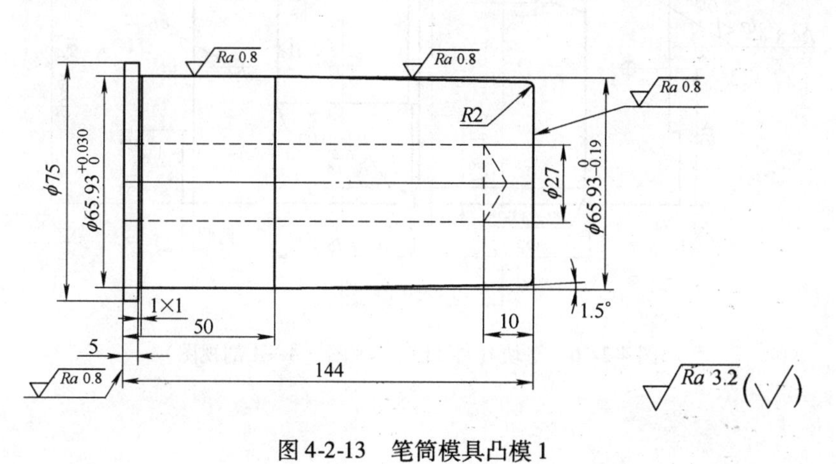

图4-2-13　笔筒模具凸模1

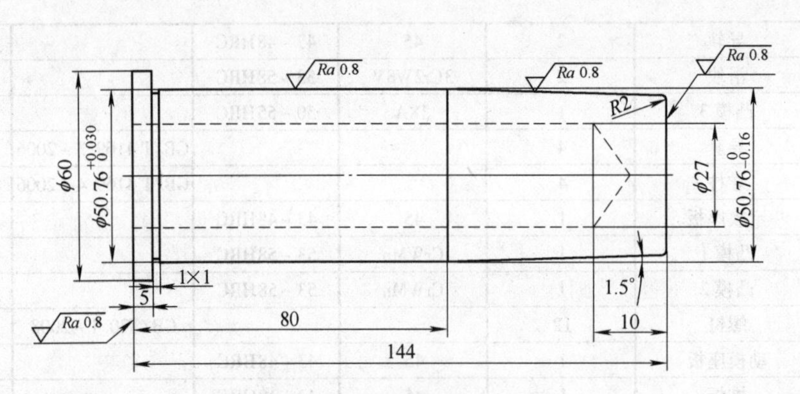

图 4-2-14　笔筒模具凸模 2

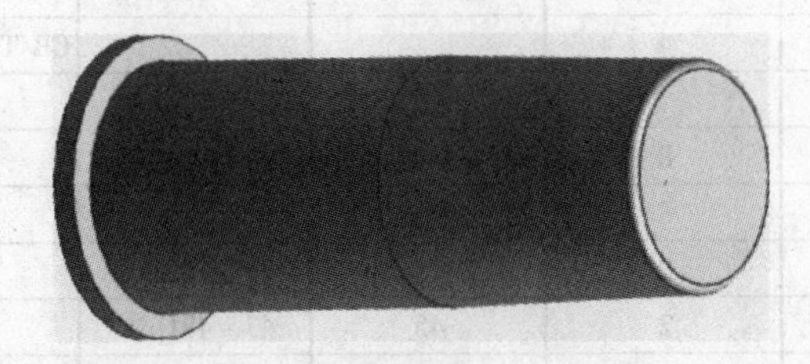

图 4-2-15　笔筒模具 2 凸模三维图

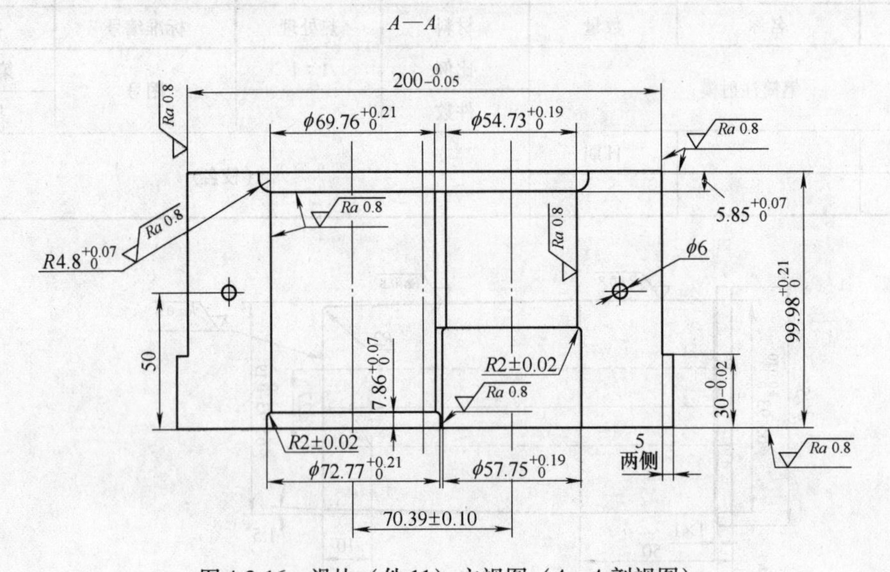

图 4-2-16　滑块（件 11）主视图（A—A 剖视图）

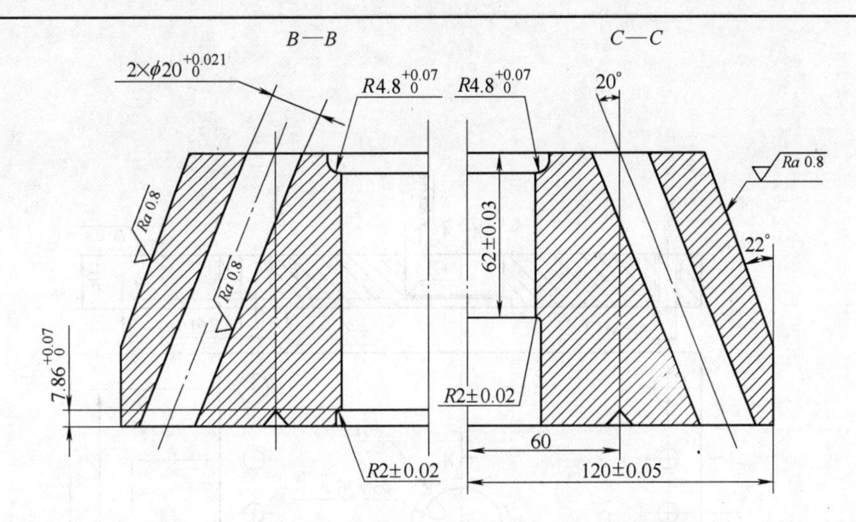

图 4-2-17　滑块主视图（*B*—*B* 剖视图、*C*—*C* 剖视图）

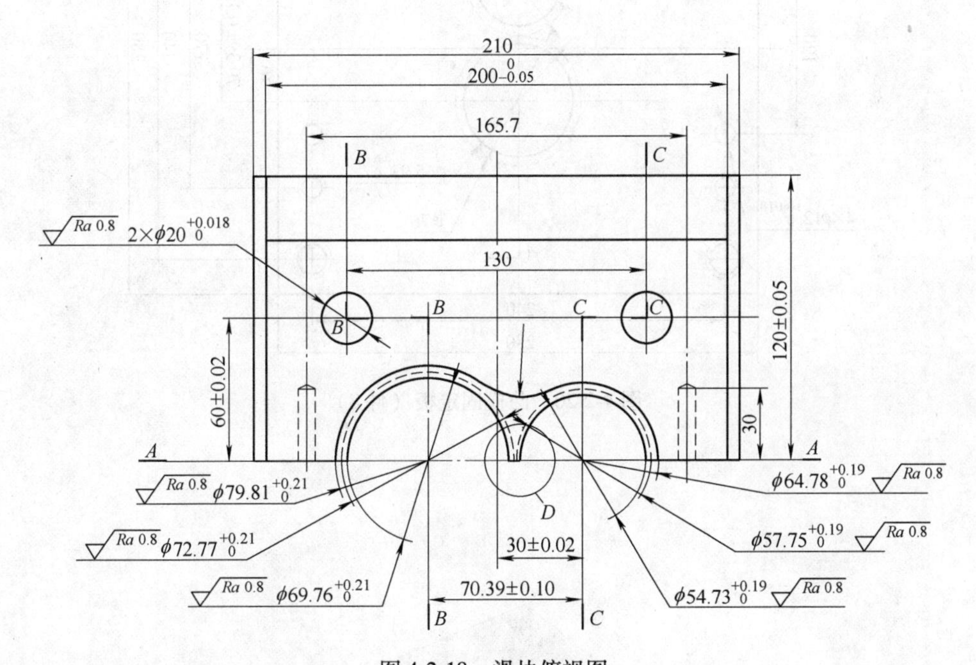

图 4-2-18　滑块俯视图

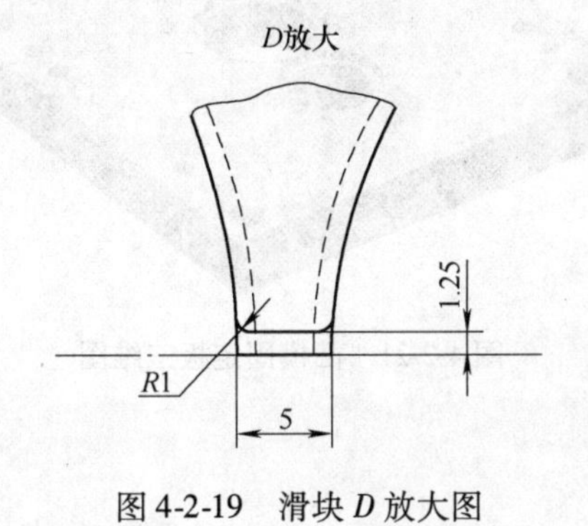

图 4-2-19　滑块 *D* 放大图

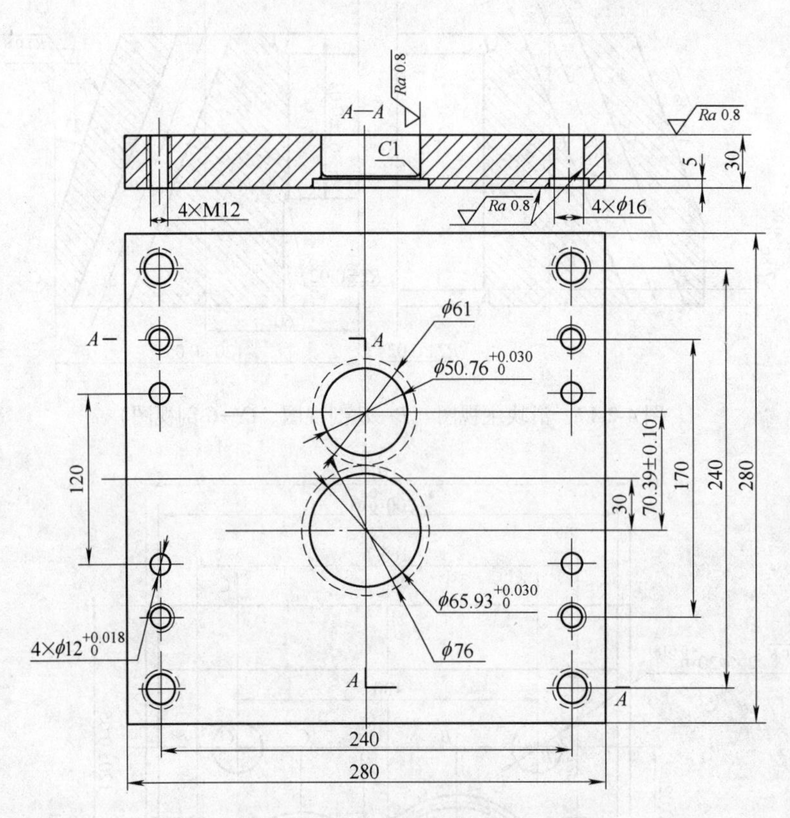

图 4-2-20　凸模固定板（件 8）

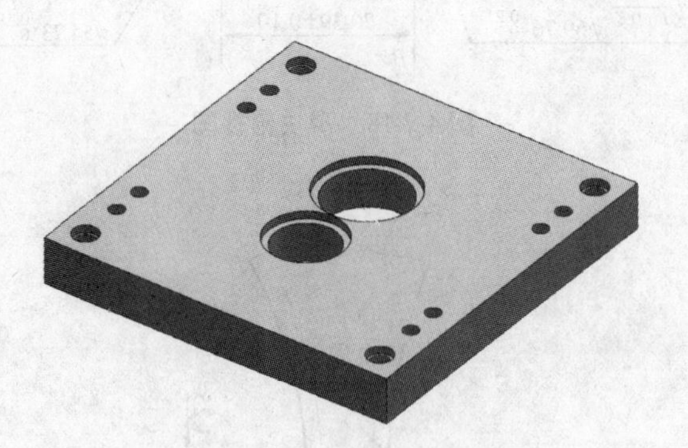

图 4-2-21　凸模固定板三维图

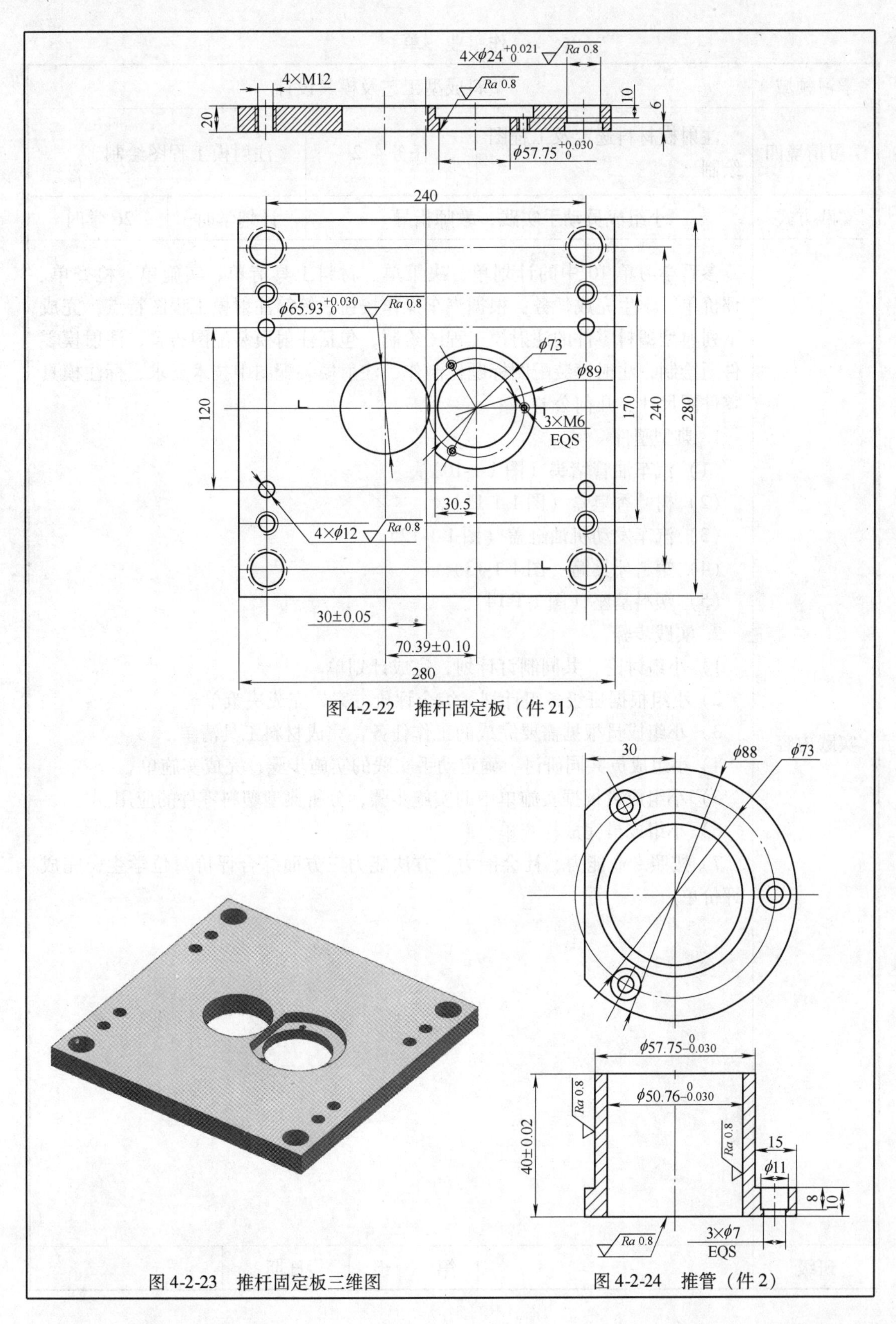

图 4-2-22　推杆固定板（件 21）

图 4-2-23　推杆固定板三维图

图 4-2-24　推管（件 2）

作 业 单

<table>
<tr><td>学习领域</td><td colspan="4">塑料成型工艺及模具设计</td></tr>
<tr><td>学习情境四</td><td>注射模材料选定及工程图绘制</td><td>任务 4. 2</td><td colspan="2">注射模工程图绘制</td></tr>
<tr><td>实践方式</td><td colspan="2">小组成员动手实践，教师指导</td><td>计划学时</td><td>26 学时</td></tr>
<tr><td>实践内容</td><td colspan="4">参看学习单 10 中的计划单、决策单、材料工具清单、实施单、检查单、评价单。学生完成任务：根据汽车操作按钮、笔筒注射模工程图特点，完成下列典型塑料零件的注射模工程图绘制，包括注射模装配图布置，注射模零件图绘制，注射模装配图标题栏制作，注射模装配图中技术要求，标注模具零件图尺寸、几何公差。
1. 典型塑件
（1）汽车油管堵头（图 1-1-10）。
（2）树叶香皂盒（图 1-1-11）。
（3）汽车发动机油缸盖（图 1-1-12）。
（4）塑料牙具筒（图 1-1-13）。
（5）塑料基座（图 1-1-14）。
2. 实践步骤
1）小组讨论、共同制订计划，完成计划单。
2）小组根据班级各组计划，综合评价方案，完成决策单。
3）小组成员根据需要完成的工作任务，完成材料工具清单。
4）小组成员共同研讨、确定动手实践的实施步骤，完成实施单。
5）小组成员根据实施单中的实施步骤，分析典型塑料零件的应用。
6）小组成员完成检查单。
7）按照专业能力、社会能力、方法能力三方面综合评价每位学生，完成评价单。</td></tr>
<tr><td>班级</td><td></td><td>第　　组</td><td>日期</td><td></td></tr>
</table>

参 考 文 献

［1］屈华昌．塑料成型工艺与模具设计［M］.2版．北京：机械工业出版社，2007.

［2］齐卫东．简明塑料模具设计手册［M］.2版．北京：北京理工大学出版社，2012.

［3］杨占尧．模具导论［M］．北京：高等教育出版社，2010.

［4］陈建荣，张洪涛．塑料成型工艺及模具设计［M］．北京：北京理工大学出版社，2010.

［5］王鹏驹，张杰．塑料模具设计师手册［M］．北京：机械工业出版社，2008.

［6］付宏生．模具制图与CAD［M］．北京：化学工业出版社，2007.

［7］刘占军，高铁军．注塑模具设计33例精解［M］．北京：化学工业出版社，2010.

［8］郭广思．注塑成型技术［M］.2版．北京：机械工业出版社，2009.

［9］康显丽，等．UG NX5中文版基础教程［M］．北京：清华大学出版社，2008.

［10］黄晓燕．AutoCAD模具设计基础教程［M］．北京：清华大学出版社，2008.

［11］李奇，朱江峰．模具设计与制造［M］.2版．北京：人民邮电出版社，2008.

［12］胡春亮，王维昌．机械制图［M］．北京：北京理工大学出版社，2011.

［13］王静．注塑模具设计基础［M］．北京：电子工业出版社，2013.

［14］齐卫东．塑料模具设计与制造［M］.2版．北京：高等教育出版社，2008.

［15］杨占尧，王高平．塑料注射模结构与设计［M］．北京：高等教育出版社，2008.

［16］叶久新，王群．塑料成型工艺及模具设计［M］．北京：机械工业出版社，2008.

［17］李东君．塑料成型工艺与模具设计［M］．北京：化学工业出版社，2010.

学　习　单

学习单1　汽车操作按钮生产原料选择

表单1-1　计　划　单

学习领域	塑料成型工艺及模具设计				
学习情境一	塑件生产原料选择及成型工艺分析	任务1.1	汽车操作按钮生产原料选择		
计划方式	小组讨论、团结协作共同制订计划		计划学时	0.5学时	
序号	实施步骤		使用资源		
制订计划说明					
计划评价	评语：				
班级		第　　组	组长签字		
教师签字		日期			

表单1-2 决 策 单

<table>
<tr><td>学习领域</td><td colspan="5">塑料成型工艺及模具设计</td></tr>
<tr><td>学习情境一</td><td colspan="2">塑件生产原料选择及成型工艺分析</td><td>任务1.1</td><td colspan="2">汽车操作按钮生产原料选择</td></tr>
<tr><td colspan="3">决策学时</td><td colspan="3">0.5学时</td></tr>
<tr><td rowspan="11">方案对比</td><td>序号</td><td>工艺的可行性</td><td>材料的合理性</td><td>方案的经济性</td><td>综合评价</td></tr>
<tr><td>1</td><td></td><td></td><td></td><td></td></tr>
<tr><td>2</td><td></td><td></td><td></td><td></td></tr>
<tr><td>3</td><td></td><td></td><td></td><td></td></tr>
<tr><td>4</td><td></td><td></td><td></td><td></td></tr>
<tr><td>5</td><td></td><td></td><td></td><td></td></tr>
<tr><td>6</td><td></td><td></td><td></td><td></td></tr>
<tr><td>7</td><td></td><td></td><td></td><td></td></tr>
<tr><td>8</td><td></td><td></td><td></td><td></td></tr>
<tr><td>9</td><td></td><td></td><td></td><td></td></tr>
<tr><td>10</td><td></td><td></td><td></td><td></td></tr>
<tr><td rowspan="3">决策评价</td><td colspan="5">评语：</td></tr>
<tr><td>班级</td><td></td><td>第 组</td><td>组长签字</td><td></td></tr>
<tr><td>教师签字</td><td></td><td></td><td>日期</td><td></td></tr>
</table>

表单1-3 实 施 单

<table>
<tr><td>学习领域</td><td colspan="5">塑料成型工艺及模具设计</td></tr>
<tr><td>学习情境一</td><td colspan="2">塑件生产原料选择及成型工艺分析</td><td>任务1.1</td><td colspan="2">汽车操作按钮生产原料选择</td></tr>
<tr><td>实施方式</td><td colspan="2">小组成员合作共同研讨确定实践的实施步骤，每人均填写实施单</td><td>实施学时</td><td colspan="2">4学时</td></tr>
<tr><td>序号</td><td colspan="3">实施步骤</td><td colspan="2">使用资源</td></tr>
<tr><td>1</td><td colspan="3"></td><td colspan="2"></td></tr>
<tr><td>2</td><td colspan="3"></td><td colspan="2"></td></tr>
<tr><td>3</td><td colspan="3"></td><td colspan="2"></td></tr>
<tr><td>4</td><td colspan="3"></td><td colspan="2"></td></tr>
<tr><td>5</td><td colspan="3"></td><td colspan="2"></td></tr>
<tr><td>6</td><td colspan="3"></td><td colspan="2"></td></tr>
<tr><td>7</td><td colspan="3"></td><td colspan="2"></td></tr>
<tr><td>8</td><td colspan="3"></td><td colspan="2"></td></tr>
<tr><td colspan="6">实施说明：</td></tr>
<tr><td colspan="6">实施评语：</td></tr>
<tr><td>班级</td><td colspan="2"></td><td>姓名</td><td>学号</td><td></td></tr>
<tr><td>教师签字</td><td></td><td>第 组</td><td>组长签字</td><td>日期</td><td></td></tr>
</table>

表单1-4 检 查 单

学习领域	塑料成型工艺及模具设计				
学习情境一	塑件生产原料选择及成型工艺分析	任务 1.1	汽车操作按钮生产原料选择		
检查学时		0.5 学时			
制件名称及图号					
序号	检查项目	检测手段	组内互检	教师检查	
1					
2					
3					
4					
5					
6					
7					
8					
9					
10					
检查评价	评语：				
	班级		第 组	组长签字	
	教师签字		日期		

表单1-5　评　价　单

<table>
<tr><td>学习领域</td><td colspan="5">塑料成型工艺及模具设计</td></tr>
<tr><td>学习情境一</td><td colspan="2">塑件生产原料选择及成型工艺分析</td><td>任务1.1</td><td colspan="2">汽车操作按钮生产原料选择</td></tr>
<tr><td colspan="4">评价学时</td><td colspan="2">0.5学时</td></tr>
<tr><td>评价类别</td><td>评价项目</td><td>子项目</td><td>个人评价</td><td>组内互评</td><td>教师评价</td></tr>
<tr><td rowspan="11">专业能力（60%）</td><td rowspan="2">资讯（10%）</td><td>收集信息（4%）</td><td></td><td></td><td></td></tr>
<tr><td>引导问题回答（6%）</td><td></td><td></td><td></td></tr>
<tr><td rowspan="2">计划（5%）</td><td>计划可执行度（3%）</td><td></td><td></td><td></td></tr>
<tr><td>材料工具安排（2%）</td><td></td><td></td><td></td></tr>
<tr><td>实施（20%）</td><td>工作步骤执行（20%）</td><td></td><td></td><td></td></tr>
<tr><td rowspan="2">检查（5%）</td><td>全面性、准确性（3%）</td><td></td><td></td><td></td></tr>
<tr><td>解决问题能力（2%）</td><td></td><td></td><td></td></tr>
<tr><td rowspan="2">过程（15%）</td><td>设计程序规范性（5%）</td><td></td><td></td><td></td></tr>
<tr><td>实施过程规范性（10%）</td><td></td><td></td><td></td></tr>
<tr><td>结果（5%）</td><td>结果质量（5%）</td><td></td><td></td><td></td></tr>
<tr><td colspan="5"></td></tr>
<tr><td rowspan="2">社会能力（20%）</td><td>团结协作（10%）</td><td></td><td></td><td></td><td></td></tr>
<tr><td>敬业精神（10%）</td><td></td><td></td><td></td><td></td></tr>
<tr><td rowspan="2">方法能力（20%）</td><td>计划能力（10%）</td><td></td><td></td><td></td><td></td></tr>
<tr><td>决策能力（10%）</td><td></td><td></td><td></td><td></td></tr>
<tr><td>评价评语</td><td colspan="5">评语：</td></tr>
</table>

班级		姓名		学号		总评	
教师签字		第　组	组长签字		日期		

学习单2　塑件成型结构工艺性分析

表单2-1　计　划　单

学习领域	塑料成型工艺及模具设计			
学习情境一	塑件生产原料选择及成型工艺分析	任务1.2	塑件成型结构工艺性分析	
计划方式	小组讨论、团结协作共同制订计划		计划学时	0.5学时
序号	实施步骤		使用资源	
制订计划说明				
计划评价	评语：			
班级		第　　组	组长签字	
教师签字			日期	

表单2-2 决　策　单

<table>
<tr><td>学习领域</td><td colspan="5">塑料成型工艺及模具设计</td></tr>
<tr><td>学习情境一</td><td colspan="2">塑件生产原料选择及成型工艺分析</td><td>任务 1. 2</td><td colspan="2">塑件成型结构工艺性分析</td></tr>
<tr><td colspan="2">决策学时</td><td colspan="4">0. 5 学时</td></tr>
<tr><td rowspan="11">方案对比</td><td>序号</td><td>工艺的可行性</td><td>制件结构的合理性</td><td>方案的经济性</td><td>综合评价</td></tr>
<tr><td>1</td><td></td><td></td><td></td><td></td></tr>
<tr><td>2</td><td></td><td></td><td></td><td></td></tr>
<tr><td>3</td><td></td><td></td><td></td><td></td></tr>
<tr><td>4</td><td></td><td></td><td></td><td></td></tr>
<tr><td>5</td><td></td><td></td><td></td><td></td></tr>
<tr><td>6</td><td></td><td></td><td></td><td></td></tr>
<tr><td>7</td><td></td><td></td><td></td><td></td></tr>
<tr><td>8</td><td></td><td></td><td></td><td></td></tr>
<tr><td>9</td><td></td><td></td><td></td><td></td></tr>
<tr><td>10</td><td></td><td></td><td></td><td></td></tr>
<tr><td rowspan="3">决策评价</td><td colspan="5">评语：</td></tr>
<tr><td>班级</td><td colspan="2"></td><td>第　　组</td><td>组长签字</td></tr>
<tr><td>教师签字</td><td colspan="2"></td><td>日期</td><td></td></tr>
</table>

表单 2-3　材料工具清单

<table>
<tr><td>学习领域</td><td colspan="6">塑料成型工艺及模具设计</td></tr>
<tr><td>学习情境一</td><td colspan="2">塑件生产原料选择及成型工艺分析</td><td colspan="2">任务 1.2</td><td colspan="2">塑件成型结构工艺性分析</td></tr>
<tr><td>清单要求</td><td colspan="6">请根据完成任务列出所需的材料工具名称、作用、型号及数量，并标明使用前后的状况</td></tr>
<tr><td>序号</td><td>名称</td><td>型号</td><td>作用</td><td>数量</td><td>使用前状况</td><td>使用后状况</td></tr>
<tr><td>1</td><td></td><td></td><td></td><td></td><td></td><td></td></tr>
<tr><td>2</td><td></td><td></td><td></td><td></td><td></td><td></td></tr>
<tr><td>3</td><td></td><td></td><td></td><td></td><td></td><td></td></tr>
<tr><td>4</td><td></td><td></td><td></td><td></td><td></td><td></td></tr>
<tr><td>5</td><td></td><td></td><td></td><td></td><td></td><td></td></tr>
<tr><td>6</td><td></td><td></td><td></td><td></td><td></td><td></td></tr>
<tr><td>7</td><td></td><td></td><td></td><td></td><td></td><td></td></tr>
<tr><td>8</td><td></td><td></td><td></td><td></td><td></td><td></td></tr>
<tr><td>9</td><td></td><td></td><td></td><td></td><td></td><td></td></tr>
<tr><td>10</td><td></td><td></td><td></td><td></td><td></td><td></td></tr>
<tr><td colspan="7">评价：（对选用工具的正确性进行评价）</td></tr>
<tr><td>班级</td><td></td><td>第　　组</td><td>组长签字</td><td colspan="3"></td></tr>
<tr><td>教师签字</td><td colspan="2"></td><td>日期</td><td colspan="3"></td></tr>
</table>

表单2-4 实 施 单

<table>
<tr><td>学习领域</td><td colspan="8">塑料成型工艺及模具设计</td></tr>
<tr><td>学习情境一</td><td colspan="2">塑件生产原料选择及成型工艺分析</td><td colspan="3">任务1.2</td><td colspan="3">塑件成型结构工艺性分析</td></tr>
<tr><td>实施方式</td><td colspan="3">小组成员合作共同研讨确定实践的实施步骤，每人均填写实施单</td><td colspan="2">实施学时</td><td colspan="3">4学时</td></tr>
<tr><td>序号</td><td colspan="5">实施步骤</td><td colspan="3">使用资源</td></tr>
<tr><td>1</td><td colspan="5"></td><td colspan="3"></td></tr>
<tr><td>2</td><td colspan="5"></td><td colspan="3"></td></tr>
<tr><td>3</td><td colspan="5"></td><td colspan="3"></td></tr>
<tr><td>4</td><td colspan="5"></td><td colspan="3"></td></tr>
<tr><td>5</td><td colspan="5"></td><td colspan="3"></td></tr>
<tr><td>6</td><td colspan="5"></td><td colspan="3"></td></tr>
<tr><td>7</td><td colspan="5"></td><td colspan="3"></td></tr>
<tr><td>8</td><td colspan="5"></td><td colspan="3"></td></tr>
<tr><td colspan="9">实施说明：</td></tr>
<tr><td colspan="9">实施评语：</td></tr>
<tr><td>班级</td><td colspan="2"></td><td colspan="2">姓名</td><td colspan="2"></td><td>学号</td><td></td></tr>
<tr><td>教师签字</td><td></td><td>第 组</td><td colspan="2">组长签字</td><td colspan="2"></td><td>日期</td><td></td></tr>
</table>

表单2-5　检　查　单

学习领域	塑料成型工艺及模具设计				
学习情境一	塑件生产原料选择及成型工艺分析		任务 1.2	塑件成型结构工艺性分析	
检查学时			0.5 学时		
制件名称及图号					
序号	检查项目	检测手段	组内互检	教师检查	
1					
2					
3					
4					
5					
6					
7					
8					
9					
10					
检查评价	评语：				
	班级		第　组	组长签字	
	教师签字		日期		

表单2-6 评 价 单

<table>
<tr><td>学习领域</td><td colspan="5">塑料成型工艺及模具设计</td></tr>
<tr><td>学习情境一</td><td>塑件生产原料选择及成型工艺分析</td><td colspan="2">任务1.2</td><td colspan="2">塑件成型结构工艺性分析</td></tr>
<tr><td colspan="4">评价学时</td><td colspan="2">0.5学时</td></tr>
<tr><td>评价类别</td><td>评价项目</td><td>子项目</td><td>个人评价</td><td>组内互评</td><td>教师评价</td></tr>
<tr><td rowspan="11">专业能力（60%）</td><td rowspan="2">资讯（10%）</td><td>收集信息（4%）</td><td></td><td></td><td></td></tr>
<tr><td>引导问题回答（6%）</td><td></td><td></td><td></td></tr>
<tr><td rowspan="2">计划（5%）</td><td>计划可执行度（3%）</td><td></td><td></td><td></td></tr>
<tr><td>材料工具安排（2%）</td><td></td><td></td><td></td></tr>
<tr><td>实施（20%）</td><td>工作步骤执行（20%）</td><td></td><td></td><td></td></tr>
<tr><td rowspan="2">检查（5%）</td><td>全面性、准确性（3%）</td><td></td><td></td><td></td></tr>
<tr><td>解决问题能力（2%）</td><td></td><td></td><td></td></tr>
<tr><td rowspan="2">过程（15%）</td><td>设计程序规范性（5%）</td><td></td><td></td><td></td></tr>
<tr><td>实施过程规范性（10%）</td><td></td><td></td><td></td></tr>
<tr><td>结果（5%）</td><td>结果质量（5%）</td><td></td><td></td><td></td></tr>
<tr><td colspan="5"></td></tr>
<tr><td rowspan="2">社会能力（20%）</td><td>团结协作（10%）</td><td rowspan="2"></td><td rowspan="2"></td><td rowspan="2"></td><td rowspan="2"></td></tr>
<tr><td>敬业精神（10%）</td></tr>
<tr><td rowspan="2">方法能力（20%）</td><td>计划能力（10%）</td><td rowspan="2"></td><td rowspan="2"></td><td rowspan="2"></td><td rowspan="2"></td></tr>
<tr><td>决策能力（10%）</td></tr>
<tr><td>评价评语</td><td colspan="5">评语：</td></tr>
</table>

<table>
<tr><td>班级</td><td></td><td>姓名</td><td></td><td>学号</td><td></td><td>总评</td><td></td></tr>
<tr><td>教师签字</td><td></td><td>第 组</td><td>组长签字</td><td></td><td>日期</td><td colspan="2"></td></tr>
</table>

学习单3　塑料笔筒的成型方法设计

表单3-1　计　划　单

学习领域	塑料成型工艺及模具设计			
学习情境二	塑件的生产方法与成型设备及工艺	任务2.1	塑料笔筒的成型方法设计	
计划方式	小组讨论、团结协作共同制订计划		计划学时	0.5学时
序号	实施步骤		使用资源	
制订计划说明				
计划评价	评语：			
班级		第　　组	组长签字	
教师签字			日期	

表单3-2　决　策　单

<table>
<tr><td>学习领域</td><td colspan="5">塑料成型工艺及模具设计</td></tr>
<tr><td>学习情境二</td><td colspan="2">塑件的生产方法与成型设备及工艺</td><td>任务2.1</td><td colspan="2">塑料笔筒的成型方法设计</td></tr>
<tr><td colspan="3">决策学时</td><td colspan="3">0.5学时</td></tr>
<tr><td rowspan="11">方案对比</td><td>序号</td><td>工艺的可行性</td><td>成型方法的合理性</td><td>方案的经济性</td><td>综合评价</td></tr>
<tr><td>1</td><td></td><td></td><td></td><td></td></tr>
<tr><td>2</td><td></td><td></td><td></td><td></td></tr>
<tr><td>3</td><td></td><td></td><td></td><td></td></tr>
<tr><td>4</td><td></td><td></td><td></td><td></td></tr>
<tr><td>5</td><td></td><td></td><td></td><td></td></tr>
<tr><td>6</td><td></td><td></td><td></td><td></td></tr>
<tr><td>7</td><td></td><td></td><td></td><td></td></tr>
<tr><td>8</td><td></td><td></td><td></td><td></td></tr>
<tr><td>9</td><td></td><td></td><td></td><td></td></tr>
<tr><td>10</td><td></td><td></td><td></td><td></td></tr>
<tr><td rowspan="3">决策评价</td><td colspan="5">评语：</td></tr>
<tr><td>班级</td><td></td><td>第　　组</td><td>组长签字</td><td></td></tr>
<tr><td>教师签字</td><td colspan="2"></td><td>日期</td><td></td></tr>
</table>

表单 3-3　材料工具清单

<table>
<tr><td>学习领域</td><td colspan="6">塑料成型工艺及模具设计</td></tr>
<tr><td>学习情境二</td><td colspan="2">塑件的生产方法与成型设备及工艺</td><td colspan="2">任务 2. 1</td><td colspan="2">塑料笔筒的成型方法设计</td></tr>
<tr><td>清单要求</td><td colspan="6">请根据完成任务列出所需的材料工具名称、作用、型号及数量，并标明使用前后的状况</td></tr>
<tr><td>序号</td><td>名称</td><td>型号</td><td>作用</td><td>数量</td><td>使用前状况</td><td>使用后状况</td></tr>
<tr><td>1</td><td></td><td></td><td></td><td></td><td></td><td></td></tr>
<tr><td>2</td><td></td><td></td><td></td><td></td><td></td><td></td></tr>
<tr><td>3</td><td></td><td></td><td></td><td></td><td></td><td></td></tr>
<tr><td>4</td><td></td><td></td><td></td><td></td><td></td><td></td></tr>
<tr><td>5</td><td></td><td></td><td></td><td></td><td></td><td></td></tr>
<tr><td>6</td><td></td><td></td><td></td><td></td><td></td><td></td></tr>
<tr><td>7</td><td></td><td></td><td></td><td></td><td></td><td></td></tr>
<tr><td>8</td><td></td><td></td><td></td><td></td><td></td><td></td></tr>
<tr><td>9</td><td></td><td></td><td></td><td></td><td></td><td></td></tr>
<tr><td>10</td><td></td><td></td><td></td><td></td><td></td><td></td></tr>
<tr><td colspan="7">评价：（对选用工具的正确性进行评价）</td></tr>
<tr><td>班级</td><td colspan="2"></td><td colspan="2">第　　组</td><td>组长签字</td><td></td></tr>
<tr><td>教师签字</td><td colspan="3"></td><td colspan="2">日期</td><td></td></tr>
</table>

表单3-4 实 施 单

<table>
<tr><td>学习领域</td><td colspan="5">塑料成型工艺及模具设计</td></tr>
<tr><td>学习情境二</td><td colspan="2">塑件的生产方法与成型设备及工艺</td><td>任务2.1</td><td colspan="2">塑料笔筒的成型方法设计</td></tr>
<tr><td>实施方式</td><td colspan="2">小组成员合作共同研讨确定动手实践的实施步骤，每人均填写实施单</td><td>实施学时</td><td colspan="2">6学时</td></tr>
<tr><td>序号</td><td colspan="3">实施步骤</td><td colspan="2">使用资源</td></tr>
<tr><td>1</td><td colspan="3"></td><td colspan="2"></td></tr>
<tr><td>2</td><td colspan="3"></td><td colspan="2"></td></tr>
<tr><td>3</td><td colspan="3"></td><td colspan="2"></td></tr>
<tr><td>4</td><td colspan="3"></td><td colspan="2"></td></tr>
<tr><td>5</td><td colspan="3"></td><td colspan="2"></td></tr>
<tr><td>6</td><td colspan="3"></td><td colspan="2"></td></tr>
<tr><td>7</td><td colspan="3"></td><td colspan="2"></td></tr>
<tr><td>8</td><td colspan="3"></td><td colspan="2"></td></tr>
<tr><td colspan="6">实施说明：</td></tr>
<tr><td colspan="6">实施评语：</td></tr>
<tr><td>班级</td><td colspan="2"></td><td>姓名</td><td>学号</td><td></td></tr>
<tr><td>教师签字</td><td></td><td>第　　组</td><td>组长签字</td><td>日期</td><td></td></tr>
</table>

表单3-5 检 查 单

<table>
<tr><td colspan="2">学习领域</td><td colspan="4">塑料成型工艺及模具设计</td></tr>
<tr><td colspan="2">学习情境二</td><td colspan="2">塑件的生产方法与成型设备及工艺</td><td>任务 2.1</td><td>塑料笔筒的成型方法设计</td></tr>
<tr><td colspan="4">检查学时</td><td colspan="2">0.5 学时</td></tr>
<tr><td colspan="2">制件名称及图号</td><td colspan="4"></td></tr>
<tr><td>序号</td><td>检查项目</td><td>检测手段</td><td colspan="2">组内互检</td><td>教师检查</td></tr>
<tr><td>1</td><td></td><td></td><td colspan="2"></td><td></td></tr>
<tr><td>2</td><td></td><td></td><td colspan="2"></td><td></td></tr>
<tr><td>3</td><td></td><td></td><td colspan="2"></td><td></td></tr>
<tr><td>4</td><td></td><td></td><td colspan="2"></td><td></td></tr>
<tr><td>5</td><td></td><td></td><td colspan="2"></td><td></td></tr>
<tr><td>6</td><td></td><td></td><td colspan="2"></td><td></td></tr>
<tr><td>7</td><td></td><td></td><td colspan="2"></td><td></td></tr>
<tr><td>8</td><td></td><td></td><td colspan="2"></td><td></td></tr>
<tr><td>9</td><td></td><td></td><td colspan="2"></td><td></td></tr>
<tr><td>10</td><td></td><td></td><td colspan="2"></td><td></td></tr>
<tr><td rowspan="3">检查评价</td><td colspan="5">评语：</td></tr>
<tr><td>班级</td><td></td><td>第　　组</td><td>组长签字</td><td></td></tr>
<tr><td>教师签字</td><td></td><td>日期</td><td colspan="2"></td></tr>
</table>

表单3-6 评 价 单

学习领域	塑料成型工艺及模具设计				
学习情境二	塑件的生产方法与成型设备及工艺	任务2.1		塑料笔筒的成型方法设计	
评价学时				0.5学时	
评价类别	评价项目	子项目	个人评价	组内互评	教师评价
专业能力（60%）	资讯（10%）	收集信息（4%）			
		引导问题回答（6%）			
	计划（5%）	计划可执行度（3%）			
		材料工具安排（2%）			
	实施（20%）	工作步骤执行（20%）			
	检查（5%）	全面性、准确性（3%）			
		解决问题能力（2%）			
	过程（15%）	设计程序规范性（5%）			
		实施过程规范性（10%）			
	结果（5%）	结果质量（5%）			
社会能力（20%）	团结协作（10%）				
	敬业精神（10%）				
方法能力（20%）	计划能力（10%）				
	决策能力（10%）				
评价评语	评语：				

班级		姓名		学号		总评	
教师签字		第 组	组长签字		日期		

学习单 4　注射成型设备及工艺参数设计

表单 4-1　计　划　单

学习领域	塑料成型工艺及模具设计			
学习情境二	塑件的生产方法与成型设备及工艺	任务 2.2	注射成型设备及工艺参数设计	
计划方式	小组讨论、团结协作共同制订计划		计划学时	0.5 学时
序号	实施步骤		使用资源	
制订计划说明				
计划评价	评语：			
班级		第　　组	组长签字	
教师签字			日期	

表单4-2　决　策　单

<table>
<tr><td>学习领域</td><td colspan="5">塑料成型工艺及模具设计</td></tr>
<tr><td>学习情境二</td><td colspan="2">塑件的生产方法与成型设备及工艺</td><td colspan="2">任务 2.2</td><td>注射成型设备及工艺参数设计</td></tr>
<tr><td colspan="3">决策学时</td><td colspan="3">0.5 学时</td></tr>
<tr><td rowspan="11">方案对比</td><td>序号</td><td>工艺的可行性</td><td>设备及工艺参数的合理性</td><td>方案的经济性</td><td>综合评价</td></tr>
<tr><td>1</td><td></td><td></td><td></td><td></td></tr>
<tr><td>2</td><td></td><td></td><td></td><td></td></tr>
<tr><td>3</td><td></td><td></td><td></td><td></td></tr>
<tr><td>4</td><td></td><td></td><td></td><td></td></tr>
<tr><td>5</td><td></td><td></td><td></td><td></td></tr>
<tr><td>6</td><td></td><td></td><td></td><td></td></tr>
<tr><td>7</td><td></td><td></td><td></td><td></td></tr>
<tr><td>8</td><td></td><td></td><td></td><td></td></tr>
<tr><td>9</td><td></td><td></td><td></td><td></td></tr>
<tr><td>10</td><td></td><td></td><td></td><td></td></tr>
<tr><td rowspan="3">决策评价</td><td colspan="6">评语：</td></tr>
<tr><td>班级</td><td></td><td>第　　组</td><td>组长签字</td><td></td></tr>
<tr><td>教师签字</td><td colspan="2"></td><td>日期</td><td></td></tr>
</table>

表单 4-3　材料工具清单

<table>
<tr><td>学习领域</td><td colspan="6">塑料成型工艺及模具设计</td></tr>
<tr><td>学习情境二</td><td colspan="2">塑件的生产方法与成型设备及工艺</td><td colspan="2">任务 2. 2</td><td colspan="2">注射成型设备及工艺参数设计</td></tr>
<tr><td>清单要求</td><td colspan="6">请根据完成任务列出所需的材料工具名称、作用、型号及数量，并标明使用前后的状况</td></tr>
<tr><td>序号</td><td>名称</td><td>型号</td><td>作用</td><td>数量</td><td>使用前状况</td><td>使用后状况</td></tr>
<tr><td>1</td><td></td><td></td><td></td><td></td><td></td><td></td></tr>
<tr><td>2</td><td></td><td></td><td></td><td></td><td></td><td></td></tr>
<tr><td>3</td><td></td><td></td><td></td><td></td><td></td><td></td></tr>
<tr><td>4</td><td></td><td></td><td></td><td></td><td></td><td></td></tr>
<tr><td>5</td><td></td><td></td><td></td><td></td><td></td><td></td></tr>
<tr><td>6</td><td></td><td></td><td></td><td></td><td></td><td></td></tr>
<tr><td>7</td><td></td><td></td><td></td><td></td><td></td><td></td></tr>
<tr><td>8</td><td></td><td></td><td></td><td></td><td></td><td></td></tr>
<tr><td>9</td><td></td><td></td><td></td><td></td><td></td><td></td></tr>
<tr><td>10</td><td></td><td></td><td></td><td></td><td></td><td></td></tr>
<tr><td colspan="7">评价：（对选用工具的正确性进行评价）</td></tr>
<tr><td>班级</td><td colspan="2"></td><td>第　　组</td><td>组长签字</td><td colspan="2"></td></tr>
<tr><td>教师签字</td><td colspan="4"></td><td>日期</td><td></td></tr>
</table>

表单 4-4　实　施　单

<table>
<tr><td>学习领域</td><td colspan="5">塑料成型工艺及模具设计</td></tr>
<tr><td>学习情境二</td><td colspan="2">塑件的生产方法与成型设备及工艺</td><td colspan="2">任务 2.2</td><td>注射成型设备及工艺参数设计</td></tr>
<tr><td>实施方式</td><td colspan="2">小组成员合作共同研讨确定动手实践的实施步骤，每人均填写实施单</td><td colspan="2">实施学时</td><td>4 学时</td></tr>
<tr><td>序号</td><td colspan="4">实施步骤</td><td>使用资源</td></tr>
<tr><td>1</td><td colspan="4"></td><td></td></tr>
<tr><td>2</td><td colspan="4"></td><td></td></tr>
<tr><td>3</td><td colspan="4"></td><td></td></tr>
<tr><td>4</td><td colspan="4"></td><td></td></tr>
<tr><td>5</td><td colspan="4"></td><td></td></tr>
<tr><td>6</td><td colspan="4"></td><td></td></tr>
<tr><td>7</td><td colspan="4"></td><td></td></tr>
<tr><td>8</td><td colspan="4"></td><td></td></tr>
<tr><td colspan="6">实施说明：</td></tr>
<tr><td colspan="6">实施评语：</td></tr>
<tr><td>班级</td><td colspan="2"></td><td>姓名</td><td>学号</td><td></td></tr>
<tr><td>教师签字</td><td></td><td>第　　组</td><td>组长签字</td><td>日期</td><td></td></tr>
</table>

表单 4-5 检 查 单

<table>
<tr><td>学习领域</td><td colspan="5">塑料成型工艺及模具设计</td></tr>
<tr><td>学习情境二</td><td colspan="2">塑件的生产方法与成型设备及工艺</td><td>任务 2. 2</td><td colspan="2">注射成型设备及工艺参数设计</td></tr>
<tr><td colspan="3">检查学时</td><td colspan="3">0. 5 学时</td></tr>
<tr><td colspan="2">制件名称及图号</td><td colspan="4"></td></tr>
<tr><td>序号</td><td>检查项目</td><td>检测手段</td><td colspan="2">组内互检</td><td>教师检查</td></tr>
<tr><td>1</td><td></td><td></td><td colspan="2"></td><td></td></tr>
<tr><td>2</td><td></td><td></td><td colspan="2"></td><td></td></tr>
<tr><td>3</td><td></td><td></td><td colspan="2"></td><td></td></tr>
<tr><td>4</td><td></td><td></td><td colspan="2"></td><td></td></tr>
<tr><td>5</td><td></td><td></td><td colspan="2"></td><td></td></tr>
<tr><td>6</td><td></td><td></td><td colspan="2"></td><td></td></tr>
<tr><td>7</td><td></td><td></td><td colspan="2"></td><td></td></tr>
<tr><td>8</td><td></td><td></td><td colspan="2"></td><td></td></tr>
<tr><td>9</td><td></td><td></td><td colspan="2"></td><td></td></tr>
<tr><td>10</td><td></td><td></td><td colspan="2"></td><td></td></tr>
<tr><td rowspan="3">检查评价</td><td colspan="5">评语：</td></tr>
<tr><td>班级</td><td></td><td>第　　组</td><td>组长签字</td><td></td></tr>
<tr><td>教师签字</td><td></td><td>日期</td><td colspan="2"></td></tr>
</table>

表单4-6 评 价 单

<table>
<tr><td colspan="2">学习领域</td><td colspan="4">塑料成型工艺及模具设计</td></tr>
<tr><td>学习情境二</td><td colspan="2">塑件的生产方法与成型设备及工艺</td><td>任务2.2</td><td colspan="2">注射成型设备及工艺参数设计</td></tr>
<tr><td colspan="3">评价学时</td><td colspan="3">0.5学时</td></tr>
<tr><td>评价类别</td><td>评价项目</td><td>子项目</td><td>个人评价</td><td>组内互评</td><td>教师评价</td></tr>
<tr><td rowspan="10">专业能力（60%）</td><td rowspan="2">资讯（10%）</td><td>收集信息（4%）</td><td></td><td></td><td></td></tr>
<tr><td>引导问题回答（6%）</td><td></td><td></td><td></td></tr>
<tr><td rowspan="2">计划（5%）</td><td>计划可执行度（3%）</td><td></td><td></td><td></td></tr>
<tr><td>材料工具安排（2%）</td><td></td><td></td><td></td></tr>
<tr><td>实施（20%）</td><td>工作步骤执行（20%）</td><td></td><td></td><td></td></tr>
<tr><td rowspan="2">检查（5%）</td><td>全面性、准确性（3%）</td><td></td><td></td><td></td></tr>
<tr><td>解决问题能力（2%）</td><td></td><td></td><td></td></tr>
<tr><td rowspan="2">过程（15%）</td><td>设计程序规范性（5%）</td><td></td><td></td><td></td></tr>
<tr><td>实施过程规范性（10%）</td><td></td><td></td><td></td></tr>
<tr><td>结果（5%）</td><td>结果质量（5%）</td><td></td><td></td><td></td></tr>
<tr><td rowspan="2">社会能力（20%）</td><td>团结协作（10%）</td><td rowspan="2"></td><td rowspan="2"></td><td rowspan="2"></td><td rowspan="2"></td></tr>
<tr><td>敬业精神（10%）</td></tr>
<tr><td rowspan="2">方法能力（20%）</td><td>计划能力（10%）</td><td rowspan="2"></td><td rowspan="2"></td><td rowspan="2"></td><td rowspan="2"></td></tr>
<tr><td>决策能力（10%）</td></tr>
<tr><td>评价评语</td><td colspan="5">评语：</td></tr>
</table>

班级		姓名		学号		总评	
教师签字		第 组	组长签字		日期		

学习单 5　汽车操作按钮注射模分型面与浇注系统设计

表单 5-1　计　划　单

学习领域	塑料成型工艺及模具设计			
学习情境三	注射模设计	任务 3.1	汽车操作按钮注射模分型面与浇注系统设计	
计划方式	小组讨论、团结协作共同制订计划		计划学时	0.5 学时
序号	实施步骤		使用资源	
制订计划说明				
计划评价	评语：			
班级		第　　组	组长签字	
教师签字			日期	

表单5-2 决　策　单

<table>
<tr><td>学习领域</td><td colspan="5">塑料成型工艺及模具设计</td></tr>
<tr><td>学习情境三</td><td colspan="2">注射模设计</td><td>任务3.1</td><td colspan="2">汽车操作按钮注射模分型面与浇注系统设计</td></tr>
<tr><td colspan="3">决策学时</td><td colspan="3">0.5学时</td></tr>
<tr><td rowspan="11">方案对比</td><td>序号</td><td>模具设计的可行性</td><td>模具结构的合理性</td><td>方案的经济性</td><td>综合评价</td></tr>
<tr><td>1</td><td></td><td></td><td></td><td></td></tr>
<tr><td>2</td><td></td><td></td><td></td><td></td></tr>
<tr><td>3</td><td></td><td></td><td></td><td></td></tr>
<tr><td>4</td><td></td><td></td><td></td><td></td></tr>
<tr><td>5</td><td></td><td></td><td></td><td></td></tr>
<tr><td>6</td><td></td><td></td><td></td><td></td></tr>
<tr><td>7</td><td></td><td></td><td></td><td></td></tr>
<tr><td>8</td><td></td><td></td><td></td><td></td></tr>
<tr><td>9</td><td></td><td></td><td></td><td></td></tr>
<tr><td>10</td><td></td><td></td><td></td><td></td></tr>
<tr><td>决策评价</td><td colspan="5">评语：</td></tr>
<tr><td></td><td>班级</td><td></td><td>第　组</td><td>组长签字</td><td></td></tr>
<tr><td></td><td>教师签字</td><td colspan="2"></td><td>日期</td><td></td></tr>
</table>

表单 5-3　材料工具清单

<table>
<tr><td>学习领域</td><td colspan="6">塑料成型工艺及模具设计</td></tr>
<tr><td>学习情境三</td><td colspan="2">注射模设计</td><td colspan="2">任务 3. 1</td><td colspan="2">汽车操作按钮注射模分型面与浇注系统设计</td></tr>
<tr><td>清单要求</td><td colspan="6">请根据完成任务列出所需的工具名称、作用、型号及数量，并标明使用前后的状况</td></tr>
<tr><td>序号</td><td>名称</td><td>型号</td><td>作用</td><td>数量</td><td>使用前状况</td><td>使用后状况</td></tr>
<tr><td>1</td><td></td><td></td><td></td><td></td><td></td><td></td></tr>
<tr><td>2</td><td></td><td></td><td></td><td></td><td></td><td></td></tr>
<tr><td>3</td><td></td><td></td><td></td><td></td><td></td><td></td></tr>
<tr><td>4</td><td></td><td></td><td></td><td></td><td></td><td></td></tr>
<tr><td>5</td><td></td><td></td><td></td><td></td><td></td><td></td></tr>
<tr><td>6</td><td></td><td></td><td></td><td></td><td></td><td></td></tr>
<tr><td>7</td><td></td><td></td><td></td><td></td><td></td><td></td></tr>
<tr><td>8</td><td></td><td></td><td></td><td></td><td></td><td></td></tr>
<tr><td>9</td><td></td><td></td><td></td><td></td><td></td><td></td></tr>
<tr><td>10</td><td></td><td></td><td></td><td></td><td></td><td></td></tr>
<tr><td colspan="7">评价：（对选用工具的正确性进行评价）</td></tr>
<tr><td>班级</td><td colspan="2"></td><td>第　　组</td><td>组长签字</td><td colspan="2"></td></tr>
<tr><td>教师签字</td><td colspan="3"></td><td>日期</td><td colspan="2"></td></tr>
</table>

表单5-4 实 施 单

<table>
<tr><td>学习领域</td><td colspan="5">塑料成型工艺及模具设计</td></tr>
<tr><td>学习情境三</td><td colspan="2">注射模设计</td><td>任务3.1</td><td colspan="2">汽车操作按钮注射模分型面与浇注系统设计</td></tr>
<tr><td>实施方式</td><td colspan="2">小组成员合作共同研讨确定动手实践的实施步骤，每人均填写实施单</td><td>实施学时</td><td colspan="2">6学时</td></tr>
<tr><td>序号</td><td colspan="3">实施步骤</td><td colspan="2">使用资源</td></tr>
<tr><td>1</td><td colspan="3"></td><td colspan="2"></td></tr>
<tr><td>2</td><td colspan="3"></td><td colspan="2"></td></tr>
<tr><td>3</td><td colspan="3"></td><td colspan="2"></td></tr>
<tr><td>4</td><td colspan="3"></td><td colspan="2"></td></tr>
<tr><td>5</td><td colspan="3"></td><td colspan="2"></td></tr>
<tr><td>6</td><td colspan="3"></td><td colspan="2"></td></tr>
<tr><td>7</td><td colspan="3"></td><td colspan="2"></td></tr>
<tr><td>8</td><td colspan="3"></td><td colspan="2"></td></tr>
<tr><td colspan="6">实施说明：</td></tr>
<tr><td colspan="6">实施评语：</td></tr>
<tr><td>班级</td><td colspan="2"></td><td>姓名</td><td>学号</td><td></td></tr>
<tr><td>教师签字</td><td></td><td>第　　组</td><td>组长签字</td><td>日期</td><td></td></tr>
</table>

表单5-5 检 查 单

<table>
<tr><td colspan="2">学习领域</td><td colspan="6">塑料成型工艺及模具设计</td></tr>
<tr><td colspan="2">学习情境三</td><td colspan="2">注射模设计</td><td colspan="2">任务3.1</td><td colspan="2">汽车操作按钮注射模分型面与浇注系统设计</td></tr>
<tr><td colspan="4">检查学时</td><td colspan="4">0.5学时</td></tr>
<tr><td colspan="2">零件图号及名称</td><td></td><td>材料</td><td></td><td>数量</td><td colspan="2"></td></tr>
<tr><td>序号</td><td>检查项目</td><td colspan="2">检测手段</td><td colspan="2">组内互检</td><td colspan="2">教师检查</td></tr>
<tr><td>1</td><td></td><td colspan="2"></td><td colspan="2"></td><td colspan="2"></td></tr>
<tr><td>2</td><td></td><td colspan="2"></td><td colspan="2"></td><td colspan="2"></td></tr>
<tr><td>3</td><td></td><td colspan="2"></td><td colspan="2"></td><td colspan="2"></td></tr>
<tr><td>4</td><td></td><td colspan="2"></td><td colspan="2"></td><td colspan="2"></td></tr>
<tr><td>5</td><td></td><td colspan="2"></td><td colspan="2"></td><td colspan="2"></td></tr>
<tr><td>6</td><td></td><td colspan="2"></td><td colspan="2"></td><td colspan="2"></td></tr>
<tr><td>7</td><td></td><td colspan="2"></td><td colspan="2"></td><td colspan="2"></td></tr>
<tr><td>8</td><td></td><td colspan="2"></td><td colspan="2"></td><td colspan="2"></td></tr>
<tr><td>9</td><td></td><td colspan="2"></td><td colspan="2"></td><td colspan="2"></td></tr>
<tr><td>10</td><td></td><td colspan="2"></td><td colspan="2"></td><td colspan="2"></td></tr>
<tr><td colspan="2" rowspan="3">检查评价</td><td colspan="6">评语：</td></tr>
<tr><td>班级</td><td></td><td colspan="2">第　　组</td><td>组长签字</td><td></td></tr>
<tr><td>教师签字</td><td></td><td colspan="2">日期</td><td colspan="2"></td></tr>
</table>

表单5-6 评 价 单

<table>
<tr><td>学习领域</td><td colspan="5">塑料成型工艺及模具设计</td></tr>
<tr><td>学习情境三</td><td>注射模设计</td><td>任务3.1</td><td colspan="3">汽车操作按钮注射模分型面与浇注系统设计</td></tr>
<tr><td colspan="3">评价学时</td><td colspan="3">0.5学时</td></tr>
<tr><td>评价类别</td><td>评价项目</td><td>子项目</td><td>个人评价</td><td>组内互评</td><td>教师评价</td></tr>
<tr><td rowspan="10">专业能力（60%）</td><td rowspan="2">资讯（10%）</td><td>收集信息（4%）</td><td></td><td></td><td></td></tr>
<tr><td>引导问题回答（6%）</td><td></td><td></td><td></td></tr>
<tr><td rowspan="2">计划（5%）</td><td>计划可执行度（3%）</td><td></td><td></td><td></td></tr>
<tr><td>材料工具安排（2%）</td><td></td><td></td><td></td></tr>
<tr><td>实施（20%）</td><td>工作步骤执行（20%）</td><td></td><td></td><td></td></tr>
<tr><td rowspan="2">检查（5%）</td><td>全面性、准确性（3%）</td><td></td><td></td><td></td></tr>
<tr><td>解决问题能力（2%）</td><td></td><td></td><td></td></tr>
<tr><td rowspan="2">过程（15%）</td><td>设计程序规范性（5%）</td><td></td><td></td><td></td></tr>
<tr><td>实施过程规范性（10%）</td><td></td><td></td><td></td></tr>
<tr><td>结果（5%）</td><td>结果质量（5%）</td><td></td><td></td><td></td></tr>
<tr><td rowspan="2">社会能力（20%）</td><td>团结协作（10%）</td><td></td><td></td><td></td><td></td></tr>
<tr><td>敬业精神（10%）</td><td></td><td></td><td></td><td></td></tr>
<tr><td rowspan="2">方法能力（20%）</td><td>计划能力（10%）</td><td></td><td></td><td></td><td></td></tr>
<tr><td>决策能力（10%）</td><td></td><td></td><td></td><td></td></tr>
<tr><td>评价评语</td><td colspan="5">评语：</td></tr>
</table>

班级		姓名		学号		总评	
教师签字		第 组	组长签字		日期		

学习单6　成型零部件的设计

表单6-1　计　划　单

学习领域	塑料成型工艺及模具设计			
学习情境三	注射模设计	任务3.2	成型零部件的设计	
计划方式	小组讨论、团结协作共同制订计划		计划学时	0.5学时
序号	实施步骤		使用资源	
制订计划说明				
计划评价	评语：			
班级		第　组	组长签字	
教师签字			日期	

表单6-2 决　策　单

<table>
<tr><td>学习领域</td><td colspan="5">塑料成型工艺及模具设计</td></tr>
<tr><td>学习情境三</td><td colspan="2">注射模设计</td><td>任务 3.2</td><td colspan="2">成型零部件的设计</td></tr>
<tr><td colspan="3">决策学时</td><td colspan="3">0.5 学时</td></tr>
<tr><td rowspan="11">方案对比</td><td>序号</td><td>模具设计的可行性</td><td>模具结构的合理性</td><td>方案的经济性</td><td>综合评价</td></tr>
<tr><td>1</td><td></td><td></td><td></td><td></td></tr>
<tr><td>2</td><td></td><td></td><td></td><td></td></tr>
<tr><td>3</td><td></td><td></td><td></td><td></td></tr>
<tr><td>4</td><td></td><td></td><td></td><td></td></tr>
<tr><td>5</td><td></td><td></td><td></td><td></td></tr>
<tr><td>6</td><td></td><td></td><td></td><td></td></tr>
<tr><td>7</td><td></td><td></td><td></td><td></td></tr>
<tr><td>8</td><td></td><td></td><td></td><td></td></tr>
<tr><td>9</td><td></td><td></td><td></td><td></td></tr>
<tr><td>10</td><td></td><td></td><td></td><td></td></tr>
<tr><td rowspan="3">决策评价</td><td colspan="5">评语：</td></tr>
<tr><td>班级</td><td></td><td>第　　组</td><td>组长签字</td><td></td></tr>
<tr><td>教师签字</td><td colspan="2"></td><td>日期</td><td></td></tr>
</table>

表单 6-3　材料工具清单

<table>
<tr><td>学习领域</td><td colspan="6">塑料成型工艺及模具设计</td></tr>
<tr><td>学习情境三</td><td colspan="2">注射模设计</td><td colspan="2">任务 3.2</td><td colspan="2">成型零部件的设计</td></tr>
<tr><td>清单要求</td><td colspan="6">请根据完成任务列出所需的工具名称、作用、型号及数量，并标明使用前后的状况</td></tr>
<tr><td>序号</td><td>名称</td><td>型号</td><td>作用</td><td>数量</td><td>使用前状况</td><td>使用后状况</td></tr>
<tr><td>1</td><td></td><td></td><td></td><td></td><td></td><td></td></tr>
<tr><td>2</td><td></td><td></td><td></td><td></td><td></td><td></td></tr>
<tr><td>3</td><td></td><td></td><td></td><td></td><td></td><td></td></tr>
<tr><td>4</td><td></td><td></td><td></td><td></td><td></td><td></td></tr>
<tr><td>5</td><td></td><td></td><td></td><td></td><td></td><td></td></tr>
<tr><td>6</td><td></td><td></td><td></td><td></td><td></td><td></td></tr>
<tr><td>7</td><td></td><td></td><td></td><td></td><td></td><td></td></tr>
<tr><td>8</td><td></td><td></td><td></td><td></td><td></td><td></td></tr>
<tr><td>9</td><td></td><td></td><td></td><td></td><td></td><td></td></tr>
<tr><td>10</td><td></td><td></td><td></td><td></td><td></td><td></td></tr>
<tr><td colspan="7">评价：（对选用工具的正确性进行评价）</td></tr>
<tr><td>班级</td><td></td><td colspan="2">第　组</td><td>组长签字</td><td colspan="2"></td></tr>
<tr><td>教师签字</td><td colspan="3"></td><td>日期</td><td colspan="2"></td></tr>
</table>

表单6-4 实 施 单

<table>
<tr><td>学习领域</td><td colspan="8">塑料成型工艺及模具设计</td></tr>
<tr><td>学习情境三</td><td colspan="2">注射模设计</td><td colspan="3">任务 3.2</td><td colspan="3">成型零部件的设计</td></tr>
<tr><td>实施方式</td><td colspan="3">小组成员合作共同研讨确定动手实践的实施步骤，每人均填写实施单</td><td colspan="2">实施学时</td><td colspan="3">6 学时</td></tr>
<tr><td>序号</td><td colspan="5">实施步骤</td><td colspan="3">使用资源</td></tr>
<tr><td>1</td><td colspan="5"></td><td colspan="3"></td></tr>
<tr><td>2</td><td colspan="5"></td><td colspan="3"></td></tr>
<tr><td>3</td><td colspan="5"></td><td colspan="3"></td></tr>
<tr><td>4</td><td colspan="5"></td><td colspan="3"></td></tr>
<tr><td>5</td><td colspan="5"></td><td colspan="3"></td></tr>
<tr><td>6</td><td colspan="5"></td><td colspan="3"></td></tr>
<tr><td>7</td><td colspan="5"></td><td colspan="3"></td></tr>
<tr><td>8</td><td colspan="5"></td><td colspan="3"></td></tr>
<tr><td colspan="9">实施说明：</td></tr>
<tr><td colspan="9">实施评语：</td></tr>
<tr><td>班级</td><td colspan="2"></td><td colspan="2">姓名</td><td colspan="2"></td><td>学号</td><td></td></tr>
<tr><td>教师签字</td><td></td><td>第　　组</td><td colspan="2">组长签字</td><td colspan="2"></td><td>日期</td><td></td></tr>
</table>

表单6-5　检　查　单

<table>
<tr><td>学习领域</td><td colspan="5">塑料成型工艺及模具设计</td></tr>
<tr><td>学习情境三</td><td colspan="2">注射模设计</td><td>任务3.2</td><td colspan="2">成型零部件的设计</td></tr>
<tr><td colspan="3">检查学时</td><td colspan="3">0.5学时</td></tr>
<tr><td colspan="2">模具名称及图号</td><td colspan="2"></td><td>零件数量</td><td></td></tr>
<tr><td>序号</td><td>检查项目</td><td>检测手段</td><td>组内互检</td><td colspan="2">教师检查</td></tr>
<tr><td>1</td><td></td><td></td><td></td><td colspan="2"></td></tr>
<tr><td>2</td><td></td><td></td><td></td><td colspan="2"></td></tr>
<tr><td>3</td><td></td><td></td><td></td><td colspan="2"></td></tr>
<tr><td>4</td><td></td><td></td><td></td><td colspan="2"></td></tr>
<tr><td>5</td><td></td><td></td><td></td><td colspan="2"></td></tr>
<tr><td>6</td><td></td><td></td><td></td><td colspan="2"></td></tr>
<tr><td>7</td><td></td><td></td><td></td><td colspan="2"></td></tr>
<tr><td>8</td><td></td><td></td><td></td><td colspan="2"></td></tr>
<tr><td>9</td><td></td><td></td><td></td><td colspan="2"></td></tr>
<tr><td>10</td><td></td><td></td><td></td><td colspan="2"></td></tr>
<tr><td rowspan="3">检查评价</td><td colspan="5">评语：</td></tr>
<tr><td>班级</td><td></td><td>第　　组</td><td>组长签字</td><td></td></tr>
<tr><td>教师签字</td><td></td><td>日期</td><td colspan="2"></td></tr>
</table>

表单6-6 评 价 单

<table>
<tr><td>学习领域</td><td colspan="6">塑料成型工艺及模具设计</td></tr>
<tr><td>学习情境三</td><td colspan="2">注射模设计</td><td colspan="2">任务3.2</td><td colspan="2">成型零部件的设计</td></tr>
<tr><td colspan="4">评价学时</td><td colspan="3">0.5学时</td></tr>
<tr><td>评价类别</td><td>评价项目</td><td colspan="2">子项目</td><td>个人评价</td><td>组内互评</td><td>教师评价</td></tr>
<tr><td rowspan="10">专业能力
（60%）</td><td rowspan="2">资讯（10%）</td><td colspan="2">收集信息（4%）</td><td></td><td></td><td></td></tr>
<tr><td colspan="2">引导问题回答（6%）</td><td></td><td></td><td></td></tr>
<tr><td rowspan="2">计划（5%）</td><td colspan="2">计划可执行度（3%）</td><td></td><td></td><td></td></tr>
<tr><td colspan="2">材料工具安排（2%）</td><td></td><td></td><td></td></tr>
<tr><td>实施（20%）</td><td colspan="2">工作步骤执行（20%）</td><td></td><td></td><td></td></tr>
<tr><td rowspan="2">检查（5%）</td><td colspan="2">全面性、准确性（3%）</td><td></td><td></td><td></td></tr>
<tr><td colspan="2">解决问题能力（2%）</td><td></td><td></td><td></td></tr>
<tr><td rowspan="2">过程（15%）</td><td colspan="2">设计程序规范性（5%）</td><td></td><td></td><td></td></tr>
<tr><td colspan="2">实施过程规范性（10%）</td><td></td><td></td><td></td></tr>
<tr><td>结果（5%）</td><td colspan="2">结果质量（5%）</td><td></td><td></td><td></td></tr>
<tr><td rowspan="2">社会能力
（20%）</td><td>团结协作（10%）</td><td colspan="2" rowspan="2"></td><td rowspan="2"></td><td rowspan="2"></td><td rowspan="2"></td></tr>
<tr><td>敬业精神（10%）</td></tr>
<tr><td rowspan="2">方法能力
（20%）</td><td>计划能力（10%）</td><td colspan="2" rowspan="2"></td><td rowspan="2"></td><td rowspan="2"></td><td rowspan="2"></td></tr>
<tr><td>决策能力（10%）</td></tr>
<tr><td>评价评语</td><td colspan="6">评语：</td></tr>
</table>

<table>
<tr><td>班级</td><td></td><td>姓名</td><td></td><td>学号</td><td></td><td>总评</td><td></td></tr>
<tr><td>教师签字</td><td></td><td>第 组</td><td>组长签字</td><td></td><td>日期</td><td></td><td></td></tr>
</table>

学习单7 推出与温度调节系统、模架的设计

表单7-1 计 划 单

学习领域	塑料成型工艺及模具设计		
学习情境三	注射模设计	任务3.3	推出与温度调节系统、模架的设计
计划方式	小组讨论、团结协作共同制订计划	计划学时	0.5学时
序号	实施步骤	使用资源	
制订计划说明			
计划评价	评语：		
班级		第 组	组长签字
教师签字		日期	

表单7-2 决 策 单

<table>
<tr><td>学习领域</td><td colspan="5">塑料成型工艺及模具设计</td></tr>
<tr><td>学习情境三</td><td colspan="2">注射模设计</td><td>任务3.3</td><td colspan="2">推出与温度调节系统、模架的设计</td></tr>
<tr><td colspan="3">决策学时</td><td colspan="3">0.5学时</td></tr>
<tr><td rowspan="11">方案对比</td><td>序号</td><td>模具设计的可行性</td><td>模具结构的合理性</td><td>方案的经济性</td><td>综合评价</td></tr>
<tr><td>1</td><td></td><td></td><td></td><td></td></tr>
<tr><td>2</td><td></td><td></td><td></td><td></td></tr>
<tr><td>3</td><td></td><td></td><td></td><td></td></tr>
<tr><td>4</td><td></td><td></td><td></td><td></td></tr>
<tr><td>5</td><td></td><td></td><td></td><td></td></tr>
<tr><td>6</td><td></td><td></td><td></td><td></td></tr>
<tr><td>7</td><td></td><td></td><td></td><td></td></tr>
<tr><td>8</td><td></td><td></td><td></td><td></td></tr>
<tr><td>9</td><td></td><td></td><td></td><td></td></tr>
<tr><td>10</td><td></td><td></td><td></td><td></td></tr>
<tr><td>决策评价</td><td colspan="5">评语：</td></tr>
<tr><td></td><td>班级</td><td></td><td>第　　组</td><td>组长签字</td><td></td></tr>
<tr><td></td><td>教师签字</td><td colspan="2"></td><td>日期</td><td></td></tr>
</table>

表单 7-3　材料工具清单

<table>
<tr><td>学习领域</td><td colspan="6">塑料成型工艺及模具设计</td></tr>
<tr><td>学习情境三</td><td colspan="2">注射模设计</td><td colspan="2">任务 3.3</td><td colspan="2">推出与温度调节系统、模架的设计</td></tr>
<tr><td>清单要求</td><td colspan="6">请根据完成任务列出所需的工具名称、作用、型号及数量，并标明使用前后的状况</td></tr>
<tr><td>序号</td><td>名称</td><td>型号</td><td>作用</td><td>数量</td><td>使用前状况</td><td>使用后状况</td></tr>
<tr><td>1</td><td></td><td></td><td></td><td></td><td></td><td></td></tr>
<tr><td>2</td><td></td><td></td><td></td><td></td><td></td><td></td></tr>
<tr><td>3</td><td></td><td></td><td></td><td></td><td></td><td></td></tr>
<tr><td>4</td><td></td><td></td><td></td><td></td><td></td><td></td></tr>
<tr><td>5</td><td></td><td></td><td></td><td></td><td></td><td></td></tr>
<tr><td>6</td><td></td><td></td><td></td><td></td><td></td><td></td></tr>
<tr><td>7</td><td></td><td></td><td></td><td></td><td></td><td></td></tr>
<tr><td>8</td><td></td><td></td><td></td><td></td><td></td><td></td></tr>
<tr><td>9</td><td></td><td></td><td></td><td></td><td></td><td></td></tr>
<tr><td>10</td><td></td><td></td><td></td><td></td><td></td><td></td></tr>
<tr><td colspan="7">评价：（对选用工具的正确性进行评价）</td></tr>
<tr><td>班级</td><td colspan="2"></td><td colspan="2">第　　组</td><td>组长签字</td><td></td></tr>
<tr><td>教师签字</td><td colspan="4"></td><td>日期</td><td></td></tr>
</table>

表单 7-4 实 施 单

<table>
<tr><td>学习领域</td><td colspan="5">塑料成型工艺及模具设计</td></tr>
<tr><td>学习情境三</td><td colspan="2">注射模设计</td><td>任务 3.3</td><td colspan="2">推出与温度调节系统、模架的设计</td></tr>
<tr><td>实施方式</td><td colspan="2">小组成员合作共同研讨确定动手实践的实施步骤，每人均填写实施单</td><td>实施学时</td><td colspan="2">8 学时</td></tr>
<tr><td>序号</td><td colspan="3">实施步骤</td><td colspan="2">使用资源</td></tr>
<tr><td>1</td><td colspan="3"></td><td colspan="2"></td></tr>
<tr><td>2</td><td colspan="3"></td><td colspan="2"></td></tr>
<tr><td>3</td><td colspan="3"></td><td colspan="2"></td></tr>
<tr><td>4</td><td colspan="3"></td><td colspan="2"></td></tr>
<tr><td>5</td><td colspan="3"></td><td colspan="2"></td></tr>
<tr><td>6</td><td colspan="3"></td><td colspan="2"></td></tr>
<tr><td>7</td><td colspan="3"></td><td colspan="2"></td></tr>
<tr><td>8</td><td colspan="3"></td><td colspan="2"></td></tr>
<tr><td colspan="6">实施说明：</td></tr>
<tr><td colspan="6">实施评语：</td></tr>
</table>

班级			姓名		学号	
教师签字		第 组	组长签字		日期	

表单7-5 检 查 单

<table>
<tr><td>学习领域</td><td colspan="7">塑料成型工艺及模具设计</td></tr>
<tr><td>学习情境三</td><td colspan="2">注射模设计</td><td colspan="2">任务3.3</td><td colspan="3">推出与温度调节系统、模架的设计</td></tr>
<tr><td colspan="3">检查学时</td><td colspan="5">0.5学时</td></tr>
<tr><td colspan="2">模具名称及图号</td><td colspan="3"></td><td>数量</td><td colspan="2"></td></tr>
<tr><td>序号</td><td>检查项目</td><td colspan="2">检测手段</td><td colspan="2">组内互检</td><td colspan="2">教师检查</td></tr>
<tr><td>1</td><td></td><td colspan="2"></td><td colspan="2"></td><td colspan="2"></td></tr>
<tr><td>2</td><td></td><td colspan="2"></td><td colspan="2"></td><td colspan="2"></td></tr>
<tr><td>3</td><td></td><td colspan="2"></td><td colspan="2"></td><td colspan="2"></td></tr>
<tr><td>4</td><td></td><td colspan="2"></td><td colspan="2"></td><td colspan="2"></td></tr>
<tr><td>5</td><td></td><td colspan="2"></td><td colspan="2"></td><td colspan="2"></td></tr>
<tr><td>6</td><td></td><td colspan="2"></td><td colspan="2"></td><td colspan="2"></td></tr>
<tr><td>7</td><td></td><td colspan="2"></td><td colspan="2"></td><td colspan="2"></td></tr>
<tr><td>8</td><td></td><td colspan="2"></td><td colspan="2"></td><td colspan="2"></td></tr>
<tr><td>9</td><td></td><td colspan="2"></td><td colspan="2"></td><td colspan="2"></td></tr>
<tr><td>10</td><td></td><td colspan="2"></td><td colspan="2"></td><td colspan="2"></td></tr>
<tr><td rowspan="3">检查评价</td><td colspan="7">评语：</td></tr>
<tr><td>班级</td><td></td><td></td><td>第 组</td><td>组长签字</td><td colspan="2"></td></tr>
<tr><td>教师签字</td><td></td><td></td><td>日期</td><td colspan="3"></td></tr>
</table>

表单7-6　评　价　单

<table>
<tr><td>学习领域</td><td colspan="7">塑料成型工艺及模具设计</td></tr>
<tr><td>学习情境三</td><td colspan="2">注射模设计</td><td colspan="2">任务3.3</td><td colspan="3">推出与温度调节系统、模架的设计</td></tr>
<tr><td colspan="5">评价学时</td><td colspan="3">0.5学时</td></tr>
<tr><td>评价类别</td><td colspan="2">评价项目</td><td colspan="2">子项目</td><td>个人评价</td><td>组内互评</td><td>教师评价</td></tr>
<tr><td rowspan="11">专业能力（60%）</td><td colspan="2" rowspan="2">资讯（10%）</td><td colspan="2">收集信息（4%）</td><td></td><td></td><td></td></tr>
<tr><td colspan="2">引导问题回答（6%）</td><td></td><td></td><td></td></tr>
<tr><td colspan="2" rowspan="2">计划（5%）</td><td colspan="2">计划可执行度（3%）</td><td></td><td></td><td></td></tr>
<tr><td colspan="2">材料工具安排（2%）</td><td></td><td></td><td></td></tr>
<tr><td colspan="2">实施（20%）</td><td colspan="2">工作步骤执行（20%）</td><td></td><td></td><td></td></tr>
<tr><td colspan="2" rowspan="2">检查（5%）</td><td colspan="2">全面性、准确性（3%）</td><td></td><td></td><td></td></tr>
<tr><td colspan="2">解决问题能力（2%）</td><td></td><td></td><td></td></tr>
<tr><td colspan="2" rowspan="2">过程（15%）</td><td colspan="2">设计程序规范性（5%）</td><td></td><td></td><td></td></tr>
<tr><td colspan="2">实施过程规范性（10%）</td><td></td><td></td><td></td></tr>
<tr><td colspan="2">结果（5%）</td><td colspan="2">结果质量（5%）</td><td></td><td></td><td></td></tr>
<tr><td colspan="7"></td></tr>
<tr><td rowspan="2">社会能力（20%）</td><td colspan="2">团结协作（10%）</td><td colspan="2" rowspan="2"></td><td rowspan="2"></td><td rowspan="2"></td><td rowspan="2"></td></tr>
<tr><td colspan="2">敬业精神（10%）</td></tr>
<tr><td rowspan="2">方法能力（20%）</td><td colspan="2">计划能力（10%）</td><td colspan="2" rowspan="2"></td><td rowspan="2"></td><td rowspan="2"></td><td rowspan="2"></td></tr>
<tr><td colspan="2">决策能力（10%）</td></tr>
<tr><td>评价评语</td><td colspan="7">评语：</td></tr>
<tr><td>班级</td><td></td><td>姓名</td><td></td><td>学号</td><td></td><td>总评</td><td></td></tr>
<tr><td>教师签字</td><td></td><td>第　组</td><td>组长签字</td><td></td><td>日期</td><td></td><td></td></tr>
</table>

学习单 8　塑料笔筒注射模侧向分型与抽芯机构的设计

表单 8-1　计　划　单

学习领域	塑料成型工艺及模具设计			
学习情境三	注射模设计	任务 3.4	塑料笔筒注射模侧向分型与抽芯机构的设计	
计划方式	小组讨论、团结协作共同制订计划		计划学时	0.5 学时
序号	实施步骤		使用资源	
制订计划说明				
计划评价	评语：			
班级		第　　组	组长签字	
教师签字			日期	

表单8-2 决 策 单

<table>
<tr><td>学习领域</td><td colspan="6">塑料成型工艺及模具设计</td></tr>
<tr><td>学习情境三</td><td colspan="2">注射模设计</td><td colspan="2">任务 3.4</td><td colspan="2">塑料笔筒注射模侧向分型与抽芯机构的设计</td></tr>
<tr><td colspan="3">决策学时</td><td colspan="4">0.5 学时</td></tr>
<tr><td rowspan="11">方案对比</td><td>序号</td><td>模具设计的可行性</td><td colspan="2">模具结构的合理性</td><td>方案的经济性</td><td>综合评价</td></tr>
<tr><td>1</td><td></td><td colspan="2"></td><td></td><td></td></tr>
<tr><td>2</td><td></td><td colspan="2"></td><td></td><td></td></tr>
<tr><td>3</td><td></td><td colspan="2"></td><td></td><td></td></tr>
<tr><td>4</td><td></td><td colspan="2"></td><td></td><td></td></tr>
<tr><td>5</td><td></td><td colspan="2"></td><td></td><td></td></tr>
<tr><td>6</td><td></td><td colspan="2"></td><td></td><td></td></tr>
<tr><td>7</td><td></td><td colspan="2"></td><td></td><td></td></tr>
<tr><td>8</td><td></td><td colspan="2"></td><td></td><td></td></tr>
<tr><td>9</td><td></td><td colspan="2"></td><td></td><td></td></tr>
<tr><td>10</td><td></td><td colspan="2"></td><td></td><td></td></tr>
<tr><td>决策评价</td><td colspan="6">评语：</td></tr>
<tr><td></td><td>班级</td><td></td><td>第 组</td><td>组长签字</td><td colspan="2"></td></tr>
<tr><td></td><td>教师签字</td><td colspan="2"></td><td>日期</td><td colspan="2"></td></tr>
</table>

表单 8-3　材料工具清单

<table>
<tr><td>学习领域</td><td colspan="6">塑料成型工艺及模具设计</td></tr>
<tr><td>学习情境三</td><td colspan="2">注射模设计</td><td colspan="2">任务 3.4</td><td colspan="2">塑料笔筒注射模侧向分型与抽芯机构的设计</td></tr>
<tr><td>清单要求</td><td colspan="6">请根据完成任务列出所需的工具名称、作用、型号及数量，并标明使用前后的状况</td></tr>
<tr><td>序号</td><td>名称</td><td>型号</td><td>作用</td><td>数量</td><td>使用前状况</td><td>使用后状况</td></tr>
<tr><td>1</td><td></td><td></td><td></td><td></td><td></td><td></td></tr>
<tr><td>2</td><td></td><td></td><td></td><td></td><td></td><td></td></tr>
<tr><td>3</td><td></td><td></td><td></td><td></td><td></td><td></td></tr>
<tr><td>4</td><td></td><td></td><td></td><td></td><td></td><td></td></tr>
<tr><td>5</td><td></td><td></td><td></td><td></td><td></td><td></td></tr>
<tr><td>6</td><td></td><td></td><td></td><td></td><td></td><td></td></tr>
<tr><td>7</td><td></td><td></td><td></td><td></td><td></td><td></td></tr>
<tr><td>8</td><td></td><td></td><td></td><td></td><td></td><td></td></tr>
<tr><td>9</td><td></td><td></td><td></td><td></td><td></td><td></td></tr>
<tr><td>10</td><td></td><td></td><td></td><td></td><td></td><td></td></tr>
<tr><td colspan="7">评价：（对选用工具的正确性进行评价）</td></tr>
<tr><td>班级</td><td colspan="2"></td><td>第　组</td><td colspan="3">组长签字</td></tr>
<tr><td>教师签字</td><td colspan="3"></td><td>日期</td><td colspan="2"></td></tr>
</table>

表单 8-4 实 施 单

<table>
<tr><td>学习领域</td><td colspan="5">塑料成型工艺及模具设计</td></tr>
<tr><td>学习情境三</td><td colspan="2">注射模设计</td><td>任务 3.4</td><td colspan="2">塑料笔筒注射模侧向分型与抽芯机构的设计</td></tr>
<tr><td>实施方式</td><td colspan="2">小组成员合作共同研讨确定动手实践的实施步骤，每人均填写实施单</td><td>实施学时</td><td colspan="2">4 学时</td></tr>
<tr><td>序号</td><td colspan="3">实施步骤</td><td colspan="2">使用资源</td></tr>
<tr><td>1</td><td colspan="3"></td><td colspan="2"></td></tr>
<tr><td>2</td><td colspan="3"></td><td colspan="2"></td></tr>
<tr><td>3</td><td colspan="3"></td><td colspan="2"></td></tr>
<tr><td>4</td><td colspan="3"></td><td colspan="2"></td></tr>
<tr><td>5</td><td colspan="3"></td><td colspan="2"></td></tr>
<tr><td>6</td><td colspan="3"></td><td colspan="2"></td></tr>
<tr><td>7</td><td colspan="3"></td><td colspan="2"></td></tr>
<tr><td>8</td><td colspan="3"></td><td colspan="2"></td></tr>
<tr><td colspan="6">实施说明：</td></tr>
<tr><td colspan="6">实施评语：</td></tr>
<tr><td>班级</td><td colspan="2"></td><td>姓名</td><td>学号</td><td></td></tr>
<tr><td>教师签字</td><td>第　组</td><td>组长签字</td><td></td><td>日期</td><td></td></tr>
</table>

表单8-5　检　查　单

学习领域	塑料成型工艺及模具设计			
学习情境三	注射模设计	任务3.4	塑料笔筒注射模侧向分型与抽芯机构的设计	
检查学时		0.5学时		
模具名称及图号			数量	
序号	检查项目	检测手段	组内互检	教师检查
1				
2				
3				
4				
5				
6				
7				
8				
9				
10				
检查评价	评语：			
	班级		第　组	组长签字
	教师签字		日期	

表单8-6　评　价　单

学习领域	塑料成型工艺及模具设计		
学习情境三	注射模设计	任务3.4	塑料笔筒注射模侧向分型与抽芯机构的设计
评价学时			0.5学时

评价类别	评价项目	子项目	个人评价	组内互评	教师评价
专业能力（60%）	资讯（10%）	收集信息（4%）			
		引导问题回答（6%）			
	计划（5%）	计划可执行度（3%）			
		材料工具安排（2%）			
	实施（20%）	工作步骤执行（20%）			
	检查（5%）	全面性、准确性（3%）			
		解决问题能力（2%）			
	过程（15%）	设计程序规范性（5%）			
		实施过程规范性（10%）			
	结果（5%）	结果质量（5%）			
社会能力（20%）	团结协作（10%）				
	敬业精神（10%）				
方法能力（20%）	计划能力（10%）				
	决策能力（10%）				
评价评语	评语：				

班级		姓名		学号		总评	
教师签字		第　组	组长签字		日期		

学习单9　汽车操作按钮、塑料笔筒注射模材料选定

表单9-1　计　划　单

学习领域	塑料成型工艺及模具设计			
学习情境四	注射模材料选定及工程图绘制	任务4.1	汽车操作按钮、塑料笔筒注射模材料选定	
计划方式	小组讨论、团结协作共同制订计划		计划学时	0.5学时
序号	实施步骤		使用资源	
制订计划说明				
计划评价	评语：			
班级		第　　组	组长签字	
教师签字			日期	

表单9-2 决　策　单

<table>
<tr><td>学习领域</td><td colspan="6">塑料成型工艺及模具设计</td></tr>
<tr><td>学习情境四</td><td colspan="2">注射模材料选定及工程图绘制</td><td colspan="2">任务 4.1</td><td colspan="2">汽车操作按钮、塑料笔筒注射模材料选定</td></tr>
<tr><td colspan="3">决策学时</td><td colspan="4">0.5 学时</td></tr>
<tr><td rowspan="11">方案对比</td><td>序号</td><td colspan="2">模具设计的可行性</td><td colspan="2">模具结构的合理性</td><td>方案的经济性</td><td>综合评价</td></tr>
<tr><td>1</td><td colspan="2"></td><td colspan="2"></td><td></td><td></td></tr>
<tr><td>2</td><td colspan="2"></td><td colspan="2"></td><td></td><td></td></tr>
<tr><td>3</td><td colspan="2"></td><td colspan="2"></td><td></td><td></td></tr>
<tr><td>4</td><td colspan="2"></td><td colspan="2"></td><td></td><td></td></tr>
<tr><td>5</td><td colspan="2"></td><td colspan="2"></td><td></td><td></td></tr>
<tr><td>6</td><td colspan="2"></td><td colspan="2"></td><td></td><td></td></tr>
<tr><td>7</td><td colspan="2"></td><td colspan="2"></td><td></td><td></td></tr>
<tr><td>8</td><td colspan="2"></td><td colspan="2"></td><td></td><td></td></tr>
<tr><td>9</td><td colspan="2"></td><td colspan="2"></td><td></td><td></td></tr>
<tr><td>10</td><td colspan="2"></td><td colspan="2"></td><td></td><td></td></tr>
<tr><td rowspan="3">决策评价</td><td colspan="7">评语：</td></tr>
<tr><td>班级</td><td colspan="2"></td><td>第　　组</td><td>组长签字</td><td colspan="2"></td></tr>
<tr><td>教师签字</td><td colspan="3"></td><td>日期</td><td colspan="2"></td></tr>
</table>

表单 9-3　材料工具清单

学习领域	塑料成型工艺及模具设计					
学习情境四	注射模材料选定及工程图绘制		任务 4.1		汽车操作按钮、塑料笔筒注射模材料选定	
清单要求	请根据完成任务列出所需的工具名称、作用、型号及数量，并标明使用前后的状况					
序号	名称	型号	作用	数量	使用前状况	使用后状况
1						
2						
3						
4						
5						
6						
7						
8						
9						
10						
评价：（对选用工具的正确性进行评价）						
班级		第　组		组长签字		
教师签字				日期		

表单9-4　实　施　单

<table>
<tr><td>学习领域</td><td colspan="4">塑料成型工艺及模具设计</td></tr>
<tr><td>学习情境四</td><td colspan="2">注射模材料选定及工程图绘制</td><td>任务4.1</td><td>汽车操作按钮、塑料笔筒注射模材料选定</td></tr>
<tr><td>实施方式</td><td>小组成员合作共同研讨确定动手实践的实施步骤，每人均填写实施单</td><td colspan="2">实施学时</td><td>5学时</td></tr>
<tr><td>序号</td><td colspan="3">实施步骤</td><td>使用资源</td></tr>
<tr><td>1</td><td colspan="3"></td><td></td></tr>
<tr><td>2</td><td colspan="3"></td><td></td></tr>
<tr><td>3</td><td colspan="3"></td><td></td></tr>
<tr><td>4</td><td colspan="3"></td><td></td></tr>
<tr><td>5</td><td colspan="3"></td><td></td></tr>
<tr><td>6</td><td colspan="3"></td><td></td></tr>
<tr><td>7</td><td colspan="3"></td><td></td></tr>
<tr><td>8</td><td colspan="3"></td><td></td></tr>
<tr><td colspan="5">实施说明：</td></tr>
<tr><td colspan="5">实施评语：</td></tr>
</table>

<table>
<tr><td>班级</td><td colspan="2"></td><td>姓名</td><td></td><td>学号</td><td></td></tr>
<tr><td>教师签字</td><td></td><td>第　组</td><td>组长签字</td><td></td><td>日期</td><td></td></tr>
</table>

表单9-5　检　查　单

学习领域	塑料成型工艺及模具设计			
学习情境四	注射模材料选定及工程图绘制	任务4.1	汽车操作按钮、塑料笔筒注射模材料选定	
检查学时		0.5学时		
模具名称及图号			数量	
序号	检查项目	检测手段	组内互检	教师检查
1				
2				
3				
4				
5				
6				
7				
8				
9				
10				
检查评价	评语：			
	班级		第　　组	组长签字
	教师签字		日期	

表单 9-6　评　价　单

<table>
<tr><td>学习领域</td><td colspan="6">塑料成型工艺及模具设计</td></tr>
<tr><td>学习情境四</td><td>注射模材料选定及工程图绘制</td><td colspan="2">任务 4.1</td><td colspan="3">汽车操作按钮、塑料笔筒注射模材料选定</td></tr>
<tr><td colspan="4">评价学时</td><td colspan="3">0.5 学时</td></tr>
<tr><td>评价类别</td><td>评价项目</td><td colspan="2">子项目</td><td>个人评价</td><td>组内互评</td><td>教师评价</td></tr>
<tr><td rowspan="10">专业能力
（60%）</td><td rowspan="2">资讯（10%）</td><td colspan="2">收集信息（4%）</td><td></td><td></td><td></td></tr>
<tr><td colspan="2">引导问题回答（6%）</td><td></td><td></td><td></td></tr>
<tr><td rowspan="2">计划（5%）</td><td colspan="2">计划可执行度（3%）</td><td></td><td></td><td></td></tr>
<tr><td colspan="2">材料工具安排（2%）</td><td></td><td></td><td></td></tr>
<tr><td>实施（20%）</td><td colspan="2">工作步骤执行（20%）</td><td></td><td></td><td></td></tr>
<tr><td rowspan="2">检查（5%）</td><td colspan="2">全面性、准确性（3%）</td><td></td><td></td><td></td></tr>
<tr><td colspan="2">解决问题能力（2%）</td><td></td><td></td><td></td></tr>
<tr><td rowspan="2">过程（15%）</td><td colspan="2">设计程序规范性（5%）</td><td></td><td></td><td></td></tr>
<tr><td colspan="2">实施过程规范性（10%）</td><td></td><td></td><td></td></tr>
<tr><td>结果（5%）</td><td colspan="2">结果质量（5%）</td><td></td><td></td><td></td></tr>
<tr><td rowspan="2">社会能力
（20%）</td><td>团结协作（10%）</td><td colspan="2" rowspan="2"></td><td rowspan="2"></td><td rowspan="2"></td><td rowspan="2"></td></tr>
<tr><td>敬业精神（10%）</td></tr>
<tr><td rowspan="2">方法能力
（20%）</td><td>计划能力（10%）</td><td colspan="2" rowspan="2"></td><td rowspan="2"></td><td rowspan="2"></td><td rowspan="2"></td></tr>
<tr><td>决策能力（10%）</td></tr>
<tr><td>评价评语</td><td colspan="6">评语：</td></tr>
</table>

班级		姓名		学号		总评	
教师签字		第　组	组长签字		日期		

学习单10　注射模工程图绘制

表单10-1　计　划　单

学习领域	塑料成型工艺及模具设计			
学习情境四	注射模材料选定及工程图绘制	任务4.2	注射模工程图绘制	
计划方式	小组讨论、团结协作共同制订计划		计划学时	1学时
序号	实施步骤		使用资源	
制订计划说明				
计划评价	评语：			
班级		第　　组	组长签字	
教师签字		日期		

表单10-2 决 策 单

<table>
<tr><td>学习领域</td><td colspan="6">塑料成型工艺及模具设计</td></tr>
<tr><td>学习情境四</td><td colspan="2">注射模材料选定及工程图绘制</td><td colspan="2">任务4.2</td><td colspan="2">注射模工程图绘制</td></tr>
<tr><td colspan="3">决策学时</td><td colspan="4">1学时</td></tr>
<tr><td rowspan="11">方案对比</td><td>序号</td><td>模具设计的可行性</td><td colspan="2">模具结构的合理性</td><td>方案的经济性</td><td>综合评价</td></tr>
<tr><td>1</td><td></td><td colspan="2"></td><td></td><td></td></tr>
<tr><td>2</td><td></td><td colspan="2"></td><td></td><td></td></tr>
<tr><td>3</td><td></td><td colspan="2"></td><td></td><td></td></tr>
<tr><td>4</td><td></td><td colspan="2"></td><td></td><td></td></tr>
<tr><td>5</td><td></td><td colspan="2"></td><td></td><td></td></tr>
<tr><td>6</td><td></td><td colspan="2"></td><td></td><td></td></tr>
<tr><td>7</td><td></td><td colspan="2"></td><td></td><td></td></tr>
<tr><td>8</td><td></td><td colspan="2"></td><td></td><td></td></tr>
<tr><td>9</td><td></td><td colspan="2"></td><td></td><td></td></tr>
<tr><td>10</td><td></td><td colspan="2"></td><td></td><td></td></tr>
<tr><td rowspan="3">决策评价</td><td colspan="6">评语：</td></tr>
<tr><td colspan="2">班级</td><td></td><td>第 组</td><td>组长签字</td><td></td></tr>
<tr><td colspan="2">教师签字</td><td colspan="2"></td><td>日期</td><td></td></tr>
</table>

表单 10-3　材料工具清单

<table>
<tr><td>学习领域</td><td colspan="6">塑料成型工艺及模具设计</td></tr>
<tr><td>学习情境四</td><td colspan="2">注射模材料选定及工程图绘制</td><td colspan="2">任务 4.2</td><td colspan="2">注射模工程图绘制</td></tr>
<tr><td>清单要求</td><td colspan="6">请根据完成任务列出所需的工具名称、作用、型号及数量，并标明使用前后的状况</td></tr>
<tr><td>序号</td><td>名称</td><td>型号</td><td>作用</td><td>数量</td><td>使用前状况</td><td>使用后状况</td></tr>
<tr><td>1</td><td></td><td></td><td></td><td></td><td></td><td></td></tr>
<tr><td>2</td><td></td><td></td><td></td><td></td><td></td><td></td></tr>
<tr><td>3</td><td></td><td></td><td></td><td></td><td></td><td></td></tr>
<tr><td>4</td><td></td><td></td><td></td><td></td><td></td><td></td></tr>
<tr><td>5</td><td></td><td></td><td></td><td></td><td></td><td></td></tr>
<tr><td>6</td><td></td><td></td><td></td><td></td><td></td><td></td></tr>
<tr><td>7</td><td></td><td></td><td></td><td></td><td></td><td></td></tr>
<tr><td>8</td><td></td><td></td><td></td><td></td><td></td><td></td></tr>
<tr><td>9</td><td></td><td></td><td></td><td></td><td></td><td></td></tr>
<tr><td>10</td><td></td><td></td><td></td><td></td><td></td><td></td></tr>
<tr><td colspan="7">评价：（对选用工具的正确性进行评价）</td></tr>
<tr><td>班级</td><td colspan="2"></td><td>第　　组</td><td>组长签字</td><td colspan="2"></td></tr>
<tr><td>教师签字</td><td colspan="3"></td><td>日期</td><td colspan="2"></td></tr>
</table>

表单10-4 实 施 单

<table>
<tr><td>学习领域</td><td colspan="4">塑料成型工艺及模具设计</td></tr>
<tr><td>学习情境四</td><td>注射模材料选定及工程图绘制</td><td colspan="2">任务4.2</td><td>注射模工程图绘制</td></tr>
<tr><td>实施方式</td><td colspan="2">小组成员合作共同研讨确定动手实践的实施步骤，每人均填写实施单</td><td>实施学时</td><td>18学时</td></tr>
<tr><td>序号</td><td colspan="3">实施步骤</td><td>使用资源</td></tr>
<tr><td>1</td><td colspan="3"></td><td></td></tr>
<tr><td>2</td><td colspan="3"></td><td></td></tr>
<tr><td>3</td><td colspan="3"></td><td></td></tr>
<tr><td>4</td><td colspan="3"></td><td></td></tr>
<tr><td>5</td><td colspan="3"></td><td></td></tr>
<tr><td>6</td><td colspan="3"></td><td></td></tr>
<tr><td>7</td><td colspan="3"></td><td></td></tr>
<tr><td>8</td><td colspan="3"></td><td></td></tr>
<tr><td colspan="5">实施说明：</td></tr>
<tr><td colspan="5">实施评语：</td></tr>
</table>

<table>
<tr><td>班级</td><td colspan="2"></td><td>姓名</td><td></td><td>学号</td><td></td></tr>
<tr><td>教师签字</td><td></td><td>第　组</td><td>组长签字</td><td></td><td>日期</td><td></td></tr>
</table>

表单10-5 检　查　单

<table>
<tr><td>学习领域</td><td colspan="5">塑料成型工艺及模具设计</td></tr>
<tr><td>学习情境四</td><td colspan="2">注射模材料选定及工程图绘制</td><td>任务4.2</td><td colspan="2">注射模工程图绘制</td></tr>
<tr><td colspan="3">检查学时</td><td colspan="3">2学时</td></tr>
<tr><td colspan="2">模具名称及图号</td><td colspan="4"></td></tr>
<tr><td>序号</td><td>检查项目</td><td>检测手段</td><td colspan="2">组内互检</td><td>教师检查</td></tr>
<tr><td>1</td><td></td><td></td><td colspan="2"></td><td></td></tr>
<tr><td>2</td><td></td><td></td><td colspan="2"></td><td></td></tr>
<tr><td>3</td><td></td><td></td><td colspan="2"></td><td></td></tr>
<tr><td>4</td><td></td><td></td><td colspan="2"></td><td></td></tr>
<tr><td>5</td><td></td><td></td><td colspan="2"></td><td></td></tr>
<tr><td>6</td><td></td><td></td><td colspan="2"></td><td></td></tr>
<tr><td>7</td><td></td><td></td><td colspan="2"></td><td></td></tr>
<tr><td>8</td><td></td><td></td><td colspan="2"></td><td></td></tr>
<tr><td>9</td><td></td><td></td><td colspan="2"></td><td></td></tr>
<tr><td>10</td><td></td><td></td><td colspan="2"></td><td></td></tr>
<tr><td rowspan="3">检查评价</td><td colspan="5">评语：</td></tr>
<tr><td>班级</td><td></td><td>第　　组</td><td>组长签字</td><td></td></tr>
<tr><td>教师签字</td><td></td><td>日期</td><td colspan="2"></td></tr>
</table>

表单10-6　评　价　单

<table>
<tr><td>学习领域</td><td colspan="5">塑料成型工艺及模具设计</td></tr>
<tr><td>学习情境四</td><td colspan="2">注射模材料选定及工程图绘制</td><td>任务4.2</td><td colspan="2">注射模工程图绘制</td></tr>
<tr><td colspan="4">评价学时</td><td colspan="2">4学时</td></tr>
<tr><td>评价类别</td><td>评价项目</td><td>子项目</td><td>个人评价</td><td>组内互评</td><td>教师评价</td></tr>
<tr><td rowspan="10">专业能力（60%）</td><td rowspan="2">资讯（10%）</td><td>收集信息（4%）</td><td></td><td></td><td></td></tr>
<tr><td>引导问题回答（6%）</td><td></td><td></td><td></td></tr>
<tr><td rowspan="2">计划（5%）</td><td>计划可执行度（3%）</td><td></td><td></td><td></td></tr>
<tr><td>材料工具安排（2%）</td><td></td><td></td><td></td></tr>
<tr><td>实施（20%）</td><td>工作步骤执行（20%）</td><td></td><td></td><td></td></tr>
<tr><td rowspan="2">检查（5%）</td><td>全面性、准确性（3%）</td><td></td><td></td><td></td></tr>
<tr><td>解决问题能力（2%）</td><td></td><td></td><td></td></tr>
<tr><td rowspan="2">过程（15%）</td><td>设计程序规范性（5%）</td><td></td><td></td><td></td></tr>
<tr><td>实施过程规范性（10%）</td><td></td><td></td><td></td></tr>
<tr><td>结果（5%）</td><td>结果质量（5%）</td><td></td><td></td><td></td></tr>
<tr><td rowspan="2">社会能力（20%）</td><td>团结协作（10%）</td><td rowspan="2"></td><td rowspan="2"></td><td rowspan="2"></td><td rowspan="2"></td></tr>
<tr><td>敬业精神（10%）</td></tr>
<tr><td rowspan="2">方法能力（20%）</td><td>计划能力（10%）</td><td rowspan="2"></td><td rowspan="2"></td><td rowspan="2"></td><td rowspan="2"></td></tr>
<tr><td>决策能力（10%）</td></tr>
<tr><td>评价评语</td><td colspan="5">评语：</td></tr>
</table>

班级		姓名		学号		总评	
教师签字		第　组	组长签字		日期